普通高等教育"十一五"国家级规划教材
高等学校水土保持与荒漠化防治专业教材

开发建设项目水土保持

贺康宁　王治国　赵永军　主编

中国林业出版社

内容提要

本教材从认知建设项目与水土流失的发生关系入手，着重介绍了开发建设项目水土流失的发生特点和水土流失的形式，使读者掌握开发建设项目水土流失调查和预测的基本手段和方法，掌握开发建设复杂技术条件下水土流失防治的设计技能、水土保持方案编制的各项技术环节，为今后从事有关开发建设项目水土保持工作的研究与设计奠定基础。本教材的主要内容包括开发建设项目水土保持工作的内涵、开发建设活动引起的水土流失形式、建设项目扰动区水土流失调查与预测、开发建设项目水土流失防治技术及其相关案例、开发建设项目水土保持方案的编制及其管理。

本教材主要用于水土保持与荒漠化防治专业本科生教学，同时既可作为环境生态类有关专业本科生教学用书，也可作为从事水土保持与荒漠化防治、土地利用、国土整治、环境保护等方面从事科学研究、教学、管理和生产实践人员的参考用书。

图书在版编目（CIP）数据

开发建设项目水土保持/贺康宁，王治国，赵永军主编．—北京：中国林业出版社，2009．7（2019.3 重印）

普通高等教育“十一五”国家级规划教材．高等学校水土保持与荒漠化防治专业教材

ISBN 978-7-5038-5603-7

Ⅰ．开…　Ⅱ．①贺…②王…③赵…　Ⅲ．基本建设项目-水土保持-高等学校-教材　Ⅳ．S157

中国版本图书馆 CIP 数据核字（2009）第 085057 号

中国林业出版社·教材建设与出版管理中心

策划编辑：牛玉莲　肖基浒　　**责任编辑**：杜建玲

电话：（010）83143555　　**传真**：（010）83143516

出版发行　中国林业出版社（100009　北京市西城区德内大街刘海胡同7号）
E-mail:jaocaipublic@163.com　电话:(010)83223120
网　址:www.cfph.com.cn

经　销　新华书店

印　刷　中国农业出版社印刷厂

版　次　2009 年 7 月第 1 版

印　次　2019 年 3 月第 3 次

开　本　850mm×1168mm　1/16

印　张　19.25

字　数　415 千字

定　价　29.00 元

高等学校水土保持与荒漠化防治专业教材
编写指导委员会

《开发建设项目水土保持》编写人员

主　编　贺康宁　王治国　赵永军

副主编　段喜明　杨建英　秦富仓

编　委　（以姓氏笔画为序）

王克勤（西南林学院）
王治国（水利部水利水电规划设计总院）
史常青（北京林业大学）
纪　强（水利部水利水电规划设计总院）
张光灿（山东农业大学）
杨建英（北京林业大学）
孟繁斌（水利部水利水电规划设计总院）
段喜明（山西农业大学）
胡振华（山西农业大学）
贺康宁（北京林业大学）
赵永军（水利部水土保持监测中心）
赵廷宁（北京林业大学）
秦富仓（内蒙古农业大学）
魏天兴（北京林业大学）

主　审　姜德文（水利部水土保持监测中心）
段淑怀（北京市水土保持工作站）

序

随着社会经济的不断发展，人口、资源、环境三者之间的矛盾日益突出和尖锐，特别是环境问题成为矛盾的焦点，水土流失和荒漠化对人类生存和发展威胁日益加剧。据统计，世界上土壤流失每年 250 亿 t，亚洲、非洲、南美洲每公顷土地每年损失表土 30 ~ 40t，情况较好的美国和欧洲，每公顷土地每年损失表土 17t，按后者计算，每年损失的表土比形成的表土多 16 倍。而我国是世界上水土流失与荒漠化危害最严重的国家之一。全国水土流失面积 367 万 km^2，占国土总面积的 38．2%，其中水蚀面积 179 万 km^2、风蚀面积 188 万 km^2，年土壤侵蚀量高达 50 亿 t 以上。新中国成立以来，特别是改革开放后，中国政府十分重视水土流失的治理工作，投入巨大的人力、物力和财力进行了大规模的防治工作，尽管如此，但生态环境仍然十分脆弱，严重的水土流失已成为中国的头号生态环境问题和社会经济可持续发展的重要障碍。水土保持和荒漠化防治已成为我国一项十分重要的战略任务，它不仅是经济建设的重要基础、社会经济可持续发展的重要保障，也是保护和拓展中华民族生存与发展空间的长远大计，是调整产业结构、合理开发资源、发展高效生态农业的重要举措，是实施扶贫攻坚计划、实现全国农村富裕奔小康目标的重要措施。

近年来，国家对水土流失治理与荒漠化防治等生态环境问题给予高度重视，水土保持作为一项公益性很强的事业，在“十一五”期间，被列为中国生态环境建设的核心内容，这赋予了水土保持事业新的历史使命。作为为水土保持事业培养人才的学科与专业，如何更好地为生态建设事业的发展培养所需各类人才，是每一个水土保持教育工作者思考的问题。水土保持与荒漠化防治专业是 1958 年在北京林业大学（原北京林学院）创立的，至今在人才培养上已经历了 50 年，全国已有 20 多所高等学校设立了水土保持与荒漠化防治专业，已形成完备的教学体系，但现在必须接受经济全球化的挑战，以适应知识经济时代前进的步伐，找到适合自身发展的途径，培养特色鲜明、竞争力强的高素质本科专业人才。其中之一就是要搞好教材建设。教材是体现教学内容和教学方法的知识载体，是进行教学的基本工具，也是深化教育教学改革，全面推进素质教育，培养创新人才的重要保证。组织全国部分高校编写水土保持与荒漠化防治专业“十一五”规划教材就是推动教学改革与教材建设的重要举措。

由于水土保持与荒漠化防治专业具有综合性强、专业基础知识涉及面广的特点，既需要较深厚的生态学和地理科学的知识基础，又要有工程科学、生态经济学和系统工程学的基本知识和技能。因此，在人才培养计划制定中一直贯彻厚基础、宽口径、门类多、学时少的原则，重点培养学生的专业基本素质和基本技能，这有利于学生根据社会需求和个人意向选择职业，并为学生毕业后在实际工作中继续深造奠定坚实的基础。

本套教材的编写，我们一直遵循理论联系实际的原则，力求适应国内人才培养的需要和全球化发展的新态势，在吸纳国内外最新研究成果的基础上，树立精品意识。精品课程建设是高等学校教学质量与教学改革工程的重要组成部分。本套教材的编写力求为精品课程建设服务，能够催生出一批精品课程。同时，力求将以下理念融入到教材的编写中：一是教育创新理念。即以培养创新意识、创新精神、创新思维、创造力或创新人格等创新素质以及创新人才为目的的教育活动融入其中。二是现代教材观理念。传统的教材观以师、生对教材的“服从”为特征，由此而生成的对教学矛盾的解决方式表现为“灌输式”的教学关系。现代教材观是以教材“服务”师生，即将教材定义为“文本”和“材料”，提供了编者、教师、学生与真理之间的跨越时空的对话，为师生创新提供了舞台。本套教材充分体现了基础性、系统性、实践性、创新性的特色，充分反映了要强化学生的实践能力、创造能力和就业能力的培养目标，以适应水土保持事业的快速发展对人才的新要求。

本套教材不仅是全国高等院校水土保持与荒漠化防治专业教育教学的专业教材，而且也可以作为林业、水利、环境保护等部门及生态学、地理学和水文学等相关专业人员培训及参考用书。为了保证教材的质量，在编写过程中经过专家反复论证，教材编写指导委员会遴选本领域高水平教师承担本套教材的编写任务。

最后，借此机会感谢中国林业出版社和北京林业大学对本套教材编写出版所付出的辛勤劳动，以及各位参与编写的专家和学者对本套教材所付出的心血！

教育部高等学校环境生态类教学指导委员会主任　朱金兆　教授
高等学校水土保持与荒漠化防治专业教材编写指导委员会主任　余新晓　教授

2008 年 2 月 18 日

前言

我国水土保持工作历史悠久。新中国成立后，国家伴随经济建设的步伐，在不同时期制定了不同的水土保持法规和政策，对生产建设过程中可能产生的水土流失进行控制。1957 年，我国第一部水土保持法规《中华人民共和国水土保持暂行纲要》要求工矿企业、铁路、交通等部门在生产建设中要采取水土保持措施，并接受水土保持机构的指导和检查。1982 年，国务院公布实施《水土保持工作条例》，其中涉及的水土保持实施方案，就是水土保持方案报告（制度）的雏形。在 1991 年 6 月 29 日全国人大审议通过的《中华人民共和国水土保持法》中，明确了开发建设单位和个人防治水土流失的责任与承担的义务。1996 年 3 月 1 日，水利部批复同意了全国首个开发建设项目水土保持方案，即《平朔煤炭工业公司安太堡露天煤矿水土保持方案报告书》，标志着开发建设项目水土保持方案审批工作走上正轨。2008 年 1 月 14 日，《开发建设项目水土保持技术规范》（GB50433—2008）和《开发建设项目水土流失防治标准》（GB50434—2008）经过建设部和国家质量监督检验检疫总局的批准，并于 2008 年 7 月 1 日正式实施。

在我国水土保持方案报告制度的不断完善过程中，1998 年，由时任水利部水土保持司司长的焦居仁先生主编、姜德文教授级高工和王治国教授主笔的《开发建设项目水土保持》一书，成为本研究和实践领域划时代的专业指导参考书，并培养和带动了一批在岗从事开发建设项目水土保持方案编制工作的人员。2007 年由水利部水土保持监测中心的教授级高工赵永军编著了同书名另一本书，以实践工作应用指导为特长，深入浅出，理论联系实际。

1999 年，北京林业大学水土保持专业在当时的本科教学课程建设和教学计划中，首次把“开发建设项目水土保持”列入了专业选修课程，并以前一种教材为教科书，历经 9 年本科教学；同时，山西农业大学、西北农林科技大学和山东农业大学等一批高等院校的水土保持专业也陆续开设了这门课程。在 2007 年的北京林业大学水土保持与荒漠化防治专业新编教学计划中，又将该课程列为专业必修课程。

为使本教材更能反映开发建设项目水土保持研究方面的进展和实践前沿，并具更广泛的代表性，以前两部著作的主要作者为主，经充分征求意见，组成了《开发建设项目水土保持》新的教材编写委员会。

本教材基本保留了原焦居仁主编《开发建设项目水土保持》中防治技术的

相关内容，结合《开发建设项目水土保持技术规范》和《开发建设项目水土流失防治标准》新国标规定的内容进行了补充和调整。

本教材从认知建设项目与水土流失的发生关系入手，着重介绍了开发建设项目水土流失的发生特点和水土流失形式，使学生掌握开发建设项目水土流失调查和预测的基本手段和方法，掌握开发建设复杂技术条件下水土流失防治的设计技能、水土保持方案编制的各项技术环节，为今后从事有关开发建设项目水土保持工作的研究与设计奠定基础。主要内容包括开发建设项目水土保持工作内涵、开发建设活动引起的水土流失形式、建设项目扰动区水土流失调查与预测、开发建设项目水土流失防治技术及其相关案例、开发建设项目水土保持方案编制与管理。

本教材由北京林业大学水土保持学院贺康宁教授、水利部水利水电规划设计总院王治国教授和水利部监测中心赵永军教授级高工任主编，山西农业大学段喜明教授、北京林业大学杨建英副教授和内蒙古农业大学秦富仓教授任副主编。由北京林业大学、水利部水利水电规划设计总院、水利部水土保持监测中心、山西农业大学、内蒙古农业大学、山东农业大学和西南林学院14名教师和研究人员编写完成。

各章节编写分工如下：第1章由贺康宁、王治国和史常青编写；第2章由段喜明、张光灿、胡振华编写；第3章由杨建英、赵廷宁和王克勤编写；第4章由贺康宁、赵永军、王治国编写；第5章由秦富仓、贺康宁、赵永军、纪强和孟繁斌编写；第6章由赵永军编写。全书由贺康宁统稿、魏天兴校核。北京林业大学水土保持学科2007级硕士研究生刘静、陈静和胡兴波参加了全书的校对和资料收集等工作。

值此教材完稿付梓之际，特别感谢前两部同名工具书作者付出的艰辛劳动，他们是水利部焦居仁、姜德文、王治国、赵永军和山西农业大学段喜明等诸位先生。是他们的劳动，为本教材的顺利编写奠定了良好扎实的基础。同时，也对本教材的主审姜德文（水利部水土保持监测中心副主任）和段淑怀（北京市水土保持工作站总工程师）表示诚挚的谢意，并向关心和支持本教材出版的北京林业大学朱金兆、余新晓、张洪江等先生表示由衷的感谢，还要感谢北京林业大学教务处张戎老师对本教材编写和出版所给予的支持与帮助。另外，还要特别感谢中国林业出版社对本书出版所付出的辛勤劳动。

在本教材编写过程中，引用了大量的科技成果、论文、专著和相关教材，因篇幅所限未能一一在参考文献中列出，谨向文献的作者们致以深切的谢意。限我们的知识水平和实践经验，缺点、遗漏、甚至谬误在所难免，热切希望各位读者提出批评，以期本教材内容的不断完善和水平的逐步提高。

贺康宁

2008年6月于北京

PREFACE

There is a long history of soil and water conservation work in China. With the development of economic, we have made different soil and water conservation regulations and policies at different times, soil and water loss during production and construction has been under controlled after the founding of the People's Republic of China. In 1957, *The provisional outline of soil and water conservation of China*, the first legislation of soil and water conservation of " China required the industrial enterprises, railway, transportation and other related department to take measures to conserve soil and water and to obey the guidance and inspection from the soil and water conservation agencies during the production and construction.

In 1982, the State Council announced to implement the *Soil and Water Conservation Ordinance*, which involving the implementation of the soil and water conservation scheme is the prototype of the report (system) of soil and water conservation scheme.

On June 29, 1991, the *Law of The People's Republic of China on Water and Soil Conservation* was deliberated and adopted by National People's Congress. In this law, it defined responsibilities and obligations of construction units and individuals in preventing soil and water loss. On March 1, 1996, the Ministry of Water Resources enacted the first soil and water conservation scheme in development and construction projects, *Coal Industry Corporation Pingshuo Antaibao open-cut coal mine water and soil conservation scheme statement.* This indicated that approval work on soil and water conservation scheme of development and construction projects has been on right track. On January 14, 2008, *Technical code on soil and water conservation of development and construction projects* (GB50433—2008) and *Control standards for soil and water loss on development and construction projects* (GB50434—2008) have been approved by the Ministry of Construction and General Administration of Quality Supervision, Inspection and Quarantine of the PRC, which have officially issued and implemented on July 1, 2008.

As the improvement of reporting system of soil and water conservation schemes in China, the book *Soil and water conservation of development and construction projects* in 1998, has became an epoch-making reference in the field of research and practice, which cultivated and droved a number of on-the-job staff to engage in compiling soil and water conservation scheme of development and construction projects. The chief compilers of the book are Prof. Wang Zhiguo, Prof. Jiang Dewen and Mr Jiao Juren, who served as administrator of Soil and Water Conservation Administration, Ministry of Water Resources. In 2007, another book with the same title compiled by Prof. Zhao Yongjun, working in the Soil and Water Conservation Monitoring Center, Ministry of Water Resources, was accomplished in guiding the application of practice work and integrating theory with practice well.

In 1999, "The soil and water conservation of development and construction projects" was adopted as a major elective course of Soil and Water Conservation in Beijing Forestry University for the first time. We had experienced 9-year undergraduate teaching with the previous textbook version since it became a part of construction of undergraduate teaching curriculum and teaching plans. At the same time, some colleges and universities have opened this course successively, such as Shanxi Agricultural University, Northwest A&F University and Shandong Agricultural University. In 2007, this course became major elective one in the new teaching plan in Beijing Forestry University.

For reflecting the improvement and cutting-edge of practice of soil and water conservation research well and having a broader representation, the new textbook *The soil and water conservation of development and construction projects* was compiled based on full opinions, and the committee was regrouped by main authors of previous two versions.

This textbook retains some related controlling measures of *The soil and water conservation of development and construction projects* which was compiled by Jiao Juren. It was supplemented and adjusted according to the new national standard *Technical code on soil and water conservation of development and construction projects* and *Control standards for soil and water loss on development and construction projects* .

This textbook starting with understand the relationship between construction projects and mechanism of soil and water loss, highlights the characteristics and types of soil and water loss in construction projects. Students can master the methods and skills of soil and water loss investigation, prediction, prevention design under complex construction projects, and all the skills of compiling water and soil conservation scheme. It will pave the way to the success for those who engage in research and design work of soil and water conservation in the future. The main contents in this textbook include: the connotation of Soil and Water Conservation for Construction Projects, the types of soil and water loss caused by development and construction activities, the investigation and prediction of soil and water loss in disturbance area of construction project, prevention technology and related cases of soil and water loss of construction projects, and compilation and management of water and soil conservation scheme.

The compilers in chief of this textbook are Prof. He Kangning of College of Soil and Water Conservation, Beijing Forestry University, Prof. Wang Zhiguo and Prof. Zhao Yong-jun of Ministry of Water Resources Prof. Duan Ximing, Shanxi Agricultural University, Associate Professor Yang Jianying, Beijing Forestry University and Prof.

Qin Fucang Inner Mongolia Agricultural University, are vice complier. 14 teachers from Beijing Forestry University, Ministry of Water Resources Monitoring Center, Shanxi Agricultural University, Inner Mongolia Agricultural University, Shandong Agricultural University and Southwest Forestry College co-compiled this textbook.

Chapter 1 is completed by Prof. He Kangning, Wang Zhiguo and Shi Changqing. Chapter 2 is completed by Duan Ximing, Zhang Guangcan and Hu Zhenhua. Chapter 3 is completed by Yang Jianying ,Zhao Tingning and Wang Ke-qin. Chapter 4 is completed by He Kangning, Zhao Yongjun and Wang Zhiguo. Chapter 5 is completed by Qin Fucang, He Kangning, Zhao Yongjun, Ji Qiang and Meng Fanbin. Chapter 6 is completed by Zhao Yongjun. The whole book is unified finally by Prof. He Kangning and Associate Professor Wei Tianxing. Besides, Master Liu Jing, Chen Jing and Hu Xingbo also take part in the proofreading, formatting and collecting of the whole book.

We'd like to give our heartfelt thanks to all the compilers of two homonymy reference books before, and many thanks to Mr. Jiang Dewen of Ministry of water resource, Mr. Duan Shuhuai of Beijing soil and water conservation, Prof. Zhu Jinzhao, Prof. Yu Xinxiao, Prof. Zhang Hongjiang, and Ms. Zhang Rong, Beijing Forestry University for their warm-hearted support to the textbook publication.

Thanks a lot to China Forestry Publishing House for their hardworking.

We express our deeply gratitude to those authors whose articles or books were referred or not listed by the textbook. Limited by our knowledge and experience, there're some omissions and errors in the book. We wish readers would give critical suggestion in order to revise it in reprinting and emending.

He Kangning

June 2008, Beijing

目 录

CONTENTS

第1章

开发建设项目水土保持概论

1.1　建设项目的概念与特征

1.1.1　建设项目的概念

建设项目是指按固定资产投资方式进行的一切开发建设活动，包括国有经济、城乡集体经济、联营、股份制、外资、港澳台投资、个体经济和其他各种不同经济类型的开发建设活动。建设项目往往是按一个总体设计进行建设的各个单项工程所构成的总体，在我国也称为基本建设项目。我国通常把建设一个企业、事业单位或一个独立工程项目作为一个建设项目，凡属于一个总体设计中分期分批进行建设的主体工程和附属配套工程、综合利用工程、供水供电工程整体作为一个建设项目，不能把不属于一个总体设计的工程，按各种方式归并为一个建设项目，也不能把同一个总体设计内的工程，按地区或施工单位分为几个建设项目。

1.1.2　建设项目的特征

建设项目除了具备一般项目特征外，还具有以下自身特征：

①建设项目投资额巨大，建设周期长。

②建设项目是按照一个总体设计建设的，是可以形成生产能力或使用价值的若干单项工程的总体。

③建设项目一般在行政上实行统一管理，在经济上实行统一核算，因此有权统一管理总体设计所规定的各项工程。

1.1.3　建设项目的基本类型

1.1.3.1　按建设性质分类

建设项目按其建设性质不同，可划分为基本建设项目和更新改造项目两大类。

(1)基本建设项目

基本建设项目是投资建设用于进行以扩大生产能力或增加工程效益为主要目

的的新建、扩建工程及有关工作。具体包括以下几方面：

①新建项目　指以技术、经济和社会发展为目的，从无到有的建设项目。现有企业、事业和行政单位一般不应有新建项目。但新增加的固定资产价值超过原有全部固定资产价值(原值)3倍以上时，才可算作新建项目。

②扩建项目　指企业为扩大生产能力或新增效益而增建的生产车间或工程项目，以及事业和行政单位增建业务用房等建设项目。

③迁建项目　指现有企业、事业单位为改变生产布局或出于环境保护等其他特殊要求，搬迁到其他地点的建设项目。

④恢复项目　指原固定资产因自然灾害或人为灾害等原因已全部或部分报废，又投资重新建设的项目。

(2)更新改造项目

更新改造项目是指建设资金用于对企业、事业单位原有设施进行技术改造或固定资产更新，以及相应配套的辅助性生产、生活福利等工程和有关工作。

更新改造项目包括挖潜工程、节能工程、安全工程及环境工程等。

1.1.3.2 按投资作用分类

基本建设项目按其投资在国民经济各部门中的作用，分为生产性建设项目和非生产性建设项目。

(1)生产性建设项目

生产性建设项目是指直接用于物质生产或直接为物质生产服务的建设项目，主要包括以下4方面：

①工业建设　包括工业国防和能源建设。

②农业建设　包括农、林、牧、渔、水利建设。

③基础设施　包括交通、邮电、通信建设，地质普查、勘探建设，建筑业建设等。

④商业建设　包括商业、饮食、营销、仓储、综合技术服务事业的建设。

(2)非生产性建设项目

非生产性建设项目(消费性建设)包括用于满足人民物质、文化、福利需要的建设和非物质生产部门的建设，主要包括以下几方面：

①办公用房　包括各级国家党政机关、社会团体、企业管理机关的办公用房。

②居住建筑　包括住宅、公寓、别墅。

③公共建筑　包括科学、教育、文化艺术、广播电视、卫生、博览、体育、社会福利事业、公用事业、咨询服务、宗教、金融、保险等建设。

④其他建设　主要为不属于上述3类建设的其他非生产性建设。

1.1.3.3 按国家标准《开发建设项目水土流失防治标准》分类

建设项目按建设和生产运行情况划分为2类。

(1) 建设类项目(constructive engineering)

基本建设竣工后，在运营期基本没有开挖、取土(石、料)、弃土(石、渣)等生产活动的公路、铁路、机场、水工程、港口、码头、水电站、核电站、输变电工程、通信工程、管道工程、物探工程以及城镇新区等开发建设项目，其水土流失主要发生在建设期。

(2)建设生产类项目(constructive and productive engineering)

基本建设竣工后，在运营期仍存在开挖地表、取土(石、料)、弃土(石、渣)等生产活动的燃煤电站、建材、矿产和石油天然气开采及冶炼等开发建设项目，其水土流失发生在建设期和生产运行期。

1.1.4 相关术语

(1) 主体工程 (principal part of the project)

主体工程指开发建设项目所包括的主要工程及附属工程的统称，不包括专门设计的水土保持工程。

(2) 线型开发建设项目 (line-type engineering)

线型开发建设项目指布局跨度较大，呈线状分布的公路、铁路、管道、输电线路、渠道等开发建设项目。

(3) 点型开发建设项目 (block-type engineering)

点型开发建设项目指布局相对集中，呈点状分布的矿山、电厂、水利枢纽等开发建设项目。

1.2 开发建设项目水土流失

1.2.1 开发建设项目与水土流失

我国是世界上水土流失发生较为严重的国家之一。我国的水土流失主要分布在山区、丘陵区和风沙区，特别是大江大河中上游地区。根据2002年1月水利部公布的《全国第二次水土流失遥感调查成果》，20世纪90年代末，中国水土流失面积$356\times10^4km^2$，占国土面积的37.1%，其中水力侵蚀面积$165\times10^4km^2$，风力侵蚀面积$191\times10^4km^2$；在水蚀和风蚀面积中，水风蚀交错区面积$26\times10^4km^2$。水土流失不但发生在山区、丘陵区、风沙区，而且平原和沿海地区也存在。水力、风力、冻融侵蚀及滑坡、泥石流等重力侵蚀特点各异，相互交错，成因复杂，土壤流失严重。据统计，中国每年流失的土壤总量达50×10^8t，长江流域年土壤流失总量24×10^8t，其中上游地区达15.6×10^8t，黄河流域黄土高原区每年仅输入黄河三门峡以下河道泥沙就达16×10^8t。北方沙化，南方石化；20世纪80年代贵州省石灰岩地区的清镇、赫章两县，因水土流失已形成光石山的裸岩砾石化面积达$667hm^2$，占总土地面积的11.4%，有的已失去生存条件，恢复良好生态环境的难度极大。

水土资源是人类生存和发展的基本条件，是经济社会发展的基础。水土流失与生态安全密切相关，既是全世界共同关注的重大环境问题，也是全面建设小康社会的关键问题。我国当前水土流失的严峻局面，主要是由于复杂的自然环境变迁和历史上长期滥用自然资源造成的结果；其中，盲目开垦、陡坡开荒、乱砍滥伐、破坏森林、乱垦滥牧和破坏草原等传统生活、生产活动就是其主要的策动因素。而除了传统生活、生产活动的原因之外，当前的水土流失加剧趋势，更多地在于近年来的大规模经济建设放松了对自然生态的保护。经济建设的诱惑促使各地加大了对自然资源的开发和利用，各类工矿企业、各项基础设施建设竞相仓促上马，在建设和生产过程中占压、扰动和破坏了大量的土地及植被，造成大量水土流失，开挖和堆垫形成的高陡边坡更是埋下水土流失灾害的严重隐患。

20 世纪的“八五”期间，我国每年产生废弃土石量达 30×10^{8}t，有相当多的废弃土石被直接倾倒入江河、河道(约 6×10^{8}t)；1997 年全国工业固体废弃物产生量 10.6×10^{8}t，其去向主要有综合利用、储存、处理处置、排放 4 种方式，其中综合利用量仅占 38%。陕西省潼关县 1982—1990 年间通过治理，减少土壤流失量 29.62×10^{4}t；而因开矿、建设等新增加的土壤流失量达 227.95×10^{4}t，是治理减少土壤流失量的 7.7 倍。陕西省仅 1986 年修的 257km 公路，就造成土壤流失 $6\,788\times10^{4}$t。当时的山西省有 5 246 座煤矿、1 万多处采石场，年增加土壤流失量 $7\,500\times10^{4}$t。

我国自然资源在地域上分布的不平衡、资源开发利用及经济建设发展状况在地域上的不平衡，形成了与资源开发相配套的公路、铁路、输送管道、水利、通信、电网及城镇等基础设施南北或东西不均的分布格局，出现了如西气东输、西电东送、南水北调、青藏铁路等重点建设项目。近年来，国家积极、稳步地推进实施了西部大开发、东北老工业基地改造与振兴、中部崛起战略，经济结构调整并取得了明显成效。“十五”期间，根据资源环境承载能力和发展潜力，按照优化开发、重点开发、限制开发和禁止开发的不同要求，我国逐步形成了西部大开发、振兴东北老工业基地、促进中部地区崛起、鼓励东部地区率先发展的区域经济发展格局。西部地区主要加强基础设施建设和生态环境保护，发挥当地的资源优势，发展特色产业；东北地区加快产业结构调整和国有企业改革、改组、改造，发展现代农业，促进资源枯竭型城市的经济转型；中部地区抓好粮食主产区建设，发展有优势的能源和制造业，加强基础设施建设；东部地区加快实现结构优化升级和增长方式转变。如在西部大开发战略中，国家长期建设国债的 1/3 用于西部地区，新开工的重点项目达 60 个，投资总规模达 8 500 亿元。总体上呈东、中、西部协调发展，沿海、边境与内陆地区共同繁荣的发展局面。

“十五”期间，我国的开发建设项目得到了进一步发展。据水利部、中国科学院、中国工程院联合开展的《中国水土流失与生态安全科学考察》初步成果，全国(除香港、澳门、台湾地区外)新建规模以上各类开发建设项目共有 76 810 个，其中，西部 12 省开发建设项目总数 29 772 个，占全国调查总量的 39%；东部 10 省项目总数 24 634 个，占 32%；中部地区 6 省项目总数 13 820 个，占

18%；东北三省项目总数 8 584 个，占 11%。

近年来，我国的开发建设项目尽管有了较大的发展，但经济增长方式在很大程度上仍然表现为“四高一低”(高投入、高能耗、高物耗、高污染、低效率)的粗放模式。如矿产及能源开发利用的现代化水平低、管理粗放，加之气候、自然地理条件的限制，造成资源的巨大浪费和生态环境的破坏与恶化，具体表现为土地沙漠化、草原退化、森林资源锐减、可利用土地资源减少、地下水位下降、固体废弃物储放量剧增和水土流失加剧等。2003 年，我国成为世界第一的煤炭、钢材消费国和位列第二的石油、电力消费国，累计消耗了占世界当年消耗总量近 50% 的水泥、35% 的铁矿石、20% 的氧化铝和铜矿石，而创造的 GDP 仅占世界 GDP 总量的 4%。2005 年初，瑞士达沃斯世界经济论坛公布了最新的“环境可持续指数”，在全球 144 个国家和地区的排序中，中国位居倒数第十二位。

1.2.2　开发建设项目水土流失发生的特点

1.2.2.1　水土流失地域的扩展性和不完整性

由于开发建设项目建设及其生产运行可在短时间内对当地的水土资源环境造成极大破坏，因此，水土流失发生的地域也已由山丘区扩展到平原区，由农村扩展到城市，由农区扩展到牧区、林区、工业区、开发区、草原、黑土地区等原本水土流失轻微的区域。

开发建设项目建设及其生产运行期间，根据资源分布或生产建设的需要，所占用的区域一般都不是完整的一条小流域或一个坡面，而是由工程特点及其施工需要所决定的。因此，开发建设项目的水土流失也常以“点状”或“线型”，单一或综合的形式出现。以“点状”为主的矿业生产项目、石油生产的钻井、水利水电工程等开发建设项目，其特点是影响区域范围相对较小或影响区域较为集中，但破坏强度大，防治和植被恢复难度大。如井工开采项目对地面扰动虽较小，但掘井可形成较大的地下采空区，形成地表塌陷，影响区域水循环及植物生长，破坏土地资源，降低土地生产力，破坏强度大，植被恢复难度极大。“线型”为主的铁路、公路、输油气管道、输变电及有线通信等项目建设，受工程沿线地形地貌限制及“线型”活动方式的影响，其主体、配套工程建设区，涉及破坏范围少则几公顷、数十公顷，多则达几平方千米，甚至数十平方千米。

1.2.2.2　水土流失规律及流失强度的跳跃性

开发建设项目建设及其生产运行，使原有的土壤侵蚀分布规律发生了变化。原来水土流失不太严重的地区，局部却产生了剧烈的水土流失，而且土壤侵蚀强度较大，原有的侵蚀评价和数据在局部地区已不适用。土壤侵蚀过程也发生了变化。过去一个地区的水土流失产生、发展过程呈规律性，现在局部地区打破了原有的规律，可能从微度侵蚀迅速跳跃到剧烈侵蚀。

实践调查和监测数据表明，开发建设项目所造成的水土流失，通常情况下其初期的强度要高出原始地貌情况下自然侵蚀强度的几倍。但在开发建设项目运行期间，随着流失土壤的自然沉降和自然恢复，会逐步进入一个相对缓慢的侵蚀阶段。

由于开发建设项目施工建设在短时间内进行采、挖、填、弃、平等施工活动，使地表土壤原来的覆盖物遭受严重破坏；同时，又因施工建设活动的进行和继续，改变了土壤的理化性质，使得土壤颗粒的紧密结构遭到破坏，不能很好地抵抗外来营力的侵蚀，水土流失急剧增加。尤其在弃渣、弃土、取土等松散部位，所产生的水土流失强度往往会高出自然侵蚀强度的 3 ~ 8 倍。如福建省建瓯小区观测点对松散堆填地形的试验结果表明，3° ~ 5°坡面原地貌土壤侵蚀模数为 1 000 ~ 3 000t/(km^2·a)；而当原始坡面被破坏之后，则形成 36° ~ 40°的坡面堆积体，土壤侵蚀模数可达 20 000t/(km^2·a)以上。

另外，开发建设项目一般要经历施工准备期、施工期和生产(运行)期等阶段。建设类项目水土流失主要集中在建设期，建设生产类项目水土流失集中在建设期和生产运行期。在开发建设项目的施工准备期及施工期，由于要集中进行“三通一平”及建筑、厂房等基础设施建设，机械化程度高，施工进度比较快，特别是采、挖、填、弃、平等工序往往集中在短时期内进行，对原地貌环境的扰动强度大，水土保持设施破坏严重，使水土流失强度在短时间内成倍增加。而在生产(运行)期，由于经扰动地表已被重新塑造，再加上部分新增加的水土保持设施以及建设项目区域对地表的硬化、绿化等措施，水土流失产生的重点已经集中在了某些局部区域和生产环节上，水土流失危害较施工准备期和施工期要小一些。但对于建设生产类项目，如电厂工程，在运行期还堆弃灰渣；煤矿、铁矿等矿井工程，后期还堆放矸石、矿渣；冶金化工类工程，生产期中还倾倒大量废弃物等。若不及时采取有效的防护措施，产生的水土流失将十分严重。

1.2.2.3　水土流失形式的多样性

由于开发建设项目的组成、施工工艺和运行方式多样，且因地表裸露、土方堆置松散、人类机械活动频繁等，造成水蚀、风蚀、重力侵蚀等侵蚀形式时空交错分布。一般在雨季多水蚀，且溅蚀、面蚀、沟蚀并存，非雨季大风时多风蚀。

生产建设过程对地表的扰动及重塑，局部地改变了水土流失的形式，使原来的主要侵蚀营力发生变化，从而改变侵蚀形式。例如，在丘陵沟壑区的公路施工中，路基修筑中的削坡、开挖断面及对弃渣的堆砌，使原本的风力侵蚀作用加大，变成风力加水力侵蚀的复合侵蚀类型；在平原区，高填路基施工后，形成一定的路基边坡，从而使原本以风蚀为主的单一侵蚀形式，在路基边坡处转为以水蚀为主的侵蚀形式；对于设置在水蚀区的干灰场来说，由于堆灰工程所引起的灰渣流失，使得该区原有的侵蚀方式由水蚀变为以风蚀为主，或者风蚀、水蚀并存。

1.2.2.4　水土流失的潜在性

实践表明，开发建设项目在建设、生产(运行)期造成的水土流失及其危害，并非全部立即显现出来，往往是在很多种侵蚀营力共同作用下，首先显现其中1种或者几种所造成的危害，经过一段时间后，其余侵蚀营力造成的危害才慢慢显现出来；其次，由侵蚀营力造成的水土流失危害有一个不确定时段的潜伏期，而且结果无法预测。

例如，弃土场使用初期，往往水蚀和重力侵蚀同时存在，在雨季主要表现为水蚀，在大风日主要表现为风蚀，而重力侵蚀及其他侵蚀形式则随着弃土场使用时间的推移，经过潜伏期后，慢慢地显现其侵蚀作用，造成水土流失。

又如，对于大多地下生产项目如采煤、铁，淘金等，除扰动地面外，更长期的扰动是因地层挖掘、地下水疏干等活动，间接使地表河流干枯、地下水位下降、地面植被退化、地面塌陷，形成重力侵蚀，从而加剧水土流失。如陕西省宝鼎矿区煤炭资源全部采用地下开采方式，水土流失的主要分布区域为地下矿井和地表坡面，地下矿井水土流失主要表现形式为地表塌陷、地下水渗漏等，地表水土流失主要表现为扰动地表水土流失、矿区开挖边坡水土流失、煤场及煤矸石堆场水土流失等。

1.2.2.5　水土流失物质成分的复杂性

开发建设中的工矿企业、公路、铁路、水利电力工程、矿山开采及城镇建设等，在施工和生产运行中会产生大量的废渣，除部分被利用外，尚有许多剩余的弃土、弃石、弃渣。对于开发建设项目的弃渣来说，其物质组成成分除土壤外，还有岩石及碎屑、建筑垃圾与生活垃圾、植物残体等混合物。矿山类弃渣还有煤矸石、尾矿、尾矿渣及其他固体废弃物，火电类项目还有炉渣等。有色金属工业工程，其固体废物就是采矿、选矿、冶炼和加工过程及其环境保护设施中排出的固体或泥状的废弃物，其种类包括采矿废石、选矿尾矿、冶炼弃渣、污泥和工业垃圾等。有色金属工程在生产过程中还会排放出有害固体废弃物，详见表1-1。

如甘肃省金川公司冶炼弃渣年排放量约 70×10^4t，建厂以来已排放超过 $2\,000\times10^4$t，而且其弃渣排放温度高达1 300℃，含铁量大于34%，同时弃渣中还含有少量镍、钴、铜等有色金属。

表1-1　有色金属工程排放的有害固体废物质

来　源	有害固体废物名称
选　矿	含高砷尾矿、含铀尾矿
钢冶炼	湿法炼钢浸出渣、砷铁渣
铅冶炼	含砷烟尘、砷钙渣
锌冶炼	湿法炼锌浸出渣、中和净化渣、砷铁渣
锡冶炼	含砷烟尘、砷铁渣、污泥
锑冶炼	湿法炼锑浸出渣、碱渣
稀有金属冶炼	铍渣
制　酸	酸泥、废触媒

正因如此，对于上述弃渣应在指定的场所集中堆放，并修建拦挡、遮盖工程，以避免产生流失、压埋农田、淤积江河湖库、危害村庄及人身安全，减少对周边环境产生严重影响。

1.2.2.6 水土流失的突发性和灾难性

开发建设项目所造成的水土流失，往往在初期阶段呈现突发性，并且具有侵蚀历时短、强度大的特点。

一些大型开发建设项目对地表进行大范围及深度的开挖、扰动，破坏了原有的地质结构，造成了潜在的危害。随着时间的推移，在生产(运行)期遇到一定外来诱发营力的作用下，便会造成大的地质灾害，发生如崩岗、滑塌等地质灾害。如山西省太原市郊区，因忽视开发建设项目中的水土保持工作，1996 年 8 月的一场暴雨使洪水挟带着泥沙涌进市区，淤积厚度达 1m，造成 60 人失踪或死亡，直接经济损失达 2.86 亿元。又如陕西省铜川市区，近年来大规模开挖导致山体大面积滑坡、崩塌，仅 1982—1985 年，城区因崩塌、滑坡等灾害造成的人身伤亡事故就达 20 多起，死亡 122 人，直接损失达 1 000 多万元。2006 年 3 月 30 日，太旧高速公路 K460 + 500 处石太方向路面发生塌陷，最长 150m，宽 12m，深 8.5m，所幸没有发生交通事故，未造成人员伤亡。2004 年 12 月 9 日，207 国道安康至岚皋公路段 K17 + 200 处发生大规模山体滑塌，造成交通暂时中断。这些地质灾害的发生，对当地的经济发展、社会稳定都产生了一定的负面影响。

实践表明，开发建设项目在施工过程中若随意弃土弃渣，或者乱采滥挖，就将不可避免地造成大量水土流失，进而使可利用土地资源不断减少，土地可利用价值和生产力大大降低。同时，大量弃土弃渣进入河流，会造成河道淤积，毁坏水利设施，影响正常行洪和水利工程效益的发挥，甚至还会引发更大的洪涝或地质灾害。

近几十年来，各类开发建设项目激增，使长江中下游地区湖泊面积丧失约 $1\ 200 \times 10^4 hm^2$，丧失率达 34%，极大地削弱了湖泊的调洪能力。另外，由于不合理的开发建设活动而导致的塌陷、崩塌、滑坡、泥石流等自然灾害也屡见不鲜，且危害极大。例如，2006 年 3 月 27 日，青海省贵德县境内的一座大型水电站——拉西瓦水电站发生一起滑塌事故，导致 3 人死亡、2 人受伤。四川巫溪中阳村对坡脚的不合理开挖，造成水土流失，于 1988 年 1 月 10 日引发坡体滑塌，导致 25 人死亡、7 人受伤，直接经济损失达 468.5 万元。

从 1953 年辽宁省杨家杖子矿务局建设了新中国第一个尾矿库开始，至今全国已建设了几千座尾矿库，基本上满足了矿山的需要。但由于各种原因，尾矿库的安全状况不容乐观。总体来看，约有 1/3 属病险库，不同程度地存在事故隐患，严重者曾发生溃坝事故。如，1962 年 9 月 26 日云南省锡业公司火谷都尾矿库溃坝，171 人死亡、9 人受伤；1985 年 8 月 25 日湖南柿竹园有色矿牛角垄尾矿库溃坝，49 人死亡；1986 年 4 月 30 日安徽省黄梅山铁矿金山尾矿库坝体溃决，19 人死亡、95 人受伤；1992 年 5 月 24 日河南省滦川县赤土店乡钼矿尾矿库发生大规模坍塌，12 人死亡；1993 年福建省潘洛铁矿库区内发生山体大规模滑坡，造成 14 人死亡、4 人重伤；1994 年 7 月 13 日湖北省大冶有色金属公司龙角山铜矿尾矿库溃坝，28 人死亡、3 人失踪。2000 年 10 月 18 日广西省南丹县大厂镇鸿图选矿厂尾矿库发生重大垮坝事故，共造成 28 人死亡、56 人受伤，70 间房屋遭到不同程度毁坏，直接经济损失达 340 万元。2006 年 4 月 24 日河北省迁安市蔡园镇尾矿库发生溃坝事故，造成 1 人死亡、5 人被埋。2006 年 4 月 30 日陕西省商洛市镇安县黄金矿业有限责任公司尾矿库在加高坝体扩容施工时发生溃坝事故，外泄尾矿砂量约 $20 \times 10^4 m^3$，冲毁居民房屋 76 间，22 人被淹埋，17 人失踪。

综上所述，开发建设项目在施工活动或生产运行期所产生的弃渣（包括灰渣、尾矿），若不及时采取有效的防护措施，或者虽建有拦挡工程而管理不善，使水土保持措施不能很好地发挥拦挡作用，就有可能造成水土流失，影响周边环境，甚至导致人员伤亡，给社会造成极大危害。

1.2.3 开发建设项目水土流失的基本概念

1.2.3.1 开发建设项目与水土流失

水土流失（water and soil losses），在《中国百科大辞典》中的定义为“由水、重力和风等外界力引起的水土资源破坏和损失。”在《中国水利百科全书·第一卷》（1990）中的定义为：“在水力、重力、风力等外营力作用下，水土资源和土地生产力的破坏和损失，包括土地表层侵蚀和水的损失，亦称水土损失。”土地表层侵蚀指在水力、风力、冻融、重力以及其他外营力作用下，土壤、土壤母质及岩屑、松软岩层被破坏、剥蚀、转运和沉积的全部过程。水土流失的形式除雨滴溅蚀、片蚀、细沟侵蚀、浅沟侵蚀、切沟侵蚀等典型的土壤侵蚀形式外，还包括河岸侵蚀、山洪侵蚀、泥石流侵蚀以及滑坡等侵蚀形式。在有些国家的水土保持文献中，水的损失是指植物截留损失、地面及水面蒸发损失、植物蒸腾损失、深层渗漏损失、坡地径流损失。在中国，水的损失主要是指坡地径流损失。我国判断水土流失有 3 条标准：一是水土流失发生的场所是陆地表面，除了海洋外的地球表面都有可能发生水土流失；二是水土流失产生的原因必须是外营力，最主要的外营力是水力、风力、重力和人为活动；三是水土流失产生的结果是水土资源和土地生产力的损失和破坏。

开发建设项目造成的水土流失，是以人类生产建设活动为主要外营力形成的水土流失类型，是人类生产建设活动过程中扰动地表和地下岩土层、堆置废弃物、构筑人工边坡以及排放各种有毒有害物质而造成的水土资源和土地生产力的破坏和损失，是一种典型的人为加速侵蚀。其形式包括开发建设项目主体工程建设区和直接影响区的水资源、土地资源及其环境的破坏和损失（包括岩石、土壤、土状物、泥状物、废渣、尾矿及垃圾等的流失）。

开发建设项目水土流失是在人为作用下诱发产生的。它与原地貌条件下的水土流失有着天然的联系，但也存在着明显的区别。其所造成水土流失的形式，主要体现为项目建设区的水资源、土地资源及其环境的破坏和损失，不但包括建设过程中岩石、土壤(含土壤母质)等自然物质的破坏、侵蚀、搬运和沉积，同时也包括生产运行期内的生产性废弃物，呈土状物、泥状物的废渣、尾矿、垃圾等多种物质的破坏、侵蚀、搬运和沉积；与天然状态不同的是，由于开发建设项目的数量大、建设类型多样、产生水土流失方式不一，其造成的水土流失危害具有分散性、潜伏性和不确定性等特点。

不同类型开发建设项目水土流失特征见表 1-2。

表 1-2　不同类型开发建设项目水土流失特征

工程类型	工程特点	主要流失时段	重点流失部位
公路 铁路	线路长，穿越的地貌类型多，取土弃土和土石方流转的数量大	施工期、试运行期	路堑和路基边坡、取料场、弃土(渣)场
水利 水电	位于河道峡谷，移民安置数量大，土石方移动强度大	施工准备期、施工期	弃渣场、取料场、主体工程区
管　线	线路长，穿越河流及铁路、公路等工程多，作业带宽，临时堆土量大，施工期短	施工期	临时堆土区，线路穿越区
城镇 建设	位于人口密集区，扰动面积集中，砂石料用量大	施工准备期、施工期	砂石料场区、建筑工地
井采矿	地面扰动小，沉陷范围大，排矸多	施工期、生产运行期	排矸场、工业广场、沉陷区
露采矿	扰动强度大，排土量大	施工期、生产运行期	内外排土场、采掘坑沿帮
农林 开发	多位于丘陵山地，面积较大，多连片集中	施工准备期、施工期、生产运行期	林下和地表扰动破坏面
冶金 化工	扰动面积集中，砂石料用量大	施工准备期、施工期、生产运行期	渣场、尾矿库
火　电	工程占地集中，建设周期短	施工准备期、施工期、生产运行期	厂区、贮灰场区

1.2.3.2　与开发建设项目水土流失有关的专用名词

(1)开发建设项目水土流失面积

开发建设项目所涉及的水土流失面积，包括因开发建设项目生产建设活动导致或诱发的水土流失面积，以及项目区内尚未达到容许土壤流失量的未扰动地表水土流失的面积。

(2)开发建设项目的土壤流失量

开发建设项目的土壤流失量是指项目区验收或某一监测时段，防治责任范围内的平均土壤流失量。

(3)扰动土地

扰动土地是指开发建设项目在生产建设活动中形成的各类挖损、占压、堆弃用地，均以垂直投影面积计。

(4)弃土弃渣量

弃土弃渣量是指开发建设项目在生产建设过程中产生的弃土、弃石、弃渣量，也包括临时弃土弃渣。

1.3 开发建设项目水土保持

1.3.1 基本内涵

水土保持是由我国科技工作者首先提出并被世界各国科学技术界所接受的。在《中国大百科全书·农业卷》(1990)中水土保持的定义为："防治水土流失，保护、改良与合理利用山丘区和风沙区水土资源，维护和提高土地生产力，以利于充分发挥水土资源的经济效益和社会效益，建立良好生态环境的事业。"水和土是人类赖以生存的基础资源，是发展农业生产的基本要素。水土保持工作对开发建设山区、丘陵区和风沙区，整治国土，治理江河，减少水、旱、风等灾害，维护生态平衡，具有重要的作用。

显然土壤侵蚀是水土保持的工作对象。水土保持就是在合理利用水土资源的基础上，组织运用水土保持林草措施、水土保持工程措施、水土保持农业措施、水土保持管理措施等形成水土保持综合措施体系，以达到保持水土、提高土地生产力、改善山丘区和风沙区生态环境的目的。因此，《中华人民共和国水土保持法》第2条规定："本法所称水土保持，是指对自然因素和人为活动造成水土流失所采取的预防和治理措施。"

水土保持是集土壤学、水文学和生态学等于一体的一个专业名词，顾名思义，水土保持就是保持水土资源；有些国家称其为土壤侵蚀控制或水土保育；有关教科书将其解释为保护(保育)、稳定、固持、改良土壤，提高土地生产力。近代的生态演变、发展状况表明，水土流失的加剧主要是因人类不合理的活动造成的，如乱砍滥伐、过度垦殖、超载放牧、开采资源、工程建设等，鉴于此，《中华人民共和国水土保持法》专门确立了水土保持方案制度，其主要目的是为了有效保护生态环境，防治开发建设项目水土流失。

水土保持是江河治理和国土整治的根本。它既是水资源利用和保护的源头和基础，也是土地资源利用和保护的主要内容。预防和治理水土流失是水土保持的基本内涵，是水土保持的精髓。水土保持有着极其丰富的内涵和外延，是一门综合性很强的学科。它涉及生态学、地理学、社会学、经济学、农学、林学、草学以及水利学等，涉及水利、林业、农业、环境、城建、交通和铁路等部门，也涉及城乡千家万户，具有长期性、综合性和群众性的特点。

因此，预防水土流失就是通过法律的、行政的、经济的、教育的手段，使人们在生产活动、开发建设中，尽量避免造成水土流失，更不能加剧水土流失。主要措施可归纳为3种：①坚决禁止严重破坏水土资源的行为，如禁止毁林开荒等；②严格控制可能造成水土流失的行为，并要求达到法定的条件，如实行水土保持方案报告审批制度等；③积极采取各种水土保持措施，如植树造林等，防止产生新的水土流失。

治理水土流失就是在已经造成水土流失的区域，采取并合理配置生物措施、工程措施和蓄水保土耕作等措施，因害设防，综合整治，使水土资源得到有效保护和永续利用。

“防”和“治”应以介入时段来界定。“防”是事前介入，一是防止新的水土流失产生，二是控制水土流失以免使现有水土流失加剧，属于积极主动的措施；“治”是事后介入，遏止现有水土流失的继续，减轻现有水土流失，属于消极被动的措施。

1.3.2　开发建设项目水土流失防治责任范围

编制水土保持方案的目的，是依据法律规定确定项目建设单位的防治责任范围，根据建设的特点与需要，采取有效的防治措施，使建设项目造成的水土流失得到及时治理。这是法律规定制止人为水土流失的重大举措。

国家标准《开发建设项目水土保持技术规范》规定：水土流失防治责任范围(the range of responsebility for soil erosion control)是项目建设单位依法应承担水土流失防治义务的区域，由项目建设区和直接影响区组成。

项目建设区(construction area)是指开发建设项目建设征地、占地、使用及管辖的地域。

直接影响区(probable impact area)是指在项目建设过程中可能对项目建设区以外造成水土流失危害的地域。

1.3.2.1　防治责任范围的意义和内涵

(1)防治责任范围的意义

水土流失防治责任范围(以下简称防治责任范围)是指依据法律法规的规定和水土保持方案，开发建设单位或个人(以下简称建设单位)对其开发建设行为可能造成水土流失必须采取有效措施进行预防和治理的范围，也即承担水土流失防治义务与责任的范围。科学界定防治责任范围是合理确定建设单位水土流失防治义务的基本前提，也是水行政主管部门对建设单位进行监督检查和验收的范围。所谓防治责任范围，是指承担水土流失防治责任和义务的范围，是开发建设项目水土保持方案中的重要内容。建设单位须负责预防和治理该范围内可能出现的水土流失危害或影响；如果因防治不当造成水土流失危害或影响，就要负责由此而引起的处理费用，赔偿对周边居民和环境造成的损失，并承担相应的法律责任和经济责任。

(2)防治责任范围的内涵

防治责任范围，主要有 3 个方面的内涵。

其一是确定了空间范围。在此范围内的水土流失，不管是否由开发建设行为造成，均需对其进行治理并达到水土流失防治标准规定的治理要求或当地的治理规划；在此范围内的，建设单位应根据地形、地貌、地质条件和施工扰动方式，有针对性地设置预防及治理措施，避免或减轻可能造成的水土流失灾害或影响。

其二是明确了防治责任的时间期限。因防治责任与土地利用权属直接相关，在永久征地范围内的建设单位具有土地使用权，毫无疑问地要承担全过程的水土流失防治义务；在通过水土保持专项验收前，临时占地范围内的水土流失防治义务也归建设单位，通过验收、土地移交后建设单位不再具有土地使用权，无法再设置防治措施，即超出了责任期限。

其三是明确了责任主体。为落实具体的防治责任，需明确承担该空间和时间范围内水土流失防治义务的责任主体；在生产建设期间，责任主体为建设单位。当主体工程完工、临时占地归还地方时，需在土地交还前完成水土流失防治义务并经水行政主管部门验收后将防治责任归还土地使用权的接收者，即通过水土保持验收后建设单位或运行管理单位的防治责任范围仅为项目的永久占地范围。

1.3.2.2　防治责任范围的划分

开发建设项目防治水土流失的责任范围包括项目建设区和直接影响区。其中，项目建设区包括永久征地、临时占地、租赁土地以及其他属于建设单位管辖的土地。经分析论证确定的施工过程中必然扰动和埋压的范围应列入项目建设区。直接影响区是指项目建设区以外，由于开发建设活动可能造成水土流失及其直接危害的范围，应通过调查、分析确定。

(1)项目建设区

项目建设区主要指生产建设扰动的区域，它包括开发建设项目的征地范围、占地范围、用地范围及其管辖范围。具体范围应包括建(构)筑物占地，施工临时生产、生活设施占地，施工道路(公路、便道等)占地，料场(土、石、砂砾、骨料等)占地，弃渣(土、石、灰等)场占地，对外交通、供水管线、通信、施工用电线路等线型工程占地，水库正常蓄水位淹没区等永久征地和临时占地面积。改建、扩建工程项目与现有工程的共用部分也应列入项目建设区。

项目建设区的项目永久征地、临时占地、租赁土地、管辖范围等土地权属明确，所有权属范围均需项目法人对其区域内的水土流失进行预防或治理。其主要特点是必然发生、与建设项目直接相关。项目建设区需根据整个项目的施工活动来确定，不得肢解转移。由于建设单位一般不会直接参与施工，所有的施工均需外包，但防治责任均应由建设单位负责，不能无限转包最终至个人。在外购土、石料时，合同中应明确水土流失防治责任，并报当地(县级)水行政主管部门备案。

在此范围内，应根据因害设防的原则，根据以往经验，提前设置水土流失防治措施以减轻水土流失灾害和影响。规模较小、集中安置的移民(拆迁)安置区应列入项目建设区，在方案中进行相应深度的设计；规模较小且分散安置时，列为直接影响区，在水土保持方案中明确水土流失防治责任、提出水土流失防治要求，建设单位承担连带责任，验收技术评估时应对该范围进行问卷调查。若规模较大(如超过1 000人)，须由地方政府集中安置，应该另行编报水土保持方案。移民安置工程通过水土保持验收移交地方后，不再属于建设单位运行期的防治责任范围。

(2)直接影响区

直接影响区是指在项目建设区以外，由于工程建设，如专用公路、临时道路、高陡边坡削坡、渠道开挖、取料、堤防工程等，其扰动土地的范围可能越出项目建设区(征占地界)并造成水土流失及其直接危害的区域。具体应包括规模较小的拆迁安置和道路等专项设施迁建区，排洪泄水区下游，开挖面下边坡，道路两侧，灰渣场下风向，塌陷区，水库周边影响区，地下开采对地面的影响区，工程引发滑坡、泥石流、崩塌的区域等。应依据区域地形地貌、自然条件和主体工程设计文件，结合对类比工程的调查，根据风向、边坡、洪水下泄、排水、塌陷、水库水位消落、水库周边可能引起的浸渍，排洪涵洞上、下游的滞洪、冲刷等因素，经分析后确定。

直接影响区的主要特点是由项目建设所诱发、可能会(也可能不会)加剧水土流失，如若加剧水土流失应由建设单位进行防治的范围。在此范围内，如果发生水土流失灾害或影响，建设单位应负责治理，并应根据工程经验，在项目建设区采取有效措施进行预防。直接影响区一般包括不稳定边坡的周边、排水沟尾段至河沟的顺接区、地下施工作业范围、再塑地形与周边立地条件的衔接区、工程导致侵蚀外营力发生变化的区域等。对直接影响区，应针对具体情况进行调查分析确定，方案中应附详细的调查资料，不能简单外推；线型工程的直接影响区应根据地貌和施工特点分段计算。

方案编制时需在调查类比工程的基础上进行分析以确定直接影响区。当类比工程极少时，直接影响区可参考下列范围研究确定。

线型工程：山区上边坡5m，下边坡50m；桥隧上边坡5m，下边坡8m；管道两侧各5~10m。丘陵区上边坡5m，下边坡20m。风沙区两侧各50m。平原区两侧各2m。

点型工程：有坡面开挖的两侧各2m。塌陷区面积按有关行业技术标准的规定确定。

直接影响区一般不布设措施，也不估列水土保持设施补偿费，但可作为主体工程方案比选分析评价(水土流失影响分析)的重要依据。直接影响区越大，说明主体工程设计的合理性越差，方案中应作充分的分析，明确直接影响区的范围，以作为监督执法的依据。水库淹没造成直接影响区主要是指塌岸区域，应调查可能发生塌岸的地段，合理估算确定坍塌的范围；如必须采取措施，应商移民和施工组织设计专业，经协商确需采取措施进行防治的，其范围应列入项目建设区。

1.3.2.3 防治责任范围的特征

(1)防治责任范围的基本特征

①相对性　根据“谁开发谁保护、谁造成水土流失谁负责治理”的原则，防治责任范围与工程占地和扰动范围直接相关，在现有技术水平下，也与工程规模、防护标准和施工工艺等有关。应根据既有工程经验进行施工组织设计，估计开发建设项目的防治责任范围。防治责任范围要相对固定，即责任范围相对固定、责任期间相对明确；在该范围内发生的水土流失，须由建设单位负责预防和治理，是水土保持监督检查和专项验收的范围；超出该范围和期间的水土流失，一般不由建设单位负责治理，也不作为水土保持专项验收的范围。

②可变性　在实践中，工程所处的阶段不同，防治责任范围也不同。在设计阶段，根据设计资料合理界定防治责任范围，供建设单位报请水土保持方案批复时采用。在施工阶段，由于地质条件、材料质量和施工组织的变化，施工过程中工程变更广泛存在，征占地范围可能增大，进而导致实际的扰动范围与方案确定并批准的防治责任范围不同，在验收前应对原批准的防治责任范围进行检查，对没有扰动的，在实地调查的基础上参考水土保持监测成果可以从验收范围中去除；但对实际增加的扰动范围应按项目建设区进行检查和验收。在投产使用后，随着临时用地的归还而使防治责任范围变小，仅对永久占地范围内的水土流失防治和水土资源保护承担责任。

③系统性　防治责任范围包括项目建设区和直接影响区 2 部分。其中项目建设区是工程实际占用的土地范围；而直接影响区则是在项目建设区周边、与生产建设有因果关系的、可能发生水土流失的范围。直接影响区一般不单独存在，总是伴随项目建设区而存在，如果附近没有施工扰动，就不会导致或诱发水土流失，也无必要设置直接影响区。一般情况下，直接影响区不单独进行水土流失防治分区，而是就近并入相应的防治分区；在设计阶段也无必要进行措施设计，只需提出相应的处理原则和规划措施类型，根据经验估列遭受扰动后所需的防治费用。

(2)项目建设区的判别准则

①导致或诱发水土流失的必然性　项目建设过程中，必将破坏原有植被，在施工期出现大量的地表裸露、土壤疏松或失去水分，同时使地貌、水文等条件发生很大变化，遇降雨、大风等外力甚至在自身重力下不可避免地造成土壤侵蚀；施工形成的边坡面积较大，遇暴雨、大风或地表径流可诱发大量的水土流失。尽管在项目完工后，大量地表被硬化或覆盖，水土流失可能较项目建设前要轻些，但在施工期间的水土流失是必然的，是不可避免的。

②水土流失与生产建设存在因果关系　生产建设期间，防治责任范围内的水土流失量将增大，水土流失强度较施工扰动前的原地貌要高 1 至几个等级，由于地表裸露和植被等水土保持设施损毁不可避免，直接造成的水土流失量必然增加，即项目建设区的水土流失增加与生产建设活动存在因果关系。

③建设单位有土地利用的支配权 项目建设区一般指建设单位为项目生产建设而征用、占用、使用和管辖的土地范围，为生产建设必不可少的场地。在责任期间，建设单位可以在该范围内进行施工生产，可以提前采取措施对水土流失进行预防和治理；即建设单位对项目建设区的土地使用有支配操纵权，可以随时设置水土流失防治措施而不需经其他人同意。

(3) 直接影响区的判别准则

①诱发或导致水土流失的不确定性 直接影响区是指项目建设区以外，因施工生产活动而可能造成水土流失及其直接危害的区域；主要特征是可能造成水土流失的增加，也可能不造成水土流失的增加，即诱发或导致水土流失具有不确定性。当施工范围或施工工艺发生变化、防护不当或遇到超出工程防护标准的自然力时，可导致水土流失的增加或灾害事故的发生；如果没有扰动，该区域的水土流失仍处于相对稳定的状态。即事先无法确认是否会发生水土流失。如果一个区域因开发建设行为必然导致水土流失增加，则应将其纳入项目建设区。

②水土流失与生产建设活动有因果关系 水土流失的增加与生产建设活动有因果关系是界定直接影响区的重要原则。因开发建设行为和外营力的不利组合，才导致了水土流失的增加。如果水土流失的增加不是由生产建设活动造成的，则建设单位不应承担该区域的水土流失防治责任；如果在工程验收前，没有发生大的水土流失，且经技术评估后认为不存在水土流失灾害的隐患，则无需承担该区域水土流失的防治义务。

③建设单位无土地利用的支配权 尽管存在水土流失增加的可能性，但建设单位没有征用、占用、使用或管辖该土地范围，没有土地利用的支配权，无权主动、大范围地采取水土流失防治措施。如果有土地利用的支配权，即应纳入项目建设区，提前设置相应的水土流失防治措施。只有直接影响区内确实已经或即将发生水土流失，且由生产建设活动直接导致，建设单位才有义务提前预防和治理水土流失，并采取措施消除水土流失隐患。在水土保持方案中，应在项目建设区提前设置必要的防护措施。在施工过程中，如果发生了扰动，应该及时清除泥土，进行修补或恢复原状，并对土地使用权属人进行赔偿，提出防治水土流失的建议措施。

④可转换性 在项目前期阶段，根据一定的分析方法确定的直接影响区具有不确定性，在实际施工中可能对该区域产生扰动，也可能不产生扰动。确定的直接影响区是项目建设前确定的关联责任边界，在施工中需对其进行监督检查，并在验收时检查其水土保持状况及水土流失隐患。但是，在实际施工过程中，如果确实对其产生了扰动，则应将此部分看作项目建设区，布设相应的防治措施，排除水土流失隐患。

1.3.3 开发建设项目水土流失防治特点

开发建设项目水土保持方案与以往的仅在农村、仅与农业有关的小流域为单位的水土保持规划、设计等方案有明显的不同，过去的规划指导思想、规划方法、技术措施、经济计算与评价等不完全适用于开发建设项目的水土保持方案编制，须按已颁发的《开发建设项目水土保持方案技术规范》进行编制。从这一角度讲，开发建设项目水土保持工作就与传统意义上的水土保持既有本质的联系，又有自己的特点，具体表现为以下几方面。

(1)落实法律规定的水土流失防治义务

根据“谁开发、谁保护，谁造成水土流失、谁负责治理”的原则，凡在生产建设过程中造成水土流失的，都必须采取措施对水土流失进行治理。编制水土保持方案就是落实法律的规定，使法定义务落到实处。开发建设项目水土保持方案较准确地确定了建设方所应承担的防治责任范围，也为水土保持监督管理部门的监督实施、收费、处罚等提供了科学依据。

(2)水土保持列入了开发建设项目的总体规划，具有法律强制性

法律规定在建设项目审批立项前，首先编报水土保持方案，这样从立项开始把关，并将水土流失保持方案纳入主体工程中，与主体工程“三同时”实施，使水土流失得以及时控制。

常规治理大多是政府行为，而建设项目则是法律强制行为。水土保持方案批准后具有强制实施的法律效力，未经批准，建设单位不得擅自停止实施或更改方案。要列入生产建设项目的总体安排和年度计划中，按方案有计划、有组织地实施，使水土防治经费有法定来源。

(3)防治目标专一，工程标准高

常规治理以经济、社会、生态三大效益为目标，根据行业规范要求，常规治理防治水土流失，一般以拦蓄10年或20年一遇暴雨为标准。而开发建设项目则以控制水土流失为目标，防治项目建设区水土流失和洪水泥沙对项目、周边地区的危害，保障项目区工程设施和生产安全，兼顾美化环境、净化空气、维护生态平衡的效能。防治工程的标准往往是以所保护的对象来确定，工程标准较高。

(4)方案实施有严格的时间限制

常规水土保持综合治理通常根据地域水土保持规划要求和上级行政主管部门的安排，一般3～5年为一个实施周期，治理的早与晚一般不会产生很大的危害或影响；而建设项目水土保持方案的实施具有严格的期限，不能逾期。如铁路、公路、通信等一次性建设项目，必须在工程开工前完成水土保持方案的编制，才能预防和治理施工过程中的水土流失。

(5)与项目工程相互协调

常规水土保持综合治理采用独立编制规划和独立组织实施；而开发建设项目水土保持工作则要求其水土保持防治工程的布设、实施与主体工程相协调，需要结合项目施工过程和工艺特点，确定防治措施和实施时序。

(6)水土流失防治有科学规划和技术保证

按开发建设项目大小确定的甲、乙、丙级资格证书编制制度，保证了不同开发建设项目方案的质量。同时，方案的实施措施中对组织机构、技术人员等均有具体要求，各项措施的实施有了技术保证。

(7)有利于水土保持执法部门监督实施

有了相应设计深度的方案，使水土保持工程有设计、有设计图纸，便于实施、便于检查、便于监督。

1.3.4 开发建设项目水土保持专用术语

(1)扰动土地整治面积与扰动土地整治率(treatment percentage of disturbed land)

扰动土地整治面积，指对扰动土地采取各类整治措施的面积，包括永久建筑物面积。不扰动的土地面积不计算在内，如水工程建设过程不扰动的水域面积不统计在内。

扰动土地整治率是项目建设区内扰动土地的整治面积占扰动土地总面积的百分比。

(2)水土流失防治面积和水土流失总治理度(controlled percentage of erosion area)

水土流失面积包括因开发建设项目生产建设活动导致或诱发的水土流失面积，以及项目建设区内尚未达到容许土壤流失量的未扰动地表水土流失的面积。水土流失防治面积是指对水土流失区域采取水土保持措施，并使土壤流失量达到容许土壤流失量或以下的面积，以及建立良好排水体系，并不对周边产生冲刷的地面硬化面积和永久建筑物占用地面积。弃土弃渣场地在采取挡护措施并进行土地整治和植被恢复，土壤流失量达到容许流失量后，才能作为防治面积。

水土流失总治理度是项目建设区内水土流失治理达标面积占水土流失总面积的百分比。

(3)土壤流失控制比(controlled ratio of soil erosion modulus)

土壤流失控制比是项目建设区内，容许土壤流失量与治理后的平均土壤流失强度之比。

水蚀的容许土壤流失量的指标根据 SL190—2007《土壤侵蚀分类分级标准》规定，水蚀为主的类型区及其容许土壤流失量为：

①西北黄土高原区　主要在黄河上中游，为 1 000 $t/(km^2·a)$；

②东北黑土区(低山丘陵和漫岗丘陵区)　主要在松花江流域，为 200 $t/(km^2·a)$；

③北方土石山区　主要在淮河流域以北黄河中下游、海河流域，为 200 $t/(km^2·a)$；

④南方红壤丘陵区　主要在长江中游及汉水流域、洞庭湖水系、鄱阳湖水系、珠江中下游，包括江苏、浙江等沿海侵蚀区，为 500 $t/(km^2·a)$；

⑤西南土石山区　主要在长江上中游及珠江上游，为 500 $t/(km^2·a)$。

风力侵蚀的容许土壤流失量暂定为：沿河、环湖、滨海风沙区为 500 $t/(km^2·a)$；风蚀水蚀交错区为 1 000 $t/(km^2·a)$；北方风沙区为 1 000 ~ 2 500 $t/(km^2·a)$，具体可根据原地貌风蚀强度确定。

(4) 拦渣率(percentage of dammed slag or ashes)

拦渣率是项目建设区内采取措施实际拦挡的弃土(石、渣)量与工程弃土(石、渣)总量的百分比。

(5)可恢复植被面积和林草植被恢复率(recovery percentage of the forest and grass)

可恢复植被面积是指在当前技术经济条件下，通过分析论证确定的可以采取植物措施的面积，不含国家规定应恢复农耕的面积，以批准的水土保持方案数据为准。

林草植被恢复率是项目建设区内，林草类植被面积占可恢复林草植被(在目前经济、技术条件下适宜于恢复林草植被)面积的百分比。

(6)林草面积和林草覆盖率(percentage of the forest and grass coverage)

林草面积是指开发建设项目的项目建设区内所有人工和天然森林、灌木林和草地的面积。其中森林的郁闭度应达到0.2以上(不含0.2)；灌木林和草地的覆盖率应达到0.4以上(不含0.4)。零星植树可根据不同树种的造林密度折合为面积。

林草覆盖率是林草类植被面积占项目建设区面积的百分比。

以上6项内容中涉及的面积，均以垂直投影面积计。

1.3.5 开发建设项目水土保持工作在我国的开展历程

1.3.5.1 水土保持方案报告制度的建立

我国水土保持工作历史悠久。新中国成立后，国家对水土保持工作十分重视，随着水土保持工作的开展，适应经济建设的需要，我国在不同时期制定了不同的水土保持法规和政策，对生产建设过程中可能产生的水土流失进行控制。

1957年政务院颁布的我国第一部水土保持法规《中华人民共和国水土保持暂行纲要》对预防保护工作作出了具体规定，要求工矿企业、铁路以及交通等部门在生产建设中要采取水土保持措施，并接受水土保持机构的指导和检查。

20世纪60年代初，国务院公布《关于开荒挖矿、修筑水利和交通工程应注意水土保持的通知》，进一步强调了水利和交通等建设项目要同步采取水土保持措施。

1982年，国务院公布实施《水土保持工作条例》，规定工矿、交通等单位在开发建设项目中要制定水土保持实施方案，经水土保持部门提出意见，并由水土保持部门据此进行监督，对造成水土流失的单位和个人要限期治理。该条例中提出的水土保持实施方案，就是水土保持方案报告(制度)的雏形。

改革开放以后，各地开发建设项目和乡镇企业迅猛发展，特别是在晋陕蒙接壤地区，采矿、挖煤、修路、开石、采沙等活动造成的水土流失已经十分严重。1988年，经国务院批准，原国家计委(现国家发展和改革委员会)和水利部联合发布《开发建设晋陕蒙接壤地区水土保持规定》。这个规定着重解决了在该区域中大规模开发煤炭和其他生产建设活动中要做好水土保持工作的问题。规定中明确了"谁开发谁保护"、"谁造成水土流失，谁负责治理"的原则，对大型开发建设项目、小工矿和乡镇企业及个人等不同情况分别制定了相应的监督管理办法。对大型国有工矿、交通等单位实行"水土保持方案报告"制度，规定有关单位根据其项目对水土保持影响情况，应制定方案报告，报水土保持监督管理部门审批，并按方案实施。对小型工矿和乡镇企业及个体户实行"水土保持审定书"制度，这些单位和个人根据其开发建设情况及时到水土保持部门登记，提出防治水土流失的方案，由水土保持监督管理部门核定后发给"水土保持审定书"，并按审定书进行防治。水土保持部门根据审批的"水土保持方案报告"及"水土保持审定书"依法进行监督管理。这个区域性法规提出了分类管理的概念，进一步完善了水土保持方案报告制度。

1987 年全国人大法制工作委员会将制定水土保持法列入立法计划，要求水利部组织起草班子，着手调查研究，开始起草工作。1989 年 8 月形成送审稿呈报国务院。之后，国务院法制局(现法制办)2 次以国务院名义征求了各地和各有关部门的意见，并组织力量进行修改，于 1990 年 1 月将草案提交全国人大常委会审议。全国人大法制工作委员会即着手进行调研和修改，前后十易其稿。最后于 1991 年 6 月 29 日第七届全国人大第 20 次常委会审议通过，并于当天由国家主席杨尚昆以 49 号令公布实施。《中华人民共和国水土保持法》第 8 条规定，从事可能引起水土流失的生产建设活动的单位和个人，必须采取措施保护水土资源，并负责治理因生产建设活动造成的水土流失。该条规定明确了开发建设单位和个人防治水土流失的责任与承担的义务。该法第 19 条规定，在山区、丘陵区和风沙区修建铁路、公路、水工程，开办矿山企业、电力企业和其他大中型工业企业，在开发建设项目环境影响报告书中，必须有水行政主管部门同意的水土保持方案；在山区、丘陵区和风沙区依照矿产资源法的规定开办乡镇集体矿山企业和个体申请采矿，必须持有县级以上人民政府水行政主管部门同意的水土保持方案，方可申请办理采矿手续。相应制定的《中华人民共和国水土保持法实施条例》第 14 条进一步规定，水土保持方案必须先经过水行政主管部门审查同意，将开办乡镇集体矿山企业和个体申请采矿的水土保持方案要求明确为水土保持方案报告表。国务院于 1993 年 1 月发布《国务院关于加强水土保持工作的通知》，进一步强调了建立水土保持方案报告制度，并强调各级计划部门在审批项目时要严格把关。至此，水土保持方案报告制度正式在全国范围内建立，明确了分级审批、分类管理的要求，并确立了环境影响报告书审批、计划部门立项审批的把关责任。自此，水土保持方案报告制度走上正轨。

1.3.5.2　水土保持方案报告制度的逐步完善

1994 年 11 月 22 日，水利部、原国家计委、国家环境保护局联合公布了《开发建设项目水土保持方案管理办法》(水保[1994]513 号)，水土保持方案报告制度遂成为我国开发建设项目立项的一个重要程序和内容。1995 年 5 月 30 日，水利部公布了《开发建设项目水土保持方案编报审批管理规定》(水利部令第 5 号)，使得开发建设项目水土保持方案编报审批工作进一步程序化、规范化；1996年3月1日，水利部批复同意了全国首个开发建设项目水土保持方案，即《平朔煤炭工业公司安太堡露天煤矿水土保持方案报告书》，标志着开发建设项目水土保持方案审批工作走上正轨。

1998年2月5日，水利部批准公布了《开发建设项目水土保持方案技术规范》(SL 204—1998)，水土保持方案的编制设计工作得到全面规范，1998年10月20日，水利部、国家电力公司率先联合印发了《电力建设项目水土保持工作暂行规定》(水保[1998]423号)。自此，加强了部门相互配合，推进了水土保持方案的落实，促进了开发建设项目的水土保持工作。

1999年6月，水利部在全国60个地(市)、1166个县(市、旗、区)开展了水土保持监督管理规范化建设工作，进一步规范了监督执法工作，加强了监督管理机构能力建设，提高了执法效率。

2000年1月31日，水利部公布《水土保持生态环境监测网络管理办法》(水利部令第12号)，明确开发建设项目的水土保持专项监测点，依据批准的水土保持方案，对建设和生产过程中的水土流失进行监测，接受水土保持生态环境监测管理机构的业务指导和管理。2000年11月23日，水利部水土保持司、建设与管理司联合发布《关于加强水土保持生态建设工程监理管理工作的通知》，在水利工程监理系列设立水土保持专项监理资质。

2002年10月14日，水利部公布了《开发建设项目水土保持设施验收管理办法》(水利部令第16号)，标志着开发建设项目水土保持设施验收工作开始全面展开。

2005年7月8日，为满足新形势下水土保持工作的要求，水利部颁布了《关于修改部分水利行政许可规章的决定》(水利部令第24号)，对《开发建设项目水土保持方案编报审批管理规定》(水利部令第5号)和《开发建设项目水土保持设施验收管理办法》(水利部令第16号)进行了修订，使得开发建设项目水土保持方案的编报审批管理和开发建设项目水土保持设施的验收管理更加完善。与此同时，各地也相继出台了水土保持方案分类管理等规范性文件。

2008年1月14日，由水利部水土保持监测中心主编、相关行业的10个单位参编的《开发建设项目水土保持技术规范》(GB50433—2008)和《开发建设项目水土流失防治标准》(GB50434—2008)通过了建设部和国家质量监督检验检疫总局的批准，于2008年7月1日正式实施。2008年7月12日光明日报以《开发建设项目水土保持有了限制规定》为标题，并醒目提示两行：不符合标准可否决或修改建设项目；对工程建设提出了70余条强制条款。

此外，水利部还出台了关于规范技术评审、水利水电工程移民、水土保持咨询服务收费、工程监理等方面的指导文件，方便了水土保持方案的编制与审查工作。

截至2005年年底，全国共审批水土保持方案23万个，开发建设单位投入水土流失防治经费600亿元，布设防治措施面积$7\times10^4 km^2$，减少土壤侵蚀量16×

10^8t。其中，国家大型开发建设项目1 000多个，开发建设单位投入水土流失防治经费400多亿元，防治面积近1.1×10^4km²，超过8 000km新建公路、1×10^4km新建铁路实施了水土保持方案。从验收的情况看，实施水土保持方案的项目，拦渣率在95%以上，植被恢复系数、扰动土地治理率均在90%以上。

1.4 不同规划设计阶段建设项目水土保持的任务和内容

1.4.1 项目建议书阶段

项目建议书(或预可研)是要求建设某一具体项目的建议文件，是建设程序中最初阶段的工作，是投资决策前对拟建项目的轮廓设想。其主要作用是为了说明项目建设的必要性、条件的可行性和获利的可能性；确定工程任务、规模，比选和初拟方案，进行投资估算和经济评价。根据国民经济中长期发展规划和产业政策，由审批部门确定是否可以立项。

在项目建议书阶段应有水土流失及其防治的内容，并说明可行性研究阶段重点解决的问题。

本阶段水土保持章节(或专章)主要分析是否存在影响工程任务和规模的水土流失影响因素，以及不同比选方案可能产生的水土流失影响情况；对水土流失作出初步估测，提出水土流失防治的初步方案并估算投资。建议书经批准后，可以进行详细的可行性研究工作，但并不表明项目非上不可，项目建议书不是项目的最终决策。

1.4.2 可行性研究阶段

在可行性研究阶段，工程设计的主要任务是进行方案比选，基本确定推荐方案，估算投资和进行经济分析。重点是通过技术经济分析比较确定可行的方案。

在可行性研究阶段必须编制水土保持方案，预测主体工程不同比选方案引起的水土流失及采取的措施，论证并确定水土流失防治的标准等级，以作为下一阶段设计的依据。

本阶段水土保持方案主要关注的焦点是总体布置、施工组织设计，特别是弃渣场、取料场等的布置方案。水土保持方案不仅要对主体工程设计提出约束条件，而且应提出解决的方案和建议，应对采挖面、排弃场、施工区、临时道路、生产建设区的选位、布局，生产和施工技术等提出符合水土保持的要求，对工程优化设计作出贡献，供建设项目初设时考虑。各设计专业则应充分吸纳水土保持的意见，并在各专业协商基础上取得一致。主要工作包括：

①建设项目及其周边环境概况调查(必要的现场考察和调查)；

②项目区水土流失及水土保持现状调查；

③生产建设中排放废弃固体物的数量和可能造成的水土流失及其危害预测；

④初步估算建设项目的责任范围，并制定水土流失防治初选方案(含重点分

析和论证)；

⑤水土保持投资估算(纳入主体工程总投资)。

1.4.3　初步设计阶段

初步设计的主要作用是根据批准的可行性研究报告和必要准确的设计基础资料，对设计对象所进行的通盘研究、概略计算和总体安排；目的是为了阐明在指定的地点、时间和投资内，拟建工程技术上的可能性和经济上的合理性。

在初步设计、施工图设计阶段，应根据批准的水土保持方案和工程设计规程规范，设专章进行水土保持工程设计。

本阶段水土保持方案初步设计的主要工作有：

①复核、勘察和试验水土保持方案初步设计的依据；

②准确界定建设项目水土流失防治范围及面积；

③科学预测开发建设造成的水土流失面积和数量；

④根据不同工程的典型设计、工程量和实施进度安排，完成水土流失防治工程的初步设计；

⑤水土保持投资概算(年度安排)；

⑥水土保持方案实施的保证措施(机构、人员、经费和技术保证等)。

本章小结

建设项目按建设和生产运行情况分为建设类项目和建设生产类项目。矿产开采、冶炼、公路、铁路、水工程、电力工程、通讯工程、机场建设、港口码头建设、地质勘探、文物考古、生态移民、滩涂开发、荒地开垦、林木采伐及城镇建设等一切可能引起水土流失的开发建设项目都是当前水土保持工作关注的对象。国家标准《开发建设项目水土流失防治标准》规定了不同规划设计阶段中建设项目水土保持的任务和内容。

思　考　题

1. 什么是开发建设项目水土保持?
2. 不同规划设计阶段建设项目水土保持的任务和内容是什么?

小 资 料

由水利部水土保持监测中心主编、相关行业 10 个单位参编的《开发建设项目水土保持技术规范》(GB50433—2008)和《开发建设项目水土流失防治标准》(GB50434—2008)于 2008 年 1 月 14 日通过建设部和国家质量监督检验检疫总局的批准，于 2008 年 7 月 1 日正式实施。

上述两个国家标准贯彻了科学发展观的内在要求，总结了《开发建设项目水土保持方案技术规范》(SL204—1998)实施十年的实践经验，经过广泛深入的调查研究，吸收了相关行业设计规范的最新成果。

两个国家标准均服务于建设项目从立项到验收投产的整个基本建设程序，并以可行性研究阶段的水土保持方案为重点，对防治项目建设和生产运行期间可能造成的水土流失具有重要的指导意义。具体行业的建设项目的水土保持技术规范，应以这两个国家标准为基础，并以初步设计阶段为重点。

第2章

开发建设活动引起的水土流失形式

开发建设项目水土流失，是人类进行开发建设活动过程中，因扰动地表或地下岩土层，如钻井、开挖管沟、平整场地、临时建设施工占地、现场建材和管材堆放、运输车辆及作业机械的各项施工活动，以及排放多种有毒有害物质，而造成的水土资源和土地生产力的破坏和损失，是一种典型的现代人为加速侵蚀。其形式复杂多样，应当包括开发建设项目及其影响区域范围内的水损失(包括水资源及其环境的破坏)和土体损失(包括岩石、土壤、土状物、泥状物、废渣、尾矿、垃圾等的流失)。开发建设项目水土流失是在人为作用下诱发产生的，它与原地貌条件下的水土流失有着天然的联系，但也存在着明显的区别。

传统水土流失以对自然地貌的侵蚀为主，人为加速侵蚀主要由毁林毁草、开垦荒地和不合理的生产经营活动所造成的。开发建设项目水土流失是一种极为剧烈的人为加速侵蚀，其形式复杂多样且具显著特征：

①水循环系统和水资源的破坏和损失　开发建设项目开挖地表及深层土壤、岩石，破坏下垫面和地下储水结构，破坏水循环系统；硬化地面使入渗减少，径流增加，破坏了水量平衡，造成水的损失；建设和生产过程中有毒有害物质进入水循环系统，导致水资源污染。

②侵蚀搬运物质复杂化　现代化的建设项目，采用高度机械化的挖掘施工工艺和高能量的爆破技术，不仅使表层土壤和植被荡然无存，而且还将浅表层或深层的岩土物质搬运到地表，构成开发建设项目的侵蚀搬运物质已不是传统意义上的土壤和岩石风化物，而是包括土壤、母岩、基岩、工业固体废弃物以及垃圾等物质的混合物。这些搬运物质通常呈非自然固结状态，胶结和稳定性极差，加剧了水蚀、风蚀和重力侵蚀过程。传统水土流失的年土壤侵蚀模数一般在 2×10^4 t/km^{2}以下；而开发建设项目水土流失的年土壤侵蚀模数要比此大得多，局部地区可达 6×10^4 t/km^2 以上(深圳市布吉河调查结果)。

③人为诱发水土流失严重　在山区、丘陵区、风沙区甚至平原区，开发建设项目通过水文网路时，常将固体废弃物倾泻或堆置在岸坡或水路上，不仅导致废弃物淋溶污染，而且缩窄了水路影响行洪，增加山洪泥石流发生的潜在危险；项目建设过程中的开山通路，破坏了自然边坡的荷载平衡，诱发了崩塌、滑坡等侵蚀的发生。

④特殊的水土流失形式　开发建设项目在建设和生产过程中，由人为因素造成的特殊侵蚀形式如非均匀沉降、砂土液化、采空区塌陷等的成因和形式十分复

杂，它们与工程设计、施工工艺和生产流程有密切关系。

开发建设项目水土流失形式的分类，目前尚无统一的划分方案。下面分别就水资源系统破坏、水力侵蚀、重力侵蚀、混合侵蚀、风力侵蚀等几方面进行详细阐述。

2.1 开发建设活动对水资源的影响

工程建设和采矿活动破坏了下垫面植被、土壤，改变和重塑了地形地貌；同时，大量取水、用水和排水，破坏地下储水结构，不仅影响项目建设区本身的水文平衡，而且影响项目建设区周围区域的水文循环，导致水土资源的破坏和损失，造成区域水源匮缺、水环境及水质恶化，使项目建设区和直接影响建设区的土地生产力下降，给周围区域工农业及人民生活用水带来了巨大的困难。工程建设活动造成的区域水量损失及水质污染，导致的区域水资源、状况恶化，称之为水资源破坏。在水资源遭到破坏的同时，水循环所涉及的区域下垫面状况，如区域地形、地貌、土壤、植被、地质构造及河道特征等，也遭到不同程度的破坏，其与水资源破坏一起称作水资源系统的破坏。

2.1.1 开发建设活动对水循环的影响

水是地球上分布最广泛的物质之一，是人类赖以生存的最基本的物质基础。水的相变特性和气液相的流动性，决定了水分在空间循环的可能性。水在地球引力、太阳辐射、大气环流作用下，无休止地在海洋、大气和陆地之间运行，称为水分大循环或海陆循环；若水分在海洋或陆地范围内运行，则称为小循环，包括内海循环和内陆循环。在自然界复杂多变的气候、地形、水文、地质、生物及人类活动等作用因素的影响下，水分循环与转化过程是极其复杂的。

开发建设活动主要是影响内陆水循环，特别是河川流域水文情势的变化。它是通过对河川流域的地形、地貌、土壤、植被、地质构造及河道特征等多方面的扰动、破坏、重塑实现的，属于人类活动的水文效应范畴。开发建设项目对水循环的影响，实际包括对水环境或者说水循环系统及水循环本身的影响，这种影响可根据水文变化分为突变、渐变和不规则变化 3 类。如大型水库、引水工程、开凿运河等水工程的影响往往是突变性的，短时间内将造成永久水文环境条件变化；开矿、城市和工业化对水循环的影响，则是在连续不断的活动下逐渐改变水文情势的；在一定的区域范围内，多种人类活动交织在一起，形成错综复杂的影响，则往往表现为不规则的变化。

开发建设项目的附属设施建设(诸如修筑房屋、道路、停车场、机场及其附属建筑物)，将使硬化不透水地面增加(即都市化现象)，从而增加地表径流，减少水分下渗和地下水补给，使工程建设区和影响区的河川基流量减小、洪峰峰值和频率增大、河川枯水期和洪水期流量的变幅增大。此外，坡面地形变化，地面硬化，不合理的排水渠系或无设计随意排洪，可以加快坡面汇流，使河槽汇流历时缩短，洪峰出现时间提前，直接威胁工程建设区、影响区及附近居民的生命财产安全。

水工程建设对水循环、特别是对河川径流直接进行时间和空间上的调配，人为改变自然水循环。如蓄水工程使蓄水区域变成了水面，拦截了径流，减少下游水量，增加了水面蒸发，并且使库区周围地下水位上升，导致土壤盐渍化，这在地下水位较高的平原地区尤为严重；规模宏大的引水调水工程如南水北调工程等，在更为广阔的空间上调节区域水量，虽然可以满足日益增加的城市工业用水和居民用水，但由此却使自然水循环遭受破坏，带来的环境问题也是惊人的；不合理的设计将会加剧其危害。

采煤工程对水资源循环的影响一般分为3个阶段：第一阶段是采煤初期，矿井涌水主要来自煤层自身和疏干上层潜水，影响范围较小。第二阶段是随着采空范围的增大，上覆山岩土破裂塌陷，煤层以上含水层地下水、坡面径流及河道水流沿着塌裂区下渗补给矿井的水量，也不断增加，矿井涌水量越来越多。与此相应，上覆地层中各含水层地下水储量不断疏干，地下水位降低，河道基流逐渐变小以至枯竭，地表径流渗漏量越来越大，河川基流越来越少，与天然流域中的地表水和地下水之间的循环条件发生了很大的变化。第三阶段是采空范围达到一定程度后，疏干补给、地表径流入渗补给以及其他补给显著增加，形成整个开采过程的涌水高峰，地表径流明显减少，地下水位大幅下降，导致泉水断流。大量的矿坑排水，使得地表水迅速向地下水转化，地下储水结构相应发生变化，使地下水体由原来的横向运动为主变成了以纵向运动为主，破坏了浅层水源，严重影响了工农业用水。采煤工程周期长、人员多、配套建设规模大，引发区域用水紧张、超采情况严重，干扰了正常的水循环，破坏了地下水补给与供需的动态平衡，出现大量的地下位降落漏斗，特别是浅层水位普遍下降，改变了区域水文地质条件，造成房屋建筑开裂、地面沉降积水、河堤下沉、泄洪能力降低等一系列的问题。

开发建设活动均离不开水，如选矿、洗煤、发电、化工等都需要大量的水。一个热电厂每生产1 000kW·h电，需水200~500m^3；炼1t铁并将其加工成各种钢材需水300m^3；炼1t铝需水1 500m^3；生产1t人造纤维需水1 200~1 800 m^3。此外，开发建设区人口密集，居民生活用水量也相当大。离开了水，开发建设区中的各项生产活动将无法进行。为此，人们采取一切手段开发地表和地下水资源以满足需求。我国南方大部分地区以地表水取用为主，北方地区则多用地下水。近年来，随着城市化和工业化的高速发展，我国北方和南方部分地区水资源日趋紧张，某些厂矿企业因缺水限产。地下水超采情况越来越严重，干扰了正常的水循环，破坏了地下水补给与供给的动态平衡，出现了地下水位降落漏斗；特别是深层水位的普遍下降，改变了区域水文地质条件，使深、浅层含水组间的水力联结发生根本改变。在没有良好或完整隔水层的边山、洪积扇区，受工矿企业和城市深层水超采的影响，浅层水渗漏排泄，大面积疏干，人畜饮用水和农业灌溉出现困难，严重影响周边地区的浅层地下水位。一些地区水井枯竭，小泉断流。同时，地下水下降引起大面积地面沉降，导致道路、桥梁、房屋等建筑物开裂，地面雨后积水，河堤下沉、泄洪能力降低等一系列灾害性问题。开发建设区大部分生产用水通过一定工艺流程之后，变成废水再次排放进入地表，不仅影响河川径流的水质，而且通过深层渗漏影响地下水质，对水循环及水环境造成质和量的两重破坏，后果更为严重。

2.1.2　开发建设活动对地表水环境的破坏

开发建设活动的进行，使人类对区域水文的影响日益显著，不断改变和破坏着区域的原始地形地貌，从而改变了区域特性、洪水特征以及河道汇流等一系列水文特性，进而改变了天然状态下的水循环过程。

灌溉、排污以及河流上的水利工程建设等，都在时间和空间上引起了水文循环要素质和量的变化；大规模的土地开发利用，不仅改变了地表产汇流规律，而且改变了地下水的补给规律；生产活动造成河道外用水大量增加，使地表径流量、枯季径流量和地下水补给条件发生了相应改变；水利工程的修建、通江湖泊的开垦，以及跨流域调水工程的实施，更是改变了地表水的地域分配；城市化建设导致大片森林和田园消失，并侵占流域河道的洪水滩地，促使下垫面结构改变，不透水面积增大，降雨径流转化关系亦随之改变。

煤炭开采过程中形成的巷道和开采后形成的采空区，严重破坏了地表水、地下水运移、赋存的天然状态，产生了一系列问题，诸如河水断流、地下水位下降、泉水流量锐减甚至干涸、水资源污染加重等。以山西为例。山西地处黄土高原，煤矿绝大部分位于山区，地形复杂，河谷切割很深，沟谷径流较少，大部分为季节性河流，当煤矿开采沉陷波及地面时，造成地表开裂和塌陷，使得地表水渗入地下或矿坑，因而使地表径流减少，水库蓄水量下降。此外，大量矿坑污水排向河道后，不仅严重污染了流域内地表水，还可能通过渗漏污染地下水。例如在大同十里河、口泉河，怀仁小峪河，朔州七里河，阳泉桃河，孝义兑镇河，左权清漳河，晋城长河等地均有此类现象。据调查统计，山西省由于采煤排水和采空区漏水引起矿区水位下降，导致泉水流量衰减或断流，共影响井泉 3 218 个，水利工程 433 处，水库 40 余座，输水管道近 800km。由于井泉流量减少，水量漏失，水位下降等，导致 1 678 个村庄的 80 多万人和近 11 万头大牲畜饮用水困难。

开发建设活动对地表水环境的破坏，不仅影响项目建设区和影响区的工农业及人民生活用水，而且导致区域内土地生产力下降和生态环境恶化。

2.1.3　开发建设活动对地下水环境的破坏

煤炭以及其他一些固体矿石的开采，一般深度有几百米。被开采的煤炭以及其他一些固体矿石一旦运出地面，就会在几百米的地层中留下巨大的空洞；这些空洞如果不花费较高的成本进行充填，空洞上面的岩层、水层都会形成自然陷落。这种陷落不仅会影响地表地貌，更会使地下水层、水系发生改变，从而也会影响到原有的地表水系和地下水系，造成地表土地失水、荒漠化加剧和地下水的深层渗漏。

山西省社会科学院能源经济研究所研究员张莲莲在《山西能源大省发展生态工业的紧迫性和必要性》一文中写道："山西省每开采1t煤平均破坏的地下水净水量为1.07m^3、动水量为1.41m^3，合计为2.48m^3。山西省从新中国成立至2005年，累计生产原煤约87.7×10^8t，造成全省大面积地下水位下降，水井干枯，地面下陷，岩溶大泉流量明显减少，缺水使7 110km^2河道断流长度达47%，水库来水逐年减少，一些小水库已经干涸。"

在我国西南岩溶地区，地貌的特殊性表现在一定的地貌类型内的水文地质特征的不同，以及在这些地块中对人类活动的扰动所表现出来的脆弱性。

岩溶地区开发建设活动造成的水环境破坏形式主要有以下几类。

(1)改变水流方向

由于开发建设活动改变了原地下水或地表水的径流方向，使原来的地下水可能变为地表流，或使原来的地表水变为地下水。一般地说，这种形式的水环境破坏对岩溶水的总水量虽然没有影响，但对地表水与地下水的水量比例则有较大影响，从而造成了水环境的破坏。特别是在水系上游区，冲沟发育，当开发建设活动横跨冲沟修建时，在无涵洞的情形下，向下游汇流的地表水被切断，水流在冲沟上游聚集成塘，久不能干，只有通过蒸发排泄。

(2)阻断地下水补给源

多产生于岩溶地下水单元补给区，水环境破坏主要有3种形式：

①落水洞的补给通路被切断　岩溶地区的落水洞是岩溶水的重要补给点。由于开发建设项目的修建，一些排向落水洞的地表水路被拦堵，造成了地下水量的减少，从而形成了对地下水环境的破坏。如在贵州省关兴公路的关岭附近峡谷两旁的峰丛内，该公路曾对洼地内落水洞造成直接堵塞，使地表的补给水不能通过冲沟有效补给地下水。

②裂隙下渗通路被封堵　降雨到达地面以后，会直接向下渗透，这是地下水的主要补给方式；而开发建设项目的修建直接减少了这类补给的面积，从而减少了地下水的补给量。如以入渗系数0.1、降雨量1 000mm、路面宽8m进行计算，100km的公路范围内入渗减少量高达80 000m^3。可见，一条公路的封闭效应也是不可忽视的。

③皮下水的破坏　岩溶地下水皮下补给通路破坏常发生在峰丛补给区，当开发建设项目开挖地基时，揭穿皮下水层(威廉姆斯，1998)，使皮下水外渗变成了地表水。

(3)截断地下水的流通路径

与皮下水破坏类似，在地下水浅埋的地区，由于工程建设向下开挖，切穿地下水主要通道，造成地下水涌出。这是岩溶区工程建设中的常见现象。

(4)封堵地下水的排泄口

这类水环境破坏现象表现在地下水的排泄区的工程建设中。由于工程建筑物对地下水排泄点的直接封闭，阻断了岩溶水的排泄，从而造成了水环境的改变。这类水环境破坏的实例并不少见。如 110 省道贵阳至罗甸的一湾井周围地貌为峰丛槽谷，地下水出口正好处在公路的底部，从而造成了地下水的排泄口被封堵，在公路修建中通过用引流管将泉水引出，才避免了泉水对公路的破坏。

(5)工程扰动类水环境破坏

岩溶地区水环境脆弱性的一个较为重要方面，表现在公路修建的扰动下(如爆破)，岩溶水环境表现出层与层之间有可能被击穿，岩溶水可因爆破裂隙的沟通，导致地下水向更低处排泄而使排泄点下移。在贵州省崇遵高速公路的修建中，就出现过这类水环境破坏。在崇遵高速公路第 7 合同段三合头大桥地的桥墩施工中，由于桥基开挖爆破导致离爆破点十余米的地下河出口($100m^3/s$)断流，地下河水从爆破点下游数米的地方出露。该地下河出口为下游 100 多亩* 水田的水源地，由于出水点高程的降低，导致位置较高的那一部分水田无法灌溉。

(6)复合型的水环境破坏类型

这一类水环境破坏类型指在同一区域，由开发建设活动造成的两种或两种以上的水环境破坏形式。其中地表水文系统的破坏与阻断地下水补给源是较为常见的复合型破坏，开发建设活动一方面改变了地表水文系统，另一方面切断了地表水通过落水洞进入地下的通道。

2.1.4　采矿区水损失及其危害

2.1.4.1　地表水损失

(1)地表径流损失

当地表植被破坏、地表机械碾压、道路硬化、地形变陡、地表疏松、土层被剥离，使岩土体下渗和容蓄水分能力降低时，地表水损失表现为地表径流迅速汇集而流失，如大型露天矿排土场平盘经机械碾压，土壤密度高达 $1.40g/cm^3$ 以上，易产生汇流，这不仅造成地表水损失，而且使边坡产生沟蚀，同时也导致平台干旱，植被生长不良。

以我国煤炭大省山西省为例，该省的煤矿绝大部分位于山区，地形复杂，河谷切割很深，密如蛛网，因此地表水有限，沟谷溪流很少，且大部分为季节性河流。地表水和矿坑水之间没有直接水力联系，彼此不发生影响。当采空面积不断扩大，采空区导水裂隙带和地面沉陷范围也随之扩大，在局部地段，地表水渗入地下或矿坑，因而使局部河川径流量减少。在大同十里河、怀仁小峪河、朔州七里河、阳泉桃河、孝义兑镇河、左权清漳河、晋城长河等均有此种现象发生。

当然河川径流量的减少，影响因素很多，如近年的降水量减少，地表水、地

* 1 亩 = $1/15hm^2$

下水过量开采等，但煤矿开采对排水的影响是主要原因之一。

(2)地表水浅层渗漏损失

当地表被机械挖掘、爆破振动而松动、开裂，或地表堆置固体废弃松散物时，地表水的损失表现为水分向浅层岩土中迅速渗漏，使表层0～50cm的植物根系得不到充足的水分供应，导致植被生长不良或死亡。如露天矿覆盖黄土后，由于黄土中的水分迅速向底部松散岩土渗漏，而招致复垦植被生长缓慢，甚至枯萎。

(3)地表水深层渗漏损失

当地下储水结构破坏并引起地面塌陷或裂缝时，地表水的损失表现为水分向深层渗漏而转化为地下水。若地下水层组和浅层储水层组隔离而失去联结，潜水位迅速下降，地表水又不能长时间保蓄在表层土壤中，结果导致地表严重干旱，植物干枯死亡；在风沙区由于砂粒间失去水分的交结而出现土地沙化。神府—东胜矿区开矿施工(到1992年)预测造成沙漠化面积达85km^2。地下开采矿采空区有时会出现地表沿塌陷大裂隙涌入井下而淤漫巷道的事故；同时，大量减少地表径流。

如太原市城郊西山前区冶峪沟，是一条由西向东的季节性沟道，至董茹东入汾河，流域面积18.9km^2，其上游为西山矿务局管地矿采区，下游为西峪煤矿采区，自1960年开始采煤以后，采空区逐年加大，地面裂缝、塌陷日趋严重，地表水大量渗漏，据董茹水文站实测，该流域年径流深由1958年的31.7mm，下降到1983年的5.8mm(表2-1)。

表2-1　冶峪沟流域降水量与实测河川径流量

年　份	1958	1966	1976	1983
降水量(mm)	532.8	593.8	554.7	564.5
径流深(mm)	31.7	22.3	1.6	5.8
径流系数(%)	5.95	3.76	0.29	1.03

2.1.4.2　地下水损失及其危害

(1)矿山排水引起的地下水损失

矿山排水包括地下开采的矿坑水和露天矿疏干水的排放，其目的不是利用水，而是为了保证采矿生产的正常进行(当然不排除部分排水可为其他工艺直接利用)。大量排水的结果使区域地下水储量大幅度下降，造成矿区及周围区域水资源严重浪费和短缺，同时导致含水层围岩破坏、地面沉降等一系列水环境问题。

(2)采煤引起的地下水损失

煤矿开采直接影响的地下水是煤系裂隙水，这是由以下原因造成的：其一，煤矿排水局部改变了地下水自然流场。煤、水资源共存于同一地质体中，在天然条件下，各有自身的赋存条件和变化规律。由于煤矿开采排水打破了地下水原有的自然平衡状态，形成以矿井为中心的降落漏斗，使地下水向矿坑汇流，在其影响半径内，地下水流速加快，水位下降，贮存量减少，局部由承压转为无压，导致煤系地层裂隙水以及煤系顶部裂隙水都要受到明显的影响。其二，开采排水局部破坏了煤系含水层补、径、排的关系。在开采沉陷、冒落、裂隙导水带范围内，含水层要受到破坏，地下水直接涌入矿坑，改变了自然条件下补、径、排关系，如吕梁市杜家沟矿就是这样。其三，采区水位下降，井泉流量减少。据吕梁地区的调查：中阳县乔家沟煤矿，开采山西组和太原组煤层，由于多年采煤排水，形成以矿井为中心的降落漏斗，煤系含水层水位大幅度下降，在其影响半径内，泉水断流，水量水位下降，流量减少，浅层地下水局部被疏干，使枣庄则、乔家沟、崔家岭 3 个村的人畜吃水受到严重影响。其四，矿井排水，局部改变了“三水”转化关系。在自然状态下，降水、地表水与地下水存在一定的补排关系。由于矿井排水，在浅部地段导致“三带”连通，使地表水转化为地下水，涌入矿坑再排出，在下游又转为地表水，在矿井密集地段则形成降水、地表水入渗、排出、再入渗、再排出的不良循环状况，形成地表水、地下水互相转化，互相补给，既影响了水质，又浪费了水资源，还造成了一定的经济损失。

(3)工程建设活动引起的地下水损失

这类工程建设活动主要包括钻井、穿山凿洞、地下水超采等。山西省临县林家坪钻探煤田，地下水涌出，形成一股喷高达数米、流量相当大的喷泉，因含硫量很高，不仅造成水损失，而且使湫水河下游水质恶化，无法灌溉。

2.1.5 工业建设区水污染及其危害

容易造成水土流失的工矿企业，主要有矿山企业、冶炼系统、建材系统、火力发电厂、交通运输系统等，这些企业的水污染问题与水土保持有着十分密切的关系。如地面径流冲刷、河川径流冲刷以及降水淋溶固体废弃物产生的水污染，在很大程度上是依靠恢复植被、保持水土来解决的(截留、拦蓄、吸收、滞存)。矿山酸性废水处理中采用湿地处理的方法，也是利用土体和植物吸收、降解污染物原理的一种有效尝试。同时，只有了解项目建设区废弃物中污染物的来源、性质(主要是毒性)及其与植物的关系，分析其对植物的危害程度，才能搞好植被恢复工作。即使是废水排放，虽然水土保持本身并不能够有效解决，但某些地区废水污染已使周围的植被无法生长，并间接地影响了植被恢复和水土保持工作。因此，合理排放废水，处理废水，加强废水回收利用，有助于减少由于水污染对植被恢复造成的困难，而且处理后的废水还可以用于植被恢复和土地生产力的改善和提高，如用于复垦土地的灌溉、抗旱造林等。故水土保持工作者有必要了解工业建设区水污染。

2.1.5.1 有关水污染的基本概念

(1)水污染的定义

水作为一种自然资源，具有水量和水质 2 个方面的特性。水量的多少并不能决定其能够被人们利用的程度，水量多水质差照样无法被人们利用。因此，水质是水的适用性，是水的物质成分、物理性状和化学性质以及对于所有的用水目的的适用性的综合特征。水污染(water pollution)实质上就是水质的破坏与恶化，主要源于水体物质特征的改变。对水污染的认识有多种意见，大致归纳为以下几种：

①水污染是水体受到人类活动或自然因素的影响，使水的感官性状、物理化学性能、化学成分、生物组成以及底质情况等发生恶化。此种意见把水体的自然特征、对人类的不适应，也归结为水污染，是不恰当的。事实上，在人类诞生之前，所谓的水污染是不存在的，水污染应该是人为的，是由人类活动引起的。

②水污染是排入水体的工业废水、生活污水以及农业径流等的污染物质，超过了该水体的自净能力所引起的水质恶化。此种意见忽视了水污染是一种过程，水中污染物的自净作用也是一个过程。水体虽然具有一定的自净能力，但污水的自净需要足够的时间；即使一段时间后污水达到自净，但从污物加入水体的瞬间到完全自净之前，水体总是被污染的。

③水污染是由于人为活动或自然因素的影响，使水中所含物质的浓度超过了某种水质标准。此种意见忽略了水质标准是人为规定的，是可变的，它只是衡量水质好坏的相对依据。

④水污染是污染物质大量进入水体，使水体的原有用途遭到破坏。此种意见的缺陷是没有把水体作为一个综合系统考虑，即资源、环境、生态整体功能是否受到影响和破坏。

由以上4种意见可以看出：水污染是由于人为活动的影响(包括物质加入和能量的参与)，直接或间接地改变了水质及水体各组成部分的物质特征和存在状态，使水的资源、环境和生态功能遭到破坏。

(2)水污染机理

水体污染是物理、化学、生物以及物理化学等基本作用及其综合作用的结果，在一定的条件下往往以某一种作用为主，其作用机理可概括为下列3种方式：

①物理作用　是指污染物质或能量进入水体后，只影响水体的物理性状、空间分布及存在状态，而不改变水的化学和生物作用状态的污染过程，主要包括污染物质在水体中的对流迁移作用，水动力弥散作用，分子扩散作用，污染物的沉降与聚积作用，底积物质的搬运及扰动、悬浮和再溶作用，水体中气体的逃逸和复气作用等。

②化学与物理化学作用　指污染物进入水体后，以离子或分子状态随水迁移的过程中发生化学形态、化学性质的变化，或参与水体的各种化学反应过程，使水质发生化学性质的变化，但未发生生物作用的污染过程。主要包括水体的酸碱反应、氧化还原反应、物质的分解与化合作用，与水体介质间的吸附与解吸作用，溶解与化学沉淀作用，有机质的络合与整合作用，胶体的溶解与凝聚作用等。

③生物与生物化学作用 指进入水体中的各种污染物，因生物活动的参与发生分解、转化和生物浓缩作用，以及由于病原微生物及生物性营养物质的大量加入，使水体的生物大量繁殖，引起水体的资源状况、环境质量和生态功能发生改变的污染作用过程。生物作用与生物化学作用可以将有害的无机和有机污染物分解为无害物质，这种作用一般称为污染物质的生物降解；它也可以转变某些污染物质的化学状态而形成更有害的物质。例如汞的甲基化过程就是使毒性增强。生物作用还能通过食物链或生物体的积累使某些微量污染物在生物体内高度富集，达到使生物或人体致病的程度。其中，生物对污染物尤其是有机物的降解作用，是水体净化过程中最重要的作用，它可在好氧和厌氧两种情况下进行。好氧分解过程无害化程度高，分解充分，最有利于水质的净化，人们通常利用这种作用处理和改良有机污水。厌氧分解常形成还原性的中间产物，如甲烷、氨、硫醇、硫化氢等恶臭物质，使水质恶化，表现为腐解过程。

(3)水污染的特点

天然水体因时空分布、水动力条件、更替方式及水质状况等特征不同，遭受污染的特点及污染效应不同。现将各种水体的污染特点简述如下：

①河流污染的特点 河流是陆地上分布最广的汇水和排泄系统。人类的文明与河流的分布密切相关，现代社会的工业企业、城市、都城、乡村以及城镇大都分布在河流两岸及附近地带，使河流污染成为水体污染中最普遍的问题。1988年我国对1 200多条较大河流的监测资料表明，已有850条河流被污染，占70%以上；严重污染河流有230条，占19%。

河流污染的特点主要是：Ⅰ. 集中排放污物以点源方式进入河流，在河流水动力的弥散作用下，通过扩散、混合、运移和稀释逐步由点、线、带到整个河流被污染。Ⅱ. 河流污染程度由径流量和排污量的比值即径污比决定，径污比大，污染程度轻，反之则重。当然枯水期重，丰水期相对较轻。Ⅲ. 河流在污染过程中具有较强的自净能力。Ⅳ. 河流污染的危害较大，影响范围广。河网汇流能够使与之相联系的湖泊、水库、地下水甚至海域遭受污染，但是当排污点停止排污时，河流水质易得到恢复。

②湖泊、水库污染的特点 湖泊、水库一般水交替缓慢，水流速度小或呈静止状态，污染物主要源于汇水范围内的面流侵蚀和冲刷、汇湖河流污染物、湖滨和湖面活动产生的污染物直接排入等。

湖泊污染的特点是：Ⅰ. 湖泊污染物来源广，面源污染物比重大，包括集水汇流范围内的河流污染物、陆地径流、灌溉排水、地下水等污染物都可能最终汇入湖泊，使湖泊污染难以治理；Ⅱ. 湖泊水动力条件差，对污染物的搬运、混合、稀释能力弱；水库可以向外排泄部分蓄水或全部蓄水，其特征介于河流和湖泊之间；Ⅲ. 湖泊水流滞缓，光热充足，营养物质丰富，有利于生物生存，因此，对污染物的生物降解、转化和富集作用强，如DDT及其分解产物可通过食物链在海鸥体内浓集几百万倍以上；Ⅳ. 湖泊污染使大量的生物性营养尤其植物性营养物质进入水体，造成水生生物主要是藻类的大量繁生。水体富营养化造成水体厌氧环境形成，并加速湖泊老化。

③地下水污染的特点　地下水储存于分散细小的岩土层空隙系统中，水流缓慢，交替条件很差，水与岩土介质之间存在着广泛的物理化学作用，在污染物进入含水层的过程中，土壤层包气带、含水层及地下水一起被污染。地下水污染的过程缓慢且不易发现。污染的主要作用有水动力弥散、分子扩散、过滤和离子交换吸附、生物降解作用等。地下水的污染方式有直接和间接两种。前者是指污染物随各种补给水源和渗漏通道集中或面式的直接渗入使水体污染，后者是指污染过程改变了地下水的物理化学条件，使地下水与含水层介质发生新的地球化学作用，产生原来污水中没有的新污染物，使地下水污染。间接污染过程很复杂，涉及整个地下水循环系统和物化条件下的地球化学过程。

由于地下水污染必然使含水介质和渗透层产生强烈的污染效应，加之水交替更新缓慢，因此地下水一经污染就很难治理。

(4)水污染类型

水污染具有多方面特征，很难做出全面的、概括的分类，通常按以下几种方式划分：

①按水污染机理及主要污染物特征属性划分　分为物理性污染、化学性污染和生物性污染。

②按受污染水体的类型划分　分为河流污染、湖泊污染、水库污染、海洋污染及地下水污染等。

③按水体被污染的程度划分　分为严重污染、中度污染和轻度污染。该分类以划分标准而定，不同的水质及水环境评价指标体系，分类结果有变化。

(5)主要污染物及其危害

水污染最主要的污染物质是化学性污染物。人类活动产生的化学物质总计超过400多万种，日常使用的化学物质达63 000多种，其中有毒物质25 000多种。这些污染物主要是由于人类生产和生活的参与和影响而产生的。污染物来源称为污染源。按污染物的原始来源可分为工业废水、农业径流、大气污染物、工业及城市垃圾等类型；按污染方式可分为点污染源和面污染源。水体污染物由于污染源的不同而不同。我国现已颁布的各种水环境及水质标准所列主要污染物均有Hg、Cr、Pb、Cd、As、K、氟化物、酚、有机农药、多氯联苯、石油类、热能、需氧有机物质、放射性物质、致癌物、病原微生物及富营养化物质等。按污染物属性、污染作用特点及其危害，水污染主要表现为以下几种类型：

①水体热污染　是一种能量污染，是大量热载介质如冷却水、冶炼矿渣进入水体，使水体温度升高，对水质、生物系统及水体环境产生的相应不良热效应。

②放射性污染　是指放射物质(U、Th族元素、^{40}K等)在水体中的含量和放射强度超过一定浓度和当量时造成的污染。放射性污染会严重损坏生物及人体组织尤其是原生细胞，导致各种放射性病变。

③恶臭　是一种最普遍的污染，常发生于污染的水体中。恶臭是由硫(S)、巯基(—SH)、羟基(—OH)、硫氰基(—SCN)、醛基(—CHO)、羰基(—CO)和

羧基(—COOH)等挥发性分子结构基团("发臭基团")产生的。恶臭破坏水质，危害人体健康，影响人畜饮用、观赏、娱乐、养殖等功能。

④酸碱及盐污染　酸性或碱性很强的物质进入水体，使水体 pH 值产生明显变化，称为酸、碱污染。当酸性或碱性污染物同时进入水体，会生成多种盐类或各种无机污染物，直接进入水体就形成盐污染。酸、碱及盐污染使水的溶解力、侵蚀性和化学活动性大大增强，破坏了水环境的化学稳定性，破坏水生生物的生存环境，使水质的生物性功能恶化，硬度和矿化度的增高使水的工业用途受到极大的限制。

⑤酸雨　是因人为大气污染中含有大量的氧化硫、氧化氮、二氧化碳、氯化氢等溶水性气体，被降水和雾吸收，产生 pH 值小于 5.6 的酸性降水。酸雨是全球性公害，不仅对人本身造成危害，而且对植物、土壤、水甚至建筑物都会造成损害。对水质污染而言，酸雨以地表水或地下水的形式进入水体，使水质恶化。

⑥毒性水污染　是指各类对人体和生物有机体产生毒性危害的污染物进入水体，使水体的生物性功能下降或丧失形成的污染。这些污染物包括非金属无机毒物(如氰化物、氟化物)、重金属与类金属无机毒物(如 Hg、Cd、Pb、Cr、Cu、Zn、Ni、Co、As 等)、可降解有机毒物(如挥发性酚类、醛、苯类等)和难降解有机毒物(如有机氯、有机硫、有机磷及多氯联苯等)。这种污染在工业区、城市、农村都可以发生，对人类和动植物危害相当大。世界上由毒性水污染造成的事故尤为严重。如世界上著名的水俣事件，发生于 1953 年日本不知火海东岸的水俣湾，由于氮肥厂排污产生海水和鱼类甲基汞污染，造成食鱼中毒，107 人死亡，受害者达几千人。

⑦耗氧有机物污染　耗氧有机物本身没有毒性，但在生物化学和化学作用下，易于被氧化分解而消耗大量的氧气，这些物质包括碳水化合物、蛋白质、氨基酸及酯类等有机物。水体中若存在大量的耗氧有机物，将会使水体缺氧或失氧，产生严重的水质、水体环境和水生生态污染，水体环境产生恶臭，还原性有害物质增加，汞及砷的甲基化作用，需氧性水生生物无法生存，富营养化作用增强，水体的资源功能下降或丧失等污染危害。

⑧油类污染　主要是指石油及其他油类物质进入水体后，可发生复杂的物理和化学变化。如扩展覆闭水面、蒸发、溶解、乳化、光化学氧化及沥青沉淀等作用使水体污染，严重时对水生生物的生存构成巨大威胁。

⑨地下水硬度升高　属于间接污染结果，直接污染中并不是 Ca、Mg 含量高，而是通过污染与地层中含 Ca、Mg 的矿物发生相互作用，把 Ca、Mg 溶解后带入水体中造成的，其影响因素和作用很多，在此不再赘述。

⑩病原微生物污染　主要是指生活污水、人畜粪肥、医疗废水、垃圾及地表径流中病原微生物进入水体后造成的污染，其特点是数量大、分布广、存活时间长、繁殖速度快、传播迅速，很难灭绝，对人类危害很大。

2.1.5.2　工业建设区水污染

工业建设区水污染是水污染的最主要组成部分。它包括工业建设区本身的水污染及其影响显著区域的水污染。这是因为，水是流动的，工业建设区水污染必然波及汇水范围的其他地区。工业建设区水污染具备一般水污染的特征，但其污染的过程、污染物的来源、主要污染物类型极为复杂，不同的行业污染程度不同。因此可以定义为：工业建设区水污染，是由于工业建设区生产建设活动的影响(包括物质加入和能量的参与)，直接或间接地改变了水质及水体各组成部分的物质特征和存在状态，使工业建设区及其影响显著区域水的资源、环境和生态功能遭受破坏。

根据工业建设区水污染的特点，可分 3 个方面来阐述。

(1)固体废弃物对水的污染

工业建设区生产建设活动过程中，产生一系列成分复杂的固体废弃物，如岩石、土壤、土状物、煤矸石、炉渣、粉煤灰、尾矿、尾渣、赤泥、化工废料、工业建设区生活垃圾和工业垃圾、爆破和运输产生的尘埃物质等。这些固体废弃物有的露天堆置，有的储存于固定场地，有的倾泻于河岸、山坡、沟道或河道，通过降水和径流对水体造成污染。固体废弃物对水体的污染有：

①地面径流冲刷造成的水污染　固体废弃物堆置体表层风化细屑以及工业建设区场院、道路、建筑物上降落的尘埃物质，都可以被地面径流冲刷并搬运到汇水河网和沟道中。若这些物质是岩土细屑和无毒害物质，就会造成水库、湖泊、河道淤塞及富营养化污染(主要是水库、湖泊)；若其中含有大量的有毒有害物质，则造成化学污染。

②河川沟道径流冲刷造成的水污染　随意倾泻于河道、河岸、沟岸、沟道的固体废弃物，在集中径流(特别是洪水)冲刷下直接进入水体，不仅污染河流，而且阻碍河道行洪；废弃物被冲刷输送到下游并淤塞在河道内，其中污染物缓慢释放，长期污染河流水质。

③降雨淋溶造成的水污染　在降雨过程中遭受淋洗，废弃物中某些可溶离子特别是重金属离子或一些有毒化合物被溶解，经地表水和地下水的迁移而造成水污染，此类污染称作淋溶污染。淋溶污染在固体废弃物造成的水污染中占相当重要位置。实际地面径流或河流冲刷产生的水污染，也离不开有害物质的不断被淋洗，否则大部分有毒物质是无法释放的。许多大型工矿企业，固体废弃物有固定的堆置地，如尾矿库、贮灰场，场内经过不同程度的处理，四周也有防护墙，表面看废弃物不会直接进入河流沟道。但淋溶作用不会消失，有害物质通过降水淋洗仍然在缓慢释放，并沿地面孔隙裂缝进入地下水体，通过地下水体迁移污染了地下水资源；若地下水在某一地段出露进入河道基流，照样可以造成地表水污染。此外，不同成分的废弃物堆置在一起，受长时间的雨淋、日晒，内部物质互相作用产生一系列复杂的物理化学变化，可能产生一些有害物质，通过地面径流和淋溶造成地下、地表水体的污染。

固体废弃物污染水体的例证很多，如四川省攀枝花钢铁厂 6×10^4t 尾矿，含有钒钛等有害元素，排入金沙江使污染河段的鱼类大部分死亡；太原市第二热电厂旧贮灰场的粉煤灰已堆积了 30 余年，长年受雨水淋溶，粉煤灰中含的放射性物质逐渐渗入地下，并随地下径流迁移，在距贮灰场 400m 远的北下温村，经检测，机井水总 α 和总 β 放射性超标 4 倍。

(2) 工业建设区废水排放对水质的污染

工矿企业生产过程中产生的各种工业废水，是世界范围内水体污染的主要污染源。据统计，1990 年我国废水排放量 354×10^8t，其中工业废水排放量为 249×10^8t，70% 左右未经处理直接排入江河湖海。工业废水排放量大，种类繁多，成分复杂，毒性污染物最多，通常浓度高，难于净化和处理。主要污染物包括水污染的各类污染物（表 2-2）。工矿企业废水多以集中方式排放，属于重要的点源污染。

表 2-2 工业废水主要污染源和污染物

污染源类别		主要污染物
黑色金属矿及其冶炼系统		pH 值、COD、SS、硫化物、挥发性酚、Cu、Pb、Zn、Cd、Hg、Cr、As、石油类、水温等
有色金属矿及其冶炼系统		pH 值、COD、SS、硫化物、氟化物、挥发性酚、Cu、Pb、Zn、Cd、Hg、Cr、As、氰化物、氯气、BOD_5（后 3 种为选矿药剂污染物）
煤矿及洗选煤焦化场		pH 值、As、SS、硫化物等、COD、BOD_5、SS、挥发性酚、氰化物、石油类、水温、氨氮、苯类、多环芳烃等
石油开采		pH 值、COD、SS、挥发性酚、石油类等
化学矿开采（硫铁矿、磷矿、萤石矿、汞矿等）		pH 值、SS、硫化物、氟化物、Cu、Pb、Zn、Cd、Hg、Cr、P 等
火力发电和热电厂		pH 值、SS、硫化物、挥发性酚、As、Pb、Cd、石油类、水温等
化工系统	硫酸厂	pH 值（酸度）、SS、硫化物、氟化物、Cu、Pb、Zn、Cd、As 等
	氯碱厂	pH 值（酸、碱）、COD、SS、Hg 等
	磷肥厂	pH 值（酸度）、COD、SS、氟化物、As、P 等
	氮肥厂	COD、BOD_5、挥发性酚、氰化物、硫化物、As 等
	其他无机化工企业	Pb、Hg、硝基苯类、硫化物、Cu 等
	其他有机化工企业	pH 值、COD、BOD_5、挥发性酚、石油类、氰化物、硝基苯等
建材系统	水泥厂	pH 值、SS 等
	陶瓷厂	pH 值、COD、Pb、Cd 等
	石棉制品	pH 值、SS 等
	石灰厂	pH 值、SS 等
	人造板、木材加工	pH 值、COD、BOD_5、SS、挥发性酚等
	食品	pH 值、COD、BOD_5、SS、挥发性酚、氨氮等
	纺织、印染	pH 值、COD、BOD_5、SS、挥发性酚、苯胺类、色度、Cd 等
	造纸	pH 值、COD、BOD_5、SS、挥发性酚、硫化物、Pb、Hg、木质素、色度等
	皮革业	pH 值、COD、BOD_5、SS、硫化物、氰化物、Cd 等
铁路、公路		pH 值、SS、Pb 等

工业废水的分类可按污染物来源、产生方式、特性和形态的不同来划分：

①按其污染物性质和危害程度，可分为生产废水和洁净废水(主要指冷却水)；

②按工业废水所含污染物的成分，可分为含无机污染物的废水(矿山、冶金、建材等企业)、含有机污染物的废水(食品、塑料、炼油等)和含无机有机两类污染物的废水(化工企业、制药企业、皮革、纤维等轻工企业)；

③按耗氧和有毒两项污染指标，可分为无毒无害、无机有害、无机有毒、有机有毒、有机耗氧5类；

④按主体污染物与所采取的治理方法结合起来划分，可分为含悬浮物和含油工业废水(轧钢、洗煤、炼油等)、含无机溶解物的工业废水(矿山酸性废水、有色冶金废水、酸洗废水等)、含有机污染的工业废水(造纸、石化、印染、焦化、制药)和冷却用水。有关工业废水排放造成的河流污染、水库和湖泊污染、地下水污染的事例不胜枚举。

此外，工业建设区矿尘、烟尘、烟道废气及其他有害气体排入大气，随着降水回落到地面形成酸雨，同样可以造成水污染，如我国西南大气污染较严重的重庆地区，酸雨 pH 值最低可达 4.2，严重影响了当地的生态环境。山西省煤炭矿山企业集中的地区，常因煤矸石山自燃放出 CO、SO_2、H_2S、N_2O 等，其中 SO_2 与大气中的水分结合，形成以 SO_3 为主的酸雾，对水环境也造成一定的影响。

2.2 开发建设活动引发的水力侵蚀

2.2.1 人工扰动岩土结构的特点

岩土是“历史自然体”，但开发建设活动形成的人工扰动岩土，则是由“自然体”(如母质、母岩、原土壤)重建而成的一种新的岩土结构，它的成土历史很短。大型采矿工程扰动和破坏了历经数百年、数千年形成的表层土壤，传统的剥排方式造成岩土无序排弃，使排土场岩土混合，土层顺序颠倒。从岩土的形成与发生而言，人工扰动岩土与自然岩土有显著的差异，概括起来主要有以下4点。

(1)人为作用强烈

特别是露天矿山开采，对矿床以上岩层、风化层和土层的剥离，厚度从数十米到数百米，完全破坏了自然土壤和耕作土壤原来的层序和自然土壤、耕作土壤发生发展的规律性进程，而重新在人为作用下堆垫组合，形成全新的矿山工程堆垫土或矿山工程下陷土。

(2)自然作用的持续性

开发建设工程的人工扰动岩土由人为重新堆垫组合而成，但它总是存在于一定的地理环境和生物气候带，因而和各种土壤一样，它将持续不断地承受当地气候、母质、地形、生物和时间等自然因素的影响与作用。

(3)成土的特异性

开发建设工程的人工扰动岩土要恢复到可种植的土地时，其最突出之点在于要求具备一定厚度适于植物生长的表土层和下垫层的土体构型。因此，如何在2～3年及更短的时间内尽快使土壤培肥熟化，是矿山工程扰动岩土与自然土壤和耕作土壤的主要特异之处。

(4)土体构型的人为塑造

开发建设工程的人工扰动岩土与一般土壤的最大差别是土体构型的彻底变化。人工扰动岩土通常多以下列土体构型为其人工塑造的剖面特征，而不同于一般自然土壤和耕作土壤：①堆垫表土层、堆垫岩石碎屑层、下垫砾石层、基岩层；②堆垫岩石碎屑表层、下垫砾石层、基岩层；③通体堆垫砾石层、基岩层或通体堆垫土层、基岩层等。

2.2.2 降雨击溅引起的岩土侵蚀

(1)溅蚀的概念

溅蚀(splash)是降雨雨滴打击地面，使土壤细小颗粒从土体表面剥离出来，并被溅散雨滴带起而产生位移的过程，是水蚀之始。溅蚀不仅造成土粒的位移，而且使土壤表面产生结皮，堵塞土壤孔隙，破坏土体结构，阻止水分下渗，为坡面径流的产生和侵蚀创造了条件。

(2)开发建设区溅蚀的特殊性

开发建设区溅蚀主要发生在已复垦的农田、取土场、排土场、建筑工程和铁路公路工程扰动地上。在固体废弃堆积体(如排土场、矸石山、渣山等)覆盖疏松土层(如生黄土)后未进行植被恢复的场地，溅蚀尤为剧烈。但对于石多土少或纯粹的矸石、尾渣、尾矿以及岩石堆积体而言，溅蚀的作用是很微弱的。

开发建设区溅蚀有几点值得注意：①溅蚀会增强坡面径流的紊动强度，能够增加水流的搬运能力，有助于岩土侵蚀。②溅蚀使岩土混合堆置体(如露天排土场)的土粒和细碎岩屑位移，并溅入较大的岩石孔隙，加剧了土粒和岩屑的迁移和表面的砂砾化。③雨滴击溅和淋洗使固体废弃物中的有毒离子如砂金矿中的Hg^+、CN^-离子随径流迁移，造成水质污染和土壤污染。④溅蚀有利的一面是加速固体物质的崩解和风化，特别是泥岩、泥质页岩、页岩、煤矸石等的快速风化，有助于植被的恢复。

2.2.3 坡面径流引起的岩土侵蚀

2.2.3.1 坡面径流及其侵蚀

坡面径流包括坡面薄层水流(即坡面漫流)和细沟流。坡面薄层水流是由降雨强度超过下渗率或土体充分饱和后，地面积水呈薄层状并在重力作用下沿斜坡面均匀流动，结果是细小土粒和可溶性物质以悬移方式被带走，表层被薄而均匀地剥蚀，即面蚀(sheet erosion)。面蚀发生在植被盖度小、分布不均的坡面即为鳞片面蚀(squamose erosion)；发生在土石山区和南方花岗岩丘陵区即为砂砾化面蚀(coarsening erosion)。坡面薄层水流进一步发展的结果，就会产生集中小股流即细沟流。细沟流冲蚀地面形成线状小沟，这个过程称为细沟侵蚀(rill erosion)。

2.2.3.2 开发建设区面蚀和细沟侵蚀的特征

(1)面蚀

在开发建设区面蚀主要发生在已复垦的土地上，特别是岩石堆置体覆土后经机械碾压，密度大，表面粗糙度小，易产生坡面薄层水流，而引起面蚀；若覆土薄且与下伏松散岩石结合不良，则会产生砂砾化面蚀，影响新垦土地的持续利用；在植被恢复不良的废弃地或复垦地上也会发生鳞片面蚀。至于尾矿、尾渣、煤矸石等透水性好的堆积体，则很难产生薄层均匀流；采矿、取石等形成裸岩会使产生薄层均匀流，也无所谓面蚀。此外，土质道路边坡和土质坎坡易发生面蚀。

(2)细沟侵蚀

开发建设区细沟侵蚀主要发生在固体废弃物堆置体、复垦坡面(未覆盖植被或植被稀少)和土质边坡(如公路、铁路边坡)上。一般与等高线方向垂直，大致相互平行地分布在坡面上。颗粒较大的坡面细沟间较难串通，黄土或土状覆盖物覆盖的坡面，细沟纵横交叉呈网状。取土场、采矿矿坑壁的细沟呈管状。细沟侵蚀强度随坡长的增加而增加。在较长的坡面自上而下可形成轻微冲刷带、较强冲刷带以及淤积带。开发建设区细沟侵蚀不同于一般的坡耕地细沟侵蚀，体现在以下几点：

①大型机械化搬运堆置形成的固体废弃堆积体(如露天排土场)中，车辙道是细沟流产生的重要原因。因车辙道较规则，且密度大，故细沟呈相互平行且不串通的规则分布。

②以砾石废渣为主的堆置坡面下切困难，细沟呈宽浅式。平朔安太堡露天煤矿排土场调查的结果显示细沟宽深比为3:1～4:1；但风化严重的煤矸石山一般为2:1～1:1。

③颗粒大小组成变异大的废弃堆积体上，细沟流冲刷有分选作用，上坡部位以细小颗粒搬运为主，越到下坡搬运颗粒越大，致使细沟底和细沟壁呈犬齿状。

④由于废弃物堆置体坡面具有显著的不均匀和不平整性，细沟流极易发展为浅沟或切沟，且流路基本不变，只是向深向宽扩展。

2.2.4 集中股流引起的岩土侵蚀

2.2.4.1 集中股流的概念及其侵蚀特征

(1)集中股流的概念

集中股流是坡面径流进一步汇集而形成的，又称槽流(gully flow)。它具有流量大、流速高、暴涨暴落(有时干涸)、含沙量高，携带物质颗粒大小混杂以及分选性磨圆性差的特征；其搬运物质的能力强，造成地面分割破碎，淤漫农田村庄，甚至导致人民生命财产损失，危害性较大。集中股流一般包括坡面集中股流（沟槽流）、沟谷径流和河道径流。

(2)集中股流的侵蚀特征

①集中股流　发生在坡面（即沟槽流），并深深切入地面形成沟整的过程，称为沟蚀（gully erosion）。沟蚀在黄土区发育较完整，从外部形态可分为沟头、沟坡、沟沿、沟底和沟口（图 2-1）；在土石山区或南方花岗岩地区，则形成特殊景观——荒沟或荒溪（torrent）。

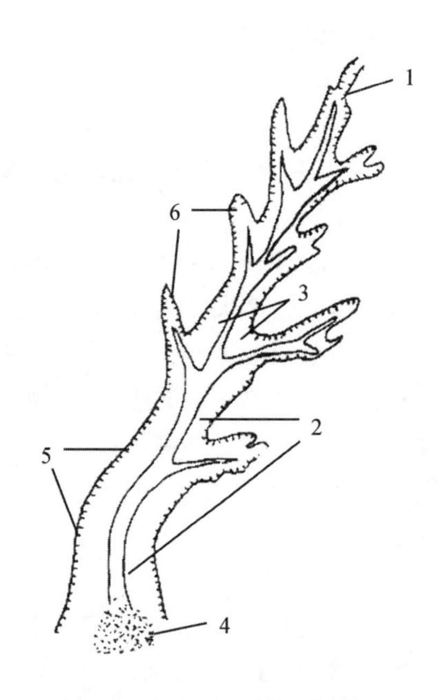

图 2-1　侵蚀沟及其组成图

1. 沟头　2. 沟底　3. 沟坡　4. 洪积扇　5. 沟沿　6. 主沟沟头

沟蚀是一个缓慢的过程，根据其形态和演变过程可分为浅沟、切沟和冲沟。Ⅰ. 浅沟：呈宽浅槽状，沟深 1m 左右，沟宽 1.5～2.0m，沟坡、沟沿无明显界限，是细沟进一步发育的结果，但因不能用犁复平，而明显区别于细沟。南方花岗岩条件，浅沟发育为匙形。Ⅱ. 切沟：是浅沟、集水凹地再下切的结果，有明显的沟头、沟沿、沟底，多跌水、陡坎，剖面呈"V"形，宽 1m 以上，深数米至数十米不等。Ⅲ. 冲沟：是大型切沟向深、向宽扩展而成的，沟底纵剖面与原地面显著不同，趋于均衡剖面，长可达数千米，宽深可达几米至几十米，横剖面呈"U"形。

②沟谷径流侵蚀（山洪侵蚀）　坡面流汇集而成沟槽流，沟槽流向更大的沟谷汇聚，形成沟谷径流即山洪；山洪对沟谷本身的溯源、堤岸、冲淘侵蚀即为山洪侵蚀（torrent erosion）。

③河川径流侵蚀　沟谷径流向河川汇集即形成河川径流。由于河川较开阔，两岸有川地、岸坡，其侵蚀以河岸侵蚀（bank erosion）为主。

2.2.4.2　人工边坡沟蚀特征

(1)人工边坡的概念与分类

人工边坡是指在人类生产建设活动中形成的坡面。其坡度陡缓变化大，坡型大部分为直型坡，坡长短（长坡往往被分割呈阶梯状），坡面组成物质复杂。人工边坡有的是均质坡，有的是非均质坡，有的是松散非固结坡，有的是坚硬固结坡（图 2-2）。

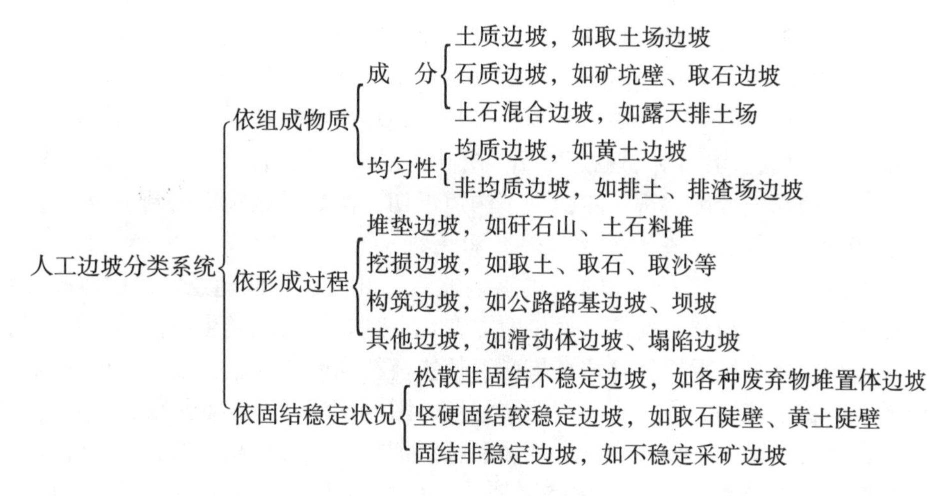

图 2-2 人工边坡分类系统图

(2)人工边坡沟蚀特征

人工边坡沟蚀受边坡本身特性限制，不同类型边坡沟蚀差别很大，但也有其共同特点：

①以堆垫或构筑为主形成的各种坡面，多呈松散状，易形成沟蚀，但受坡长、汇水面积控制，一般开始发育快，以后很快趋于缓慢，故以浅沟蚀为主，发生频数大，如露天排土场边坡沟蚀可达 10～50 条/100m；矸石山边坡可达 10～40 条/100m，沟深一般为 0.2～1.5m，沟宽为 0.2～3.0m。一般土质边坡较石质边坡侵蚀强度大，如黄土路面、路基、坝坡，若不采取措施，沟蚀相当严重。山西孝柳铁路局部土质路基边坡浅沟频数每百米可达百余条。

②人工边坡沟蚀，多发生在汇水集中的某一地段，实际上最终形成自然排洪沟渠。

③均质人工边坡沟蚀与固结状况、物料构成有关。非均质人工边坡沟蚀则易受自然沉降速率的影响，沉降裂隙的产生是沟蚀形成的重要原因。

④快速排弃堆置的边坡，受排弃速度的影响，沟蚀较为剧烈；正在排弃的边坡，沟蚀往往呈侵蚀—掩埋—侵蚀的复杂过程，排弃停止后沟蚀才开始进入稳定发育阶段。

⑤覆盖表土的复垦坡面，若不及时恢复植被，短时间内就可能因沟蚀而毁坏，以致不能种植。

⑥陡立人工边坡沟蚀呈直立的悬沟。在黄土陡壁上呈覆瓦状排列，密度、深度、宽度受上方来水量大小控制，有时与周围洞穴相连接；在石质陡壁上，沟蚀程度取决于岩石本身的抗冲蚀能力，坚硬岩石仅存留流水痕迹，松软岩石也会出现宽浅小沟。

2.2.4.3 开发建设活动对集中股流侵蚀的影响

开发建设活动不仅造成人工边坡的沟蚀，而且对自然地貌条件下的集中股流侵蚀也产生深刻的影响。

(1)沟岸扰动，沟道挖损，侵蚀加剧

沿沟道两岸开采、爆破、剥离、搬运，破坏岸坡平衡，诱发沟岸坍塌，加剧沟岸扩张；而在沟道内大规模取石、挖砂、采矿，挖损沟道，改变自然均衡剖面，使沟道纵坡变陡，进一步促进了沟道下切、沟岸扩张和沟头溯源。

(2)河道弃土弃渣，改变河势，影响行洪

河道(或沟道)是径流和泥沙的运输通道。开发建设区随意倾泻固体废弃物，堆置河道，改变河势，使流路发生明显变化。这是因为人类生产活动一般在河流缓岸进行，倾泻堆置固体物质结果必然使主流线向陡岸逼近。这一方面有利于河流循陡岸稳定流动，另一方面却缩窄河道，阻碍水流，造成堆积体前淤积，特别是堆置密集河段，不仅减少过水断面和过洪流量，而且壅高水位，产生涌浪、激流，扩大淹没范围，冲刷、掏空岸坡，破坏堤防工程，造成洪水灾害；在纵坡大、河道狭窄地段，由于巨大的曲流作用，使缓岸堆置的松散废弃物发生大规模搬运，对河流下游安全构成威胁。例如神木—东胜矿区乌兰木伦河孙岔大桥至石圪台大桥段河道，松散堆积物总量达 $335.79 \times 10^4 m^3$。1989 年 7 月 21 日，矿区上游一次 3h 降雨量 120mm 的大暴雨(王道恒塔站洪峰流量为 4 690m^3/s)，洪水暴发使沿岸河堤、滩地、水利设施、公路、铁路、机关厂矿以及学校遭受重大损失，国营马家塔露天矿淹没，大柳塔大桥洪水漫顶，经济损失达上千万元。

开发建设如果充分考虑水土保持，把弃土弃渣和地表剥离与沟道治理结合起来，可以达到拦渣蓄水、治沟打坝的目的。如山西孝义铝土矿，在采矿同时修筑拦渣坝，并覆土造田，使乱石荒沟变成良田。

2.2.5 地下径流引起的特殊侵蚀形式

地下径流包括重力水迁移、管状流，这里不包括深层地下水的流动，如暗河。

(1)重力水迁移引起的潜移侵蚀

开发建设区松散固体废弃物堆积体，大孔隙发达，有时呈管状，重力水迁移速度快，且在迁移过程中携带大量的细小颗粒向深层搬运，即潜移侵蚀(eluviations)。此种侵蚀形式导致风化碎屑和人工覆土的损失，它与砂砾化面蚀(垂向损失和水平损失)共同成为影响开发建设区土地生产力恢复的重要原因。潜移侵蚀包括水、土、岩屑、风化物、养分的损失。

(2)地下径流引起的管状侵蚀

固体废弃物堆积体内部，存在着直径达数厘米甚至更大的大量大孔隙或管状通道，当地表径流沿沉陷裂缝或陷落洞穴(有时是凹形地)汇集，并从裂缝洞穴中灌入与大孔隙或管状通道串通，即形成地下径流或称为管状流(pipe flow)。管状流与明渠流基本相同，具有流速快、冲刷大的特性，它将在陡坡某一部位出流，与地面径流或沟槽流汇合。管状流使地面剥离物和水流通道周围的细小土砂石砾发生搬运和沉积的过程就是管状侵蚀(pipe erosion)。其反复发生的结果可能导致形成永久性地下沟槽排水系统；也可能因管壁坍塌堵塞通道而终止排水；若管状通道在距地面较近的亚表层，可能因陷落、坍塌而成为明渠，最终形成切沟或冲沟。

2.2.6 地面扰动后引起的化学侵蚀

化学侵蚀(chemical erosion)包括降雨和地面径流冲刷造成化学离子的迁移，以及岩土中水分运动引起的化学离子的溶移。在项目建设区，前者实际是面污染(non-point pollution)的主要形式，包括工业建设区、采矿区、城市及道路等地面径流造成的化学侵蚀，结果导致地表和地下水的二次污染；后者则是指固体废弃物堆积体或复垦土地中水分运动(包括水分下渗、蒸发)，伴随着可溶性物质的上下移动，通常称为淋溶侵蚀或溶移(leaching erosion)，在复垦地上表现为肥力损失，在很多情况下则表现为有毒化学物质的迁移，也是面污染的一种形式。当然，水分在岩土运动中有助于干湿和冻融交替，有利于成土。

2.3 开发建设活动诱发的重力侵蚀

2.3.1 人工扰动对地貌和地表岩土层的破坏

重力侵蚀(gravitational erosion)是地表土石物质在自重力作用下失去平衡，产生破坏、迁移和堆积的一种自然现象。严格地说，纯粹由重力作用引起的侵蚀现象并不多见。重力侵蚀其实是在其他外营力，特别是水力侵蚀的共同作用下，以重力为其直接原因所引起的地表物质移动的形式。这种现象常见于山地、丘陵、河谷、沟谷坡地，以及人工开挖、堆置废弃物形成的边坡上。重力侵蚀包括泻溜、陷穴、崩塌、滑坡等多种形式；由于移动物质多呈块体形式，故又称为块体移动。

重力侵蚀发生的条件主要有：

①土石松散或松软，易风化瓦解，内聚力小，抗剪力强度低。

②地形高差大，坡度陡，岩土外张力大，处于非稳定态(或暂时稳定)。

③坡面一般缺乏植被和其他人工保护措施。在这种条件下，人为扰动岩土层(表层或深层)，破坏了原地貌条件下的自然平衡，诱发岩土由暂时稳定向非稳定态转变，由非稳定态产生重力侵蚀；另一方面，开发建设活动堆置或构筑形成的非稳定体，也是重力侵蚀潜发的场所。

项目建设区重力侵蚀产生的原因，包括人工挖损、固体废弃物堆置、人工边坡构筑、采空塌陷、地下水超采、爆破及机械振动等，形式比一般自然地貌条件下发生的重力侵蚀更为复杂。由于人类活动特别是城市建设和采矿不仅局限于山丘区，而且也普遍存在于河谷盆地和平原区，因此开发建设区重力侵蚀广泛分布于各种地貌类型区，形式主要有泻溜与土砂流泻、崩塌、滑坡3种类型。

2.3.2　泻溜与土砂流泻

(1)*泻溜*

泻溜(debris slide)是崖壁和陡坡上的土岩体因干湿、冷热、冻融交替而破碎产生的岩屑，在自重作用下，沿坡面向下滚动和滑落的现象。泻溜碎屑形成的堆积物称为岩屑锥或溜沙锥(debris cone)，其坡角与泻溜物安息角一致。泻溜发生在黏土、页岩、粉砂岩和风化的砂页岩、片岩、千枚岩、花岗岩构成的无植被覆盖的裸露岩土陡坡上，陡坡坡度大于其组成物质的自然安息角。开发建设区的泻溜主要发生在上述岩土构成的挖损地或堆置地上。

人为扰动和堆置松散固体物对泻溜的作用表现在：

①破坏岩土表面覆盖的植被，使易风化的岩土坡变成泻溜坡，或者使已固定的泻溜坡再次复活。

②取土、取石、采矿、工程建设场地剥离开挖，使埋藏在地下深层的易风化岩土暴露出来，以惊人的风化速度形成泻溜坡面，实际上是岩石圈深层岩土矿物暴露后，由于物理化学条件改变，失去原有平衡，而建立新的平衡的过程，如露天煤矿采矿坑边坡若不及时处理，砂页岩、泥页岩、页岩、板岩和矸石等极易风化而形成泻溜面。

③固体岩土松散堆积体坡面若由易风化岩土组成，也会形成泻溜坡面，特别是采矿废石废渣堆积体的风化泻溜，是植被恢复的主要障碍之一。

(2)*土砂流泻*

土砂流泻是发生在人工堆积的固体松散体坡面上，由于深层岩石上覆有巨厚的岩土层而承受着巨大的静压力，呈固结或超固结状态，一旦被爆破、粉碎、剥离并堆置在地表，大小不同的岩土颗粒在新的条件下，发生新的自然固结；由于固结速度、时间差异，导致坡面土砂物质失重，向坡角滚落，称之为土砂流泻。它与泻溜外部表现极为相似，但土砂石砾不一定是细小碎片，而且包括大小不等的土体、碎石、石块等。此种形式在高速排放的露天矿排土场初期较为常见；公路、铁路建设过程中，沿陡坡排放的土砂石料也能够见到。

2.3.3　开发建设区的岩土崩塌

斜坡岩土的剪应力大于抗剪强度，岩土在剪切破裂面上发生明显位移，即向临空方向突然倾倒，岩土破裂，顺坡翻滚而下的现象称为崩塌(earth slip, land slump, land creep)。崩塌多发生在坚硬、半坚硬或软硬互层岩、土体中。发生在土体中的称为土崩，发生在岩体中的称为岩崩。崩塌坡面坡度一般大于55°，开发建设人为活动如扰动岩土层、构筑人工边坡等，破坏了岩土原有的平衡状态，加剧了崩塌或产生新崩塌。概括起来有以下几方面。

(1)*采矿造成的崩塌*

①采空塌陷引起的崩塌　主要发生在平原或盆地区的地下开采矿(见

2.3.6)。

②采空、挖损引起的覆岩崩塌 在高陡斜坡上下采矿取土、取石、取砂引起覆岩悬垂，失去支撑而崩落，经常危及开发建设区生命财产安全。如 1881 年在瑞士埃尔姆村附近，由于开采山脚下的板岩，造成 700m 的山崖突然倾覆崩塌，约有 $1\,300 \times 10^4 m^3$ 岩石崩落，碎石流砸毁掩埋了沿途的所有房舍，115 人丧生。我国此类事件也屡见不鲜，湖北省宜昌盐池河磷矿，由于矿体上部陡峻，下部粉质岩软弱柔滑，采矿加剧上部山体整体失稳变形，地表岩石开裂，加之大量降雨，使山体沿软岩滑动面整体滑动，1980 年 6 月 3 日发生大规模山体倾覆崩塌，崩落体积约 $100 \times 10^4 m^3$，摧毁该矿全部工业和民用建筑，造成人员伤亡和财产损失。

③露采采场边坡的崩塌 露天采场边坡(矿坑壁)陡立，大量埋藏地下的岩层暴露，易形成软硬互层层组，引发崩塌。现代化大型露天矿采排速度惊人，采坑深达几十米至数百米，日剥离量可达几十万吨，边坡小规模崩塌频繁，有时甚至出现大规模崩落或滑坡，此种矿山的崩塌与大规模采矿爆破和大型机械振动也有密切关系。

④固体废弃物松散堆积体的崩塌 固体废弃物松散堆积体，如露天矿山排土场、尾矿库、矸石山以及渣山等，组成物之间松散，常呈非固结或半固结态，堆体与基底之间结合不良，在外部因素的诱发下极易产生崩塌。此外，堆置在河岸岸坡上的固体松散物，常因洪水冲刷底部而悬空产生崩塌。大型尾矿坝、贮灰场、尾砂场有时也因选择不适、设计考虑不周等原因发生崩塌、坍落。1988 年 4 月 13 日，中国有色金属总公司西安公司金堆城钼业公司栗西尾矿库排洪隧洞坍塌，原因在于：①隧道穿越复杂的震旦系硅质灰岩层，在隧洞塌方段节理发育；②局部地段(进水口)岩石遇水软化，抗剪强度降低；③设计不合理，施工质量差，管理不善。此次坍塌造成直接经济损失 2 600 万元，尾矿渣中的氧化物顺河而下，导致下游水资源、水生生物资源的破坏和损失，更是无法估算。

(2)道路建设造成的崩塌

人工道路修筑过程中，主要扰动地层的方式是开挖路堑和堆垫路基，其引发的崩塌，以开挖、削坡造成的上覆岩层悬空并沿某一垂直节理(如黄土)或张裂隙劈开而形成崩落为主。

(3)水工程建设场地的崩塌

水工程建设场地范围内包括取土场、取石场、库区以及库坝等均可能产生崩塌，以岸坡崩塌最为常见，而黄土岸坡崩塌尤为严重。水库岸坡崩塌即塌岸(reservoir shore avalanche)是水库蓄水后，构成岸坡的松软岩土体在库水位涨落和波浪冲蚀作用下，失去原有的稳定平衡条件，而发生岸坡变形、崩塌、岸线后移，并形成水下浅滩的现象。

崩塌发生的程序受库岸形态、库岸岩土体结构、岩性、水库水位涨落幅度、波浪高度、波速、波向等因素的影响，一般分为 3 个阶段：①因水库水位上升，引起库岸岩土密度、含水量、孔隙率、塑性、内聚力、内摩擦角的变化，而使岩土体结构软化和崩解，改变库岸的稳定条件；②水库风浪作用产生拍岸坡冲击和磨蚀岸壁，岸边下部被冲蚀掏空，上部岩土体失去平衡而崩落；③塌岸物质被波浪搬运和分选而堆积在一定区域，后经岸流搬运而顺岸移运，逐渐形成浅滩。

(4)南方崩岗地区人类活动引发的崩塌

崩岗是南方热带、亚热带花岗岩地区发生的一种特殊侵蚀形式，主要表现为水流和重力作用下的沟头、沟壁崩塌。人类活动特别是工程建设活动，破坏地表，毁坏植被，加剧或引发了崩岗侵蚀的发展，如江西省赣县南塘、兴国江背在25°~35°坡面上开沟挖渠，几年内形成了一系列崩岗山。

此外，山丘区开挖地基、削坡打窑亦可导致崩塌。

2.3.4　开发建设活动诱发的滑坡

2.3.4.1　滑坡的形成、特征与分类

(1)滑坡的概念与特征

滑坡(land slide)是指斜坡岩体或土体在重力作用下，沿某一特定面或组合面(软弱滑动面)而产生的整体滑动现象。它与崩塌的区别在于，滑坡在滑动过程中滑体上的地物和岩土层虽受扰动和破坏，但仍维持原来的相对位置，而崩塌则是岩土层受到了彻底的破坏，崩塌坡面陡立，滑坡坡面一般较小。完整的滑坡应由滑坡滑动面和滑动带、滑坡壁、滑坡阶地、滑坡舌和滑坡鼓丘、滑坡洼地、滑坡裂缝等要素组成(图 2-3)，具有明显的特征。一般滑坡只具备其中几个要素。

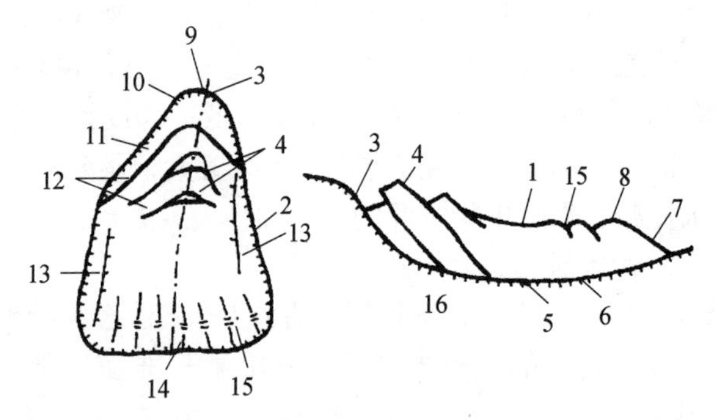

图 2-3　滑坡要素构成

1. 滑坡体　2. 滑坡周界　3. 滑坡壁　4. 滑坡台阶　5. 滑坡面　6. 滑坡带　7. 滑坡舌　8. 滑坡鼓丘　9. 滑坡轴　10. 破裂缘　11. 封闭洼地　12. 拉张裂缝　13. 剪切裂缝　14. 扇形裂缝　15. 鼓张裂缝　16. 滑坡床

(2)滑坡的形成与发育

滑坡形成的关键条件是在水、地质构造、地貌以及人为触发等因素的作用下，形成软弱滑动面或滑动带。一般来说，①松散堆积体滑坡与黏土有关，而基岩滑坡则与千枚岩、页岩、泥岩、泥灰岩、绿泥石片岩、滑石片岩、炭质页岩、煤以及石膏等遇水软化的松软地层有关；②地质构造或堆积体下伏层的顺层层面、大节理层面、不整合接触面、断层面(带)的是否存在，岩层构造的倾向和

坡向与滑动方向是否一致，直接影响滑坡的形成；③滑动层面的聚水是滑坡形成的重要条件，上部透水、下部隔水；或上部渗透性大、下部渗透性小，导致层面充水，形成高含水层，为滑坡起动提供了条件；④地貌上的临空面、斜坡、坡地基部的受冲刷情况，也是影响滑坡形成的重要因素之一，如河流凹岸的陡坡部位，滑坡发生频数大；⑤大气降水、地下水位变化，斜坡形态改变，爆破、振动、地震，是滑坡发生的诱发因素。一旦滑动面形成，滑动面岩土层的抗剪强度将明显降低，滑体就会在重力作用下沿滑动剪切面滑移，一般要经过蠕动变形、快速滑动、渐趋稳定 3 个阶段。

(3)滑坡分类

滑坡类型极为复杂，可按滑体组成物质、滑动面性质、滑体厚度、滑动年代等来划分(表 2-3)。

表 2-3 滑坡分类

划分依据	名称类别	特征说明
按滑坡物质组成成分	堆积层滑坡	各种不同性质的堆积层(包括坡积、洪积和残积)，体内滑动，或沿基岩面滑动。其中坡积层的滑动可能性较大。固体松散体滑动属此类型
	黄土滑坡	不同时期的黄土层中的滑坡，并多群集出现，常见于高阶地前缘斜坡上，或黄土层沿下伏第三纪岩层滑动
	黏性土滑坡	黏性土本身变形滑动，或与其他土层的接触面或沿基岩接触面而滑动
	岩层滑坡	软弱岩层组合物的滑坡，或沿同类基岩面，或沿不同岩层接触面，以及较完整的基岩面滑动
按滑动面通过各岩层情况	同类土滑坡	发生在层理不明显的均质黏性土或黄土中，滑动面均匀光滑
	顺层滑坡	沿岩层面或裂隙面滑动，或沿坡积体与基岩交界面及基岩间不整合面等滑动，大都分布在顺倾向的山坡上
	切层滑坡	滑动面与岩层面相切，常沿倾向山外的一组断裂面发生，滑坡床多呈折线状，多分布在逆倾向岩层的山坡上
按滑坡体厚度	浅层滑坡	滑坡体厚度在 6m 以内
	中层滑坡	滑坡体厚度在 6～20m
	厚层滑坡	滑坡体厚度 20～50m
	巨厚滑坡	滑坡体厚度超过 50m
按引起滑动的力学性质	推移式滑坡	上部岩层滑动挤压下部产生变形，滑动速度较快，多具楔形环谷外貌，滑体表面波状起伏，多见于有堆积物分布的斜坡地段
	牵引式滑坡	下部先滑使上部失去支撑而变形滑动。一般速度较慢，多具上小下大的塔式外貌，横向张性裂隙发育，表面多呈阶梯状或陡坎状，常形成沼泽地
按形成原因	工程滑坡	由于施工开挖山体引起的滑坡。此类滑坡还可细分为：1. 工程新滑坡：①由于开挖山体所形成的滑坡；②快速排弃土岩形成的滑坡；③采空塌陷形成围岩滑坡；④砂土液化形成的滑坡；⑤堆积物底部径流冲淘形成的滑坡等。2. 工程复活古滑坡：久已存在的滑坡，由于开挖山体引起重新活动的滑坡

（续）

划分依据	名称类别	特征说明
按发生后的活动性	自然滑坡	由于自然地质作用产生的滑坡。按其发生相对时代早晚又可分为：1. 老滑坡：坡体上有高大树木，残留部分环谷、断壁擦痕。2. 新滑坡：外貌清晰，断壁新鲜
	活滑坡	发生后仍在继续活动的滑坡。后壁及两侧有新鲜擦痕，体内有开裂、鼓起或前缘有挤出等变形迹象，其上偶有旧房遗址，幼小树木歪斜生长等
	死滑坡	发生后已停止发展，一般情况下不可能重新活动，坡体上植被较盛，常有居民点
按滑体体积	小型滑坡	$<5\ 000m^3$
	中型滑坡	$5\ 000 \sim 50\ 000m^3$
	大型滑坡	$50\ 000 \sim 100\ 000m^3$
	巨型滑坡	$>100\ 000m^3$

2.3.4.2　开发建设活动诱发的滑坡

开发建设活动诱发的滑坡属人为扰动地层诱发的重力侵蚀范畴，因此受其所处的区域地质背景、主要地质构造和岩土组成物质的控制。我国西南地区、甘肃、宁夏等一些区域构造活动频繁的地区，开发建设区滑坡相当严重，在云、贵、川三省 50 个建筑工程和 14 个铁路工程的调查中发现较大滑坡有 114 处。在构造相对稳定的地区，开发建设区滑坡发生规模小，危害轻。当然工程建设活动对地层的扰动程度对滑坡也产生深刻的影响，不同场所滑坡的类型和危害程度不同。以下分别叙述几种主要生产建设活动引起的滑坡。

(1)露天开采引起的采场边坡滑坡

露天矿采场切入地层中，采场面积大，边坡(工作边帮)呈台阶状分布。边帮角是根据矿山设计要求确定，如果设计不合理，考虑不周，就会出现滑坡。采场边坡形成滑坡的重要因素有以下几方面：①有软弱或破碎岩层存在，如煤层、泥岩、页岩等，或者基底岩层垂直节理发育，或大断层，有形成滑动面的可能；②地下水和地面水流入滑动面；③边坡底部、周围井工开采的冒落、塌陷；④边坡底部软弱岩层被切断；⑤采场边坡台阶过高；⑥爆破、机械振动的触发；⑦露天煤矿残煤层自燃等。

露天采场边坡滑坡按滑动面特征描述为 3 类：

①同类土滑坡　多见于第四纪表土层中，常呈圆弧滑动，黄土区露天矿采场边坡上部黄土台阶滑动属此种类型为多。

②顺层滑坡　边坡与岩层倾向基本一致，滑体沿某一软弱面滑动，如抚顺市西露天矿西端 1979 年大滑坡，就是由于西端帮煤层底板是 40m 以上的凝灰岩，岩层倾向 40° ~ 50°，当边坡下部支撑煤层被采掉，上部就沿凝灰岩下伏煤层滑动，并横切下部凝灰岩，呈平面—圆弧滑动。

③切层滑坡　岩层与滑动面相切，边坡逆岩层滑坡。如内蒙古平庄西露天煤矿 1983 年 4 月发生的滑坡，就是典型的切层滑坡，主要是上覆玄武岩裂隙水经

砂岩渗透到滑体，使滑体底部页岩泥化而形成。

(2)固体废弃物堆置引起的滑坡

大量固体废弃物堆积在山丘斜坡或采矿台阶上，使基底承受荷载增加，在外部因素的触发下，就会产生新的滑坡和使老滑坡复活。主要类型有4种：

①废弃物堆积体堆置在老滑坡体上，原有的平衡被破坏，老滑体和堆体一起沿地层中存在的古老滑坡面滑动。如山西省霍州电厂把贮灰场大坝建在一个老滑坡体上，长年堆放粉煤灰，结果老滑坡复活，产生滑坡垮坝现象。

②废弃物堆积体沿基底面滑动。这是由于废弃物与基底间摩擦作用弱而基底岩石强度相对较高所致，滑动常因雨水、地表水等浸润基底面与废弃物面而诱发，如义马露天矿1990年386水平向东延伸的内排线滑动就属此种类型。

③沿基底内岩层接触面或软弱夹层滑动，若基底为均质土，可能产生圆弧滑动。这类滑坡实际上是基底软弱层受剪切而滑动，是基底岩土与废弃物堆积体一起滑动的一种类型。例如平朔安太堡露天煤矿南排土场的废弃岩土，坐落在坡度为5°~7°基底上，基底为赋存厚度不等的第四纪黄土和第三纪红黏土组成。在排土场大面积、高强度堆载情况下，加之排弃物料属松散堆积物，透水性强，排弃物又大片掩埋基底场地的自然冲沟，破坏了天然排水系统，促使降雨大部分渗入排弃岩土及其下伏黄土层上，由于基底黄土层渗透性不均匀，在相对隔水层上形成饱水塑性软弱层(含水量达22.29%±4.04%)，结果在1991年10月29日发生了巨型滑坡，滑体走向长1 050~1 095m，滑体倾向覆盖最大宽度245m，滑体垂高35m，滑体体积1 032×$10^4$$m^3$，造成1 000多万元的直接经济损失(图2-4)。

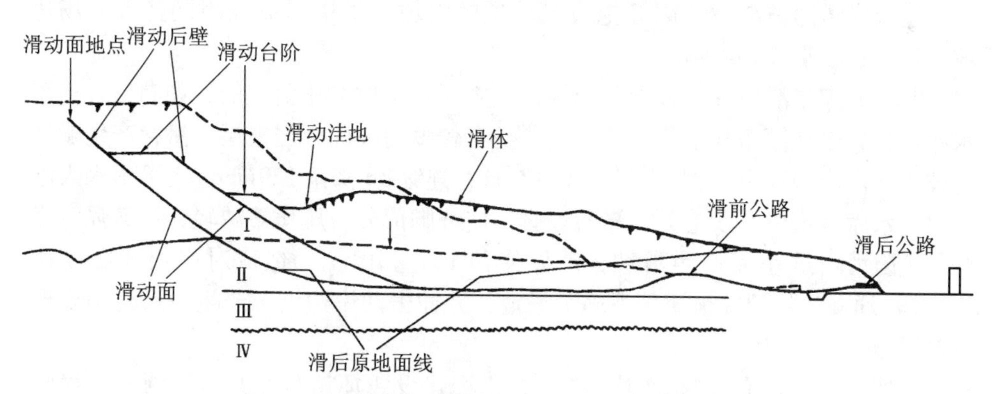

图2-4　平朔安太堡露天煤矿南排土场滑坡示意图

④固体废弃堆积体内部滑动，滑动面全部位于排弃物料中。此类滑坡可能有两种情况：Ⅰ.发生在为了种植而覆盖黄土的排土场上，因其底部岩土或岩石物质与机械倾卸的黄土没有充分结合，当连续降雨之后，表层黄土充分吸水而呈软塑性状态，沿基底接触面剥落下来，剥离体厚度50~100cm(实际黄土覆盖厚度)，是一种浅层滑坡或者说类似于山剥皮。这种坡面即使种植牧草，也会因为牧草根系分布较浅，不能穿透接触面而连草带土呈整体块状剥落下来。平朔安太堡露天煤矿覆土边坡，在1995年9月连续降雨之后，多处发生此种侵蚀。

Ⅱ. 固体废弃堆积体底部为黏性颗粒含量较高的物质，在高强度排弃条件下，随着排弃高度的迅速增加，下部岩土压密，孔隙水逃逸，并由高应力带向低应力带流动，在某一部位赋存形成高含水带时易发生内部滑坡。此外，堆积体堆置在河流两岸的岸坡上，当洪水暴发时，冲刷搬运走堆体底部物质，堆体上部失去平衡，并沿岸坡基底向下滑动。

(3) 道路建设引起的滑坡

①施工挖堑、切削坡脚，破坏山体支撑部分，引起滑坡。据统计，宝成线宝鸡—广元段的 91 处滑坡中，有 80 处(占总数的 88%)是由于施工期间挖堑、切割斜坡造成的。成昆线铁西滑坡，就是因为采石场长期开挖切割坡脚，频繁爆破，引起山坡上方裂隙，地表径流灌入滑体，产生水压力，并软化了滑动面引起的。此次滑坡(1980 年 7 月 3 日)滑体从长 120m、高 40 ~ 50m 的采石场边坡下部剪出，造成掩埋铁路(160m)、中断行车 40d 的重大经济损失。滑体体积达 $200 \times 10^4 m^3$，是铁路史上最大的滑坡。

②公路、铁路建设过程中，在边坡顶上堆填岩土加载，使斜坡应力改变，引起滑坡，特别是老滑坡体上堆填土极易造成老滑坡复活。

③路堑开挖，改变地下水运动条件，并增大水力坡度，促使滑坡产生或复活。地下水动态变化地区尤其如此。

(4) 水工程建设引起的滑坡

水工程包括水库、引水工程、灌溉工程等的建设过程，开挖、填垫岩土，同样引起滑坡。常见的有溢洪道边坡滑坡、水库岸坡滑坡。

①溢洪道边坡滑坡是因开挖坡脚导致的滑坡，基本形成原因同露天采场边坡、道路边坡滑坡相类似。

②水库库岸滑坡除工程地质原因外，主要是水位变化引起的，如湖南省拓溪水库塘光岩岸坡倾角与下伏基岩一致，且有较多的破碎板岩夹层，潜存产生顺层滑坡的条件。1961 年 2 月 27 日至 3 月 6 日，连续 8d 降雨 129mm，大量雨水入渗表层，水库蓄水位急剧上升，淹没坡脚，使坡脚部分岩压压重减轻，抗剪强度降低，抗阻滑力减小而产生滑坡，滑体体积 $165 \times 10^4 m^3$，造成对岸浪涌高度达 21m，浪涌漫过坝顶冲泄至坝下施工场地，并冲击两岸边坡，产生一系列小规模覆岩坍塌。

此外，水利设施(包括水库)漏水、工程建设毁坏植被、开凿隧洞、工程废水积水渗漏等改变地下水文状况的活动，也极易产生新的滑坡或使老滑坡复活。

2.3.5　固体废弃物堆积体的非均匀沉降侵蚀

非均匀沉降广义上讲是指由于人类工程——经济活动或地质构造运动，导致地壳浅部松散覆盖不均匀压密，而引起地面标高不均匀降低的一种工程地质现象，包括开采引起的非均匀沉降、地基非均匀沉降及其他原因引起的非均匀沉降。非均匀沉降导致地面变形，造成楼房、道路、渠道、水库大坝等各种建筑物的变形和破坏，甚至倾倒坍塌。山区丘陵区非均匀沉降还诱发崩塌、滑坡等重力侵蚀。这种由于非均匀沉降产生的地面破坏和土壤侵蚀统称为非均匀沉降侵蚀。

固体废弃物堆积体的非均匀沉降，是由于其组成物质颗粒大小混杂，自然压缩固结速率不等，而导致表面变形和破坏的特殊现象。这种现象在高速排弃岩土的现代化大型露天矿排土场形成初期尤为严重。据研究(苏文贤，1986)露天矿排土场的沉降率波动在10%～20%(沉降系数1.1～1.2)，沉降过程延续数年，但前三年沉降量可达总沉降量的80%，且夏季>春秋季>冬季。排土场非均匀沉降侵蚀，除前面已讲述的土砂流泻外，更多的表现为平台部位的陷穴、陷坑、裂隙、盲沟、穿洞等，这种侵蚀在细小颗粒含量高、特别是黄黏土含量高的排土场或覆盖黄土后的排土场表现得最为剧烈。根据平朔安太堡露天煤矿南排土场调查的结果，其形式多样、程度不一。它不仅造成排土场平台周边开裂错位，排水渠裂缝，破坏已复垦的土地，而且地表雨水和径流沿裂隙大量灌入，成为影响排土场整体稳定性的重要因素。如前所述，平朔安太堡露天煤矿南排土场滑坡中，非均匀沉降引起的径流灌入起了很关键的作用。非均匀沉降在小型排土场、矸石山、渣山等固体松散堆积体均会发生，但危害程度不等。如煤矸石山由于泥岩、页岩、泥质页岩、废煤、矸石的风化，出现黏性可压缩固结的颗粒后，矸石山亦可发生裂隙错位，但很快又会被上部滑落下来的物质充填覆平。另外，矸石山的自燃经常引起局部坍落，也可以看作是一种非均匀沉降(表2-4)。

表2-4 平朔安太堡露天煤矿排土场非均匀沉降侵蚀特征(案例)

种类	特征描述
小陷穴	直径3～50cm，深5～6cm不等，陷穴下壁或底部可见下伏岩土下垫层。有的单独存在，有的由裂缝串联。由水蚀产生，可加剧内部盲洞、盲沟形成
大陷坑	直径1.0～15m，深1.0～5.0m不等，浅层岩土混堆的土粒随渗漏水淋移，造成地表局部沉降
小裂缝	分布于距平台边缘超过50m范围内，长10～30m，宽0.5～7.0cm不等，走向大致与边坡走向平行，常跨小畦，多由小陷穴连联。一般无错位，最为严重的有2处，一处9条133m，平均间距3.7m；一处11条120m，平均间距1.8m
大裂隙	距平台边缘超过10m范围内，可有1条或数条大裂隙，长可达百米甚至数百米，平行边坡走向，等高带状分布，宽10cm以上，局部错位可达20～40cm，在裂隙充水和爆破震动下，可形成滑坡
盲洞、盲沟	分布在岩土混堆下垫层中，内部集中渗流，细粒物质严重冲移形成，隐患巨大

2.3.6 采空区塌陷(沉降)侵蚀

采空塌陷(沉降)是指地下矿层大面积采空后，矿层上部的岩层失去支撑，平衡条件被破坏，随之产生弯曲、塌落，以致发展到地表下沉变形。地表变形开始形成凹地，随着采空区的扩大，凹地不断发展而成凹陷盆地(也称移动盆地)。采空塌陷的地表破坏形式即地形单元有：

①张口裂隙　是在开采缓倾斜及中倾斜煤层时，地表沉陷盆地外缘受拉伸变形而出现裂隙，其出现的数量及裂隙规模与开采深度、煤层厚度、顶板管理方

法、覆岩岩性和产状及其上部的松散土层性质有关，一般宽数毫米至数厘米，深数米，长度与采空区大小有关。有些矿区地表张口裂隙组合可成为地堑式裂隙和环形堑沟。

②压密裂隙 是在开采缓倾斜至急倾斜煤(矿)层时，由于局部压力或剪切力集中作用的结果，使覆岩及地表松散层产生压密型裂隙。这种裂隙分布较为密集，特别是在软岩层和主裂隙两侧较发育，裂隙开口小，紧闭、长度和深度较大，裂面较平直。

③塌陷漏斗(塌陷坑) 地下开采浅部矿层(如乡镇小煤窑一般开采矿层较浅)，由于开采上限过高，在接近含水松散层时，易引起透水、透砂和透泥，造成地表塌陷，形成塌陷漏斗。在开采急倾斜煤层时，沿煤层露头线附近，也会断续出现一些大小不等的漏斗状塌陷坑。塌陷漏斗在平面上一般呈圆形或椭圆形，在垂直剖面上大都是上大下小的漏斗状；也有少数呈口小肚大的坛状漏斗，其规模不大，小者直径仅为几米，大者几十米，深几米至几十米。

④塌陷槽或槽形塌陷坑 是在开采浅部厚矿层(煤)和急倾斜矿层时，地表沿矿层走向出现的槽形陷落坑，槽底一般较平坦，或断续出现若干漏斗状塌陷坑。

⑤台阶状塌陷盆地 是在浅部开采急倾斜特厚煤层或多层组合煤层时，地表出现的范围较大的台阶状陷落凹形盆地。这种塌陷盆地，中央底面较平坦，边缘形成多级台阶状，每一台阶均向盆地中央有一落差，形成高低不等的台阶。纪万斌(1994)将采空塌陷分为 3 种类型，即沉陷区、塌陷区、严重塌陷区(表 2-5)。

表 2-5 采空塌陷类型划分及特征简表

类型	名称	塌陷形式	塌陷幅度或崩塌高度	塌陷地形单元	危害程度
Ⅰ	沉陷区	缓慢沉陷无声无震	<1m	整体均匀沉降，无明显地形表现	对农田和建筑物无明显影响
Ⅱ	塌陷区	大都周期性，缓慢进行	1m 至几米	多椭圆形塌陷盆地，外缘具缓台阶状	影响明显，雨季农田积水、绝产，村镇需搬迁
Ⅲ	严重塌陷区	周期性、突发性、急缓塌陷均有、有声有震	几米至十几米	长椭圆形或槽形塌陷坑，台阶状塌陷盆地，外缘裂隙发育，具塌陷漏斗，地表丘状起伏	破坏严重，房屋、路面开裂倾斜，农田常年积水绝产，村镇搬迁弃农改行

采空塌陷引起的一系列水土资源的损失和破坏现象，称为塌陷侵蚀，主要表现在以下几个方面。

(1)对土地资源的破坏

地表塌陷引起一系列的地表变形和破坏，先表现为对土地资源的破坏，特别是对耕地的破坏，即使连续的大块连片耕地变成分割破碎的耕地，给耕作带来困难；同时造成地表水损失，加剧土地干旱，在平原区，灌溉农田的水利设施破坏，如渠道裂缝、水管拉裂、拉断等，使水浇地变为旱地；在潜水位较高的地区，如黄淮海平原，塌陷区积水能够造成大片农田弃耕绝产。据不完全统计，全国21个矿区在开采中因塌陷破坏农田超过 $6\times10^4\text{hm}^2$，有的矿务局万吨塌陷面积达到3 000 ~4 000m^2，每年破坏农田300 ~400hm^2。

(2)对水资源的破坏

如前所述，塌陷导致地表水渗漏，破坏地下储水结构，改变水文循环系统，引起泉水、河流干枯，地下水位下降或上升，水体污染等水资源和水环境问题，这里不再复述。

(3)对植被资源的破坏

首先，大范围塌陷导致植物根系拉断，枯萎死亡；其次，地表张口裂缝、塌陷漏斗、塌陷盆地造成地面大量土层松散，加剧水土流失，破坏植物生长环境。在风蚀和荒漠化严重地区，地下水体渗漏损失，严重影响植物生长，甚至招致植被大面积死亡，加剧风蚀和荒漠化。如神府矿区，70%的地面均被风沙覆盖，但人工沙生植被生长良好，地下水位高是一个重要原因。塌陷破坏地下水体，降低了地下水位，有些植被生长明显受到影响甚至死亡。

(4)加剧水土流失

地表塌陷的形成改变了原地面形态，在平原区造成地表凸凹不平，使塌陷范围内特别是塌陷坑、塌陷盆地周边水蚀和重力侵蚀加剧；在山区丘陵区，临近沟谷、岸坡的塌陷可诱发崩塌、滑坡，槽状塌陷坑若形成于沟谷两侧，且走向与沟谷平行，必然使沟谷进一步下沉和拓宽，槽状塌陷坑本身也是一种特殊的沟道，流水侵蚀会不断加剧其发育；塌陷发生特殊区域，会产生一系列连锁危害，如水库渗漏、垮坝引发山洪、泥石流侵蚀；在风蚀地区，槽状塌陷坑若走向与主风向平行，势必导致顺风吹蚀两边塌陷坑壁，形成类似干旱地区的“雅丹”地貌。塌陷破坏水资源和植被资源还会引起固定沙丘向流动沙丘转化，轻度风蚀区向重度风蚀区转化。

此外，塌陷还对地面建筑和社会环境造成很大的破坏，如对工业和民用建筑物及其设施、交通运输、电力、通信、名胜古迹等。

2.3.7 爆破和机械振动引起的重力侵蚀

采矿和工程建设过程中，爆破和机械振动经常引发崩塌、滑坡、地面沉陷、建筑物变形和破坏等多种灾害性现象。产生这些现象的原因是：

①在岩土体为断裂构造切割的场合，或岩土体垂直节理发育时，爆破和机械振动促使斜坡岩石土体结构进一步破坏，抗剪切强度降低，而引发坠石、崩塌、滑坡等重力侵蚀。如湘黔线水花和桐木寨白云岩地段，六处白云岩顺层滑坡，滑坡的一侧或后壁、断层或节理面受大爆破施工震动的影响进一步松动，在构造控制的边界条件下整体下滑，形成更大规模的滑坡。

②质纯的砂层或粗砂层，当遇到震动时，颗粒将重新排列，这种过程若发生在地下水面以上，就会引起地面沉降如建筑地基下陷；若发生在地下水面以下，将引起砂土液化，产生流砂而诱发现塌、滑坡、塌陷等重力侵蚀。关于流砂问题以下将做更详细的讨论。

2.4　开发建设活动诱发的混合侵蚀

泥石流侵蚀(debris flow erosion)是发生在山区沟谷、坡地上的含有大量泥砂石块的流体，由于降水(暴雨、融雪、冰川等)形成的一种特殊洪流，是水力和重力混合作用的结果，因此也称为混合或复合侵蚀(composite erosion)。严格地说它是“介于水流和滑坡之间的一系列过程，是包括有重力作用下的松散物质、水体和空气的块体运动”。泥石流内泥砂石块含量一般都大于15%，最高可达80%，其密度在1.3～2.3t/m^3，实测最大值达2.372t/m^3(蒋家沟)，接近于混凝土密度(2.4t/m^3)。其具有明显的阵发性、浪头(龙头)特征、直进性和高搬运能力，历时短，来势凶猛，破坏力极大，是水土流失危害最严重的形式。

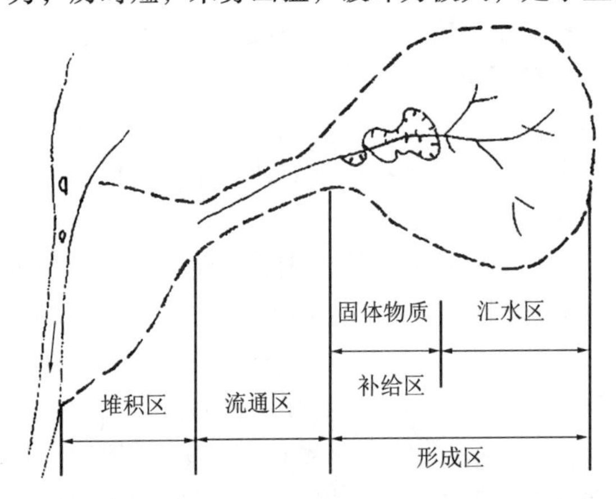

图 2-5　典型泥石流沟谷分区

典型的泥石流沟谷，从上游到下游可分为3个区，即形成区、通过区和堆积区(图2-5)，但是山坡型泥石流外部形态上很难分区。依据不同的划分标准，可将泥石流划分为不同类型(表2-6)。

泥石流的形成必须具备3个条件：①丰富的松散固体物质，它的产生、构成、储存积聚取决于地质营力，包括地质构造、新构造运动、地震、地层岩性、不良物理现象等。固体物质的成分、数量和补给方式，决定着泥石流的性质、规模和危害；②短时间内有大量水的来源，这主要是暴雨、冰雪融水、水库溃决的形式；③陡峻的地形和沟床纵坡，是泥石流形成的地形条件，特别是地形高差大、沟壁陡峻的漏斗型流域，使坡面上的松散固体物质汇集于沟谷，在水动力作用下形成泥石流。

表 2-6　泥石流分类

划分依据	类型名称	特征说明
形成原因	自然泥石流	由于降雨、融雪、冰川等自然因素造成的泥石流
	人为泥石流	由于人类活动引起的泥石流
沟谷特征	标准沟谷型泥石流	泥石流发生沟谷有明显的形成区、通过区、堆积区
	沟谷型泥石流	泥石流发生在狭长沟谷中，形成区不明显，固体物质来源于中游地段，泥石流沿沟谷有搬运有冲刷
	山坡型泥石流	泥石流发生在山坡或山坡冲沟中，沟坡与山坡几乎一致，堆积物堆积在坡脚或冲沟沟口固体物质来源于沟坡

（续）

划分依据	类型名称	特征说明
组成物质	泥石流	泥石流土体由黏土、粉土、砂砾、卵石、漂砾等各种粒径组成
	泥流	泥石流土体主要由黏土、粉土和砂组成，缺少或很少砾石和卵石颗粒
	水石流	泥石流土体中主要由大量的砂、砾、卵石组成，缺少或很少黏土和粉砂
流体性质	稀性泥石流	泥石流中水和固体物质不稠结成一体，水为搬运介质，石块和砾石以流动或跃移方式向下运动，固体物质含量15% ~20%，其中粉砂、黏土较少，湿土壤密度1.8t/m^{3}以下(泥流为1.2 ~1.5t/m^3(理论为1.2 ~1.5t/m^3)
	黏性泥石流	泥石流中的水和固体稠结成一体，固体物质含量40% ~60%，其中粉砂、黏土较多，泥浆黏度大，湿土壤密度 >1.8t/m^3(泥流 >1.5t/m^3)
固体物质提供方式	滑坡泥石流	固体物质主要由滑坡提供
	崩塌泥石流	固体物质主要由崩塌提供
	沟床侵蚀泥石流	固体物质主要由沟床堆积侵蚀提供
	坡面侵蚀泥石流	固体物质主要由坡面或冲沟侵蚀提供
引发因素	激发类泥石流	由暴雨、冰川、水库溃决等激发造成
	触发类泥石流	由地震、火山、滑坡、大爆破触发造成
	诱发类泥石流	由采矿、弃渣、毁坏森林、地下水涌流等造成
泥石流动力学特征	土力类泥石流	泥石流沿较陡坡面运动，土体运动主要靠其自重沿坡面的剪切分力引起和维持
	水力类泥石流	沿较缓的坡面运动，其中的土体是靠水体部分提供的推动力引起和维持运动

采矿和工程建设剥离、搬运和堆置岩土(包括各类矿物、岩石、土体、尾矿、尾渣、矸石、煤等)，为泥石流的暴发提供了各种有利条件，特别是剥离地表和深层物质加速改变地面状况和地形条件(如植被、表土、坡度、坡面物质的松散性等)，使尚处于准平衡状态的山坡向不稳定状态转变；废弃固体物质随意堆置沟谷坡面，为泥石流的形成提供了固体松散物质，剥离和堆置岩土破坏原有的水文平衡，增加暴雨径流量或使雨水迅速沿松散岩土中下渗，从而间接地改变泥石流暴发的外因条件。当然，开发建设区泥石流的发生首先是受区域自然地理因素的影响，其次才是生产建设活动的诱发作用(图2-6)。

开发建设区泥石流的产生，与生产建设活动过程中的扰动岩土，即剥离、搬运、堆置有密切的关系，因此，可根据其岩土被扰动的方式分为以下几种。

2.4.1 岩土堆置引起的泥石流

岩土堆置，这里是指采矿、选矿、冶炼、取土、取石、挖沙等形成的固体废弃物的堆置。其引起的泥石流包括堆置体本身充水诱发和堆置体崩塌滑坡诱发2类。

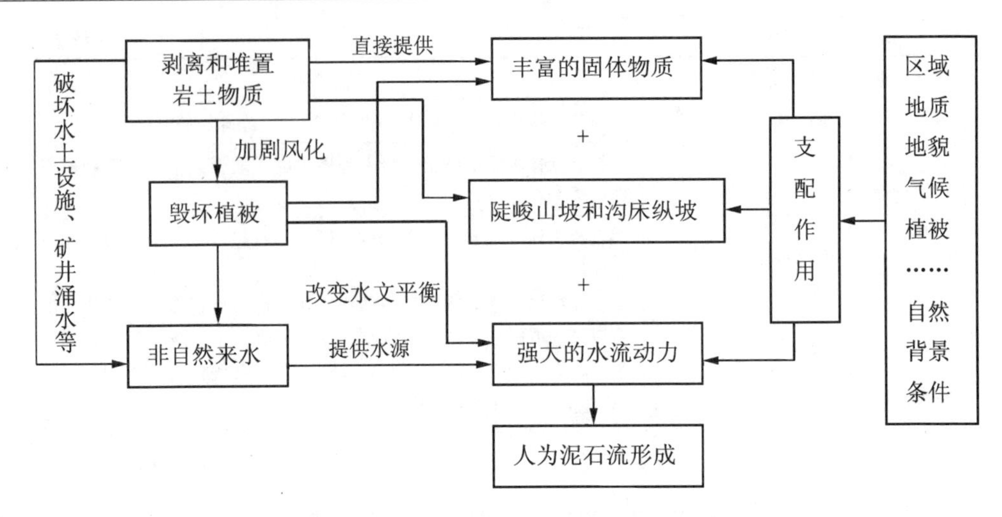

图 2-6 剥离堆置岩土对泥石流形成的影响

(1)堆置体充水诱发的泥石流

固体废弃物堆置在斜坡或斜坡冲沟上，由于降雨或地下水位上升等原因使其充分吸收水分，当达到相当高的含水量时，就会转变为黏稠状流体，在重力的作用下沿原自然坡面或堆积体本身形成的边坡流动而产生泥石流。后者往往呈堆置体，表层一定深度整体或局部剥离移动。此种泥石流的产生与堆置体的物质组成，尤其与岩土中黏土、高岭土、滑石、蒙脱石、伊利石、三水铝石、泥页岩风化细屑等黏性颗粒多少有关，由于这些物质易水化，具有分散性和膨胀性，在充分吸收水分后不仅容易形成稠状浆体，而且抗剪强度明显降低，在重力和岩土膨胀力(起一定的作用)的作用下失去平衡，开始向下蠕动并逐步演变为泥石流。此类泥石流主要发生在大型露天矿新排弃的、含有大量黏性岩土物质的排土场或边坡凸起部分，规模一般较小。

(2)堆置体崩塌、滑坡诱发的泥石流

固体废弃松散堆积体的滑坡、崩塌，在一定条件下可以直接演变为泥石流。一般情况下可分为 2 个阶段，首先是滑体沿一个或几个独立的剪切面滑动，经历有限变形后，又沿无数个剪切面运动进入泥石流阶段。此类泥石流发生在堆置体天然含水量高，孔隙比大，其下伏坡面陡峻且坡长较长(有时底部为小冲沟)的情况下，一旦出现滑坡，滑体滑程长，在滑动过程中，滑体释放能量使孔隙水与黏性岩土混合形成浆体，而转变为一种类似黏滞流的岩土碎屑流。如英国威尔士 Aberfan 废煤堆因非常疏松，含有大量沉泥、细砂碎屑、煤矸石和废煤风化细屑，长期的降雨渗润，使其含水量很高，下伏裂纹砂岩与废煤堆间存在混有卵石的黏土层，易形成滑动面，在滑动过程中，由于滑体能量释放，孔隙水排出，在孔隙水压和重力作用下，水和废煤中的黏性颗粒充分混合形成浆体，呈饱和态固体径流向坡下移动。这种滑塌型泥石流曾发生 3 次，1966 年一次的很严重，泥石流流程达 600m，冲毁学校、道路，使 143 人丧生，因而成为世界著名的泥石流例证。

我国南方大型露天矿排土场也发生过此类事件，如福建省潘洛铁矿潘田矿大格排土场，1983 年 11 月 13 日发生的滑坡型泥石流，就属于此种类型。

2.4.2 剥离倾泻岩土引起的泥石流

开发建设活动过程中，大量剥离岩土并将其倾泻于沟坡、沟道中，为泥石流的形成提供了大量的固体松散物质。激发泥石流的因素主要是暴雨，因此发生的泥石流多为水动力泥石流。王文龙(1994)等人对神府—东胜矿区考察后认为，该地区自然泥石流很少见，大部分泥石流是由于采矿对土地的扰动、采掘建筑材料、矿区修筑公路等剥离倾泻岩土引起的，尤其是采石场的分布与泥石流分布关系极为密切。泥石流一般分布在汇水面积小于 $1km^2$ 的冲沟中，以暴雨沟谷型泥石流为主。兰州铁路局管辖的铁路沿线，泥石流沟道共 224 条，由于采石、采矿弃渣造成的泥石流沟道 49 条，占 22%。最典型的是成昆线沙湾车站，由于大渡河钢厂采矿弃渣及铁路采石场碎渣堆积在沟道和斜坡上，在 1967 年、1977 年、1980 年雨季先后发生 5 次人为泥石流灾害，堵孔、漫道、中断行车 26h。

2.4.3 岩体及地貌变形引起的泥石流

人类对岩体和地貌的影响范围是相当宽广的，由于人类开采资源和建筑施工，全球每年移动的土石量高达 4 000km^3，从地下开采出的矿石和建筑材料超过 $1\ 000 \times 10^8$t，平均每人每年要从地面的土壤、岩石圈中挖出 25t 各种物质，如开采矿产资源形成矿坑、池塘或形成尾矿库；发展交通使山坡稳定性降低；超采地下水引起的地面沉降和地面塌陷等。

为了满足开发建设的需要，山区兴建了许多矿山、采石场，大量开采石材，没有很好地按照有关的法律法规执行，无计划开采，盲目弃渣，造成边坡变形；交通是国民经济发展的重要环节，目前各级公路已超过 10×10^4km，1990 年铁路营业里程达 53 400km。交通事业的发展，会遇到许多斜坡，人工削坡、采石筑路、隧道弃渣，高填深挖地段的取弃土，必然会引起斜坡变形。

上述人类不合理的工程活动，破坏了山体的稳定性，引起斜坡环境恶化，使得天然斜坡的抗灾内涵能力达临近崩溃的边缘，为诱发泥石流提供了大量的松散固体物质，严重影响到工程建设和人民生命财产的安全。成昆铁路全线 183 处滑坡，因工程引起的新滑坡和“复活”了的古滑坡就有 77 处之多，占总数的 42%；成昆线泸沽铁矿盐井沟，由于沟头采矿弃渣，导致多次泥石流发生，1970 年 5 月 26 日晚突降暴雨，将弃渣冲下，冲毁工棚，104 人死亡。因此，人类不合理的工程活动是造成地貌变形灾害的主要根源。

2.4.4 开发建设活动诱发的特殊侵蚀

(1)流砂引起的地面塌陷

地下开采矿层时，若揭露或冒顶诱发流砂溃入巷道，就会导致地面塌陷。如

1910 年意大利一个铅锌矿为向选矿厂供水，在一条小河下开拓一条巷道，由于断层破碎带的作用，在这条小河下形成一处凹陷，凹陷深度达 80m，其间充满了砂和碎石。该矿在掘进时没有采取任何安全保护措施，既未用钻孔探水，也未设置防水闸门，而同时放炮超过 4 个，在放第 14 炮之后巷道掀露出了河床下面的凹陷，其中含水的砂、砾石以极大的速度溃入矿井，造成地面上职工医院的一所平房几分钟内就从地面塌入地下。我国也有这样的例子，如江苏省某矿 502 工作面，开采山西组七层煤，煤层厚 3.5 ~ 10m，是急倾斜煤层，煤层露头上覆冲积层 42.9 ~ 60m，冲积层上部有厚 13.7 ~ 21.5m 的砂层及砂质黏土，下部为黏土、砂质黏土、黏土砂礓和砾石层。1965 年 7 月 30 日发生突水，饱和的泥砂砾石一起溃入矿井，泥砂以 7m/min 的速度在大巷中推进，共溃入井下泥砂 5 788m^3，淤塞巷道 1 200m，地面上出现一个直径为 42 ~ 59m 的大塌陷漏斗。

(2)流砂引起的滑坡和塌方

露天采矿场如果剥露出流砂层，就会引起流砂涌入采矿场，并可能造成边坡失稳，引起大量滑坡和塌方。此外，在进行基建时常要开挖基坑，当基坑揭露流砂层，流砂同样会涌入基坑，不仅造成基坑的开挖困难，而且还会引起基坑附近地面塌陷和沉降，严重时甚至引起地面建筑物倾倒，造成严重后果。

2.5　开发建设项目与风力侵蚀

2.5.1　开发建设活动诱发的风力侵蚀

风力侵蚀是在气流冲击作用(风力)下，土粒、砂粒脱离地表，被搬运和堆积的现象和过程，简称风蚀(wind erosion)。风就是空气的流动，它具有动能，作用于物体时能够做功。当风力大于地面土粒和砂粒的抵抗力时，即发生风蚀。风蚀和水蚀一样，包括剥离(土砂脱离地表)、搬运、沉积 3 个过程。风蚀的强度受风力强弱、地表状况、粒径和比重大小等综合因子的影响。含砂的气流称为风砂流，是气流的剪切力大于土粒或砂粒的重力以及颗粒之间的相互联结力，并克服地表的摩擦阻力，土粒和砂粒被卷入后形成的一种气—固两相流，也是风蚀的开始，即吹蚀。当风沙流形成以后，风对地表的冲击力就会大大增加，不仅有吹蚀作用，而且产生了砂粒对地表物质的冲击和磨蚀。风蚀过程中风沙搬运的形式主要 3 种：

①悬移(suspension)　也称为风扬，是土砂粒中粒径小于 0.2mm 的粉砂、黏粒在气流的紊动旋涡上举力的作用下，被卷扬至高空，随风搬运。

②跃移(salutation)　粒径在 0.2 ~ 0.5mm 的中细砂，受风力冲击脱离地表，升高到 10cm 的峰值后，在该处风的水平分力远远大于在地表原处所受的水平分力，此时风就给砂粒一个水平加速度，因为砂粒受到风力和重力的双重影响，以两者合力方向，沿平滑的轨迹急速下降，返回地表，当其与地面碰撞时，又被反弹起来，砂粒呈弹跳跃动式搬移。

③滚动(surface creep) 也称蠕移，粒径0.5～2mm的较大颗粒，不易被风吹离地表，沿沙面滚动或滑动(图2-7)。

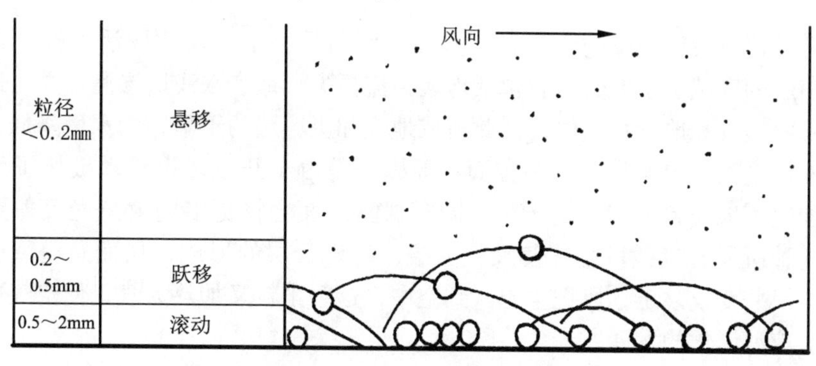

图2-7 风沙运动的3种形式

3种运动方式中，跃移是主要方式，从黏土到细沙的各类土壤中其占55%～72%，滚动占7%～25%，风扬(悬移)占3%～28%。风沙可能因风速减小而发生沉积，也可因遇到障碍物受阻而产生堆积。在一定的条件下发生沉积会形成沙丘(沙堆、新月形沙丘)。风蚀不受地形限制，在无保护、干燥、松散的土壤上均可发生，其结果是导致土地荒漠化。当风速极大时，风蚀还会发展成为尘暴，给国民经济和人民生活带来严重损失。

分布在我国北方干旱半干旱风沙区的开发建设区普遍存在着严重的风蚀。在风蚀水蚀交错带，开发建设区生产建设活动不仅加剧水蚀，而且加剧风蚀。自然界的风力主要是受大气环流的控制，受人为影响很小，而地表组成物质和植被易受人类活动的影响。因此，开发建设区的风蚀不仅受当地气象条件的控制，更重要的是受工程建设活动过程中对地表扰动程度的控制。露天采矿和工程建设对土壤、岩石的扰动，使地面变得疏松并破坏植被和土壤层，甚至使原地貌面目全非。地下开采也常常因地面塌陷、地下水渗漏而导致植物生长不良甚至死亡，这无疑加剧了开发建设区的风蚀。根据在神府矿区大柳塔的观测，当植被覆盖度为50%～70%时，风蚀量为0.5～3.5cm/a，而植被覆盖度下降到30%～50%时，风蚀量为2.5～22cm/a，可见植被破坏的巨大影响。开发建设区风蚀首先表现为扬尘，即非常细小的颗粒的悬移，主要发生黏土比例较大的排土场，覆盖黄土的复垦土地、尾矿渣堆积地、矸石山、煤堆上，不仅造成土粒和风化细屑的损失，而且造成严重粉尘污染。如陕西省神木县环保监测站1993年3月测定：大柳塔煤炭集装站煤尘含量日均7.84mg，最大达18.6mg，超过国家标准18倍。在运煤干线上公路面撒落煤炭厚度达10cm以上，每当车辆驶过，形成沿公路延伸的煤尘飘浮带，煤尘落入两侧农田、村庄、河流等，严重污染环境。其次，团体松散堆积物粒度粗细不一，胶结力差，若不及时恢复植被，迎风带会出现风蚀。卫元太等人(1993)在中条山铜矿尾矿库内干滩观测：无植被覆盖条件下，风蚀模数高达29 400～37 681t/m^2。风力对尾矿砂的吹剥、搬运和堆积的结果，导致吹剥地面尾砂飞扬，使局部地面堆积，压没农田，造成耕地沙化。

2.5.2 开发建设活动诱发的干旱和沙尘天气

开发建设活动诱发的干旱，一方面的原因是由于开发建设活动扰动自然岩土，引起的区域水量损失。它包括地表径流损失、地表水浅层渗漏损失、地表水深层渗漏损失和地下水损失，由此造成地表和土壤层的干旱，含水量降低，同时也诱发沙尘天气的发生。另一方面的原因，是由于开发建设活动破坏了地表植被，加速了地表和土壤层的干旱，同时裸露地面会将更多的太阳光反射到大气中。这种所谓的“反射效应”使大气变暖，妨碍云层的形成，从而妨碍降雨，使土地干旱并变成砂土，风把尘土吹到空中，这些尘粒又加热大气，使空气更加干燥，加速沙漠化的发展。

根据调查，2002 年北京市施工扬尘(PM_{10})排放量达到 2.10×10^4t，约占北京市排放总量的 12.14%。随着社会经济发展，施工面积大量增加，如果不加以控制，其排放量还将进一步增加，对空气污染的程度也将越来越大。施工扬尘是北京市大气污染的一个重要影响因素。

工地排放污染源中，出口路段运输扬尘占 11.0%，工地内运输扬尘占 31.0%，地面和高空操作扬尘占 42%，风蚀扬尘占 16%。根据上述分析，有关单位采取了下列措施：①在工地出口路段采用 BX-3 型半自动洗车装置对外出车辆进行清洗；②对工地内交通道路铺装混凝土，同时对路面及时洒水清理；③对裸露地面覆盖高强度防尘布或化学抑尘剂；④高空作业采用 0.5mm 网颈、3mm 网距防尘网；⑤工地边界设置 2.4m 硬质围挡。根据在部分工地的实验，完全采用上述新的工地扬尘控制方案，并加强日常管理和设备维护，出口路段扬尘、工地内运输扬尘、地面操作扬尘、高空操作扬尘以及风蚀扬尘的控制效率分别达到 100%、80%、70%、20% 和 26.7%，可分别削减扬尘排放总量的 11.0%、24.8%、14.7%、4.2%和 4.3%。

另外，在工地边界采用 2.4m 硬质围挡，可在前面几项控制措施扬尘削减的基础上，进一步削减扬尘排放总量的 6.2%，使施工扬尘削减率达到 65.2%。

2.5.3 开发建设区的土地荒漠化

土地荒漠化(land desertification)是指包括气候变异和人类活动在内的种种因素造成的干旱、半干旱亚湿润地区的土地退化，简言之，“荒漠化”是干旱土地的“退化”。《国际防治荒漠化公约》中的“土地”定义是具有陆地生物生产力的系统，由土壤、植被、其他生物区系和在该系统中发挥作用的生态及水文过程组成。而“土地退化”是指出于使用土地或由于一种营力或数种营力结合致使干旱、半干旱和干旱亚湿润地区雨洼地、水浇地或草原、牧场、森林和林地的生物或经济生产力和复杂性下降或丧失，其中包括风蚀和水蚀致使的土壤物质的流失，土壤的物理、化学和生物特性或经济特性退化，自然植被长期丧失。可见，广义的土地荒漠化包括风蚀荒漠化、水蚀荒漠化、土壤盐渍化、植被退化等。开发建设区生产建设活动引起的土地荒漠化，即广义的土地退化，包括水地变旱地、土地风蚀和沙化、土地污染、土地生产力水平降低等类型，其结果是造成土地质量的下降和粮食产量的大幅度减产。

(1)水地变旱地

主要是由于采矿和地下水超采引起地表水渗漏、地下水位下降、泉水和河流干枯、地面裂隙毁坏农田水利设施等，导致水源枯竭或不能充分利用。如山西省霍州十里铺塬万亩灌区，是20世纪70年代初期建成的重点水利工程，由于霍州矿务局地下开采，灌区内土地裂隙越来越多，到了20世纪70年代末已无法灌溉。20世纪80年代初，投资近百万元重建的33.33hm^{2}喷灌工程，很快因地表裂隙扩大，主干渠严重塌陷而报废；后又改为钢管渠系，也因裂隙和地基下沉而无法通水，近万亩水地变为旱地。

(2)土地风蚀和沙化

关于这一问题前面已经讨论，这里不再重复。

(3)土地污染

包括废水排放河流或矿坑水直接灌溉农田导致的土地污染和粉尘污染导致的土地和作物污染。土地污染常常使作物幼苗枯死，土壤结构变坏，作物光合效率降低，引起土地质量下降，粮食大幅度减产。

(4)土地生产力水平降低

开发建设区建设使原来的农、林、牧业用地变成其他用地，特别是主沟道内的川台地、水浇地被大量占用，中低产田面积相对扩大。同时，农民投资转向，大量土地荒芜，使总土地生产力水平下降。开发建设区的土地荒漠化也有一定的区域性，工矿建设中心区问题比较严重，农耕地遭受土地破坏、压占和荒漠化多重挤压，近中心区主要受水地变旱地及水土流失威胁，远离中心区受到威胁很小。

本章小结

开发建设活动引发的水力侵蚀、风力侵蚀是其水土流失形式的最普遍现象，而开发建设活动对水资源的影响和破坏，及其诱发的重力侵蚀和混合侵蚀、沙尘天气和土地荒漠化，是对环境影响最终恶果的开始。开发建设活动引起的水土流失形式的研究，既是开发建设项目水土保持工作与治理的基础，也是水土保持工作者和科学研究人员普遍关注的课题。

思 考 题

1. 开发建设项目对水资源有哪些危害？
2. 开发建设活动引发的水力侵蚀与正常土壤水力侵蚀有何联系与区别？
3. 哪些开发建设活动可加剧或诱发重力侵蚀和混合侵蚀？
4. 一般多风区的开发建设活动是否可能造成土地荒漠化？

小 资 料

东胜煤田概况

中国已探明的最大煤田，世界大型煤田，位于陕西省西北部和内蒙古自治区南部，在中国最大煤盆地鄂尔多斯盆地腹地，是一个连续的煤田。面积22 860 km^2，含煤地层属侏罗纪。预测储量 6 690 × 10^8t，探明储量 2 300 × 10^8t。神府煤田分布在陕西省榆林地区的神木、府谷、榆林、横山和靖边 5 个县，面积约 10 000km^2，有 5 ~ 6 个可采煤层，总厚度 14.1 ~ 21.5m，倾角不到 1°，埋藏很浅。东胜煤田在内蒙古自治区伊克昭盟境内，面积达 12 860km^2，有 10 个可采煤层，厚度 2 ~ 7m，倾角 1° ~ 8°，埋藏较浅。神府—东胜煤田的煤为世界少见的优质动力煤，尤以煤田南部为最佳。其硫分小于 0.5%，灰分小于 8%，发热量达 30MJ/kg，在国际市场上有很强的竞争力。1984 年开始开发神府东胜矿区，第一、二期建设规模 3 000 × 10^4t，第三期(2010 年)6 400 × 10^4 ~ 7 400 × 10^4t，远景规模 1.2 × 10^8t，已建成 3 个年产总能力为 120 × 10^4t 的矿井，有 4 个年产 300 × 10^4t 的矿井正在施工。包头至神木的 172km 铁路已建成通车，神木至朔州的 270km 铁路正在修建。与神府东胜矿区邻接的榆神矿区，初期建设规模 5 200 × 10^4t，后期 1.138 × 10^8t。神木至榆林的 137km 铁路于 1992 年 5 月开工修建。神府—东胜煤田到 2000 年将建成 6 000 × 10^4t 的年产能力。

东胜煤田的建设与开发，为我国近期和未来几十年的经济建设构筑了相当规模的能源保障。同时，由于当地自然条件相对比较恶劣，建设规模庞大，历时长久，其严峻的生态保护问题也将是对我国水土保持工作的一个考验。

第3章

开发建设项目扰动区水土流失调查与预测

3.1 水土流失分级标准

3.1.1 土壤侵蚀强度

土壤侵蚀强度(soil erosion intensity)是以单位面积和单位时段内发生的土壤侵蚀量为指标划分的土壤侵蚀等级。水利部采用土壤侵蚀模数制定了适于全国土壤侵蚀的分级标准，共分6级，见表3-1。

表3-1 土壤侵蚀强度分级

级 别	平均侵蚀模数[t/(km^2·a)]	平均流失厚度(mm/a)
Ⅰ. 微度	<200，500，1 000	<0.15，0.37，0.74
Ⅱ. 轻度	200，500，1 000~2 500	0.15，0.37，0.74~1.9
Ⅲ. 中度	2 500~5 000	1.9~3.7
Ⅳ. 强烈	5 000~8 000	3.7~5.9
Ⅴ. 极强烈	8 000~15 000	5.9~11.1
Ⅵ. 剧烈	>15 000	>11.1

注：引自水利部发布的《土壤侵蚀分类分级标准》(SL190—2007)(表4.1.2-1)，表中流失厚度系按土壤密度1.35g/cm^3折算，各地可按当地土壤密度计算。

3.1.2 土壤侵蚀程度

土壤侵蚀程度(soil erosion degree)是以土壤原生剖面被侵蚀的状态为指标划分的土壤侵蚀等级。根据土壤剖面中A层(表土层)、B层(心土层)及C层(母质层)的丧失情况加以判别，土壤侵蚀程度分级表见表3-2和表3-3。土壤侵蚀程度反映土壤肥力和土地生产力现状，为土地利用改良和防治土壤侵蚀提供依据。

表3-2 按土壤发生层的侵蚀程度分级

侵蚀程度分级	指 标
无明显侵蚀	A、B、C三层剖面保持完整
轻度侵蚀	A层保留厚度大于1/2，B、C层完整
中度侵蚀	A层保留厚度小于1/2，B、C层完整
强度侵蚀	A层无保留，B层开始裸露，受到剥蚀
剧烈侵蚀	A、B层全部剥蚀，C层裸露，受到剥蚀

表3-3 按活土层的侵蚀程度分级

侵蚀程度分级	指 标	侵蚀程度分级	指 标
无明显侵蚀	活土层完整	强度侵蚀	活土层全部被蚀
轻度侵蚀	活土层小部分被蚀	剧烈侵蚀	母质层部分被蚀
中度侵蚀	活土层厚度50%被蚀		

3.1.3 正常侵蚀与容许土壤流失量

3.1.3.1 正常侵蚀

正常侵蚀是指在不受人为活动影响的自然环境中，土壤侵蚀速率小于或等于土壤形成速率的土壤侵蚀。

3.1.3.2 容许土壤流失量

根据保持土壤资源及其生产能力而确定的年土壤流失量上限，通常小于或等于成土速率。对于坡耕地，容许土壤流失量(soil loss tolerance)是指维持土壤肥力，保持作物在长时期内能经济、持续、稳定地获得高产所容许的年最大土壤流失量。由于不同地区的成土速率不同，容许土壤流失量也不同。小于容许土壤流失量的侵蚀，属正常侵蚀；大于或等于容许土壤流失量的侵蚀，属加速侵蚀。

成土过程是一个长期而缓慢的过程，难以直接量测，因此确定容许土壤流失量，也是一项较为复杂的工作，目前各国确定的指标还有待完善，需要积累成土速度和土壤侵蚀对土壤生产力影响等方面的资料。美国规定各类地区的容许土壤流失量值为400～1 120t/(km^2·a)。中国在不断积累资料的基础上，确定了不同地区的容许土壤流失量值为200～1 000t/(km^2·a)。由于我国地域辽阔，自然条件复杂，因此，各地区成土速率不同，在各侵蚀类型区采用了不同的容许土壤流失量，见表3-4。

表3-4 我国各侵蚀类型区容许土壤流失量

类型区	容许土壤流失量[t/(km^2·a)]
西北黄土高原区	1 000
东北黑土区	200
北方土石山区	200
南方红壤丘陵区	500
西南土石山区	500

3.1.4 加速侵蚀与人为加速侵蚀

受自然因素如降水、大风、地形、坡度及植被盖度等的影响，土壤侵蚀速率超过土壤形成速率时形成加速侵蚀。长期的加速侵蚀得不到根治，将导致土层变薄，甚至流失殆尽，形成石漠化、沙漠化等现象。不利自然条件主要有地面坡度陡峭、土体松软易蚀、高强度暴雨、地面无植被覆盖。

人为加速侵蚀是指由于人们不合理地利用自然资源如滥伐森林、陡坡开垦、过度放牧、过度樵采和不合理的开发建设活动如开矿、采石、修路、建房及其他工程建设等造成的加速侵蚀。毁林毁草、陡坡开荒、过度放牧、开矿、修路等工程建设破坏地表植被后不及时防护，随意倾倒废土弃石，形成虚土陡坡，一旦遇到暴雨或大风，就会产生大量的水土流失。

3.1.5 土壤侵蚀潜在危险度

土壤侵蚀潜在危险度(degree of soil erosion potential danger)指生态系统失衡后出现的土壤侵蚀危险程度。它首先用于评估、预测在无明显侵蚀区引起侵蚀和现状侵蚀区加剧侵蚀的可能性大小；其次，表示侵蚀区以当前侵蚀速率发展，该土壤层承受的侵蚀年限(抗蚀年限)，以评估和预测侵蚀破坏土壤和土地资源的严重性。

3.2 开发建设项目水土流失的影响因素及环节

3.2.1 开发建设项目水土流失的影响因素及环节

开发建设项目水土流失的影响因素主要包括自然因素和人为因素，其中人为因素的影响更甚，是产生新增水土流失的主要因素。各种建设活动改变了建设区域的地形地貌，破坏了水土资源和植被，最终将导致水土流失加剧。工程建设造成水土流失的环节，应着重从以下几方面进行分析。

3.2.1.1 工程的“三通一平”

工程的“三通一平”期间，要进行施工准备期工程(施工力能供应、辅助设施、场内外道路建设等)和施工期工程(导流工程、料场开挖等)的建设。

场地平整与准备工程的建设，使原地表植被、地面组成物质以及地形地貌受到扰动和破坏，失去原有固土和防冲能力，特别是在准备工程基础开挖和填筑过程中，将使该区域的表层土裸露或形成较松散堆积体；并且土料需在场地内临时堆存，土料为松散堆放物，因蒸发作用使得表层形成松散粉状土；且堆放坡度较陡，若不加以防护，极易产生扬尘、冲刷、崩塌等现象，造成较强烈的水力侵蚀或风力侵蚀。

场地平整时，还会产生建筑垃圾及弃渣，这些松散堆积物的抗蚀能力较差，遇地表径流冲刷，将造成较严重的水土流失。

场内外施工道路建设，清除、压埋会损坏沿线植被，开挖、弃渣可直接引发水土流失。

部分施工区地势较陡，在开挖、修筑及建设过程中容易产生滑坡、崩塌等边坡破坏现象。

3.2.1.2 永久征占地内主体工程建设

该区产生水土流失的时段发生在施工准备期和土建期，主要包括场地平整、地基开挖、土料回填等施工活动。一方面，由于工程建设占地将不同程度地改变原有地形、地貌，扰动或破坏原有地表和植被，损坏原有的水土保持设施，在一定时段内可能使工程区域内水土保持功能降低而产生新增水土流失。另一方面，建筑物桩基础施工过程中产生大量的泥浆水，也将造成大量的水土流失。

3.2.1.3 施工生产生活区和施工道路修建

为便于施工，铁路、公路、输油(气、水)管线等线型工程在建设前期或施工过程中需修建大量的施工临时便道和施工营地。

施工便道整修时，由于作业条件有限，经常采用半挖半填的方式修筑，土壤固结能力降低，土地裸露面积加大，坡下拦挡措施往往滞后或难以施工，大量的土、石、渣在重力作用下滚溜坡下，造成大量植被损坏，甚至压占整面坡，极大地降低了水土保持功能，松散的弃渣遇到降水或洪水极易造成剧烈水土流失。

由于削坡及平整路面，扰动了原土体结构，破坏了原有植被和地面稳定性，致使土壤结构松散，地面坡度和汇流方向发生改变，进而造成了建设期较为强烈的水力侵蚀或风力侵蚀。

在施工营地，工程用骨料的冲洗、混凝土现场搅拌、施工设备清洗等，都会产生施工废水，引发新的水土流失。

施工结束后临时建筑物的拆除、场地平整和翻松等工作，也会引发水土流失。

3.2.1.4 取土(料)场

取土(料)后，表层植被被破坏，高低不整地形破碎，土质疏松；有不少取土(料)场远离主体工程，水土流失防治工作往往不为建设单位重视。当受到雨滴的打击、水流冲刷或风力吹袭时，会产生剧烈水土流失。

3.2.1.5 土料、砂砾料临时堆置与路基填筑

平原区修筑公路、铁路时，往往采用高填方路基，路基所用土料、砂砾料在现场临时堆置、路基填筑等都会使土体形成较陡边坡，裸露边坡遇强降雨和大风天气时，易引发强度水土流失。

3.2.1.6 临时堆弃物与弃土弃渣

开矿、建厂、采石、挖沟、修路、伐木、挖渠、建库等，当土石方在一定时间和空间内不能完全平衡时，将会产生临时或永久的弃土、弃渣。弃土弃渣结构疏松，抗蚀抗冲性差，堆置过程中如不采取适当防护措施，将可能造成渣场受冲刷、滑塌和坍塌，易于发生强度水力侵蚀和重力侵蚀，甚至引发地质灾害。

工程渣场占用的土地多为耕地、林地或荒草地，且堆弃物多是无序堆置，弃渣堆放再塑了原地貌，形成较陡边坡，改变了原地表坡面产、汇流条件，若不妥善解决排水问题，不仅会造成弃渣本身的流失，而且可能使渣堆附近区域的水土流失由原来的以面蚀为主的侵蚀演变为严重的沟蚀，甚至遇到降水等诱因，可明显降低堆弃物的稳定性，发生地质灾害。

当堆弃物置于沟道或河道时，遇洪水，部分或全部被冲走，抬高下游河床，加剧防洪压力。

3.2.1.7 贮灰场

贮灰场建设期的扰动范围主要包括初期坝工程和相应的管理用房和道路等。这些工程建设范围小，施工简单，只要采取有效的防护措施，不会产生较强烈的水土流失。但初期坝工程多建在沟谷内，施工过程包括基础清理、土方填筑、坝体碾压，施工过程复杂，产生水土流失的位置主要是土料场和初期坝，由于土料开挖将造成大面积植被破坏及扰动原地貌，改变了区域汇流的方向，土料开挖后将形成较大面积的新的临空面，且均为裸露土地，在雨季就很有可能引起面蚀、沟蚀和重力侵蚀。此外，在清底和防渗施工过程中，扰动的面积较大，产生的清基表土较多，是渣土流失的主要部位。

3.2.1.8 地表硬化和工程占压引发水的流失

工程建设会导致建筑物占压地表以及地表硬化或将土壤碾实，将会降低地面的入渗能力，增大地表径流量，在加剧土壤侵蚀的同时，使水产生了无效损失。在干旱、半干旱地区因工程建设产生的水的损失也应引起注意。

3.2.2 不同类型工程水土流失影响因素分析重点

实践表明，不同类型工程的总体布局、项目组成、施工工艺和时序等不同，因而产生的水土流失的强度、时空分布存在较大差异；无疑影响水土流失的因素和环节也不同，分析的重点应有所差别。

3.2.2.1 公路、铁路工程

公路和铁路工程具有线路长，跨越区域地貌类型多，动用土石方工程量大，沿线取、弃土场多等特点。在工程建设过程中，遇到山体及坡面要开挖、削坡、开凿隧道；遇到沟谷、河流要架桥修涵，高处挖、低处填等，因此，对可能造成水土流失的影响因素分析的重点为以下几个方面：

①路基开挖削坡(路堑)及填方(路堤)边坡增大了原地面的坡度，形成松散的裸露地表或高陡边坡，降低了植被覆盖率，并对原地表植被、土层结构造成破坏，改变原地形地貌、岩土(地表)结构和产汇流条件，从而导致土体抗蚀能力降低，固土保水能力减弱，加速了项目区的水土流失进程。因此，需对其中的每一个细节进行分析。

②对产生的大量弃土、弃渣，应从新形成松散堆积体一旦受到侵蚀营力作用，可能产生水蚀、风蚀和重力侵蚀等方面进行分析；而且还需对弃渣堆放造成下垫面植被和土地破坏，使原有水土保持功能降低或丧失，同时堆积物作为松散物质，在降雨侵蚀和上游来水的作用下，易发生流失和引起地质灾害等方面进行分析。

③对于大面积扰动和破坏的地表以及水土保持设施，应从原有水土保持功能受到损害的程度、建设后期新形成地表的稳定周期和水土保持功能恢复情况等方面进行分析。

④对于深挖、高填的路段，由于开挖坡面、采石取土等挖损原有地貌，并形成了松散的裸露地表和高陡不稳定的高边坡，因此，应从是否会导致坍塌、滑坡和泥石流等进行分析。

⑤对于该类工程较多的取土(石)料场，需针对开采土石料过程中破坏原地貌和植被，开挖边坡不稳定及截排水设施不到位时可能造成的影响等方面进行分析。

⑥对于临时施工场地、施工道路、临时便道、临时堆料场及伴行道路和其他辅助工程等临时占用的大量土地，应该从对原地貌扰动和水土保持设施被破坏的程度、临时道路的质量，并结合工程使用的重型卡车及其运行情况和当地暴雨、大风等自然条件进行分析。

⑦对于较多的穿越交叉工程，应从增大的破坏、影响面积，对原地貌的破坏和扰动程度，以及施工工艺等方面进行分析。

3.2.2.2 管道、渠道及通信工程

输气(油、水)等管道工程多采用沟埋敷设方式，一般线路较长，经过区域地貌类型多，还需要穿山越岭、跨河过沟，并与公路及铁路形成交叉穿越，施工条件复杂，因此，需着重从以下方面分析：

①针对该类工程开挖管沟时所形成的弃土、弃渣大多分散堆放，因此，应结合工程的施工时序、当地降水集中程度和大风季节等具体情况，就水土流失的影响因素和环节进行分析。

②应结合输油站(场)的选址对于当地水土保持设施的损坏、地表的扰动，以及修建过程中临时堆土数量和堆置方式等，就可能加剧水土流失的影响因素和环节进行分析。

③在管沟开挖、回填和管道敷设施工过程中，由于施工机械和施工活动都会使沿线地表受到破坏以及回填土的临时堆放，在雨季极易产生较大的水土流失；同时，回填剩余土方如果不能及时清理，必将造成较大的渣土流失；因此，需根据所采用的施工工艺和所经场地的差异，结合项目区土壤、暴雨、大风等条件进行分析。

④针对管线穿越工程在进行河流、公路和铁路等穿越时，采用定向钻、顶管等施工会产生废弃泥浆，河流穿越采用大开挖需填筑、拆除围堰等具体情况，对

可能造成水土流失的因素进行分析。

3.2.2.3　输变电工程

输变电工程具有线路长、工期短、沿线地貌类型复杂和塔基范围小且分散、不修建运输道路等特点，因此，对于水土流失影响因素的分析，应注重以下几个方面：

①根据沿线地形地貌、土壤和暴雨、大风等情况，结合基坑开挖、打桩基工程等，特别是弃渣及其堆放方式，运料、堆料、组装、浇筑等施工场地可能造成的水土流失等进行分析。

②根据沿线植被情况和架线所采用的设备、工艺技术，结合实地调查，对林草植被和水土保持设施受影响的数量、程度进行分析。

③根据塔基、换流站及接地极等处地面和周边环境处理方式，特别应结合塔基周边排水系统的具体情况进行分析。

3.2.2.4　火电、核电及风电工程

火电、核电和风电工程的主要组成部分、建设规模及主要施工工艺都存在较大差别，因此，对于水土流失影响因素分析的重点也应有所不同，可以归纳为以下几点：

①根据工程所在地的地形地貌和暴雨、大风等条件，结合火、核、风3种电力工程在施工准备过程中对于“三通一平”的不同要求以及施工工艺的差别进行分析。

②根据核电站工程生产运行特殊安全要求所需大量土石方开挖的实际，应重点对弃渣数量及堆放场地，结合当地暴雨强度、堆渣场上游来水等情况进行分析。

③应针对风力发电工程需要建设安装各类装置的场地和输电线路，且场地都在风口或者风速偏大的高岗上，其位置和线路都较为分散等特点进行分析。

④对于火电工程，除根据项目区降雨和风蚀条件分析厂区建设过程中可能引起的水土流失外，需对贮灰场的灰坝设计标准和上游来水影响等因素进行分析。

3.2.2.5　井采矿工程

井采矿工程主要通过掘井建巷道进行地下开采。对于该工程的水土流失影响因素分析应侧重于以下几个方面：

①在建设工业场地、各类道路、供排水、供电通信设施、生活基地及排矸场等工程的过程中，应着重对地表裸露、表土破损、原地貌及植被破坏后易造成水蚀和风蚀的相关因素进行分析。

②对于掘井所产生的排弃物和大量煤矸石的排放，乃是井采矿工程容易产生水土流失的重点，因此，需要结合当地的雨季时段、暴雨强度和风季、风力情况，从排弃物的组成和数量、堆放场地植被的破坏程度、堆积体的高度、坡比及

周边来水等方面进行分析。

③矿井疏干排水是该类工程的重点之一，应根据疏干水排放的数量、去向及其与当地排水系统的顺接情况，以及当地水资源状况，分析对下游冲刷，对矿区、附近地表河流、浅层地下水的影响或破坏程度。

④对于金属矿开采工程，还应结合其所采用工艺的具体情况(如崩落采矿法等)，同时考虑当地的暴雨强度和采区上游来水情况，分析由于采矿崩落塌陷、废弃物占压及植被破坏等情况所造成的水土流失，以及诱发泥石流、产生危害的可能性。

3.2.2.6 露采矿工程

根据《开发建设项目水土保持技术规范》的有关技术要求，露天矿山工程的采坑面积属于防治责任面积，对于该类工程的分析重点大致归纳为如下几方面：

①针对该类工程前期建设包括采掘场、内外排土场、工业场地、地面生产系统、洗选场、运输系统和防排水工程等内容，应结合当地的暴雨、大风情况，分析可能由于大面积、高强度对原地貌的扰动和对水土保持设施的损坏，进而产生水土流失的可能性。

②针对矿区开发建设产生大量的弃土、石、渣，不仅使地表植被遭到严重破坏，而且排弃物使局部地段高差加大，土体被扰动并疏松等特点，应根据当地的暴雨、大风强度及其频率，结合排弃堆积体的机械组成及结构、高度、坡比和周边及上游来水等情况进行分析。

③应针对开采过程中的疏干地下水数量及去向，以及与当地排水系统的顺接情况，同时结合当地地表、地下水循环系统的具体情况，分析对地表、地下水的可能影响，或者受到破坏的可能性和程度。

3.2.2.7 水利水电工程

对于水利水电工程，应根据建设区受周边地形条件限制，开挖、填筑和弃渣量大的特殊情况，从以下几方面进行分析：

①水电站工程在场地平整、施工道路和输电线路等设施修建过程中，将使地表植被和结皮被清除，因此应结合当地的地形地貌、降水总量及其季节分配、暴雨强度和频率、大风强度及发生季节进行分析。

②由于施工场地在狭窄的河谷区，且大坝、厂房、船闸、溢洪道等建设需大量的开挖，因此，应从开挖工艺、边坡防护形式、排水系统建设等方面分析可能造成水土流失的环节和影响因素。

③由于该类工程的弃土(渣)量特别大，因此，应结合当地的暴雨强度和频率，从所弃物的机械组成、渣场位置、拦挡措施及其设计标准、上游来水等方面分析可能造成的水土流失及其危害。

④针对多数水电工程的废石土渣弃于河滩或者水库淹没区内的实际，一旦遇大暴雨或坍塌，就会使大量弃渣(土)直接进入河道，因此，需在调查基础上，

结合渣场的具体位置、堆渣体的高度和边坡、周边拦挡措施及其设计标准，以及河道洪水位、上游来水等情况进行分析。

3.2.2.8 农林开发项目

农林开发项目大多为集团化陡坡(山地)开垦种植、定向用材林开发、规模化农林开发和炼山造林等。尽管其中也包含有生态环境建设的内容，但由于严重扰动地貌，损坏植被，极易产生水土流失，故应从以下方面进行分析：

①应结合当地暴雨、大风强度及其发生的季节，针对准备阶段修建道路、施工场地及设备搬运活动而造成地表植被和覆盖物被清除，致使暴露土壤颗粒松散等情况，分析产生水土流失的可能性。

②针对该类项目的砍伐、运输、整地和栽植等活动，结合施工工艺、地形坡度、当地暴雨和周边来水情况，对产生水土流失的可能性进行分析。

3.2.2.9 城镇建设类工程

城镇开发及与之相关的采石、采沙、取土等工程尽管大多在平原区，但由于涉及面广，产生水土流失的影响也不容忽视(至今尚未引起足够重视)，因此需从以下方面对于造成水土流失影响因素及其环节进行分析：

①针对该类项目开挖、填筑的土石方量大，同时在场地平整过程中大面积扰动和剥离地表，原有自然植被等水土保持设施被大规模清除，因此，应根据施工工艺及其相应的防护措施，并结合当地暴雨、大风强度及季节，分析造成水土流失的可能性。

②针对城镇建设过程中采料、取土及弃土(石、渣、废料、垃圾)等所形成大量松散堆积体，应根据堆积体的高度、坡比和场地周边来水等情况，结合当地的暴雨、大风及所产生的季节进行分析。

③针对城市开发建设中由于建筑物占压和场地硬化，改变了原有地形、地貌和植被，尤其是大面积的地表硬化或覆盖，植被恢复和重建缓慢，地表植被覆盖度锐减，使得雨水下渗能力大幅度降低，不透水表面急剧增加，因此，应根据建设区原有地表径流系数增大，使得地下水源的涵养和补给受到阻碍，地表径流汇流时间缩短，强度增大，地表径流量增加等情况，针对地下水补给量的减少等情况进行分析。

④该类项目在产生强地表径流的同时，还将加剧对裸露地表土壤的侵蚀。因此，需从是否会造成河道和城市下水系统淤塞，增大城市的防洪压力，甚至造成巨大的生命财产损失等方面进行分析。

⑤应结合城镇的生产、生活供水只依靠水库输水、提引过境水和抽取地下水，城镇大量的降水资源被当成负担而被迫排出城外，目前多数城市中水利用率低，水资源损失比较严重等，需从地下水超采、回补程度，是否形成地下水超采漏斗，甚至导致水环境恶化和发生地质灾害等方面进行分析。

⑥根据我国现代化进程的要求，城镇化建设将是未来一段时期内的主要任

务，也是全面建设小康社会、建设社会主义新农村的重点工程；城镇建设类工程与周边环境是否协调，是否影响周边环境的景观要求，尤其是取土、采石、弃渣等活动不能乱挖滥弃，编制水土保持方案。

3.2.2.10 冶金化工工程

冶金化工类工程占地范围相对集中，不同工程的选址和基础建设差异也比较大。应结合工程实际情况，结合取、弃土场的选址，周边来水，以及项目区的地形地貌、暴雨强度及其频率等情况，针对建设期(包括施工准备期)大量的开挖和回填活动，从破坏地表结构，势必造成区内水土流失剧增等方面进行分析。

此类工程的废弃物多带有毒性，存放场地需做专门的处理并与周边断开水力联系。如果选址或防护不当，会造成污染危害。

3.2.3 水土流失影响因素分析注意事项

水土流失影响因素分析，是为确定水土流失的形式、强度、持续时间等要素服务的，并为拟定水土流失预测方法或计算公式而奠定基础。为此，分析时需注意以下事项。

(1)具针对性

很多水土保持方案对水土流失影响因素的分析，只是广义地从造成水土流失的自然因素和人为因素两个方面进行笼统的分析，较少针对具体工程以及建设特点。因此，应以具体项目的各单项工程施工工艺和时序为着眼点，分水土流失类型、分单元和不同时段，有针对性地分析水土流失的影响因素和环节。

(2)应突出重点

应针对具体工程所处的地形地貌和项目区自然条件，以及工程布局、施工时序和施工工艺的特点，明确可能产生水土流失的主要环节、重点地段(区域)和时段，对于影响因素和环节的分析做到重点突出。

(3)需联系水土流失预测进行分析

水土流失影响因素和环节的分析，是水土流失预测的基础，因此，分析工作应紧扣水土流失预测的每一个环节，并为水土流失类型的确定和预测参数的选取，以及预测单元和预测时段长度的确定提供依据。

3.3 开发建设项目区水土流失调查

为弄清开发建设项目产生水土流失的情况及危害，首先应对引发水土流失的相关因素与基本情况进行调查。

开发建设项目水土流失调查内容包括地质、地貌、气象、水文、土壤及植被等情况的调查，工程建设前原地貌水土流失状况、水土保持情况调查，以及主体工程情况的调查等。

3.3.1 地质、地貌、土质情况调查内容与方法

地质调查主要包括地质构造、断裂和断层、岩性、地下水、地震烈度、不良地质灾害等与水土保持有关的工程地质情况。调查方法采取资料收集和野外调查方式。

地貌调查主要包括项目区的地形、地面坡度、沟壑密度等。调查方法采用地形图调绘(1/5 000～1/10 000)，也可采用航片判读、地形图与实地调查相结合的方法。

工程所需建筑材料的分布情况调查包括土、沙、石、砂砾料等的分布情况。

为确定弃土弃渣堆放时可能产生的水土流失危害，需在工程区采集土样，对土体内摩擦角、凝聚力、分散率、含水率等与水土流失有关的工学性质进行测定。调查方法为取样后在实验室进行分析、测定。

3.3.2 土壤、植被调查内容与方法

土壤调查主要包括地带性土壤类型、分布、地表物质组成、土层厚度、土壤质地、土壤肥力、土壤的抗侵蚀性和抗冲刷性等。调查方法为收集资料、现场调查和取样进行室内实验相结合。

植被调查主要包括地带性(或非地带性)植被类型，项目区植物种类，乡土树种、草种，植被的垂直及水平分布、生长状况及林草覆盖率、项目区土地利用状况等。

调查采用野外调查或野外调查与航片判读相结合勾绘现状图的方法，乡土树种、草种的种类和造林经验等情况采取收集资料和现场调查相结合的方法。

3.3.3 气象、水文调查内容与方法

气象调查主要包括项目区所处气候带、干旱及湿润气候类型、气温、≥10℃有效积温、蒸发量、多年平均降水量、极值及出现时间、降水年内分配(尤其是暴雨情况)、无霜期、冻土深度、年平均风速、年大风日数及沙尘天数等。调查方法为：到当地气象部门、气象研究部门收集资料，进行分析，并辅以必要的野外调查。

根据建筑物的设计防洪标准，调查一定频率(5 年、10 年、20 年、30 年、50 年一遇)、一定时段(1h、6h、24h)降水量，地表水系，河道不同设计标准对应的洪水位等与工程防护布设和设计标准相关的水文、气象资料。调查方法为：到当地水行政主管部门、水利规划设计部门收集水文与水利工程设计标准等资料，进行分析，气象资料系列长度应在 30 年以上。

调查项目建设区及周边区域水系及河道冲淤情况，地表水、地下水状况，河流泥沙平均含沙量、径流模数、洪水(水位、水量)与建设场地的关系等情况，如有沟道工程还应调查不同频率洪峰流量、洪水总量；调查植被建设等生态用水

的来源和保证率；线性工程跨越区域多，水文特征值应分段调查。调查方法为：到当地水行政主管部门、水土保持部门、水利规划设计部门收集相关资料，并辅以必要的野外实地调查，进行分析。

3.3.4　水土流失的调查内容与方法

水土流失调查内容主要包括水土流失类型、面积、水土流失造成原因、发生、发展及其危害以及现状和扰动后的土壤侵蚀模数、土壤流失量等。

3.3.4.1　水土流失类型、面积、水土流失造成原因、发生、发展及其危害调查

通过到当地水行政主管部门收集资料，收集和使用国家最新公布的土壤侵蚀遥感调查成果，结合现地调查，分析获知水土流失类型、面积和侵蚀强度。收集当地如降水、土壤、风力状况、植被及坡度等自然环境因素，向主体工程施工单位了解工程各部位施工工艺与工序，并通过现地调查了解工程区域受害敏感点，通过综合分析，确定水土流失造成原因、发生、发展及其危害。

3.3.4.2　土壤侵蚀模数、土壤流失量(水土流失强度)调查

(1)施工前原地貌项目区和直接影响区土壤侵蚀模数、水土流失量调查

到当地水土保持部门收集包括降雨、风力、温度、地形地貌、地面组成物质及结构、植被类型及覆盖度、不同监测类型区的土壤侵蚀强度在内的所有资料。如收集不到相关资料，则需在项目区之外与项目区相同的监测类型区上(为排除施工干扰)设简易标准径流试验小区，小区尺寸为 20m(水平投影长)×5m(水平宽)，对泥沙流失量观测 1～2 年，并对其他项目，如有无崩塌、滑坡、泥石流等重力侵蚀，其规模、危害有多大，根据试验小区泥沙实测值、重力侵蚀状况及生态环境现状，分析给出不同类型占地的原有土壤侵蚀模数，并根据各类型占地面积，计算土壤流失量。

(2)施工建设期项目区和直接影响区土壤侵蚀模数、水土流失量调查

首先根据工程施工工艺与工序划分调查分区，一般同水土流失防治分区，确定代表性调查观测点位。

①主体工程开挖土临时堆放区　在该工程区内，根据侵蚀营力和可能发生的侵蚀形式，应考虑对风蚀量和水蚀量进行测定。

对于风蚀量，临时堆置土堆放时间长时，一般常采用地面标志物法、插钎法等，在大风集中季节进行测定，需要观测的时间相对较长；在临时堆置土堆放时间短时，可使用集沙仪，对一两次大风天的风蚀状况进行测定。或两者结合使用。

对于水蚀量，因堆置土属临时堆放，一般根据堆置情况，可设置大小规格不一的简易径流小区，从末端用集沙桶或集沙槽收集暴雨后的流失泥沙量进行测量。还可在大面积堆土的出水口设置沉淀池，对一定时段内沉淀池中沉积的泥沙量进行测定。此外，在主体工程施工现场布设的径流小区因受施工进度影响，易

遭破坏，数据观测受降雨条件限制而难以获取，因此，也可辅以小型简易人工降雨器进行测定。

②工程切削边坡和填筑边坡　在该工程区内，根据侵蚀营力和可能发生的侵蚀形式，应考虑对风蚀量、水蚀量和重力侵蚀量进行测定。

风蚀量、水蚀量的测定方法同临时堆土区。

施工过程中的滑坡、崩塌等重力侵蚀产生的危害大，其侵蚀量可通过直接量测体积的方法获取。

③临时施工便道切削边坡、填筑边坡、路面　临时施工便道根据侵蚀营力，应考虑对边坡的风蚀量、水蚀量和重力侵蚀量进行测定；路面因车辆的碾压和扰动也是水土流失发生的重要场所。对路面的水蚀、风蚀量也应进行测定。

测定方法同上。

④跨河工程墩台基础施工区　在常年流水或洪水期的河道施工时，管沟开挖以及跨河工程墩台基础都可能被水冲蚀，对水质造成污染。该工程区监测内容有围堰设置状况调查、钻孔桩基础施工抽排泥浆量、排放位置，管沟开挖段土渣量及堆放位置、处理方法，施工场地附近河水含泥量等。使用现场直接调查量测法。对于河水含泥量的测定，可采集水样在实验室分析，也可使用便携式浊度仪在现场直接测定。

⑤取土采料区　掘进式取土场根据侵蚀营力和可能发生的侵蚀形式，应考虑对风蚀量、水蚀量及重力侵蚀量进行测定。调查方法同堆土区。

不管哪种方式的取土场，根据现场调查结果并结合主体工程提供的取土资料，对取土场的占地面积及取土量做进一步核实。可采用现地调查量测法。对于大规模取土场，使用测绳、皮尺等工具量测有困难时，可考虑使用高精度 GPS 和全站仪进行定位和测量。

⑥弃土弃渣区　弃渣一般堆放于荒坡、沟道（河床）、河滩、沟坡（河岸）和洼地，顶部有汇水平盘，周围形成倾倒斜坡面。根据侵蚀营力及可能产生的侵蚀形式，应考虑对风蚀量和水蚀量进行监测。

侵蚀营力、弃渣位置及方式不同，调查的难易程度和调查方法也不相同。应根据弃渣场的实际情况确定调查观测方法。对于风蚀量，可采用地面标志物法、铜钎法等，在大风集中季节进行测定；也可使用集沙仪或两者结合使用。对于弃渣面局部水土流失量的监测，可采用径流小区观测法，施工期间用简易径流小区，施工结束后设固定式长期观测径流小区。弃土弃渣如集中在 1 个或几个流域（集水区），应在流域出口设控制站，对流失的土沙总量进行监测；还应设置原地貌控制站，做对比。在对弃渣进行控制站法和径流小区法监测的同时，还可采用侵蚀沟体积调查法。也可辅以可移动式人工模拟降雨器进行测定。

根据现场调查结果并结合主体工程提供的弃土弃渣资料，对弃渣场的占地面积及弃土弃渣量做进一步核实。

⑦施工营地　施工营地一般设置在较平坦的地段，根据侵蚀营力及可能产生的侵蚀形式，应考虑对风蚀量和水蚀量进行调查，方法同上。

3.3.5　水土保持的调查内容与方法

①项目区及周边区域水土流失治理现状调查　调查内容包括生态环境建设工程名称、建设时间、投资情况、工程布局、成功的防治工程类型、设计标准、林草品种和管护经验等。调查方法为收集资料结合现地踏查。

②项目区内现有水土保持设施情况调查　调查内容包括水土保持设施的类型、数量、保存状况、防治水土流失效果等。扩建项目还应对上一期工程的水土保持设施情况进行调查。林草设施可进行现地调查并结合遥感判读的方式进行数量统计；水土保持工程设施必须进行现地调查后进行统计分析。

③工程建设损坏水土保持设施数量调查　损坏的水土保持设施不仅包括林草面积，其他水土保持设施如梯田、水渠、挡墙等工程设施也应计入。根据工程建设前项目区水土保持设施分布情况及工程占地范围，结合实地勘查来确定调查方法。

④同类开发建设项目水土保持工作经验调查　包括水土保持工程布局、使用的林草种、工程设计标准、管理经验、存在问题等。采用资料收集、现地调查和访问调查等方法进行调查。

3.3.6　社会经济状况调查内容与方法

调查项目区人口，人均收入，产业结构，区域的土地类型、利用现状、分布及其面积，基本农田、林地面积，人均土地及耕地等，以确定工程建设占地改变土地用途后，对当地农、林业生产产生的根本影响。可通过到当地农业、林业部门收集资料和查阅国民经济统计年鉴获取。

3.3.7　主体工程情况调查内容与方法

主体工程建设，是产生水土流失的人为外营力因素，必须在掌握主体工程基本情况的基础上，对工程建设产生水土流失的环节、部位进行合理分析与评价。

①主体工程平面布局　根据主体设计单位提供的设计图样和文字材料，到现地勘查每一分项工程的位置、地貌、地质情况以及与周边河流水系的关系。

②取土场、弃土(石、渣)场调查　根据主体设计单位提供的设计图样和文字材料，到现地勘查取土场、弃土(石、渣)场位置、地形地貌、工程地质等情况及与河流水系的关系。对 $100 \times 10^4 m^3$ 以上的取料场、弃渣场以及其他重要的防护工程，须收集工程地质勘测资料及地形图(不低于1/10 000)，并进行必要的补充测量。

③主体工程施工工艺调查　收集同类工程施工规范，并到主体工程设计单位和具有同类工程施工经历的施工单位，调查工程各个部分的施工工艺。

④施工时辅助工程临时占地范围、水土流失影响调查　需对施工中同类项目的其他工程提前进行调查。

根据工程设计图样及同类工程辅助占地和影响范围的调查结果，确定主体工程永久占地(含各分项工程位置、占地类型、原地表植被情况、面积)、辅助工程临时占地(各分项辅助工程位置、占地类型、原地表植被情况、面积)；大型取料场、弃渣场及其他重要防护工程，还应附地质勘测资料、大比例尺地形图。

3.4 开发建设项目水土流失预测

开发建设项目水土流失预测，就是应用人们对水土流失的认识和掌握的规律，根据拟建项目所在区域原始地形地貌、水土流失类型和降水、大风等自然条件，以及工程总体布局、施工工艺和时序，特别是扰动地表形式、强度和面积，弃土(渣)形式和数量等情况，在全面调查、勘测和试验的基础上，分析工程建设过程中可能引起水土流失的环节与影响因素，通过科学试验成果或类比周边同类工程的水土流失监测、实地调查成果，分析评价拟建项目的水土流失规律，确定各分区在不同时段内的水土流失形式、原因、数量、强度及分布，定量预测每个分区可能产生的水土流失总量和新增量及其分布，定性分析各分区水土流失类型、危害；同时，对可能损坏的水土保持设施和降低水土保持功能的设施的数量、面积或工程量进行预估。目的是为项目主体工程选址选线(特别是如取土场、弃渣场，以及电厂的贮灰场、冶金矿业工程的矸石场、尾矿库等选址)、总体布局、施工总平面布置和局部工程设计提供进一步的修正意见，为不同水土流失防治分区内合理确定水土流失防治措施布局和分区防治措施的规模，有效减少新增水土流失，同时为确定水土保持监测重点地段和水土保持设施补偿费的计算提供依据；另一方面，如果水土流失可能造成难以挽回的重大经济损失或重大环境危害，则水土流失预测还应为否决项目可行性提供充分的理由，并为水行政主管部门的监督检查提供依据和帮助。

3.4.1 水土流失预测的技术要求

水土流失预测应以主体工程设计文件为基础，即在主体工程按有关规范进行设计的基本框架条件下，根据项目区自然条件，从气象(降水、大风)、土壤可蚀性、地形地貌、施工方法等方面进行水土流失影响因素甄别，分析项目生产建设产生水土流失的客观条件；同时以不采取任何水土保持措施为前提，对可能造成的水土流失数量及其危害进行预测与分析。

水土流失预测包括定量计算和定性分析等多个方面。由于我国现状的水土流失观测网站，观测设备、技术和方法等都还不太完善，水土流失的有关资料尚处于积累阶段，因此，对于水土流失的预测，不宜过分强调定量，应密切结合开发建设项目和具体工程的实际，以合理反映工程实际情况；其重点在于搞清楚开发建设项目水土流失的类型、区域(地段)和时段等基本情况。

水土流失预测应基于主体工程设计功能，并评价其水土保持功能；对工程选址(选线)和不同施工工艺的推荐方案进行深入调查，分析其可能产生的水土流失影响，预测水土流失量。

开发建设项目可能产生的水土流失量按施工准备期、建设期、自然恢复期 3 个时段进行预测。因核准制的实施，许多项目的施工期不再固定。每个预测单元的预测时段按最不利的情况考虑：对流失强度最大的工序，施工时段超过雨季(风季)长度的按 1 年进行预测，不超过雨季(风季)长度的按占雨季(风季)长度的比例进行预测。如果施工准备期的侵蚀强度最大，因其预测时段的调整，后续施工期的预测时段也相应缩短，以不超过总工期为原则；同理，如果施工期的侵蚀强度最大，则自然恢复期的预测时段相应缩短。

水土流失总量和新增水土流失量的预测应分区进行，根据原地貌水土流失状况、工程施工特点和扰动程度、可能产生的水土流失类型及其特点，可将预测区域分为不同的预测单元。在同一预测单元内，施工扰动的强度和时段基本相同。

开发建设项目新增土壤流失量，是指项目施工建设可能造成的土壤流失总量较对应区域、相同时段内原生地貌条件下所增加的土壤流失量。因此，对于所确定的预测单元来说，项目建设期所造成水土流失总量计算的时段长度应与原状地貌条件下水土流失量计算的时段长度一致。这里有 2 个基本假定：一是水土流失背景值在整个预测期内不变，不能将生态修复的理念用到建设项目的水土流失防治；二是水土流失新增量只计算侵蚀强度大于水土流失背景值或土壤流失容许量的部分，当侵蚀强度小于水土流失背景值或土壤流失容许量时，不再计算新增水土流失量。

预测参数应根据主体工程的施工工艺、施工时序、下垫面状况、汇流面积、汇流量的变化及相关试验等综合确定。

损坏水土保持设施面积和数量，应按照项目所在省区对于水土保持设施的有关规定，并结合主体设计的相关图件和实地调查情况来进行统计、计算和必要的量测。水土保持方案中的补偿应该包括两部分：一是施工建设损毁的梯田、淤地坝、水土保持林草等具有物化劳动的实体，应按照《民法通则》的要求向产权人赔偿，即有国家投入的水土保持治理成果应向当地水行政主管部门进行赔偿；二是因开挖、填筑、压占、剥离等扰动方式，项目建设区原有水土保持功能降低或丧失，造成水土流失量增加，需要对降低或丧失的水土保持功能进行补偿。

弃土(石、渣)及其流失量的预测，首先应根据主体工程水土保持评价，在土石方平衡分析的基础上，列出弃土、弃渣量，对下一阶段可能出现的变化进行分析预测。对于弃渣产生的水土流失量的预测不宜采用流弃比的方法。应以主体工程设计为基础，根据沟道内弃土弃渣的堆置数量、形式、形态、断面、坡度、周边来水和当地的暴雨强度、频率，以及风蚀区的大风强度、频率等情况，分别以不同坡度(包括平台和斜坡)，通过实测和专家判估相结合等方法获得相应的土壤流失模数，并按垂直投影面积分类计算流失量。

沟谷或沿河岸(滩)设置的弃渣场，当超过设计标准、弃渣存在被洪水大量冲蚀甚至全部流失的可能时，应视为水土流失灾害性事故(如确系需要提高标准，应在水土保持方案中明确提出防洪论证的要求，并根据论证结果作相应调整)。

在大、中城市及周边地区，南方石漠化地区和西北干旱地区的开发建设项目，以及大量疏干水和排水的项目，还应进行水量流失预测(或称为项目区水损失量预测)。

水土流失危害的预测，根据工程实际情况，采用定性与定量相结合的方法，在对项目区和工程施工工艺进行调查的基础上，坚持实事求是的精神，并有针对性地进行分析和评价。

对于水土流失预测成果的综合分析，应结合项目及各分区主体工程施工时序和水土流失特点，在进行全面深入分析的基础上，明确水土流失防治和水土保持监测的重点地段和时段。

不能以《土壤侵蚀分类分级标准》为依据推算出不同时段的土壤侵蚀模数；更不应以相邻区域开发建设项目水土保持方案报告书中的数据作为取值依据。

3.4.2 水土流失预测的范围、单元与时段

由于开发建设项目不同单元工程的施工工艺和时序，以及所处地形地貌、土壤、植被、土地利用现状和组成物质不同，工程建设所造成的水土流失形式、特点、强度也必然存在差异。因此，在进行水土流失预测时，首先就应明确水土流失预测的范围，并在此基础上划分水土流失预测单元，确定预测时段长度和相应的水土流失类型，以及具体的水土流失量计算公式。

3.4.2.1 水土流失预测范围的确定

水土流失预测范围包括项目永久征地和临时占地范围。

对于扩建工程，应在分清本次工程建设所涉及范围及其与原有工程占地关系的基础上，只对本次工程建设所扰动的范围进行预测。

对于新建且留有进一步扩建余地的工程，新增水土流失量的预测范围也只限于本期工程建设过程中所要扰动地表的区域，但在水土流失总量计算时还需考虑征用未扰动的土地。

直接影响区因没有征占地，所以只能对可能造成水土流失危害进行分析；但不进行水土流失量预测，即直接影响区面积不能包括在预测范围内。

对于建设期的电厂贮灰场，其水土流失预测范围只限于修建灰坝，截、排水(洪)沟，以及进行防护林建设等扰动地表的区域；若进行了防渗处理，则把防渗施工扰动地表的部分也算作预测的范围。

对于建设期冶金矿业工程的尾矿库，同样存在上述情况，其建设期的水土流失范围只限于修筑库坝区和截、排水(洪)沟，以及进行防渗处理范围的扰动区域。

对于沿海地区需要围海造地或者需在海域内进行作业(如吹沙造地)的工程项目，水土流失预测只对形成陆地后的部分进行预测。

对于一个开发建设项目来说，尽管在不同时段的扰动范围或裸露地表面积会

发生一定变化，但是，一旦确定了其相应的水土流失预测范围就不应再有变化。

3.4.2.2 预测单元的划分

确定水土流失预测范围后，需根据施工区的原地貌、建筑物类型、土地扰动程度、施工工艺、施工场地、工程环节、工程规模和施工期长短，以及项目不同施工区域的土壤流失类型及特点等因素进行预测分区，称为预测单元的划分。预测单元划分的基本原则与要求如下：

①同一预测单元内，原地形地貌类型相同，且水力侵蚀地区的降雨特征值(降水量、降雨强度与降水量的年内分配等)、风力侵蚀地区的风力特征值(平均风速、主导风向、大风日数及其频率等)等应基本一致。

②同一预测单元内，扰动前地表物质组成应基本一致，原土地利用现状基本一致，即具有相同的土壤侵蚀背景值。

③同一预测单元内，工程建设期扰动地表的时段、扰动形式应基本相同，且扰动强度与特点，如开挖或填筑形成的地表形态及松散程度等应大体一致。

④同一预测单元内，工程建设期扰动产生的水土流失类型、过程和特点，以及新增水土流失强度、规律应基本一致。

⑤同一预测单元应集中连片，形成 1 个或几个集中的区域，可根据土地利用的功能进行划分，也可根据扰动强度及其形状作进一步的划分。

3.4.2.3 水土流失预测时段的划分

水土流失预测时段划分的正确与否，直接影响预测结果的合理性。

水土流失预测时段的划分，应以主体工程施工组织及施工进度图为依据，不能简单地采用自工程开工建设至完工的总工期长度，应根据不同预测单元的具体施工时间确定各单元的预测时段与长度。

进行水土流失预测时，以不采取水土保持专项措施为假设前提条件。工程完工对地面停止扰动后，植被会在一定时间内逐渐得到恢复，水土流失也随之逐渐趋于稳定，直至低于背景值或容许土壤流失量，这段时间称为自然恢复期。自然恢复期的长度，应根据项目区自然条件，考虑植被自然恢复大致所需年限来定；在干旱、沙漠等无法自然恢复林草植被的区域，则根据地面自然硬化(产生结皮)所需的时间来确定。

施工准备期通常指通水(即供、排水)、通路、通电和场地平整的“三通一平”阶段，是造成水土流失的重要时段，因此，水土流失预测必须包含施工准备。

开发建设项目可能造成水土流失量的预测时段，一般可分为施工准备期、施工期和自然恢复期 3 个时段。根据预测单元的划分，结合各单项工程的实际进度，还可对每一预测单元的施工时段进一步细分。

各单元的预测时段长度应根据单项工程施工进度进行划分，结合产生水土流失的季节，按最不利条件来确定；若扰动最剧烈、产生水土流失强度最大的工序施工时间超过产生土壤侵蚀季节的长度(即风蚀以风季计，水蚀的以雨季计)则按全年计算，不超过雨(风)季长度的按所占雨(风)季长度的比例计算。预测时段进行上述调整后，后期时段应相应缩短，以不超过总预测时段为原则进行控制。

还应充分考虑工程建设过程的实际情况，将建设期作进一步划分，如公路工程的"填方路基"，其建设期可进一步划分为土石方填筑期和路面铺设2个时段。

对于弃土(渣)场可能造成水土流失量的预测，按其外表投影面积与相应土壤侵蚀模数的乘积来估算。若弃土(渣)量逐渐增加发生变化，每年使用的外表面积，取当年年终面积，预测时段为1年，并根据实际弃置年限分年度计算后加以汇总。

3.4.3 水土流失预测内容与方法

开发建设项目水土流失预测包括开挖扰动地表面积的预测、损坏水土保持设施数量和面积的预测、挖填土石方量与弃土弃渣量的预测、水土流失量的预测、水土流失危害的预测五方面的内容。应注意的是，水土流失量的预测不仅包含对土壤流失量的预测，对于干旱、半干旱区，还应进行水流失量的预测。表3-5为水土流失预测的主要内容、具体内容和预测方法。

表3-5 水土流失预测项目、内容和方法简表

预测内容	具体内容	预测方法
开挖扰动地表面积的预测	工程永久和临时占地开挖扰动、占压土地的面积与类型；工程专项设施建设(包括移建)扰动、占压土地的面积与类型	查阅技术资料，主体设计图纸，农业林业土地区划资料，并结合实地查勘测量分析
损坏水土保持设施数量和面积的预测	估算具有水土保持功能的面积，植物措施及工程设施(主要有水土保持林草地、坡改梯、排水沟、水渠等)的损害情况及数量	依据项目所属省(自治区、直辖市)有关规定，结合现场调查测量和地形图分析、统计
弃土、弃渣量预测	工程永久弃土、弃渣；施工过程中堆置时间超过半年的临时堆土、堆渣	查阅设计资料，现场实测，弃土、弃石分别统计分析
水土流失量预测	预测工程施工活动可能造成的土壤流失总量(包括弃渣流失量)、新增土壤流失量，干旱、半干旱区还应预测因地面渗透性能降低产生的水的损失量	利用经验公式法，通过类比工程调查分析确定参数
水土流失危害预测	水土流失对工程本身、土地资源、下游河道的影响，对周边生态环境、地表(地下)水的影响等	定性分析

3.4.3.1 不同工程阶段水土流失预测的内容与重点

(1)可行性研究阶段

根据我国开发建设项目的立项程序及相关要求，主体工程可行性研究阶段工作的主要任务是确定工程的推荐与比选方案，估算投资，申报立项。该阶段的水

土保持工作主要是对主体工程可行性研究提出的各种方案可能产生的水土流失影响因素、流失环节及危害等进行分析、比较与评价。水土流失预测的主要内容则是综合分析和评价主体工程布局、选线、选址及子项目等对生态环境的影响及可能产生的水土流失情况，并对相应时段的水土流失量进行预测，从水土保持角度为主体工程项目可行性论证提供依据。本阶段水土流失预测的主要内容与重点为：

① 针对开发建设项目不同选址(线)方案，结合项目区的自然条件和施工时序、工艺，就工程施工建设和生产运行可能造成的水土流失及主要环节进行分析。

② 对开发建设项目可能造成土地资源的占压、扰动以及对地貌、植被、景观的破坏等情况进行预测。尤其涉及国家或省级重点风景名胜区、森林公园、自然保护区以及文物保护区的地段，预测时必须具有翔实的基础资料，为主体工程可行性研究和初步设计提供修改或否决的依据。

③ 对开发建设项目不同方案可能造成对水土保持设施的破坏情况进行预测。对方案涉及的重大水土保持工程设施如大型淤地坝、河道整治工程、大片水土保持林或水源涵养林等应作较为详细的调查，分析利弊，提出避免破坏应采取的措施，并对破坏严重又无法补救的方案向建设单位和主体设计单位提出避让意见。经协商确实无法避让时，应按异地重建的现行标准进行赔偿。

④ 对开发建设项目不同方案的弃土弃渣量，以及由此而可能产生的新增水土流失量作出初步的估算。

⑤ 对开发建设项目的推荐方案可能造成的水土流失量及其影响、危害进行预测与分析评价，包括对周边或下游工农业和民用设施、水工程、水土保持设施以及对项目本身的危害进行预测。

⑥ 大、中城市及周边地区，南方石漠化地区和西北干旱地区的开发建设项目，以及产生大量疏干水和排水的项目，还应就项目建设可能对项目范围内地表水或地下水的流失量进行预测，并分析对城市及周边地区排水、防洪和水环境可能造成的影响。

⑦ 根据水土流失量预测成果和危害分析结论，就水土流失的重点防治区段、措施类型及临时措施实施时间，以及水土保持监测的主要点位等提出指导性意见。

(2)初步设计阶段

初步设计阶段是在可行性研究和进一步调查、勘测基础上，对拟建工程项目的选址、总体布局、主要建筑物形式和基本尺寸及主要设备选型做出技术决定，提出总工程量、施工方法、总进度安排和工程概算的设计阶段。该阶段还应开展相应深度的勘测与调查，分区(段)复核土石方平衡及弃土(石、渣)场、取料场的布置，一般不再进行详细的水土流失预测，只需根据调整情况进行复核，无需再确定预测参数。该阶段水土流失预测主要包括以下内容：

① 核实开发建设项目的征占地及扰动地表面积。

② 复核开发建设占压或可能损坏水土保持设施的面积和数量。

③ 复核弃土(渣)量及其堆放场地、堆放高度及可能造成的水土流失量与其危害。

④ 复核水土流失总量和新增水土流失量。

⑤ 对于城市建设项目和北方缺水地区的工程，还应进一步核实对项目区及周边地表水(矿业工程为地下水)的流失量及其影响。

⑥ 进一步对可能造成重大危害的水土流失区域，特别是泥石流、大型滑坡，进行详细调查和勘测。

⑦ 进一步预测水土流失对建设项目区和周围区域可能造成的危害与程度，分析对生态、社会和经济可能造成的影响。

如果属于工程可行性研究之后补报的水土保持方案，方案深度要求达到初步设计阶段深度，此时，水土流失预测应按可行性研究阶段和初步设计阶段的要求同时进行预测。

3.4.3.2 扰动原地貌、损坏土地及植被面积的预测与方法

对扰动原地貌、损坏土地及植被面积的预测，主要采用实地调查和图面直接量测相结合的方法进行。即根据主体工程可行性研究报告的工程征占地、施工道路布设等相关资料，利用设计图，结合实地分区抽样调查，计算确定扰动地貌的面积、占压土地面积、损坏植被面积以及损坏程度等。该部分内容需分工程区、分土地类型计列，并汇总。

3.4.3.3 弃土、弃石、弃渣量及其占地面积的预测与方法

工程渣堆是松散堆积体，弃渣堆置过程中如不采取适当防护措施，将可能造成渣场受冲刷、滑塌和坍塌，甚至在暴雨及上游来水条件下产生泥石流，不但增加新的水土流失，还有可能对周边地区产生严重危害。

(1) 弃土弃渣量预测

对弃土(渣)量的预测，不应简单地认为只是数量的预测，其内容应包括主体工程、临建工程、附属设施(如交通运输、供水、供电、通信和生活设施等)、取土(石料、砂)料场等生产建设过程中的弃土(石、渣)、表土剥离、工业、生活垃圾等的堆置位置、占地面积、数量、堆高等多方面的预测。该项预测，应通过查阅项目技术资料及现场勘察、实测或类比调查方法结合进行，具体方法如下:

① 以主体工程的土石方平衡为基础，查阅设计文件及技术资料，充分考虑地形地貌、土地占压、运距、回填利用率(与土石料质量有关)、剥采比(指采石场)等，分段、分建筑物类型抽取典型地段进行分析，在了解其开挖量、回填量、单位工程产生的弃渣量基础上，推算出各时段、各区段的弃土、弃石、弃渣总量。

② 现场实测时，尤其需注意项目的挖填平衡、松散系数、剥采比或单位工

程产渣量与弃土弃渣的关系，以及弃土(渣)数量与堆积高度、占地面积的关系，不同位置的堆放要求等，进而确定所堆放的场地、高度、坡比，分析稳定性。

③ 弃土、弃石、弃渣的预测，还应注意实方与松方的换算，换算系数应根据工程实际，结合参考表3-6和表3-7来确定。

表3-6 土石方自然方与实方折算系数表

项目	土方	石方	沙方	混合料	块石
自然方	1	1	1	1	1
实　方	0.85	1.31	0.94	0.88	1.43

表3-7 土壤的可松性系数表

土质类别	K_1	K_2
砂土、亚砂土	1.08～1.17	1.01～1.03
种植土、淤泥、淤泥质黏土	1.20～1.30	1.03～1.04
亚黏土、粉质黏土、潮湿黄土、砂土混碎(卵)石、亚砂土混碎(卵)石、素质土	1.14～1.28	1.02～1.05
老黏土、重质黏土、砾石土、干黄土、黄泥混碎(卵)石、压实素质土	1.24～1.30	1.04～1.07
重黏土、黏土混碎(卵)石、卵石土、密实黄土、砂岩	1.26～1.32	1.06～1.09
软泥岩	1.33～1.37	1.11～1.15
软质岩石、次硬质岩石(用爆破方法开挖)	1.30～1.45	1.10～1.20
硬质岩石	1.45～1.50	1.20～1.30

注：表中 K_1 与 K_2 分别为弃料由上而下一次堆弃和由下而上分层堆弃时的折算系数，自然方为1。

④ 土石方平衡和弃土(渣)计算表中应标明弃渣的来源与去向，并应画出土石方流向框图。

(2)弃土弃渣流失量预测

对于弃土(渣)流失量的预测，同样以不采取任何措施为前提，如前所述，这里指的是以主体工程设计为依据，并不是没有任何边界条件。现将主要预测方法和注意事项简述如下：

将堆渣(土)体分成坡面和平面(顶面)，并按相应的面积(投影面积)、土壤侵蚀模数和堆放时间的乘积来估算流失量。计算公式为

$$Z = \sum_{i=1}^{n} (S_{1i} \times M_{1i} + S_{2i} \times M_{2i}) \times T_i \tag{3-1}$$

式中 Z——弃渣流失量(t)；

i——预测单元，$i=1, 2, 3, \cdots, n-1, n$；

S_{1i}——第 i 个预测单元堆渣体坡面的投影面积(km^2)；

S_{2i}——第 i 个预测单元堆渣体顶面的投影面积(km^2)；

M_{1i}——第 i 个预测单元堆渣体坡面的土壤侵蚀模数[$t/(km^2 \cdot a)$]；

M_{2i}——第 i 个预测单元堆渣体顶面的土壤侵蚀模数[t/(km^2·a)]；

T_i——第 i 个预测单元的预测时段长度(a)。

这里需强调的是：随着弃土(渣)量的增加，相应弃土(渣)外表面积逐年发生变化时，应分年度进行计算和预测，此时单元预测时段长度为1a；预测参数选取时宜采用相似地区科研资料分析确定，没有资料的地区需类比实测。对于缺乏资料地区，也可采用专家估判与实测相结合的方法获取。

不提倡采用流弃比法来估算弃渣(土)的流失量，如若使用流弃比法，则需说明参数取值来源，并应结合工程堆渣(土)时序与堆渣数量以及随时间变化的实际情况进行估算。

未经河道部门批准将土、渣弃于河滩、沟道的，属非法行为；若经批准堆置于河滩，但因超过设防标准导致弃渣被洪水冲刷者，应列入水土流失灾害性事故的预测评估中，不作为水土流失处理。

3.4.3.4　损坏水土保持设施预测及方法

水土保持设施是一个广义概念，指具有水土保持功能的一切事物的总称，也就是具有水土保持功能的人工和天然设施。

对于损坏水土保持设施面积和数量的预测，必须在进行实地调查和必要量测的基础上，以水利部《关于对水土保持设施解释问题的批复》(水利部[1996]393号)为依据，并对照项目所在省(自治区、直辖市)有关水土保持设施界定的文件，认真负责地确定损坏水土保持设施的面积和数量，并分行政区(县、市)列表给出；对于跨省项目还应分省(自治区、直辖市)进行列表。表3-8和表3-9分别为给出了某跨县项目损坏水土保持设施的面积与数量。

表3-8　某项目损坏水土保持设施面积统计表　hm^2

所属市(县)	施工区	损毁水保设施面积	土地类别及数量					
			水田	旱地	河滩地	林地	园地	荒草地
A	主干道	250.3	84.9	42.0			123.5	
	管理服务区	1.7						1.7
	弃渣场	38.7		0.0		38.7		
	土料场	1.8		0.0		1.8		
	施工辅企	10.9		4.9				6.0
	施工道路	4.5		0.3		3.0		1.2
	合计	307.8	84.9	47.2		43.5	123.5	8.8
B	主干道	189.0	85.2	31.0	1.0		71.8	
	管理服务区	11.3						11.3
	弃渣场	23.4		0.0		22.4		0.9
	土料场	3.0		0.0		3.0		
	施工辅企	7.7		2.7				5.0
	施工道路	3.5		0.3		2.3		0.9
	合计	237.9	85.2	34.0	1.0	27.7	71.8	18.2

（续）

所属市（县）	施工区	损毁水保设施面积	土地类别及数量					
			水田	旱地	河滩地	林地	园地	荒草地
C	主干道	217.7	106.7	28.0	3.9	27.7	51.5	
	管理服务区	3.7						3.7
	弃渣场	40.0		0.0		40.0		
	土料场	3.4		0.0		3.4		
	施工辅企	9.7		2.9				6.8
	施工道路	4.7		0.6		2.9		1.2
	合计	279.2	106.7	31.5	3.9	74.0	51.5	11.6
总计		824.9	276.7	112.7	4.9	145.2	246.8	38.6

表3-9 某工程损毁水土保持工程设施数量统计表

路 段	谷 坊(座)	拦沙坝(座)	沉沙池(个)	挡土墙(km)	排洪(水)沟(km)
A县	19	3	20	0.66	1.09
B县	10	1	13	0.20	1.58
C县	30	3	24	1.54	3.77
合计	59	7	57	2.40	6.44

3.4.3.5 可能造成的土壤流失量预测及方法

目前，预测工程项目可能造成土壤流失量的方法主要有数学模型法(包括经验公式法)、类比调查法和试验观测法等。尽管这些方法已分别在一些水土保持方案中得到成功应用，但由于每一种方法又都有自身的局限性，因此，在实践中应结合具体工程，采用其中一种方法，或采用多种方法综合运用。

(1)数学模型法

有条件的地方可以采用当地科学试验研究成果并经鉴定认可的公式和方法进行土壤流失量预测。该方法也是水利部大力提倡的一种方法。

所谓数学模型法，就是利用当地水土保持研究部门、试验站等的观测资料和科研成果，建立相应的数学模型(主要包括降雨、地形、植被、地面物质组成、管理措施等因子与土壤流失的定量关系)，进行土壤流失量的预测。

目前，我国已积累的研究成果，大都是对原地貌水土流失规律进行的研究，而对开发建设项目土壤流失基础数据的积累则很少见，大部分数理模型的适应性并未得到验证，因此缺少公认的公式和方法。随着水土保持监测工作的逐步开展，开发建设项目水土流失预测模型也会进一步得到完善。

(2)类比调查预测法

如开发建设项目毗邻地区有类似的观测和研究成果，可通过分析比较，引用相近地区已有实测资料进行预测。

① 类比调查 采用类比调查法进行土壤流失预测应符合下列规定：

a. 当具有类似工程土壤流失实测资料时，应列表分析预测工程与实测工程在地形地貌和风雨特征(水蚀区主要指年降水量及其年内分配、暴雨强度及其频率等，风蚀区主要指年平均风速、大风日数及最大风速等)、土壤类型、植被类型及覆盖率、土壤侵蚀类型及侵蚀模数、扰动地表的组成物质和坡度、坡长、弃土(渣、石)的堆积形态等土壤流失主要因子的可比性。

b. 当预测工程与实测工程具有较好的可比性时，可采用类比法进行土壤流失量预测，并根据土壤流失影响因子的比较，确定有关参数的修正方法和取值；并应给出类比工程有关参数的实测成果表和预测工程参数选取的计算表。不得随意采用没有来源的资料，或转抄其他水土保持方案报告书的数据。

② 土壤流失量预测公式　经验统计模型法是目前用于估算开发建设项目可能造成水土流失量使用较多的一种方法。根据以往经验，一般结合施工进度安排，分区(以下称为预测单元)、分时段进行土壤流失量和新增土壤流失量的预测计算，之后列表汇总。为便于用计算公式表达，这里把原地貌土壤流失量(即土壤侵蚀背景值)的计算期间也作为一个时段。于是，不同时段土壤流失量的计算公式为

$$W = \sum_{k=1}^{3} F_{ik} \times M_{ik} \times T_{ik} \tag{3-2}$$

$$\Delta W = \sum_{k=1}^{3} F_{ik} \times \Delta M_{ik} \times T_{ik} \tag{3-3}$$

式中　F_{i1}，F_{i2}，F_{i3}——第 i 预测单元在施工准备期、施工期和自然恢复期的预测面积，km^2，在施工准备期和施工期应相同，自然恢复期可扣除建筑物压盖和地表硬化的面积；

M_{i1}，M_{i2}，M_{i3}——第 i 预测单元在施工准备期、施工期和自然恢复期的土壤侵蚀模数[$t/(km^2 \cdot a)$]；

T_{i1}，T_{i2}，T_{i3}——第 i 预测单元在施工准备期、施工期和自然恢复期的预测时段，a；

ΔM_{ik}——第 i 预测单元第 k 时段的新增土壤流失模数，$\Delta M = \dfrac{(M_{ik} - M_{i0}) + |M_{ik} - M_{i0}|}{2}$，$M_{i0}$为第 i 预测单元的土壤流失模数背景值或容许土壤流失量，在整个计算过程中应保持不变。此式表明：当扰动后的土壤侵蚀模数比背景值或容许土壤流失量大时为正值，反之为0。

每个预测单元之和即为整个项目的水土流失总量和新增水土流失总量。

如划分更细的预测时段，则可依次类推。

③ 水土流失量预测成果列表　根据上述土壤流失量和新增土壤流失量的计算公式，针对不同预测单元，只要代入相应预测单元的面积、预测时段长度，以及原地貌土壤侵蚀模数和扰动后的土壤侵蚀模数，即可得到不同预测单元的水土流失量、项目区的土壤流失总量及新增土壤流失量。表3-10 给出了某燃煤电厂

施工期和自然恢复期水土流失量预测的计算表，供参考。

表 3-10 某燃煤电厂工程施工期水土流失量预测计算表

预测单元		侵蚀面积 (hm^2)	预测侵蚀模数/预测时段[t/(km^2·a)]			土壤流失量 (t)	新增土壤流失量(t)
			施工准备期	施工期	自然恢复期		
厂区		32.08	9 000/0.5	8 700/2	1 500/1	7 506.7	6 945.3
施工生产生活区		6.8	9 000/0.5	8 700/2	1 500/1	1 591.2	1 472.2
进厂道路		6.3	12 000/0.5	8 700/0.5	1 500/1	746.6	683.6
循环水系统	引水管及取水区	2.44		17 600/1	2 500/1	490.4	466.0
	循环水压力区	2.92		17 600/1	2 500/1	586.9	557.7
	循环水排水区	3.36		17 600/1	1 500/1	641.8	608.2
弃土场		9.5		25 000/1.5	5 000/1.5	4 275.0	4 132.5
合 计		43.4				15 838.6	14 865.5

注：①本例水土流失背景值和容许土壤流失量假定均为 500t/(km^2·a)；②为计算方便，本表未扣除建构筑物及地表硬化面积；③本例自然恢复期按 1 年计。

④ 土壤流失量预测计算的注意事项

a. 对于某一预测单元，一经确定，其单元面积和分时段长度在预测计算过程中就不再发生变化，土壤流失量的多少主要取决于相应单元的土壤侵蚀模数大小。

b. 采用本方法计算土壤流失量和新增土壤流失量已经被广泛采用，但对于计算公式的表述形式差别很大，因此，需根据所要预测计算的内容，规范计算公式和计算表格。

c. 当各预测单元土壤侵蚀强度恢复到扰动前土壤侵蚀模数值或容许土壤流失量及以下时，不再进行新增土壤流失量的计算。

d. 施工期结束之时即为自然恢复期的开始，不必统一自然恢复期的起始时间，恢复期的长短也因恢复的难易程度而异。

(3) 试验观测法

试验观测法，是在项目区设立监测小区（或径流小区）和土壤流失观测场，采用天然或人工模拟降雨试验，取得不同预测单元的土壤侵蚀模数。通过对上述指标的论证分析与调整后，采用类比法公式进行计算。

试验观测法是水利部十分重视和鼓励采用的一种方法，但由于采用该方法需先期投入较多的人力和物力，因此部分方案编制单位并不具备开展模拟试验的条件，或基于经费等原因，至今国内仅有少数单位采用，并取得了一定的成果和经验。

3.4.3.6 可能造成的水流失量预测及方法

对于在大、中城市及周边地区、南方石漠化地区和西北干旱地区建设的开发建设项目，以及产生大量疏干水和排水的项目，还应进行水流失量的预测。因开发建设项目的施工活动扰动了原地貌或改变了原地貌的下垫面性质(特别是大面积的主体工程占压、道路和场地的硬化等)，将不可避免地使项目区原有土壤入渗或蒸发特征发生变化，进而引起地表径流的数量和特性发生变化；而对于产生大量疏干水和排水的项目，由于从项目区向外排弃大量地下、地表水，无疑直接减少了项目区的水量，破坏了项目区原有的水平衡状态。因此，预测开发建设项目所造成项目范围内地表水或地下水数量的减少，对于了解开发建设项目对城市及周边地区水资源及排水、防洪、水环境的影响具有十分重要的意义。

(1)水流失量预测的计算公式

由于项目区水流失量预测是一项新开展的工作，预测方法尚不完善，现阶段可采用径流系数法进行计算。年水流失量的计算公式为

$$W_w = \sum_{i=1}^{n} [F_i \times H_i \times (\alpha_i - \alpha_{0i})] \tag{3-4}$$

式中 W_w——项目建成后水流失量($10m^3$)；

i——预测单元，$i=1, 2, 3, \cdots, n-1, n$；

F_i——第 i 个预测单元的面积(hm^2)；

H_i——项目区年降水量(若各预测单元一致，即项目区年降水量)(mm)；

α_i——第 i 预测单元建成后自然恢复期的地表径流系数；

α_{0i}——第 i 预测单元原状地表的径流系数。

如干旱、半干旱地区修建了蓄水设施，可扣除该部分的水流失量。

(2)水流失量预测计算与分析

根据上述公式，可将水流失量的预测计算列表表示。表 3-11 为某燃煤电厂建成后水流失量的计算表。需说明的是，由于灰场建设灰坝采取防渗措施后，贮灰场区域内的天然降水量并未流失，而是由于灰面蒸发损失掉了，因此本表中采取了绝对值相加的处理方法。

表 3-11 某燃煤电厂工程建成后水流失量预测计算表

<table>
<tr><th colspan="2">预测单元</th><th>单元面积(hm^2)</th><th>建成后径流系数</th><th>原状径流系数</th><th>年降水量(mm)</th><th>水流失量($\times 10^4 m^3/a$)</th></tr>
<tr><td colspan="2">厂区</td><td>12.08</td><td>0.8</td><td>0.3</td><td>750</td><td>4.53</td></tr>
<tr><td colspan="2">施工生产生活区</td><td>6.8</td><td>0.5</td><td>0.3</td><td>750</td><td>1.02</td></tr>
<tr><td colspan="2">进厂道路</td><td>6.3</td><td>0.7</td><td>0.3</td><td>750</td><td>1.89</td></tr>
<tr><td rowspan="3">循环水系统</td><td>引水、取水泵区</td><td>2.44</td><td>0.5</td><td>0.3</td><td>750</td><td>0.366</td></tr>
<tr><td>循环水压力区</td><td>2.92</td><td>0.5</td><td>0.3</td><td>750</td><td>0.438</td></tr>
<tr><td>循环水排水区</td><td>3.36</td><td>0.5</td><td>0.3</td><td>750</td><td>0.504</td></tr>
<tr><td colspan="2">弃土场</td><td>9.5</td><td>0.1</td><td>0.3</td><td>750</td><td>1.425</td></tr>
<tr><td colspan="2">合计</td><td>43.4</td><td></td><td></td><td></td><td>10.173</td></tr>
</table>

注：贮灰场建成后径流系数变小是灰坝、防渗等设施及灰面蒸发增大损失所致，故合计值即为绝对值之和，表示水流失和损失的总和。

由表 3-11 不难看出，由于灰场建成后灰坝、防渗等设施的作用，贮灰场堆灰区域内的天然降水量基本没有外流而形成地表径流，同时又没有下渗变成地下径流或壤中流，是由于无效蒸发而使这部分降水资源量损失掉了。

(3) 大量疏干水和排水项目的水流失量预测

对于产生大量疏干水和排水的项目，水流失量预测相对较容易，因为可根据主体设计中给出的疏干水和排水技术指标来定。水土保持方案编制人员开展该项预测应做的工作有：①进一步对主体设计中的输、排水指标进行复核，并进行合理性分析；②测算每年向项目区外排放的水量；③调查排水下游的基本情况，并就排水可能对下游造成的影响进行分析评价；④在调查、了解当地地下水资源状况基础上，分析由于大量向项目区外抽、排水，给地下水和当地水循环带来的影响；⑤分析由于项目区水量流失而给生态环境和当地群众生产、生活可能造成的影响。

3.4.4　水土流失预测的基本资料及其获取途径

前面给出的水土流失预测方法及计算公式，仅仅是进行水土流失预测的"工具"；而水土流失预测结果是否合理，换句话说，预测结果是否接近实际，关键取决于选取的预测参数是否符合项目区的实际情况。然而，相当一部分水土保持方案编制工作者在确定项目区土壤侵蚀模数时，既缺乏当地有关资料，又无类似工程监测成果可利用，还不针对项目区进行实地调查，其预测结果离实际相差甚远。有的编制人员仅仅是摘录其他工程水土保持方案报告书中的数值，或以《土壤侵蚀分类分级标准》的侵蚀强度为依据反推项目区的侵蚀模数，甚至个别编制人员全凭自己的主观想象而编造侵蚀模数值；还有部分方案应用类比法确定预测参数时，并没有在类比工程的类比条件上下功夫，很少针对工程特性、地形地貌（地面坡度、地貌类型等）、气象要素（降水、蒸发、气温、大风等）、土壤植被（土壤类型、植被类型、林草覆盖率等）、水土流失的类型和强度等水土流失影响因子作深入分析，而且根据类比工程相关数据选取具体工程参数时也很少进行修正。这些都必然会影响预测结果的客观性。

我国的地形地貌复杂多样，加之水土流失观测方法、实验研究方法及所具有的代表性等的差异，不论是水土流失预测方法的选取，还是预测参数的确定，都具有很强的地域性。如要做好水土流失量的预测，提高水土保持方案编制的整体水平，就必须做好项目区的资料收集、实地调查和类似工程的监测工作，并尽可能创造条件，开展一些具有针对性的科学试验。

因此，采用合理而又容易操作的途经，获得水土流失预测所需的基本资料和相关参数，乃是一项十分重要的工作。

3.4.4.1　建设项目的设计文件

建设项目的设计文件包括可行性研究报告、初步设计报告及相关的设计图件等。水土保持方案编制人员可以通过设计文件和外业调查，掌握开发建设项目的名称、性质、位置、范围、占用土地的数量、类型和性质，以及项目区(包括永久占地和临时占地)的立地条件、建设过程中的土石方量及其平衡情况，取土场、弃土(渣)场的位置，取、弃土数量等基础资料，为合理确定水土流失预测范围、内容和预测单元、时段奠定基础。

3.4.4.2 项目区的自然情况

根据开发建设项目设计文件和方案编制人员对项目区的实地调查，相关资料的收集、整理和分析，可以较全面地掌握项目区及周边地区的地形地貌、地质、气象、水文、水系、土地利用、水土流失和水土保持现状、土壤植被、主要自然灾害、地面物质组成等直接影响水土流失的因素，为合理确定水土流失预测参数提供依据。

3.4.4.3 社会经济情况

主要通过对项目区进行实地调查，掌握项目区的土地利用状况、人口、劳动力和社会经济现状、人均耕地、人均收入及当地人民群众的生产、生活习惯等资料，为合理确定不同地类土壤侵蚀模数及防治方案提供依据。

3.4.4.4 水土流失背景值

水土流失背景值，是指开发建设项目建设前原地貌水土流失的类型、分布及强度等指标，包括土壤流失量和径流量(或者反映地表径流与降水量关系的径流系数)等，一般用土壤侵蚀模数(或水土流失强度)和径流模数来表示。在工作中，常常将原地貌条件下的土壤流失量简称为水土流失背景值。实践表明，合理确定水土流失背景值是科学地进行水土流失预测的一个重要环节，也是当前水土流失预测中的一个难点。

(1)水土流失常规资料的获取

项目区水土流失类型、分布及强度等常规数据内容，可通过查阅项目所在省(自治区、直辖市)不同时期的遥感资料、水土保持规划和综合治理可行性研究报告、水土保持科研成果、泥沙观测资料、小流域综合治理成果及有关图集等，结合对项目区进行实地调查和必要的测量，在综合分析的基础上确定。

(2)原地貌土壤侵蚀模数的确定

项目区原地貌下的土壤侵蚀模数，即单位面积、单位时间内的土壤侵蚀量，可通过以下途径获得：

①根据项目区的自然条件、水文调查资料、当地水文水保部门的实测成果资料、水土保持区划、小流域综合治理成果资料、当地水文手册、土壤侵蚀遥感监测与数字图、土壤侵蚀图册和土壤侵蚀模数等值线图等，结合专家估判法进行测算。

②如果具有当地土壤侵蚀的实测资料，包括径流泥沙观测资料、径流小区观测资料、流域输沙模数等值线图和库坝工程淤积观测资料等，可结合对项目区的

实地调查，通过勾绘不同侵蚀等级的图班来确定。

③如果能查找到本区域土壤侵蚀研究成果和相关实验、试验研究等资料，可结合项目区野外详查综合分析确定。

④如有可靠的基础数据和适宜的数理模型，在对项目区自然环境情况进行调查的基础上，即可根据不同分区对土地利用类型、土壤、植被、坡度、坡长等进行调查与量测，采用数理模型、土壤流失预报方程或地方经验方程估算土壤流失背景值。

⑤在缺乏资料的地区，可通过土壤侵蚀分类分级标准，结合专家估判等方法获得。在缺乏资料的滨河沙地风蚀区，还可根据灌渠沙埋、树根出露等调查进行估测。

⑥如查找不到本区域的研究资料，可借鉴自然条件相近区域的研究成果，在对比分析的基础上进行修订。

⑦对既没有实测资料，又找不到借用资料的区域，也可在对比分析的基础上用经验给各地类赋予一定的值(如旱平地≤水地≤林地≤1 000≤荒地≤坡耕地)，用加权平均的办法估算出预测单元平均的土壤侵蚀模数。

(3)原地貌径流系数的获取

①径流系数　径流系数是指某时段内径流深与该时段降水深度的比值，一般以小数或者百分数表示。它表示降水量中有多大比例转变为径流。径流系数按计算时段不同，有多年平均、年平均径流系数等。

②我国径流系数的分布规律　径流系数的大小不仅与相应区域的地形地貌、土壤、植被等下垫面条件有关，而且与当地的降水量及其时空分布、蒸发强度、暴雨及其频率、平均湿度、风速等气候条件密切联系。从总体分布上，我国北方河流多年平均径流系数小，南方河流径流系数较大。

③径流系数研究概况　我国很早就开展了水文试验和研究工作，并已取得了很多包括径流系数在内的试验、科研成果。例如，20 世纪 80 年代中期由水利部组织开展的全国水资源评价，成果中就附上了全国范围的径流系数等值线图；各省(自治区、直辖市)和部分地区(市)也相应开展了这方面的工作，并在水资源评价成果中给出了本省(自治区、直辖市)径流系数等值线图(或者表)。

此外，区域水文图集、地图集、径流小区观测试验资料、水文手册等资料或出版物中有的也附有当地的径流系数资料。因此，方案编制人员在得到相关资料和数据后，应结合对项目区的实地调查和必要的专家估判，经综合分析后确定项目区的径流系数。

④黄河流域部分径流系数参考数据　表 3-12 给出了由黄河水利委员会水文局根据全流域近 2 000 个水文、降水量、水面蒸发和泥沙站的实测资料，在全国第一次水资源评价工作期间完成黄河流域径流系数图基础上归纳出不同地貌类型区的部分径流系数，供参考。

表 3-12 黄河流域不同地貌类型区径流系数及相关因子统计表

地貌	分类	代表地区	年降水量(mm)	年径流深(mm)	径流系数
山地	湿润石山区	秦岭、太子山、六盘山	700～1000	300～700	0.4～0.7
	高寒石林区	祁连山、积石山	500～700	200～300	0.3～0.4
	土石山林	六盘山坡、吕梁山坡	500～700	100～200	0.1～0.2
高原	干旱土石山区	阴山、贺兰山	200～400	5～50	0.02～0.13
	青海高原草原	甘南	500～600	100～200	0.2～0.3
		若尔盖	700 左右	300 左右	0.4 左右
	黄土台塬	洛川、西峰、澄城	550～600	25～50	0.04～0.1
	黄土林	子午岭、六盘山东	550～600	25～100	0.04～0.15
	黄土丘陵	山陕区间、陇东、陇中、汾河	400～550	25～50	0.05～0.01
	干旱黄土丘陵	祖厉河、清水河	200～400	5～25	0.02～0.06
	干旱沙漠	库布齐沙漠、毛乌素沙漠	150～200	<10	0.03～0.05
平原	半湿润平原盆地	黄河下游、汾渭河	500～600	25～50	0.05～0.1
盆地	干旱平原	黄河宁蒙段后套、银川	150～200	<5	<0.03

3.4.4.5 扰动后土壤侵蚀模数

施工准备期、施工期和自然恢复期的土壤侵蚀模数，统称为扰动后土壤侵蚀模数。如何科学、合理地确定该预测参数，是做好水土流失总量和新增水土流失量预测的关键。扰动后土壤侵蚀模数，应根据工程的施工工艺、施工时序、下垫面、汇流面积、汇流量的变化及相关试验等综合确定。并且，要具有工程建设期的土壤流失实测资料，不得采用没有实测依据的数据，更不能引用相邻工程水土保持方案报告书中的数据。根据以往工作经验，总体上可以通过以下方法和途径获得：

(1)通过试验、观测等方法获得扰动后土壤侵蚀模数

针对工程区域的地形、地貌、降雨量、土壤类型等水土流失影响因素及预测区域所受扰动的情况，在项目区设立监测小区(或径流小区)和土壤流失观测场，采用天然或人工模拟降雨试验，取得不同预测单元的土壤侵蚀模数。也可以在此基础上，结合专家咨询及当地水土保持试验场观测资料，获得项目区不同地类扰动后的侵蚀模数。表 3-13 为某地区林地、灌草荒地、坡耕地和其他用地的土壤侵蚀模数取值。

表 3-13 背景侵蚀模数和加速侵蚀模数表 $t/(km^2 \cdot a)$

地 类	林地	灌草荒地	坡耕地	其他
背景侵蚀模数	550	1 660	10 400	1 100
扰动后侵蚀模数	10 000	12 000	23 000	10 000

说明：本结果为商州水保试验站 1960—1964 年实测数据。

（2）通过类比工程的实地调查及监测获得有关参数

如果有地形地貌、土壤植被类型、气候条件、施工工艺等与该工程基本接近的类比工程，可采用类比法来确定相关参数，需详细说明类比工程实地监测的背景条件、监测方法和具体成果，在列表对比影响水土流失相关因子的基础上，明确所采用的修正方法与具体修正系数。

（3）扰动后风蚀模数的确定

对于扰动后风蚀模数的确定，可以参考有关试验观测资料、研究成果和类比工程的实测资料，并通过对比起沙（起尘）风速与频次、施工工艺、扰动强度等，经综合分析后确定。

3.4.4.6 项目建成后的径流系数

项目建成后径流系数取值的合理性，是项目区水流失量预测成功与否的关键。但是，目前国内可供参考的研究成果较少，下面仅提供部分参考依据：

①黄河水利委员会派往澳大利亚人员参与研究的成果和贵州石质山区径流观测资料表明，原有大部分绿地被城市建设项目建筑物占压和硬化路面、场地覆盖后，或者下垫面多为石质山区时，此时的径流系数可以高达 0.80 ~0.90。

②对于不同预测单元的径流系数取值，可以借鉴径流小区的试验观测来获得；还可通过对处于同一区域内的 2 个工程区地表总排水量、建筑物占压和场地、路面硬化总面积的对比，经综合分析确定。

③根据径流系数所示含义，结合上述分析，一般工程建成后的径流系数在原地貌径流系数与 0.9 之间，且与工程占压和硬化场地、路面的面积成正比。

3.4.5 水土流失危害预测分析

开发建设项目施工活动造成的水土流失危害往往具有潜在性，因此，仅从前面的量化预测还不能全面反映危害的程度，还必须对水土流失可能造成的危害进行定性预测与分析，在综合定量与定性分析的基础上，为下一步的防治措施体系布设和水土保持监测提供依据。

对于水土流失危害的预测分析，应着重从可能造成的土流失危害的形式、程度和后果等方面进行分析；并应具有针对性，不能教条地挪用其他项目的分析结果。根据有关规定和以往经验，水土流失危害预测分析主要包括以下几方面的内容。

3.4.5.1 对土地资源和土地生产力可能造成的破坏分析

（1）对土地资源可能造成的破坏分析

①工程建设（如高填、深挖等），是否会引发坍塌等重力侵蚀而使原有土地资源遭受破坏。

②工程建设中如有新筑护岸工程，护岸工程会因设计标准变化或河流流向发生改变，而使其他河段岸坡遭受的冲刷力加大；冲刷是否会造成塌岸，进而使原

有土地资源遭受破坏。

③对于矿业工程或隧道开挖等工程，是否因地下矿藏开采和隧道挖掘会产生沉陷、坍塌等地质灾害，进而使原有土地资源遭受破坏。

④对于部分工程乱堆弃渣、乱修临时建筑物或挤占耕地所造成的土地浪费等，应进行分析。

(2)可能降低土地生产力的分析评价

①土地生产力的高低与土壤理化性质密切相关，工程建设产生的遗留物，可能会影响土壤含水量、透水性、抗蚀性、抗冲性及土壤碳化合物含量(SOC)、表层土壤厚度(TSD)、营养物质状态、土壤形态和内部组织等理化性质，使土地生产力降低。

②某些工程建设项目，工程建设会加重周边地区水土流失的发生，不仅会破坏土壤中抗侵蚀颗粒的物理特性，使土壤有机质发生迁移，进而使土壤易遭受侵蚀，还会降低土壤保水性、增加土壤密度，并可能引起土地沙化、资源退化。

③某些工程由于排水系统不健全(如排水设施设计标准过低等)，暴雨季节可能造成地面积水，出现排洪不畅甚至内涝成灾，久而久之就可能形成涝渍，致使土地盐碱化或沼泽化，降低土地生产力。

④铁路、公路和管道等大型线型工程建设项目，在穿越的农田路段，尤其路堤、桥梁或交叉点等工程的施工，降雨侵蚀产生的泥沙会直接进入农田，形成“沙压农田”；矿区洗煤场排污水、冶金化工工程的排污水和矿井排污水等会污染耕地。

3.4.5.2　对河道行洪、防洪的影响分析

开发建设项目产生的弃土、弃石、弃渣直接倾倒于沟道、河道，会直接导致河流泥沙含量显著增加，淤积抬高河床，严重影响航运，造成洪涝灾害，频繁出现“小洪水、高水位、多险情”的严峻局面。因此，水土流失危害还应考虑对河道行洪、防洪影响的分析。

如在沟道或河滩地堆放弃土、弃渣，首先要分析是否采取了拦挡措施，如果考虑了拦挡设施，还应分析设计标准是否满足防洪要求；如与防洪标准存有差异，就应针对差异分析可能造成的危害。

如论证后同意在河道或河滩地弃渣(土)，并在主体设计中已考虑了拦挡设施，还应核查措施的实施时间。如果防护标准比河流防洪标准低，应根据弃土弃渣的体积和平面布置、防护形式、防护标准及失事后可能产生的影响，分析是否会阻断河流，是否造成大的水土流失危害或突发性灾害。

桥梁、跨河工程，应了解桥台周边是否采用了围堰或其他防护措施，泥浆堆放位置是否合适，围堰的修筑和拆除、泥浆排放会造成多少水土流失，对河道有什么影响，都应做细致的分析评价。

对于港口、码头及相关护岸工程，除掌握相关工程的设计标准能否满足实际需要外，还应了解工程的施工工艺、时序以及临时堆土场地等。若施工工艺不当

或者未采取适当的防护措施，就可能造成部分土壤或弃渣直接进入河流、港湾，淤积河道或港湾，产生危害。

新建工程下游如有水库、引水灌溉等水工程，还应分析工程建设产生的水土流失对下游水工程水质、水位、水流向及使用寿命等的影响。

对于部分改河、护岸等工程，还应注意工程建设是否会改变原河道纵比降和水流方向，从而产生冲刷河岸、河堤、滩地甚至危及村庄等危害，冲刷使河床形态发生变化还会引发其他的灾害。

对于从河道大量取沙的工程建设项目，不仅使河槽景观变得混乱、破碎，而且挖沙取料直接破坏河床，影响了原有河床形态的平衡与稳定，还会影响正常的行洪和两岸大堤的安全，部分河段的灌溉能力也会受到严重影响。

3.4.5.3 对可能形成泥石流的危险性评价

开挖面大、具有大开大挖特点的开发建设项目，工程建设极易影响区域的地质环境，降低岩土稳定性，引发地质灾害。

①高速公路及铁路工程一般建设规模大，建设过程中往往形成高边坡和大量弃渣堆积体，由于开挖路基或拓宽路面时破坏了原山体坡面支撑，使上方坡面坡度变陡，基岩或土体失去原有稳定性；或新形成的不稳定土(渣)堆积体，遇到大暴雨、连阴雨或轻微地震，就可能产生山体滑坡甚至泥石流，从而造成不可估量的危害。因此，应针对工程建设的地质情况，并根据形成高边坡和松散堆积体的实际情况，对可能产生的危害进行较为全面的分析与评价。

②采矿工程，建设过程中会产生大量的岩土剥离物，岩土剥离物堆积体除发生面蚀、沟蚀外，还会产生沉陷、沙砾化面蚀、土沙流泻、坡面泥石流等侵蚀方式，进而对周边河道、水渠和设施造成威胁。对此类危害及隐患，应在调查基础上进行全面分析、评价。

③如渣场原占地类型为耕地、林地、荒草沟谷地，弃渣堆放等于再塑了地貌，形成较陡边坡，改变了原地表坡面的产、汇流条件，若排水问题得不到妥善解决，不仅会造成弃渣本身的流失，而且可能使渣堆附近区域的水土流失由原来的面蚀逐渐演变为沟蚀，加剧局部区域的水土流失，甚至产生泥石流灾害。因此，应根据弃渣场所处的具体位置进行分析。

3.4.5.4 对可能出现地面塌陷危害的分析

煤炭、采矿、冶金等工程，由于进行地下大量开挖，使得原有地下形成采空区，尽管建筑物预留了支撑煤柱，但随着时间的推移，可能由于其他外力的作用会顷刻间产生地面塌陷、地裂缝、滑坡、煤层自燃等，进而对周边基础设施和村寨、甚至人民群众生命财产造成严重灾害。对于此类工程，应在实地调查和对工程设计、施工等环节进行深入分析的基础上，对可能产生的塌陷、裂缝等灾害进行分析与评价。

对于地下采矿工程，还应重视疏干碳酸盐围岩含水层引起的危害。疏干水大量外排，不仅能引起地面塌陷下沉、使地面设施受到破坏，而且塌陷区或井巷如果地表贮水体与地下有水力通道，则会酿成淹没矿井的重大事故；另一方面，如果岩层疏干设计与实施计划不周全，还会导致露天边坡、台阶等的滑动和变形，从而出现严重灾害。因此，提前对此类灾害进行分析评价与预测，并在工程建设期间采取相应的措施，则可防患于未然。

3.4.5.5 大型滑坡和崩塌危险性评价

开山造地、大型工程深挖，开挖的大量松散剥离物如倾倒于河道，挤占河道与水体，则极易产生大型滑坡和坍塌，进而对水利、交通、通信等基础设施造成破坏。应根据工程实际对该类工程建设产生滑坡、崩塌的可能性进行分析。

大型水库建设后，由于大量水体聚集，会使库区地壳结构的地应力发生改变，成为诱发地震灾害的潜在因素。因此，应结合地质灾害评价进行分析。

3.4.5.6 对周边环境可能造成的影响分析

一些大型工程建设项目，如公路、铁程、采矿等工程，由于需要大量填筑料，必然要进行大量的土砂石料开采，对周边生态环境会产生严重破坏，而且产生的影响具有长期性和不可逆性。对此类危害应从以下几方面进行分析评价：

①工程建设对工程周边区域地表土层和植被的影响范围与程度，以及对周边生态环境的影响。

②对工程建设过程中产生的废弃物(弃土、弃渣、弃石等)及其堆放场进行分析，进而对产生植被破坏、加剧水土流失和降低环境效益的情况进行评价。

③部分工程大量开挖采石，造成局部山体缺口，不但破坏了大量植被，而且严重影响了周边的景观。

④对于大型输水(渠道)工程，应注意考虑河道两岸的渗漏会使地下水位抬高，具有造成大面积土壤次生盐碱化的潜在危险。

⑤对于工程建设形成的高边坡区域，还应分析上游来水情况。来水多，土壤含水量过高，有可能引发滑塌。

⑥露天堆放的电厂干贮灰场，极易产生扬尘，进而对周边生态环境产生较大影响。

⑦采矿工程，大量疏干水外排，不仅对下游直接产生冲刷，而且还会减少矿区及附近地表河流、浅层地下水的水量，直接导致植物枯死、土地沙化和植被退化等危害。应结合工程具体情况就可能影响的范围和程度进行分析。

3.4.5.7 对降低地下水位的影响分析

随着开发建设项目数量及规模的不断增加，对水资源的需求量也越来越大，在大力开发地表水资源的同时，对地下水也进行了超强度的开采；加之部分采矿工程大量疏干水外排，这些建设活动都会对当地地下水位造成较大影响。主要从以下几方面进行分析：

①针对工程实际，分析工程建设造成区域性地下水位下降的情况，尤其深层地下水超采和大量疏干水外排，会形成局部地下水位下降漏斗，进而导致地质灾害或者海水入侵、咸水界面上移以及深层地下水水质恶化等危害。

②一些采矿类工程会破坏地下岩层，产生岩层裂隙，也会对地下水位下降产生严重影响，如使当地河流的补给水量减少，造成采空区地下水位显著下降，由于水位下降地面部分乔木枯萎，煤炭开采后周边民用水井全部干枯等。应结合工程具体情况进行分析。

③城镇化建设过程中，会出现大面积的硬化地面。硬化地面降低了原地表的降水入渗特性，使地表径流和汇流时间加大，水资源被作为城市废水排出；加上城市人口的急剧增加，地下水开采过度，在城市地下形成一个巨大的空洞，不仅破坏水资源，而且存在潜在地质危害。应结合工程具体情况，分析可能影响的程度和范围。

④井采矿疏干水和露采矿疏干水的大量排放，会对当地的地表水系统和地下水系统产生影响，甚至使原系统遭受严重破坏。应根据排水量及去向，结合当地地表、地下水循环系统的具体情况，分析可能遭受影响的范围和程度。

3.4.5.8 对地表水资源损失和城市洪灾的影响分析

在城市开发建设过程中，因大面积地表被硬化，使原地形、地貌、植被遭受破坏，进而降低土壤的渗透性能，增大地表径流系数，使得地下水源的涵养和补给受到阻碍；同时地表径流汇流时间缩短，强度增大，径流量增加，结果造成河道和城市排水管道淤塞，增大了城市防洪压力。应结合工程具体情况，对工程建设产生的地表水资源影响和城市洪灾影响进行分析。

井采矿工程疏干排水会对矿区及周边地区水资源和水循环产生不良影响，结合具体工程具体情况，分析可能影响的范围、程度。

3.4.6 水土流失预测结果及综合分析

3.4.6.1 水土流失预测量汇总

为便于对水土流失预测结果进行分析，可用表格将上述各项预测结果加以归纳、汇总。

根据综合分析的内容及方案审查要求，可按预测单元、分水土流失总量与新增水土流失量计列。某电厂水土流失预测汇总表见表3-14，供参考。

表3-14 土壤流失量预测结果汇总表

预测部位	土壤流失总量（t）	背景土壤流失量（t）	新增土壤流失量（t）	新增量所占百分率（%）
厂区	2 283.1	181.2	2 101.9	24.5
施工生产生活区	1 285.2	102.0	1 183.2	13.8

（续）

预测部位		土壤流失总量(t)	背景土壤流失量(t)	新增土壤流失量(t)	新增量所占百分率(%)
进厂道路		368.6	47.3	321.3	3.7
循环水系统	引水管及取水区	490.4	24.4	466.0	5.4
	循环水压力区	586.9	29.2	557.7	6.5
	循环水排水区	641.8	33.6	608.2	7.1
弃土场		3 467.5	118.8	3 348.8	39.0
合 计		9 123.5	536.4	8 587.1	100

3.4.6.2 水土流失预测结果的综合分析

水土流失预测结果的综合分析，就是根据水土流失预测结果，分析给出产生水土流失的重点区域(地段)和时段，据此明确水土流失防治和监测重点区段与时段，对防治措施布设及监测方案设计提出指导性意见。主要包括以下几方面的内容:

①根据水土流失预测结果，明确产生水土流失(量或危害)的重点区域、地段和时段，指出水土流失防治和监测的重点区段和时段。

②在预测结果分析基础上，提出应采取的防治措施类型(如工程措施、植物措施)和部分重点地段的具体措施。

③根据水土流失量的变化过程，提出防治工程(特别是临时防护措施)的实施进度要求。

④根据水土流失强度和总量的预测结果，明确监测的重点时段、重点区段；并附水土流失预测强度分布与时段分布图。

本章小结

从介绍水土流失的分级标准入手，结合水土流失影响因素分析，详细介绍了开发建设项目区水土流失的调查内容和方法，解析了开发建设项目区水土流失的科学预测手段、内容和方法。这方面的内容，也是近期我国开展开发建设项目水土流失监测的热点问题。

思 考 题

1. 开发建设项目引发的人为加速侵蚀的特征是什么?
2. 哪些水土流失影响因素在开发建设工程中最为活跃?
3. 开发建设项目区水土流失调查的基本步骤有哪些?
4. 水土流失预测的技术要点是什么?

小 资 料

西气东输工程概况

西气东输工程是将中国塔里木和长庆气田的天然气通过管道输往上海，是中国目前距离最长、管径最大、投资最多、输气量最大、施工条件最复杂的天然气管道工程。管道全长4 000km左右，设计年输气量120亿m^3。该管道起点为塔里木轮南，由西向东经新疆、甘肃、宁夏、陕西、山西、河南、安徽、江苏，终点到上海市。管道共穿(跨)越长江、黄河等大型河流6次，穿(跨)越中型河流500多次，穿越干线公路500多次、干线铁路46次；通过VI级及以下地震烈度区约2 500km，VII级地震烈度区约800km，VIII级地震烈度区约700km。

实施西气东输工程，有利于促进我国能源结构和产业结构调整，带动东、西部地区经济共同发展，改善长江三角洲及管道沿线地区人民生活质量，有效治理大气污染。这一项目的实施，为西部大开发、将西部地区的资源优势变为经济优势创造了条件，对推动和加快新疆及西部地区的经济发展具有重大的战略意义。

2001年8月23~24日水利部在北京主持召开《西气东输工程水土保持方案报告书》审查会。国家计委、水利部有关部门和流域机构、中国石油天然气股份有限公司、有关省(自治区、直辖市)水利水保部门等参加了会议。会议认为，该方案编制依据充分，基础资料翔实，防治责任范围和防治目标明确，水土流失防治分区合理，分区防治措施基本可行，图样规范，基本达到了有关技术规范的要求，经补充报批后可作为下一阶段水土保持工作的依据。

第4章 开发建设项目水土流失防治技术

4.1 拦渣工程

拦渣工程是为专门存放开发建设项目在基建施工和生产运行中造成的大量弃土、弃石、弃渣、尾矿(砂)和其他废弃固体物，而修建的水土保持工程。主要包括拦渣坝、挡渣墙、拦渣堤、围渣堰和尾矿(砂)坝等。

4.1.1 基本原则和设计要求

4.1.1.1 基本原则

开发建设项目在基建施工期和生产运行期造成大量弃土、弃石、弃渣、尾矿和其他废弃固体物质时，必须布置专门的堆放场地，将其集中堆放，并修建拦渣工程。

拦渣工程应根据弃土、弃石、弃渣量的堆放位置和堆放方式，结合堆放区域的地形地貌特征、水文地质条件和建设项目的安全要求，在设计时妥善确定与其相适宜的拦渣工程型式。

拦渣工程主要有拦渣坝、挡渣墙、拦渣堤 3 种形式。其防洪标准及建筑物等级，应按其所处位置的重要程度和河道的等级分别确定，并应进行相应的水文计算、稳定计算。

拦渣工程布设应首先满足《开发建设项目水土保持技术规范》，并还应符合《挡土墙设计规范》和《堤防工程设计规范》等技术标准的要求。对在防洪、稳定、防止有毒物质泄露等方面有特殊要求的开发建设项目，如冶炼系统的尾矿(砂)库、赤泥库等，应详细参照有关行业部门的设计规范，在分析论证的基础上，相应提高设计标准。

拦渣工程在总体布局上必须考虑河(沟)道行洪和下游建筑物、工厂、城镇、居民点等重要设施的安全，应根据国家标准，结合当地的具体情况确定适当的防洪标准。拦渣工程的选址、修建，应少占耕地，尽可能选择荒沟、荒滩、荒坡等地方。

对于含有有害元素的尾矿(灰渣等)，拦挡设施的设计必须符合其特殊要求，尾水处理必须符合有关废水处理的规定，以防废水下泄给下游带来危害。

4.1.1.2 设计要求

(1)适用范围

①拦渣坝(尾矿库) 拦渣坝适用于坝控流域面积较小(一般不超过3km^2),库容和工程地质条件满足要求的沟道。尾矿库尚应根据尾矿类型和物理、化学性质满足环境保护要求。

②挡渣墙 挡渣墙适用于防洪要求不高的大多数地段,堆置在坡顶及斜坡面时,必须修建挡渣墙。

③拦渣堤 弃土、弃石、弃渣堆置于河(沟)道,妨碍河道行洪或可能因冲刷流入河道时,必须布设拦渣堤。拦渣堤堤线的平面位置不得越过防洪治导线。

(2)可行性研究阶段设计要求

①在调查项目区水土流失和水土保持现状的基础上,结合项目主体工程可行性研究报告,预测生产建设过程中的弃土、弃石、弃渣量及其物质组成,分析论证可能出现的水土流失形式、原因及危害。

②确定主要的水文参数和地质要素,对影响项目本身及其周围地区安全的重大防洪、稳定等问题,应进行必要的勘测,掌握可靠的基础资料。

③从技术、经济、社会等多方面分析论证,明确拦渣工程的任务,比选拦渣工程类型、型式、规模、数量、位置、布局及建筑材料来源、场所和运输条件。

(3)初步设计阶段设计要求

①明确拦渣工程初步设计的依据和技术资料。

②确定弃渣种类、名称、数量和排放方式,复核拦渣工程的任务和具体要求。

③依据资料进行分析论证,核查确定拦渣工程的类型、规模、数量、布局及设计标准。

④确定拦渣工程的位置、结构、型式、断面尺寸、控制高程和工程量。

⑤确定修建工程所需的建筑材料来源、位置和运输方式及必要的附属建筑物。

4.1.2 拦渣坝、挡渣墙、拦渣堤

4.1.2.1 拦渣坝

拦渣坝是在沟道中修建的拦蓄固体废弃物的建筑工程。目的是避免淤塞河道,减少入河入库泥沙,防止引发山洪、泥石流。修建时应妥善处理河(沟)道水流过坝问题,可允许部分或整个坝体渗流和坝顶溢流。

(1)坝址选择

拦渣坝坝址应符合下列条件:①坝址应位于渣源附近,其上游流域面积不宜过大,废弃物的堆放不会影响河道的行洪和下游的防洪,也不增加对下游河(沟)道的淤积。②坝址地形要口小肚大,沟道平缓,适合布置溢洪道、竖井等

泄水建筑物，且有足够的库容拦挡洪水、泥沙和废弃物，库区淹没和浸没损失相对较小。③地质条件良好，坝基和两岸有完整的岩石或紧密的土基地层，无断层破碎带，无地下水出露，库区无大的断裂构造。尽量选择岔沟、沟道平直和跌水的上方，坝端不能有集流洼地或冲沟。④坝址附近筑坝所需土、石、砂料充足，且取料方便，风、水、电、交通、施工场地条件能满足施工要求。

(2)防洪标准

拦渣坝防洪标准的确定可参照工矿企业的尾矿库来确定，根据库容或坝高的规模分为5个等级，各等级的防洪标准参照《防洪标准》(GB50201—1994)的规定确定(表4-1)。

表4-1 拦渣坝的等级和防洪标准参考表

等级	工程规模		防洪标准[重现期(a)]	
	库容($\times 10^8 m^3$)	坝高(m)	设计	校核
Ⅰ	具备提高等级条件的Ⅱ、Ⅲ等工程			1 000~2 000
Ⅱ	≥1	≥100	100~200	500~1 000
Ⅲ	0.1~1	60~100	50~100	200~500
Ⅳ	0.01~0.10	30~60	30~50	100~200
Ⅴ	≤0.01	≤30	20~30	50~100

沟道中的拦渣坝防洪标准还应符合水土保持治沟骨干工程的规定(表4-2)。

表4-2 治沟骨干工程等级划分及设计标准

工程等级	五	四
总库容($\times 10^4 m^3$)	50~100	100~500
设计洪水重现期(a)	20~30	30~50
校核洪水重现期(a)	200~300	300~500
设计淤积年限(a)	10~20	20~30

当拦渣坝一旦失事对下游的城镇、工矿企业、交通运输等设施造成严重危害，或有害物质会大量扩散时，应比规定确定的防洪标准提高一等或二等。对于特别重要的拦渣坝，除采用Ⅰ等的最高防洪标准外，还应采取专门的防护措施。

(3)拦渣坝上游洪水的处理

①拦渣坝上游洪水较小时，设置导洪堤或排洪渠，将区间洪水排泄至拦渣坝的溢洪道或泄洪洞进口，将洪水安全排泄至下游。

②拦渣坝坝址上游有较大洪水，并对拦渣坝构成威胁时，应在拦渣坝上游修建拦洪坝。在此情况下，拦渣坝溢洪道、泄洪洞的溢洪、泄水总量应与其上游拦洪坝的排洪、泄水建筑物的泄洪总量统一考虑，即由拦洪坝下泄流量与两坝之间的区间洪水流量组合调节确定。

③拦渣坝上游来洪量较大且无条件修建拦洪坝时，应修建防洪拦渣坝，该坝同时具有拦渣和防洪双重作用。经技术经济分析之后，择优确定可靠、经济、合

理的设计和施工方案。

(4)拦泥库容的确定

与上述3种情况相对应，根据坝址控制区的水土流失情况，拦渣坝本身应有一定的拦泥库容。

拦泥库容 Vs 由拦渣坝上游汇水面积 F，年侵蚀模数 S，平均拦泥率 Ks（表4-3）和使用年限 n 来决定。即

$$Vs = n \cdot Ks \cdot S \cdot F \tag{4-1}$$

拦泥率应根据上游综合治理面积占流域面积的百分比确定，可参照国家标准GB16453—1996《水土保持综合治理技术规范》。

表4-3为山西省淤地坝技术规范所确定的指标，可供参考。

表4-3 坡面治理措施年平均拦泥率

水平梯田及郁闭度0.6以上的人工林地占流域(%)	15~20	20~30	30~50	50~70
年平均侵蚀模数减少率(%)	10	20	40	50

(5)拦渣库容的确定

①根据项目建设和生产运行情况，确定每年的排渣量；根据每年排渣量和拦渣坝的使用年限，确定其拦渣库容。

②由于每年年内来渣、来泥经常交错进行，实际拦渣库容与拦泥库容难以截然分开，但确定坝高与库容时可分开计算。

(6)滞洪库容的确定

①洪水总量和洪峰流量的计算　洪水总量和洪峰流量是调洪演算的基本资料，计算方法应根据国家标准GB16453—1996《水土保持综合治理技术规范》，结合项目所在地区的实际情况确定。以下用小流域经验法为例说明其计算步骤：

a. 设计暴雨量计算频率为 P 的24h暴雨量

$$H_{24P} = K_P \cdot H_{24} \tag{4-2}$$

b. 设计洪峰流量计算频率为 P 的洪峰流量

$$Q_P = C \cdot H_{24P} \cdot F^{2/3} \tag{4-3}$$

②设计洪水总量计算频率为 P 的洪水总量

$$W_P = K \cdot P \cdot F \tag{4-4}$$

以上三式中　K——小面积洪水折减系数；

F——汇水面积；

C——洪峰地理参数；

H_{24}——最大24h暴雨量均值；

K_p——皮尔逊Ⅲ型曲线模比系数。

③调洪演算及滞洪库容确定　调洪演算的方法很多。常用的方法有概化三角形求解法、图解分析法、全图解法和图解法等。

(7)总坝高与总库容的确定

总坝高由四部分组成，$H_{总}=H_{泥}+H_{渣}+H_{滞洪}+H_{超高}$

由 H—V 关系曲线，得到相应的 $V_{总}$，超高可由表 4-4 查得。

表 4-4 坝高与超高关系表

坝高(m)	<10	10~20	>20
超高(m)	0.5~1.0	1.0~1.5	1.5~2.0

(8)坝型选择

坝型分为一次成坝与多次成坝。根据坝址区地形、地质、水文、施工、运行等条件，结合弃土、弃石、弃渣、尾矿等排弃物的岩性，综合分析确定拦渣坝(尾坝库)的坝型。

拦渣坝坝型主要根据拦渣的规模和当地的建筑材料来选择。一般有土坝、干砌石坝、浆砌石坝等型式。选择坝型时，应进行多方案比较，做到安全经济。

①土坝 实际工程中最常用的是均质土坝，即整个坝体都用同一种透水性较小的土料筑成，一般采用壤土、砂壤土。均质土坝构造简单，便于施工，尤其是在大型开发项目区，多具有大型推筑、碾压设备，最适于修建土坝。

碾压式土石坝坝型选择及断面设计可参考《碾压式土石坝设计规范》中的相关规定，可利用弃土、弃石、弃渣、尾矿等修筑心墙或斜墙坝，以降低工程造价。水坠坝坝型选择及断面设计可参照《水坠坝技术规范》的有关要求确定。

②浆砌石坝 浆砌石坝适用于石料丰富的地方，可以就地取材，抗冲能力大，坝顶可以溢流，不必在两岸另建溢洪道，易于施工。此外，由于砌石的整体作用，上、下游坝坡不会产生滑动，因而坡度比土坝陡。但浆砌石坝需一定数量的水泥，施工比土坝复杂，需要一定的砌石技术，对地基的要求比对土坝高，一般要求建在较好的岩基上。

浆砌石坝常由溢流段和非溢流段两部分组成。通常在沟槽部分布置溢流段，两侧接以非溢流坝段，两段连接处用导水墙隔开。当基础为坚硬完整的新鲜岩石时，宜选择布置浆砌石坝。浆砌石坝的设计应参考 SL25—2006《砌石坝设计规范》中的有关规定。

(9)拦渣坝的稳定性分析

拦渣坝在外力作用下遭到破坏，一般有以下几种情况：①坝基摩擦力不足以抵抗水平推力，因而发生滑动破坏。②在水平推力和坝下渗透压力的作用下，坝体绕下游坝址的倾覆破坏；坝体强度不足以抵抗相应的应力，发生拉裂或压碎。③在设计时，由于不允许坝内产生拉应力，或者只允许产生极小的拉应力，因此，对于坝体的倾覆破坏，通常不必进行核算，一般所谓的坝体稳定分析，均指抗滑稳定性而言。

不同的坝型分别采用不同的坝体稳定分析方法。

水坠坝的稳定性计算，可参考《水坠坝技术规范》中的计算方法并进行稳定性分析。

碾压式土石坝稳定性计算，可参考《碾压式土石坝设计规范》中的稳定性计算方法并进行分析。

浆砌石坝稳定性分析，可参考《砌石坝设计规范》中计算方法并进行稳定性分析。

(10)拦渣坝排洪建筑物

根据坝址两岸地形地质条件、泄洪流量等因素，确定溢洪道、放水工程的型式。

常用岸边溢洪道可分为正槽溢洪道、侧槽溢洪道、井式溢洪道等，在实际工程中广泛采用正槽溢洪道。放水工程分为卧管式、竖井式2种型式。溢洪道设计可参照《溢洪道设计规范》《水土保持治沟骨干工程技术规范》中相关规定。放水工程设计可参照《水土保持治沟骨干工程技术规范》中的相关规定，但应特别注意排、放水流量的确定。

(11)基础处理

根据坝型、坝基的地质条件、筑坝施工方式等，采取相应的基础处理方法。

水坠坝基础处理可参考《水坠坝技术规范》中的相关规定和要求。

碾压坝基础处理可参考《碾压式土石坝设计规范》中的相关规定和要求。

浆砌石坝基础处理可参考《浆砌石坝设计规范》中的相关规定和要求。

4.1.2.2 挡渣墙

挡渣墙是为了防止固体废弃物堆积体被冲蚀或易发生滑塌、崩塌，或稳定人工开挖形成的高陡边坡，或避免滑坡体前缘再次滑坡而修建的水土保持工程。挡渣墙可行性研究和初步设计的关键是稳定性问题，为此，必须作详尽的调查及必要的勘测。对于挡渣墙下部有重要设施的，应提高设计标准，其稳定性应采用多种方法分析论证。

(1)挡渣墙选线选址

为充分发挥挡渣墙拦挡废渣的作用，保证挡渣墙在使用期间的稳定与安全，应合理选线，尽量减小挡渣墙的设计高度与断面尺寸。

①墙址一般选在弃土、弃石、弃渣坡脚处且沿地形等高线布置，在坡高较大的坡面上布置挡渣墙时，应当通过削坡开级放缓坡面坡度，降低挡渣墙的高度。地基宜为新鲜不易风化的岩石或密实土层。

②挡渣墙沿线地基土层应均匀单一，含水量较小，避免地基不均匀沉陷引起墙体断裂等形式的变形。为安全起见，在具体施工时，应沿挡渣墙长度方向预留伸缩缝和沉降缝。

③挡渣墙的布设要尽可能避免横断沟谷和水流，如无法避免时，应修建排水建筑物。

④墙线宜顺直，转折处应用平滑曲线相连接。

(2)挡渣墙上部洪水处理

①当挡渣墙及渣体上游集流面积较小，坡面径流或洪水对渣体及挡渣墙冲刷

较轻时，可采取排洪渠、暗管、导洪堤等排洪工程将洪水排泄至挡渣墙下游。排洪渠、暗管、涵洞、导洪堤等排洪工程设计与施工技术要求，应参考相关技术标准及规定。

②当挡渣墙及渣体上游集流面积较大，坡面径流或洪水对渣体及挡渣墙造成较大冲刷时，应采取引洪渠、拦洪坝等蓄洪引洪工程，将洪水排泄至挡渣墙下游或拦蓄在坝内有控制地下泄。引洪渠、拦洪坝等工程设计与施工技术要求，应参考相关技术标准及规定。

(3)挡渣墙型式

挡渣墙按墙断面几何形状及受力特点一般分为重力式、悬臂式和扶壁式3种型式。工程中应根据拦渣数量、渣体岩性、地形地质条件、建筑材料等因素选择确定墙型。选择墙型应在防止水土流失、保证墙体安全的基础上，按照经济、可靠、合理、美观的原则，进行多种设计方案分析比较，选择确定最佳墙型。

①重力式挡渣墙　重力式挡渣墙用浆砌块石砌筑或混凝土浇筑，依靠自重与基底摩擦力维持墙身的稳定。适用于墙高小于8m，地基土质较好的情况。重力式挡渣墙构造由墙背、墙面、墙顶、护栏等组成。

墙背：重力式挡渣墙墙背有仰斜型、垂直型、俯斜型、凸形折线、衡重式等型式(图4-1)。仰斜墙背所受土压力小，故墙身断面经济，墙身通体与边坡贴合，开挖量和回填均小；但注意仰斜墙背的坡度不宜缓于1:0.3，以免施工困难。俯斜型挡渣墙采用陡直墙面，墙背所受的土压力较大，必要时俯斜墙背可砌筑成台阶形，从而增加墙背与渣体间的摩擦力。垂直型墙背主动土压力介于仰斜型和俯斜型之间。凸形折线墙背是仰斜型挡渣墙上部墙背改为俯斜型，以减小上部断面尺寸，多用于较长斜坡坡脚地段的陡坎处，如路堑。衡重式墙上下墙之间设衡重台，并采用陡直的墙面，适用于山区地形陡峻处的边坡，上墙俯斜墙背的坡度为1:0.25~1:0.45，下墙仰斜墙背在1:0.25左右，上下墙的墙高比一般采用2:3。

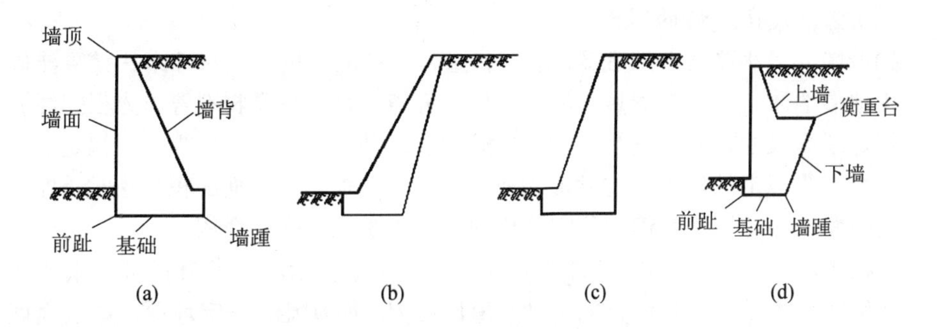

图4-1　重力式挡渣墙的断面形式

(a)俯斜式　(b)仰斜式　(c)直立式　(d)衡重式

墙面：一般均为平面，其坡度与墙背协调一致，墙面坡度直接影响挡渣墙的高度。因此，在地面横坡较陡时，墙面坡度一般为1∶0.05～1∶0.20。矮墙可采用陡直墙面，地面平缓时，一般采用1∶0.20～1∶0.35，较为经济。

墙顶：浆砌挡渣墙不小于50cm，另还需做厚度≥40cm的顶帽，若不做顶帽，墙顶应以大块石砌筑，并用砂浆勾缝。

护栏：为保证安全，在交通要道、地势陡峻地段的挡渣墙顶部应设护栏。

②悬臂式挡渣墙　当墙高超过5m，地基土质较差，当地石料缺乏，在堆渣体下游又有重要工程时，可采用悬臂式钢筋混凝土挡渣墙。悬臂式挡渣墙由立壁和底板组成，具有3个悬壁，即立壁、趾板和踵板（图4-2）。这种结构形式的特点是：主要依靠踵板上的填土重量维持结构稳定性，墙身断面小，自重轻，节省材料，适用于墙高较大的情况。

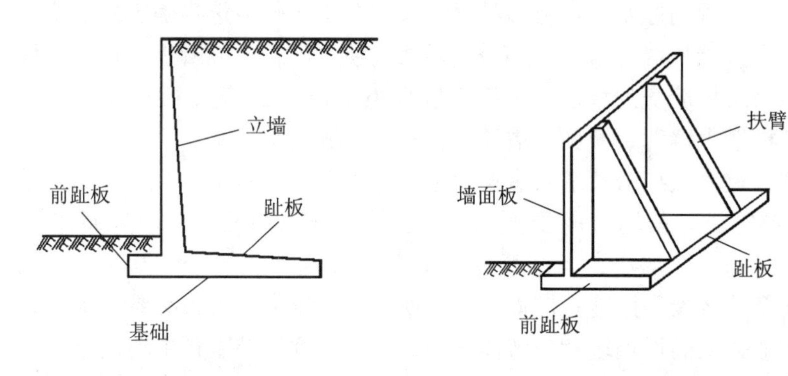

图4-2　悬臂式挡渣示意图　　图4-3　扶臂式挡渣示意图

③扶壁式挡渣墙　当防护要求高，墙高大于10m时，可采用由钢筋混凝土建造的扶壁式挡渣墙。其主体是悬臂式挡渣墙，沿墙长度方向每隔0.8～1.0m做一个与墙高等高的扶壁，以保持挡渣墙的整体性，加强拦渣能力（图4-3）。扶壁式挡渣墙在维持结构稳定、断面面积等方面与悬臂式挡渣墙基本相似。

（4）重力式挡渣墙的断面设计

挡渣墙的最小高度一般在3m左右，重力式挡渣墙的断面尺寸采用试算法确定。由地形地质条件、拦渣量及渣体高度、弃渣岩性、建筑材料等，先根据经验初步拟定断面尺寸，然后进行抗滑、抗倾覆和地基承载力稳定验算。当拟定的断面既符合规范规定的抗滑、抗倾覆和地基承载力要求，而断面面积又小时，即为合理的断面尺寸。下面就墙体稳定分析的基本力学原理作一介绍。

①挡土墙受力分析　挡渣墙受力分析如图4-4所示。墙身自重W，垂直向下，作用在墙体重心上；墙背的主动土渣压力P_a（如基础有一定埋深，则墙面埋深部分有被动土压力P_p，但在挡渣墙设计中，这部分土压力可忽略不计，使结果偏于安全）和基底反力法向分力简化计算与偏心受压基础相同，呈梯形分布，

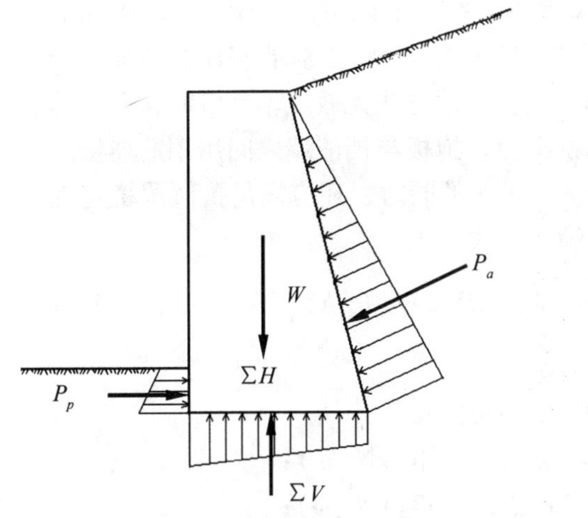

图 4-4 挡土墙受力分析

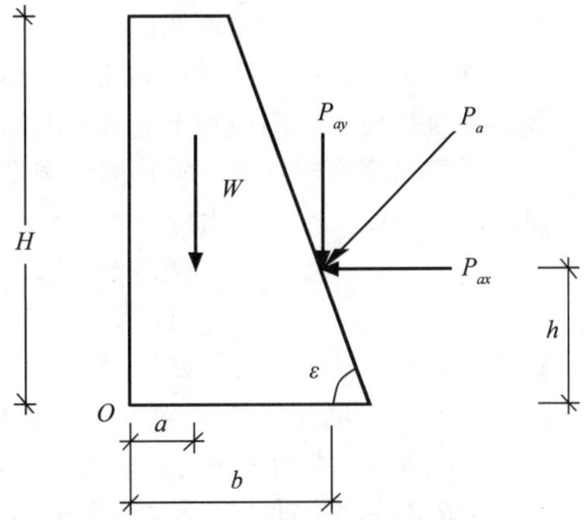

图 4-5 挡渣墙稳定性分析

合力作用在梯形重心，用ΣH表示。

②抗滑稳定计算　抗滑稳定计算(图 4-5)应满足下式的要求

$$K_s = \frac{抗滑力}{滑动力} = (W + P_{ay})\mu / P_{ax} \tag{4-5}$$

式中 K_s——最小抗滑安全系数，$[K_s] \geqslant 1.3$；

W——墙体自重(kN)；

P_{ay}——主动土压力的垂直分力(kN)，$P_{ay} = P_a \sin(\delta + \varepsilon)$；

P_{ax}——主动土压力的水平分力(kN)，$P_{ax} = P_a \cos(\delta + \varepsilon)$；

P_a——主动土压力(kN)；

μ——基底摩擦系数，由试验确定或参考表 4-5；

δ——墙摩擦角；

ε——墙背倾斜角度。

其中ε、δ和μ可由试验测定，或参考表 4-5。

表 4-5 挡渣墙基底对地基的摩擦系数μ值

土的类别		摩擦系数 P
黏性土	可塑	0.25～0.30
	硬塑	0.30～0.35
	坚硬	0.35～0.45
粉土	$S_r \leqslant 0.50$	0.30～0.40
中砂，粗砂，砾砂		0.40～0.50
碎石土		0.40～0.50
软质岩土		0.40～0.60
表面粗糙的硬质岩石		0.65～0.75

注：表中S_r是与基础形状有关的形状系数，$S_r = 1 - 0.4B/L$；B为基础宽度(m)；L为基础长度(m)。

若验算结果不满足 $K_s \geqslant 1.3$，则应采取以下措施加以解决：修改挡渣墙断面尺寸，加大 W；在挡渣墙底面铺沙、石垫层，加大 μ，将挡渣墙底作成逆坡，利用滑动面上部分反力抗滑；如在软土地基上，其他方法无效或不经济时，可在墙踵后加筑拖板，利用拖板上的渣重增加抗滑力，拖板与挡渣墙之间用钢筋连接。

③抗倾覆稳定计算　在挡渣墙满足 $K_s \geqslant 1.3$ 的同时，还应满足抗倾覆稳定性(图4-5)。即对墙趾 O 点取力矩，必须满足下式

$$K_t = \frac{抗滑覆力矩}{倾覆力矩} = (W_a + P_{ay}b)/(P_{ax}h) \tag{4-6}$$

式中 K_t——最小安全系数，$[K_t] \geqslant 1.5$；

W_a——墙体自重 W 对 O 点的力矩(kN·m)；

$P_{ay}b$——主动土压力的垂直分力对 O 点的力矩(kN·m)；

$P_{ax}h$——主动土压力的水平分力对 O 点的力矩(kN·m)；

其他符号同前。

若不满足 $K_t \geqslant 1.5$ 的要求，则应采取以下措施：加大 W，即增加工程量；加大 a，可增设前趾，当前趾长度大于厚度时应配钢筋；减小渣压力，墙背做成仰斜，但施工要求较高。

④地基承载力验算　基底应力应小于地基承载力，地基允许承载力[R]通过试验或参考有关设计手册确定。基底应力采用下列偏心受压公式计算

$$\sigma_{yu} = \sum W/B + 6\sum M/B^2 \tag{4-7}$$

$$\sigma_{yd} = \sum W/B - 6\sum M/B^2 \tag{4-8}$$

式中 σ_{yu}，σ_{yd}——水平截面上的正应力(kN/m²)，σ_{yu}、$\sigma_{yd} \leqslant [R]$；

$\sum W$——作用在计算截面以上的全部荷载的铅直分力之和(kN)；

$\sum M$——作用在计算截面以上的全部荷载对截面形心的力矩之和(kN·m)；

B——计算截面的长度(m)。

软质墙基最大应力 σ_{max} 与最小应力 σ_{min} 之比，对于松软地基，应小于1.5～2，对于中等坚硬、紧密的地基，则应小于2～3。

在实际应用中，应在采用上述基本原理分析的基础上，灵活选择适宜的稳定分析方法。常用的稳定分析方法有瑞典圆弧法、泰勒园表法、条分法等。对于一些重要的挡渣墙工程，还需分别用多种稳定分析方法进行比较，才能最终确定其稳定安全系数。

(5)基础处理及其他

①基础处理　重力式挡渣墙的基础十分重要，处理不当会引起挡渣墙毁坏，应做详细的地质调查，必要时要挖探或钻探，以确定埋置深度，一般应在冻结深度以下不小于0.25m(不冻胀土除外)，埋置最小尺寸见表4-6。

表4-6 重力式挡渣墙埋置最小尺寸 m

地层类别	埋入深度	距斜坡地面水平距离
较完整的硬质岩层	0.25	0.25~0.50
一般硬质岩层	0.60	0.60~1.50
软质岩层	1.00	1.00~2.00
土层	≥1.00	1.50~2.50

②伸缩沉陷缝 挡渣墙常因不均匀沉降而引起墙身开裂，应根据地质条件、气温条件、墙高和墙身断面变化设置沉降缝和伸缩缝。设计时，一般将二者合并设置，沿墙线方向每隔10~15m设置一道，缝宽2~3cm，缝内可填塞胶泥；但渗水量大和冻害严重地区，宜用沥青麻筋或涂沥青的木板。

③清基 施工过程中必须将基础范围内风化严重的岩石、杂草、树根、表层腐殖土、淤泥等杂物清除。基底应开挖成1%~2%的倒坡，以增加基底摩擦力。

④墙后排水 挡渣墙还应根据具体情况设置各种排水设施，以保证其稳定性。当墙后水位较高时，应将渣体中出露的地下水以及由降水形成的渗透水流及时排除，有效降低墙后水位，减小墙身水压力，增加墙体稳定性，应设置排水孔等排水设施。排水孔径5~10cm，间距2~3m。排水孔出口应高于墙前水位，以免倒灌。排水孔的设计，可参考《挡土墙设计规范》确定。

4.1.2.3 拦渣堤

拦渣堤是指修建于沟岸或河岸，用以拦挡建设项目基建与生产过程中排放的固体废弃物的建筑物。由于拦渣堤一般同时兼有拦渣与防洪两种功能，堤内拦渣，堤外防洪，故拦渣堤可行性研究和初步设计的关键是选线、基础和防洪标准。对于下游有重要设施的拦渣堤，应充分论证分析，提高防洪标准和稳定系数。

(1)拦渣堤的类型

根据拦渣堤修筑的位置不同，主要有以下2种：

①弃土、弃石、弃渣堆放于沟道岸边时，采用沟岸拦渣堤；其建筑物防洪要求相对较低。

②弃土、弃石、弃渣堆放于河滩及河岸时，采用河岸拦渣堤；其建筑物防洪要求相对较高。

(2)拦渣堤防洪标准及设计要求

拦渣堤宜选择在河道较宽处，不宜在河流凹岸侧建设。宜少占用河床的面积，尤其在河漫滩地上建设拦渣堤，应减少占地面积，不得影响河道的行洪宽度。拦渣堤选线、堤距、堤型、堤防沿程设计水位、拦渣堤结构等均可参照“防洪堤”的设计规定执行。但是，拦渣堤的堤顶高程的确定应同时满足防洪和拦渣要求。

①拦渣要求 a. 根据项目在基建施工或生产运行中弃土、弃石、弃渣的具

体情况，确定在规定时期内拦渣堤应承担的堆渣总量。b. 根据堤身长度与堆渣总量，计算并确定顺堤单位长度(每米)的堆渣量。c. 根据堤后地面坡度、堆渣形式与顺堤单位长度的堆渣量，计算并确定堆渣高度；按1.0m超高，确定堤顶高度。d. 拦渣堤的建设过程中，泥土石不得进入河道。在弃渣过程中，不能有弃渣进入河道。

②防洪要求　拦渣堤建设前，应按照《河道管理条例》的要求，征得相应河道管理部门的批准。拦渣堤防洪标准可参照“防洪堤”的防洪标准执行；对弃渣安全有特殊要求的可结合行业标准适当提高。

③堤顶高程　堤顶高程按设计洪水位、风浪爬高、安全超高确定。根据拦渣要求和防洪要求，分别算出相应的堤顶高程，取二者中较大值，作为所求的堤顶高程。

4.1.3 围渣堰

(1)断面设计

①堰顶高程　围渣堰的防洪水位必须高于堰外河道防洪水位，堰顶超高应按照《水利水电工程等级划分及洪水标准》的相关规定来具体确定。

②堰顶宽度　根据交通、施工条件、拦渣量、筑堰材料和稳定分析等，确定堰顶宽度。土石围堰顶宽一般为4~5m；堰顶有其他要求时，按其要求确定。

③围渣堰内外坡度　先初步拟定堰坡，然后进行稳定分析，确定安全可靠、经济合理的堰体断面。

(2)稳定性分析

土石围堰可参考《碾压式土石坝设计规范》中的相关方法进行稳定分析；砌石围堰参照《浆砌石坝设计规范》中的方法进行计算。

(3)基础处理

土石围堰参照《碾压式土石坝设计规范》中的相关方法进行基础处理；砌石围堰参照《浆砌石坝设计规范》中的方法进行基础处理。

4.1.4 尾矿(砂)库

选矿厂选出矿石后，产生的大量脉石“废渣”即尾矿，通常是以矿浆状态排出的，个别情况下也有以干砂状态排出的。矿石冶炼后的“废渣”即尾砂。为妥善存放和处理大量的尾矿(砂)而修建的挡拦建筑物，称为尾矿(砂)坝；它和尾矿(砂)存放场地，统称为尾矿(砂)库。

4.1.4.1 尾矿(砂)库的型式和布置原则

在比选尾矿库的型式和布置方案前，必须收集和调查建设项目的生产工艺、尾矿(砂)本身的性质，当地的水文、气象、地质资料以及自然环境、社会环境等资料。在此基础上，对选定方案的尾矿(砂)库再进行详尽的勘查和测量。

尾矿(砂)库的防洪标准、上游洪水处理等与前述拦渣坝设计基本一致。

(1)坝型选择

尾矿(砂)库一般修建在沟道或低洼地方，多由堤坝围堰而成，并设有排水建筑物，以排出库内水流。尾矿(砂)库的型式通常分为山谷型、山坡型和平地型3大类型。山谷型初期坝工程量小，管理维护简单，应优先选用；山坡型初期工作量大，管理维护复杂，无可选山谷作尾矿库时采用；平地型是四周筑堤，工作量大，用于平原地区，应尽量选择凹地。

尾矿(砂)库的坝型分为均质坝、非均质坝。非均质坝分为心墙坝和斜墙坝。根据坝址处地形地质条件、当地筑坝材料、施工条件、尾矿(砂)岩性和数量，选择经济、合理、可靠、美观的坝型，并采用废土、废石、废砂、废渣等废弃物修筑非均质坝。尾矿(砂)坝一般由初期坝、堆积坝两部分组成。

(2)布置原则

①尽量不占或少占耕地，尽可能不拆迁或少拆迁居民住宅；尾矿(砂)库与厂区和居民电的距离，应符合工业、卫生、环保等各方面的有关规定。

②距选矿厂近，尽可能自流输送尾矿(砂)，有足够的贮存尾矿(砂)的容积。

③尾矿(砂)库的汇水面积要尽可能小，库区内工程地质条件要好，库区内部纵坡坡度要尽量平缓，以减少工作量。

④库区附近要有足够的土、石筑坝材料。

⑤尾矿(砂)库排出的水流，必须要经过处理，达到国家废水排放标准后才能排入河流。

4.1.4.2 尾矿(砂)库库容与等级

(1)尾矿库库容

尾矿库库容计算公式为

$$V = \frac{W \cdot N}{\gamma_a \cdot \eta_z} \tag{4-9}$$

式中 V——尾矿(砂)库所需总库容(m^3)；

W——选矿厂每年排出的尾矿(砂)量(t/a)；

N——选矿厂的设计生产年限(a)；

η_z——尾矿(砂)库终期库容利用系数，与尾矿(砂)库的形状、尾矿(砂)粒度、排放方法有关；

γ_a——尾矿(砂)堆积干密度的平均值(t/m^3)。

(2)尾矿库等级和防洪标准

按尾矿(砂)库的规模(总库容，总坝高)和重要性分别确定Ⅱ、Ⅲ、Ⅳ、Ⅴ级。根据这一等级即可按有关规范或规定，确定其防洪标准及库内建筑物的级别，作为设计的基本依据(表4-7)。

表4-7 尾矿(砂)库等级标准

总库容或坝高	尾矿(砂)库等级	防洪标准[重现期(a)]	
		设计	校核
具备提高等级条件的Ⅱ、Ⅲ等工程	Ⅰ		2 000~1 000
$V>10^8 m^3$ 或 $H>100m$	Ⅱ	200~100	1 000~500
$V=10^7\sim10^8 m^3$ 或 $H=60\sim100m$	Ⅲ	100~50	500~200
$V=10^6\sim10^7 m^3$ 或 $H=30\sim60m$	Ⅳ	50~30	200~100
$V<10^6 m^3$ 或 $H<30m$	Ⅴ	30~20	100~50

4.1.4.3 尾矿(砂)坝组成

尾矿(砂)坝是尾矿(砂)库的主要建筑物，一般由初期坝和堆积坝两部分组成。

(1)初期坝

初期坝是在尾矿库运用之前用当地土石料建造而成。

(2)堆积坝

当尾矿(砂)堆积到初期坝设计堆积高程时，必须加高加固坝体，以满足拦蓄尾矿(砂)的要求，加高坝即为堆积坝。一般采用尾矿(砂)或土石修筑加高，但当尾矿(砂)颗粒很细不能用于筑坝或尾矿库周边有大量石料(采场废石利用最为经济)时，整个坝体可全部用当地土石材料筑成。

尾矿(砂)坝设计与施工应参照《碾压工土石坝设计规范》《浆砌石坝设计规范》或其他国家及行业标准进行相关设计。分期加高加固坝设计与施工可参照《碾压工土石坝设计规范》的相关规定进行相关设计。

4.1.4.4 排洪排水系统

(1)排洪排水系统的布置

尾矿库排水系统主要任务是排出库内澄清水，排洪系统则是排泄上游汇集洪水。排洪排水系统，一般由排水井(塔)、排水管、消力池、溢洪道及截(排)洪沟、谷坊、拦水坝、蓄水池及坡面水土流失治理工程等构筑物组成(图4-6)。排水系统中进水建筑物的布置，应保证在使用过程中，在任何时候，都能使尾矿(砂)水澄清且达到要求。

(2)排水排洪系统水力计算

通常计算方法是首先确定水流在管路中流态，即自由泄流状态、半压力流状态和全压力流状态，然后参考有关专业手册中的计算公式和相关图表进行水力计算。根据库坝防洪标准及建筑物的等级，参照《水利工程设计洪水计算规范》或相关行业规范和手册，分析计算库坝设计及校核洪水总量、洪峰流量等，然后参考《水利工程水利计算规范》及其他有关专业手册计算，通过水力学计算确定水道水流流态和主要结构尺寸。

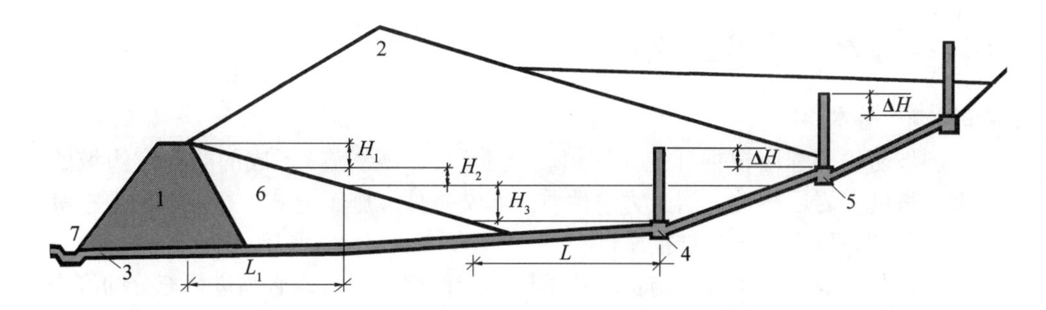

图 4-6 排水排洪系统布置示意

1. 初期坝 2. 堆积坝 3. 排水管 4. 第一个排水井 5. 后续排水井 6. 尾矿堆积滩 7. 消力池

H_1—安全超高；H_2—调洪高度；H_3—蓄水高度；ΔH—井筒重叠高度；L_1—沉积滩干滩长度；L—澄清距离

(3)排洪排水蓄水系统

①排水系统进水建筑物的位置 应保证在运用期顺畅排除尾矿(砂)澄清水。

②排水建筑物的形式 排水井的形式有窗口式、井圈叠装式、框架挡板式、浆砌块石式。排洪量较小的采用前2种形式，排洪量较大时采用后2种形式。常用排水道形式有圆形、拱形、矩形。尾矿水应循环利用。

(4) 基础处理

碾压式土石坝基础处理，需参照《碾压工土石坝设计规范》的相关规定进行设计，浆砌石坝基础处理可参照《浆砌石坝设计规范》中的相关规定设计。

4.1.5 基础处理设计

拦渣坝、墙、堤基础处理应满足渗流控制、稳定、变形和耐久型要求。

应充分了解地基的地质与水文地质资料，地基如有暗沟、动物巢穴、墓坑、窑洞、井窖、房基、淤泥、渣土等，均应探明，加以处理。

各类不良地基处理设计可参考有关手册。

4.2 斜坡防护工程

在工业、农业、能源、交通、水利、城市、村镇等基础设施建设过程中，开挖、回填、弃土(石、砂、渣)形成的坡面，由于原地表植被遭到破坏，裸露地面在风力、重力或水力等外营力侵蚀作用下，容易产生水土流失。

斜坡防护工程就是为了稳定开挖地面或堆置固体废弃物所形成的不稳定高陡边坡，或对局部非稳定自然边坡进行加固，或对滑坡危险地段采取水土保持护坡措施。

常用的防护措施有挡墙、削坡开级、工程护坡、植物护坡、综合护坡、坡面固定、滑坡防治等。

4.2.1 基本原则和设计要求

4.2.1.1 基本原则

斜坡防护工程应根据开挖、回填、弃土(石、砂、渣)形成的非稳定边坡的高度、坡度、岩层构造、岩土力学性质、水文条件、施工方式、行业防护要求等因素，分别采取不同的护坡措施。

不同的斜坡防护工程，防护功能不同，造价相差很大，必须进行充分的调查研究和分析论证，做到既符合实际，又经济合理。

稳定性分析是斜坡防护工程设计的关键性问题，大型斜坡防护工程应进行必要的勘探和试验，并采用多种分析方法比较论证，实现工程稳定、技术合理。

斜坡防护工程应在满足护坡要求的前提下，充分考虑植被恢复和重建，特别是草灌植物的应用，尽力把工程措施和植被措施很好地结合起来。

4.2.1.2 设计要求

(1)可行性研究阶段

①实地调查非稳定边坡周围的地形、地质、气象、水文、地震等状况，收集有关资料。重点掌握边坡周边地形变化、上方和坡脚上游的汇水面积及汇流量、地质裂隙、岩土风化状况、原生植被及水土保持状况等。

②重点勘察非稳定边坡的坡度、坡长、坡型、岩层构造、岩土力学性质、坡脚环境等，特别是岩层走向及节理、坡脚地下水情况、老滑坡体的稳定性，坡体有无裂隙、软弱滑动面和崩滑活动的存在等。

③根据调查和勘测资料分析边坡的稳定性，对特殊重要的地段，进行必要的地质钻探和岩土力学试验，并列专题进行研究。

④根据调查、勘察和研究资料，明确防护要求，提出多种护坡方案，并进行分析论证，选择经济合理、安全可靠的方案。初步确定斜坡防护工程的类型、型式，并估算工程量。

⑤调查适宜于坡面生长的植物种，调查斜坡防护工程所需的建筑材料来源和运输情况。

(2)初步设计阶段

①明确斜坡防护工程初步设计的依据和技术资料。

②对防护边坡的地理位置、地形地貌、地质、坡高、坡比、气象、水文等资料进行分析研究，说明结果。

③研究防护边坡的各项特征，核对有关稳定性的资料，对特别重要的防护地段应进行详细的钻探和勘测，验算边坡稳定性，提出结论性意见。

④明确防护目的和要求，对斜坡防护工程措施的具体布设、结构型式、断面尺寸、建筑材料、种植植物种及种植方法等作出详尽设计说明，并计算工程量。

⑤明确斜坡防护工程措施所需材料的料场位置和运输条件及必要附属建筑设施。

(3)适宜范围

依土质情况，通过稳定计算确定边坡的坡度值，并根据边坡的高度和坡度等不同条件，分别采取不同的斜坡防护工程。主要有以下几种：

①对边坡高度大于4m、坡度大于1.0∶1.5的，应采取削坡开级工程。

②对边坡小于1.0∶1.5的土质或砂质坡面，可采取植物斜坡防护工程。

③对堆置物或山体不稳定处形成的高陡边坡，或坡脚遭受水流淘刷的，应采取工程护坡措施。

④对条件较复杂的不稳定边坡，应采取综合斜坡防护工程。

⑤对滑坡地段应采取滑坡治理工程。

(4)设计要求

边坡防护须以安全稳定为第一要求，无论选择哪种护坡型式，首先保证工程实施后的安全稳定。对于非稳定坡面，需要用工程方法加固稳定之后再进行植物护坡或综合护坡。其次，斜坡防护工程的设计须注重生态功能的改善，工程护坡与植物护坡相辅相成，与周边的自然景观相一致，布设的植物品种要符合自然演替的规律。边坡防护型式的选择，要因地制宜，经济合理，运用立体防护的理念，形成上下呼应的综合防护体系。

4.2.2 削坡开级

削坡是削掉非稳定边坡的部分岩土体，以减缓坡度，削减助滑力，从而保持坡体稳定的一种护坡措施；开级则是通过开挖边坡，修筑阶梯或平台，达到相对截短坡长，改变坡型、坡度、坡比，降低荷载重心，维持边坡稳定目的的又一护坡措施。二者可单独使用，也可合并使用，主要用于防止中小规模的土质滑坡和石质崩塌。当非稳定边坡的高度大于4m，坡比大于1.0∶1.5时，应采用削坡开级措施。

削坡开级措施应重点研究岩土结构及力学特性、周边暴雨径流情况，分析论证边坡稳定性，然后确定工程的具体布设、结构型式、断面尺寸等技术要素。在采取削坡工程时，必须布置山坡截水沟、平台截水沟、急流槽、排水边沟等排水系统，防止削坡坡面径流及坡面上方地表径流对坡面的冲刷。大型削坡开级工程还应考虑地震问题。根据岩性削坡分为土质边坡削坡、石质边坡削坡2种类型。

4.2.2.1 土质边坡的削坡开级

土质高陡边坡的削坡开级形式主要有4种，即直线形、折线形、阶梯形和大平台形。

(1)直线形

直线形实际上是从上到下，对边坡整体削坡(不开级)，使边坡坡度减缓，并成为具有同一坡度的稳定边坡的削坡方式。其适用于高度小于15m、结构紧密的均质土坡；或高度小于10m的非均质土坡。对有松散夹层的土坡，其松散部分应采取加固措施。

(2)折线形

折线形是仅对边坡上部削级，保持上部较缓下部较陡，剖面呈折线形的一种削坡方式。其适用于高12～15m、结构比较松散的土坡，特别适用于上部结构较松散、下部结构较紧密的土坡。折线形削坡的高度和坡比，应根据边坡坡型、上下部高度、结构、坡比和土质情况经具体分析确定，以削坡后能保证稳定为原则。

(3)阶梯形

阶梯形就是对非稳定边坡进行开级，使之成为台、坡相间分布的稳定边坡，对于陡直边坡，可先削坡然后再开级。其适用于高12m以上，结构较松散；或高20m以上，结构较紧密的均质土坡。阶梯形开级的每一阶小平台的宽度和两平台间的高差，根据当地土质与暴雨径流情况，具体研究确定。一般小平台宽1.5～2.0m，两台间高差6～12m。干旱、半干旱地区，两台间高差大些；湿润、半湿润地区，两台间高差小些。开级后应保证土坡稳定，并能有效地减轻水土流失。

(4)大平台形

大平台形是开级地特殊形式，其适用与高度大于30m，或在8度以上的高烈度地震区的土坡。大平台一般开在土坡中部，宽4m以上，以达到稳定边坡地目的；也可在削坡的基础上进行。平台具体位置与尺寸，需根据《地震区建筑技术规范》对土质边坡高度的限制，结合边坡稳定性验算，慎重确定。

4.2.2.2 石质边坡的削坡开级

石质边坡的削坡适用于坡度陡直或坡型呈凸型，荷载不平衡；或存在软弱交互岩层，且岩层走向沿坡体下倾的非稳定边坡。除岩石较为坚硬，不易风化的边坡外，一般削坡后的坡比应小于1∶1。石质边坡一般只削坡，不开级，但应留出齿槽，齿槽间距3～5m，齿槽宽度1～2m。在齿槽上修筑排水明沟和渗沟，深10～30m，宽20～30m。

4.2.2.3 坡脚防护

削坡后因土质疏松而产生岩屑、碎石滑落或发生局部塌方的坡脚，应修筑挡土墙予以保护。无论土质削坡或石质削坡，都应在距坡脚1m处，开挖防洪排水沟，深0.4～0.6m，上口宽1.0～1.2m，底宽0.4～0.6m；具体尺寸应根据坡面来水情况确定。

4.2.2.4 坡面防护

削坡开级后的坡面，应根据土质情况，因地制宜种植草本、灌木或乔木，采取植物护坡措施。在阶梯形的小平台和大平台形的大平台中，应选择适宜种植的乔木、灌木或经济树种，其余坡面可种植草本或灌木。

在坡面上方距开挖(或填筑)边缘线2m以外布置山坡截水沟工程；在阶梯形

和大平台形削坡平台布置平台截水沟；顺削坡面或坡面两侧布置急流槽或明(暗)沟工程，将山坡截水沟和平台截水沟中径流排泄至排水边沟，防止削坡坡面径流及坡面上方地表径流对坡面的冲刷。截排水工程设计与施工可参照国家标准《水土保持综合治理技术规范》及有关规范。

4.2.3 工程护坡

对堆置固体废弃物或山体不稳定的地段，或坡脚易遭受水流冲刷的地方，应采取工程护坡。其具有保护边坡，防止风化、碎石崩落、崩塌、浅层小滑坡等的功能。工程护坡省工、速度快，但投资高。

斜坡防护工程应重点考察和勘测与坡体稳定性有关的各项特征因子，详细进行稳定分析；并根据周边防护设施的安全要求，确定合理的稳定性设计标准；坡脚易遭受洪水冲刷的应进行水文计算。然后比选斜坡防护工程方案，明确工程布设、结构型式、断面尺寸及建筑材料。

工程护坡主要包括砌石护坡、抛石护坡、混凝土护坡和喷浆护坡等几种形式。

4.2.3.1 砌石护坡

砌石护坡有干砌石和浆砌石 2 种形式。干砌石适用于易受冲刷、有地下水渗流的土质边坡，稳固性较差，但投资低；浆砌石护坡坚固，适宜于多种情况，但投资高。应根据不同条件分别选用。

(1)*干砌石护坡*

对坡度较缓(1.0∶2.5～1.0∶3.0)，坡下不受水流冲刷的坡面，采用单层干砌块石护坡；重要地段，采用双层干砌块石护坡(图 4-7)。坡度小于 1∶1，坡体高度小于 3m，坡面涌水现象严重时，应在护坡层下铺厚 15cm 以上的粗砂、砾石或碎石作为反滤层，封顶处用平整块石砌护。干砌石护坡的坡度，应根据边坡土体的性质、结构而定，土质紧实的砌石坡度开陡些，否则砌石坡度应缓些。一般坡度 1.0∶2.5～1.0∶3.0，个别可为 1.0∶2.0。

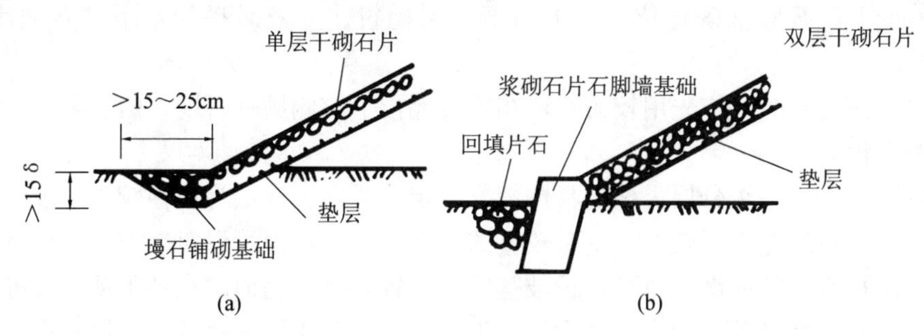

图 4-7　干砌石护坡断面图

(a)单层干砌石片　(b)双层干砌石片

(2)浆砌石护坡

坡度在1:1～1:2，或坡面可能遭受水流冲刷，且冲击力强的地段，宜采用浆砌石护坡。浆砌石护坡面层块石下应铺设反滤垫层。垫层分单层和双层，单层厚5～15cm，双层厚20～25cm(下层为黄砂，上层为碎石)；面层铺砌厚度为25～35cm。原坡面如为砂、砾，卵石，可不设垫层。浆砌石石料应选择坚固的岩石，不得采用风化、有裂隙、夹泥层的石块，砂浆标号及要求参见有关浆砌石规范。对横坡方向较长的浆砌石护坡，应沿横坡方向每隔10～15m设置一道宽的2cm的纵向伸缩缝，并用沥青或木板填塞。

4.2.3.2 抛石护坡

当边坡坡脚位于河(沟)岸，暴雨条件下可能遭受洪水淘刷作用时，对枯水位以下的部分采取抛石斜坡防护工程。抛石的范围和粒径应根据水深、流速来确定，坡度不应陡于所抛石料浸水后的天然休止角，石料应符合质地坚硬、不易风化的要求。常见的主要形式有散抛块石、石笼抛石和草袋抛石3种，根据具体情况选择采用。

(1)散抛块石护坡

坡脚因受流水冲淘，坡下出现均匀沉陷时，应采取散抛块石固定坡脚，此种方法适宜于在沟(河)水流速为3～5m/s的情况下采用。散抛块石护坡应遵循以下原则：

①石料尺寸和质量应符合设计要求。散抛块石护坡一般采用粒径为0.2～0.4m，质量为30～50kg的石料。

②抛投时机宜在枯水期内选择。

③抛石前，应测量抛投区的水深、流速、断面形状等基本情况。

④抛石厚度一般为0.6～1.0m，接坡段和近岸护坡段应加厚，掩坡段可薄些。抛石后的稳定坡度应不陡于1.0:1.5。必要时应通过试验掌握抛石位移规律。

⑤抛石应从最能控制险情的部位抛起，依次展开。

⑥船上抛石应准确定位，自下而上逐层抛投，并及时探测水下抛石坡度、厚度。

⑦水深流急时，应先用较大石块在护脚部位下游侧抛一石埂，然后再逐次向上游侧抛投。

抛石宽度、是否分层需根据具体情况确定。通常，底层为粒径较小、重量较轻的片石，顶层为粒径较大、重量较重的块石。这样不但可以对岸坡、河床进行加固，防止水流的冲淘，也可将护坡基础直接置于抛石上面。在冬季低水位施工时，可省去护坡基础的围堰，减少施工工序。为了防止因水流冲淘使抛石产生位移及影响护坡基础的稳定，抛石前先在护坡基础范围底打多排钢筋砼预制桩。预制桩打入河床3m，外露1.5m，间距2m，一般呈三角形布置。

(2)石笼抛石护坡

对坡度较陡，坡脚易受洪水冲淘，流速大于5m/s的坡段，应采取石笼抛石护坡。但在坡脚有滚石的坡段，不得采用此法。石笼抛石具有很好的柔韧性、透水性、耐久性以及防浪能力等优点，而且具有较好的生态性。它的结构能进行自身适应性的微调，不会因不均匀沉陷而产生沉陷缝等，整体结构不会遭到破坏。石笼抛石应注意：

①根据当地材料情况，可选用铅丝、竹篾、木板、荆条、柳条等作成不同形状的笼状物，内装石料。笼之网孔大小，以不漏石为宜。石笼大小视需要和抛投手段而定，石笼体积以1.0~2.5m^3为宜。

②石笼应从坡脚密集向上排列，上下层呈“品”字形错开，并在坡脚打桩，用铅丝向上拉紧，将各层石笼固定。石笼铺设厚度不得小于0.4~0.6m。

③石笼护坡的坡度不得小于1.0∶1.5~1.0∶1.8，可等于或略陡于饱和情况下的稳定坡度，但不应陡于临界休止角。

④可依次扩展抛石范围，适时进行水下探测，坡度和厚度应符合设计要求；抛完后，须用大石块将笼与笼之间不严密处抛填补齐。

(3)草袋抛石护坡

适宜于坡脚不受洪水冲淘，边坡陡于1.0∶1.5的坡段。坡下有滚石的坡段不得采用此法。应注意：

①草袋的孔径大小，应与土(砂)粒径相匹配；草袋的石料粒径一般为1~3cm，砂土料粒径一般为0.02~1.00cm。草袋的充填度以70%~80%为宜，每袋不应少于50kg，封口绑扎应牢固。

②草袋应从坡脚向上，呈“品”字形紧密捧列，并在坡脚打桩，用铅丝向上拉紧，将各层草袋固定。岸上抛投宜用滑板，使草袋准确入水叠压；船上抛投袋，如水流流速过大，可将几个土袋捆绑抛投。

③铺设厚度一般0.4~0.6m，铺后坡度不应陡于1.0∶1.5~1.0∶1.8。

④根据情况，也可用尼龙袋代替草袋装砂土抛石。

4.2.3.3 混凝土护坡

在边坡极不稳定，坡脚可能遭受强烈洪水冲淘的较陡坡段，采用混凝土(或钢筋混凝土)护坡，必要时需加锚固定。常见的混凝土护坡主要有编织布模袋和预制混凝土块，其中混凝土模袋因属柔性防护而应用较多。编织布模袋有2种类型：一种为有排水点型，适用于平均厚度15cm以下的斜坡防护工程；另一种为无排水点型，适用于平均厚度16cm以上的斜坡防护工程。编织布模袋只是一种使混凝土或砂浆按设计形状要求成形的临时模具，耐久性差，接缝多，不能保证地基长期稳定。因此，必须在下面铺设织物滤层，以防止基土流失。滤层一般采用针刺无纺土工布，单位重300~400g/m^2。

土工膜袋混凝土在正式浇注之前，要进行现场混凝土配比试验，最终确定施工所用的混凝土配比。按设计要求平整护坡，坡基础要平整牢固。施工前要放线定位，挖好水上加固齿槽。在齿槽处打固定钢桩，桩深1m，间距2m，在坡脚处打定位木桩，桩深0.8m，间距1m。展开膜袋铺平。膜袋上预留孔，水平插入钢管，用粗绳将钢管与钢桩固定，调整好距离，保证充灌后膜袋的尺寸位置与设计一致。混凝土输送管可根据输送距离不同进行调整，输送管最末端要安装一条软管，便于移动对准进料口。搅拌后的混凝土，输入混凝土泵，再经管道灌入膜袋。每次充灌前先拌制砂浆以润滑管道，防止堵塞，充灌完毕后，要清洗管道。

预制混凝土块护坡应遵循以下原则：

①在边坡坡脚可能遭受洪水强烈冲刷的陡坡地段，采取混凝土或钢筋混凝土护坡，必要时加筋固定。

②坡度介于1:1～1:0.5、高度小于3m边坡，采用混凝土砌预制块护坡，砌块长宽各30～50cm，边坡陡于1:0.5时采用钢筋混凝土护坡。

③坡面有涌水时，在砌块与坡面间设置粗砂、碎石、砾石或卵石反滤层。涌水量较大时修筑盲沟排水。在涌水处下端水平设置盲沟，宽20～50cm，深20～40cm。

4.2.3.4 喷浆护坡

在易风化岩石或泥质岩层坡面，若基岩只有细小裂隙，且无大崩塌危险，可采用喷浆机进行喷浆或喷混凝土护坡，以防止基岩风化剥落。通常在采用削坡卸荷稳定边坡工程之后，便可采取喷浆护坡，使岩石与喷浆在共同变形的过程中取得自身的稳定，有效控制岩石变形，使部分砂浆渗入岩石的节理、裂隙，重新将松动岩块胶结起来，起到加固岩石的作用，防止岩石风化，堵塞渗水通道，填补缺陷和平整表面。在有涌水和冻胀严重的坡面，不得采用此法。

根据岩石的不同工程地质特征，可分为稳定、基本稳定、稳定性极差、不稳定和极不稳定5类。对于稳定性差的岩石坡面可分别采用不同形式的喷锚斜坡防护工程，特别对破碎、软弱、稳定性极差的岩层，应在开挖后立即喷射混凝土，以保证施工安全。岩石风化、崩塌严重的地段，可加筋锚固后再喷浆。

在基岩裂隙细小、岩层较为完整的坡段，采用喷砼或砂浆护坡。喷射水泥砂浆厚度为5～10cm，喷射砼厚度为10～25cm；在一般冻融地区，喷射厚度最好在10cm以上；在地质软弱、温差大的地区，喷射厚度应相应增厚。

喷射水泥砂浆的砂石料最大粒径15mm，灰砂石比(c:s:g)1:3:1～1:5:3，砂率50%～60%，水灰比0.4～0.5，速凝剂添加量为水泥重量的3%左右。

在坡面高、压送距离长的坡面上喷射时，采用易于压送的配合比标准，灰砂石比为1:4:1，水灰比0.5。喷砼的力学指标应符合：混凝土标号不低于C20，抗拉强度不低于1.5MPa(15kg/cm^2)，抗冻标号不低于S8；喷层与岩层的黏结强度在中等以上的岩石中不宜小于0.5MPa(5kg/cm^2)。

喷浆前必须清除坡面活动岩石、废渣、浮土、草根等杂物，采用浆砌块石或砼填堵大缝隙、大坑洼。根据土料质地和情况，对破碎程度较轻的坡段，采用胶泥喷涂护坡，或用胶泥作为喷浆垫层。

4.2.3.5 喷锚护坡

在节理、裂隙、层理发育的岩石坡面，根据岩石破坏的可能形态(局部或整体性破坏)，采用局部(或对个别“危石”)锚杆加固，或在整个横断面上系统锚固加固。锚杆应穿过松弱区或塑性区进入岩层或弹性区一定深度。锚杆杆径为16～25mm，长2～4m，间距一般不宜大于锚杆长度的1/2，且大于1.25m；锚杆应垂直于主结构面，当结构面不明显时，可与坡面垂直。

对强度不高或完整性差的岩石坡面，当仅采用锚杆加固难于维持锚杆之间那部分围岩稳定时，常需采用锚杆与喷混凝土联合支护。对软弱、破碎岩层，如锚杆和喷混凝土所提供的支护反力不足时，还可加钢筋网，以提高喷层的整体性和强度并减少温度裂缝。钢筋网一般用$\phi 6$～$\phi 12$，网格尺寸为20 cm×20 cm～30cm×30cm，距岩面3～5cm与锚杆焊接在一起，钢筋的喷混凝土保护层厚度不应小于5cm。

在工程设计时，应根据岩石类别、坡面的形状和尺寸以及使用条件等因素，按“工程类比法”确定喷锚支护参数。也可利用不同理论计算方法(如组合梁、悬吊、冲切等)进行计算，并对坡面稳定性进行分析；根据分析结果选择坡面支护工程。

4.2.4 植物护坡

对于一切稳定和非稳定的人工边坡及自然裸露边坡，都应在工程防护的基础上，尽可能创造条件恢复植被，这不仅能控制水土流失，维护坡面稳定，保养斜坡防护工程，而且对生态环境改善具有重要意义。但植被护坡具有一定的局限性，对于坡度较陡(>50°)的边坡，必须与工程措施相结合。采用植物防护，就是利用植物比较发达的根系，深入土层，使表土固结，植物也覆盖坡面，可以调节表土的湿润程度，防止扬尘风蚀；同时地表植被还可阻断地面径流，减缓冲刷。对于边坡坡度或削坡开级后坡度缓于1:1.5的土质或砂质坡面，可采取植物护坡措施。植物护坡主要分为种草护坡和造林护坡2种类型。

植物护坡重点应对边坡所处的地理位置、坡向、坡高、坡比、土质、土层厚度、气候及水文等情况进行详细调查，分析论证各项特征值，评价和划分立地条件类型。选择适宜的植物种，并对草种、树种的混交方式、栽植密度等进行分析论证，提出结论性建议，比选和确定设计方案。

4.2.4.1 种草护坡

种草是一种施工工艺简单、造价经济的有效坡面防护方法，可有效防止面蚀和细沟状侵蚀。由于草本植物之间相互交叠，形成了一种类似屋顶瓦片的结构，从而水流在坡面通过时，可以保护土壤颗粒不随水流流失。另外，种草护坡的一个极其重要的作用是草皮根系在土壤中的蔓延，固定了根系分布层的土体，从而起到一种“加筋”的作用，增加了工程的稳定性。

(1)常规种草

对高度在6m以内，坡度小于1.0:1.5的土层较薄的砂质或土质坡面，宜采取常规种草斜坡防护工程。

种草护坡首先需要整治坡面。应根据坡面的土质状况采取相应的方法。当土质适宜时，可直接植草；若坡面土不宜于植草，应先铺垫土质适宜的种植土层；在风沙坡地应先布置沙障固定流沙，后播种草籽。

常规种草时还应根据不同的坡面情况和不同的草种，采用不同的种植方法。一般有直播法和植苗法两种。直播法可采用穴播、沟播、水力播种等方法，通常采用草籽加土拌合后，均匀播种在表土适当翻松的坡面上；植苗法可采用穴植、沟植，苗木亦可采用裸根苗或带坨苗。

草的品种以根系发达、茎秆低矮、枝叶茂盛、生长力强、多年生长为宜。

尽可能选择良好的植草期。一般情况下，暖季型草宜在春末至初夏种植，冷季型草宜在夏末种植，不应在入伏或入冬后种草；不应在干燥的风季和暴雨季节播种。播种后及时洒水养护，坡土干燥时应连续数次洒水，以保持土中适宜的水分为度。洒水时间应在早晨和日落期间，不得在中午酷热时浇水。

大部分草种寿命为5~6年。为了防止退化，应尽可能采用多草种混播，使之生成一个良好的覆盖层。种草后1~2年内，应进行必要的封禁和抚育管理。

(2)铺植草皮

铺草皮护坡，是将人工培育的生长优良的健壮草坪，用平板铲或起草皮机铲起，运至需绿化的坡面，按照一定的大小规格重新铺植，使坡面迅速形成草坪的护坡绿化技术，也是设计应用最多的传统坡面植物防护措施之一，其施工简单，工程造价较低。

铺草皮护坡具有成坪时间短、护坡功能见效快、施工季节限制少和前期管理难度大的特点。适用于附近草皮来源较易、保证养护用水持续供给性好的区域。其作用与传统种草措施相同，效果更好，一般常用于填方边坡。

在实际工程绿化中，各类土质边坡均可应用；可用于高陡的土坡上，亦可铺在严重风化的岩层和成岩作用差的软岩层边坡上。一般不超过坡率1:1，局部可不陡于1:0.75，坡高一般不超过10m的稳定边坡均可使用。

春季、夏季和秋季均可施工，适宜施工季节为春秋两季。

铺草皮护坡施工工序为：平整坡面→准备草皮→铺草皮→前期养护。

(3)植生带植草

植生带是采用专用机械设备，依据特定的生产工艺，把草种、肥料、保水剂等按一定的密度定植在可自然降解的无纺布或其他材料上，并经过机器的滚压和针刺的复合定位工序，形成的一定规格的产品(图4-8)。植生带护坡是一项新技术，在国外应用较早，我国于20世纪80年代开始试制和应用，近年来在我国开发建设项目边坡防护中得到广泛推广。

植生带护坡具有以下特点：①植生带置草种与肥料于一体，播种施肥均匀，数量精确，草种、肥料不易移动；②具有保水和避免水流冲失草种的性质；③草种出苗率高、出苗整齐、建植成坪快；④采用可自然降解的纸或无纺布等作为底布，与地表吸附作用强，腐烂后可转化为肥料；⑤体积小、质量轻，便于贮藏，可根据需要常年生产，生产速度快，产品成卷入库，贮存容易，运输、搬运轻便灵活；⑥施工省时、省工，操作简便，并可根据需要任意裁剪。

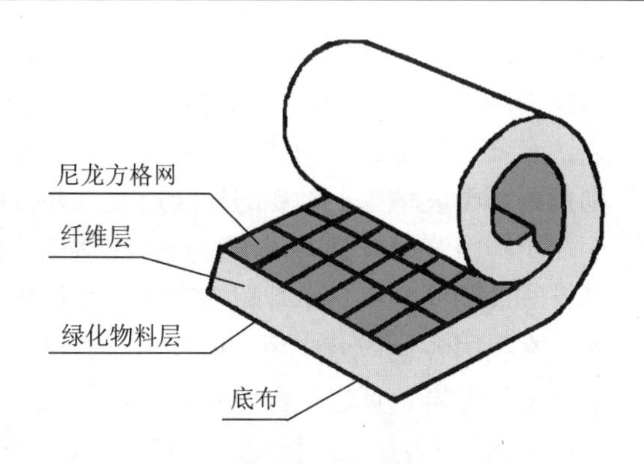

图 4-8 植生带示意图

与植生带技术类似的另一种新技术是生态植被毯，其利用稻草、麦秸等为原料作载体层，在载体层添加草种、保水剂、营养土等材料。植被毯的结构分上网、植物纤维层、种子层、木浆纸层和下网 5 层。植被毯可固定土壤，增加地面粗糙度，减少和减缓坡面径流，缓解雨水对坡面表土的冲刷；在植被毯中加入肥料、保水剂等材料，为植物种子出苗及后期生长创造良好的条件。在人工养护有一定困难的区域，生态植被毯的应用可大大减少后期的养护管理工作量。

植生带植草，在我国各地均可应用；但在干旱、半干旱地区，应保证养护用水的持续供给。用于土质填方坡高一般不超过 10m 的稳定边坡，如土质路堤边坡和土质路堑边坡；土石混合填方边坡经处理后可用。常用于坡率 1∶1.5～1∶2.0，坡率超过 1∶2.5 时应结合其他方法使用。

施工在春季和秋季进行，应尽量避免在暴雨季节施工。

植生带护坡施工工序为：平整坡面→开挖沟槽→铺植生带→覆土、洒水→前期养护。

(4)三维植被网植草

三维植被网护坡是指利用活性植物并结合土工合成材料等工程材料，在坡面构建一个具有自身生长能力的防护系统，通过植物的生长对边坡进行加固的一门新技术。可以根据边坡地形、土质和区域气候特点，在边坡表面覆盖一层土工合成材料，并按一定的配比组合与间距种植多种植物。

三维植被网护坡具有以下特点：①固土性能优良；②消能作用明显；③网络加筋突出；④保温功能良好。

在我国各地均可应用，但在干旱、半干旱地区应保证养护用水的持续供给。每级高度不超过 10m 的各类稳定土质边坡均可应用(常用于坡率 1∶1.5、一般不超过 1∶1.0，坡率大于 1∶1.0 时慎用)，包括挖方和填方边坡；强风化岩石边坡也可应用；土石混合填方边坡经处理后可用。

一般施工应在春季和秋季进行，应尽量避免在暴雨季节施工。

三维植被网护坡施工工序为：准备工作→铺网→覆土→播种→前期养护。

(5)挖沟植草

挖沟植草护坡是指在坡面上按一定的行距人工开挖楔形沟，在沟内回填改良客土，并铺设三维植被网（或土工网、土工隔栅），然后进行喷播绿化的一种护坡技术。该项技术是传统沟播、三维植被网和液压喷播3种护坡方法的有机结合，充分发挥了三者的优点，实现了优势互补，使得该项技术应用范围更广，特别是可用于坡率为1:1.0的较陡边坡，并可用于泥岩、页岩等软岩边坡。

挖沟植草护坡具有以下特点：①适用范围广；②固土性能优良、消能作用明显；③成坪速度快、草坪覆盖度大，草坪均匀度大、质量高。

在我国各地均可应用，但在干旱、半干旱地区应保证养护用水的持续供给。通常适于泥岩、页岩及泥、页岩互层等易开挖沟槽的软质岩挖方稳定边坡，每级高度不超过10m；常用于坡率1:1.0～1:2.5，坡率超过1:1.0时应结合坡面锚杆使用，坡率不得超过1:0.75。

一般施工应在春季和秋季进行，应尽量避免在暴雨季节施工。

挖沟植草护坡施工工序为：平整坡面→排水设施施工→楔形沟施工→回填客土→ 三维植被网施工→喷播施工→盖无纺布→前期养护。

（6）液压喷播植草

液压喷播在国际上称为水力播种（图4-9），是美国、欧洲、日本等发达国家研究开发的一种保护生态环境、防止水土流失、稳定边坡的机械化快速植草工程，我国1996年引进。液压喷播植草护坡是把优选出来的绿化草种、肥料、黏着剂、保水剂、纤维覆盖物、着色剂等与水按一定比例混合成喷浆，通过液压喷播机直接喷射到待绿化区域上的一种植草方法。其特点是：① 施工简单、速度快；② 施工质量高，草籽喷播均匀发芽快、整齐一致；③ 防护效果好，正常情况下，喷播1个月后坡面植物覆盖率可达70% 以上，2个月后形成防护、绿化功能；④ 适用性广；⑤ 工程造价低。目前，国内液压喷播植草护坡在公路、铁路、路堤、城市建设等部门边坡防护与植被建设工程中使用较多。

在我国各地均可应用，但在干旱、半干旱地区应保证养护用水的持续供给。

一般用于土质填方不超过10m的稳定边坡，土石混合填方边坡经处理后可用，也可用于土质挖方边坡。常用坡率为1:1.5～1:2.0，坡率超过1:2.5时应结

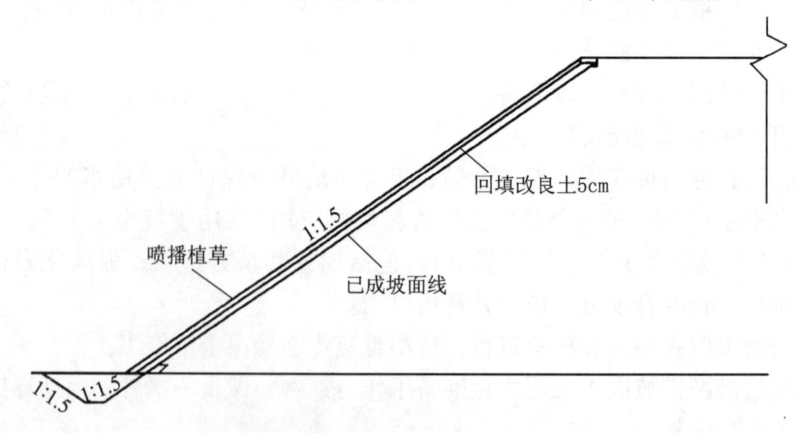

图4-9 水力喷播植草护坡典型设计图

合其他方法使用。

一般施工应在春季和秋季进行，应尽量避免在暴雨季节施工。

液压喷播植草护坡施工工序为：平整坡面→排水设施施工→喷播施工→盖无纺布→ 前期养护。

(7)生态植被袋生物护坡技术

生态植被袋生物防护技术是将选定的植物种子通过2层木浆纸附着在可降解的纤维材料编织袋的内侧，施工时在植被袋内装入营养土，封口后按照坡面防护要求码放，经过浇水养护，即能够实现边坡防护与绿化的目的。

(8)生态灌浆技术

生态灌浆技术是沿用工程灌浆的一项新技术，主要使用于石质堆渣等地表物质呈块状、空隙大、缺少植物生长土壤物质基础的区域。应用时，先把植被恢复机质材料、黏土、水根据一定的比例配置成浆状，然后对表层的植物生长层进行灌浆；这样不仅可使表层稳定，起到防渗作用，而且可给植物的生长提供土壤和肥力条件，使植物恢复成为可能。

该技术主要用于石质堆渣高陡边坡的局部绿化。

(9)可选用的植物材料

草种选择与树种选择相似，必须根据种草地的生境条件，主要是气候条件和土壤条件，选择适宜的草种；同时应做到生态与经济兼顾，就是说选择草种必须做到能发芽、生长、发育正常，且经济合理。有些草种，种植初期表现好，但很快就出现退化；一些草种看上去生长很好，但管理技术要求高和投入太大，这些都不能算正确的草种选择。当然草种选择也要注意其定向目标，培育牧草选用较好的立地，培育水土保持草地时可选用较差的立地。乔灌草结合时，应选择耐荫的草种。

草种选择的方法，一是调查现有草地(特别是人工草地)、草坪，获得草种生长状况的有关资料，如生物量、生长量、覆盖度等，比较分析，选择适宜的草种；二是通过试验研究，即在发展种草的地区，选择有代表性的地块，引进种植不同的草种，观察其生长情况，筛选出适宜的草种。由于草种生长周期短(树种引种周期很长)，上述第二种方法也是经常采用的方法。

黄河中游黄土地区土壤瘠薄，气候干旱，雨量较少，冬春多风，夏季最高温度可达40℃，冬季最低温度为 -30℃。因此，适宜种植耐寒、耐旱、耐瘠薄，抗逆性强的草种，如紫苜蓿、草木犀、红豆草、毛叶苕子、野豌豆、沙打旺、无芒雀麦、羊茅、老芒麦、冰草等。南方地区，土壤肥力中等，气候温暖湿润，年降水量丰富，昼夜温差中等，冬季与夏季的温差比北方地区小，夏季最高温度可以高达40℃，冬季最低温度低于 -10℃。因此适宜种植的草种应具有中等耐寒力、适当耐旱，有一定的耐瘠薄能力，喜欢温暖湿润，有一定的抗逆能力，生长快，再生性强，产量高，割后恢复覆盖快，畜、禽、鱼爱吃的草或水土保持功能强的草种，如红三叶、白三叶、紫苜蓿、草木犀、黑麦草、鸡脚草、苏丹草、苇状羊茅等。南方的高山地区(海拔高度在800～2 000m山区)，土壤肥力中等，气候温暖湿润，昼夜温差中等，冬夏温差也是中等，夏季最高温度为28～32℃，冬季最低温度为10～12℃，年降水量高，一般为1 500～1 800mm，比北方地区多了几倍。适宜的草种有红三叶、白三叶、杂三叶、多年生黑麦草、鸡脚草、苇状羊茅等。

草坪草种的选择除注重其生物学特性外，还应注意其外观形态与草姿美观、植株低矮、绿叶期长、繁殖迅速容易等要求。

4.2.4.2 造林护坡

造林护坡主要适用于土层相对较厚的坡面。造林是防治水土流失的重要措施，一般应采取较大的造林密度，乔灌混交或灌草混交，以提高蓄水保土功能。坡度在10°～20°，南方坡面土层厚度15cm以上、北方坡面土层厚40cm以上、立地条件较好的地方，均可采用造林护坡；如矿山植被恢复中经常采用造林护坡。在北方黄土高原地区，也可在更陡的坡面上造林，但必须在搞好整地措施的前提下与削坡开级结合。合理配置的护坡林对防止浅层块体运动有一定效果。其中，岩面垂直绿化是在普通坡面造林绿化技术基础上的延伸，是通过对坡度较陡、不适合采用其他绿化方式的裸岩，在岩体的坑洼部位种植攀缘植物的容器苗，实现岩体、挡墙绿化和生态修复的技术措施。这种技术延伸了以往只在岩体或挡墙下部种植攀缘植物的模式，结合工程措施在它们上部或中部种植木本攀缘植物。

护坡造林宜采用深根性与浅根性相结合的乔灌木混交方式，并选用适应当地条件、速生、固土功能强、耐旱、耐瘠薄的乔木和灌木树种。

在地面坡度、坡向和土质较复杂的坡面，将造林护坡与种草护坡相结合，实行乔、灌、草相结合的植物或藤本植物护坡。

采用植苗造林时，应选择优质苗木栽植；在立地条件极差的地方，应采用带土坨苗栽植，并适当密植。

藤蔓植物护坡在各地均可应用，对边坡也没有限制。一般来说，藤蔓植物护坡多用于已修建的圬工砌体等构造物处、路堑边坡平台和坡率超过1:0.3的岩石边坡。常用木本攀缘植物有爬山虎、美国爬山虎和常春藤等。

4.2.5 综合护坡措施

综合护坡措施是在布置有拦挡工程的坡面或工程措施间隙上种植植物。它不仅具有增加坡面工程的强度，提高边坡的稳定性的作用，而且具有绿化美化的生态功能。综合护坡措施是植物和工程有效结合的护坡措施，适宜于条件较为复杂的不稳定坡段。

综合护坡措施应在稳定性分析的基础上，比选工程与植物结合和布局的方案，确定使用工程物料的形式、重量，并选择适宜的植物种；在特殊地段布局上还应符合美学要求。常见的综合护坡型式有砌石草皮护坡、格状框条护坡以及蜂巢式网格护坡等。

4.2.5.1 砌石草皮护坡

在坡度小于1∶1，高度小于4m，坡面有渗水的坡段，可采取砌石草皮护坡措施。砌石草皮护坡主要有2种形式：一种是在坡面下部1/2～2/3处采取浆砌石护坡，上部采取草皮护坡；另一种是在坡面从上到下，每隔3～5m沿等高线修一条宽30～50cm的砌石条带，条带间的坡面种植草皮。砌石部位一般在坡面下部的渗水处或松散地层出露处，在渗水较大处应设反滤层。

4.2.5.2 框格植草护坡

框格防护通常用混凝土、浆砌块(片)石等材料，在边坡上形成格状骨架，框格内覆土植草或灌木，起到稳固坡面和绿化边坡的作用。框格的应用目的，在于防止坡面汇水冲刷下形成冲沟，提高边坡表面地表粗度系数，减缓坡面水流的速度，使冲刷仅限于框格内的局部范围。采用框格防护与种草或灌木防护结合起来的方法，提高了防护效果，同时美化了环境。框格防护多用于填方边坡，是一种综合性的防护措施。框格形状可根据人们对美的追求，做出各式各样的造型，如菱形、拱形、矩形等。框格防护也可用于挖方土质边坡防护。

钢筋混凝土框架内填土植被护坡是在边坡上现浇钢筋混凝土框架或将预制件铺设于坡面形成框架，在框架内回填客土并采取措施使客土固定于框架内，然后在框架内植草以达到护坡绿化的目的。该方法适用于那些浅层稳定性差且难以绿化的高陡岩坡和贫瘠土坡。

浆砌片石骨架植草护坡是采用浆砌片石在坡面形成框架，结合铺草皮、三维植被网、土工格室、喷播植草、栽植苗木等方法形成的一种护坡技术。浆砌片石骨架根据形状的不同，可以分为方格形、拱形、“人”字形等形式。该技术一般用于各类土质边坡，强风化岩质边坡也可应用，常用于坡率1∶1.0～1∶1.5，坡率超过1∶1.0时慎用，每级坡高以不超过10m的深层稳定边坡为宜。

当新型材料被广泛应用之后，又出现了土工格室植草护坡技术。其技术原理基本与上述格状框条护坡一致，土工格室主要是由PE、PP材料制成工程所需的片材，经专用焊接机焊接形成的立体格室。土工格室植草护坡是在展开并固定在坡面上的土工格室内填充改良客土，然后在格室上挂三维植被网，进行喷播施工的一种护坡技术。此技术可为植物以后的生长提供稳定、良好的生存环境。用于开发建设项目边坡防护，可使新形成的边坡充分绿化，带孔的格室还能增加坡面的排水性能。

在路旁或人口聚集地，坡度大于1∶1的土质、砂质坡面，均可采用框格护坡。用浆砌石在坡面上作成网格状，网格尺寸一般为$2m^2$，或将每格上部作成圆拱形，上下两层网格呈“品”字形排列；浆砌石部分宽0.5m左右。也可采用混凝土或钢筋混凝土预制构件修筑格式建筑物，预制件规格为宽20～40cm，长1～2m；为防止格式建筑物沿坡面向下滑动，必须固定框格交叉点或在坡面深埋横向框条。

4.2.5.3 蜂巢式网格护坡

蜂巢式网格植草护坡，是一项类似于干砌片石护坡的边坡防护技术。它是在修整好的边坡坡面上拼铺正六边形混凝土框预制件形成蜂巢式网格后，在网格内铺填种植土，然后再在砖框内栽草或种草的一项边坡防护措施。所用框砖可在预制场批量生产，其受力结构合理，拼铺在边坡上能有效分散坡面雨水径流，减缓水流速度，防止坡面冲刷，保护草皮生长。这种护坡施工简单，外观齐整，造型美观大方，具有边坡防护、绿化双重效果，工程造价适中，略高于浆砌片石骨架护坡。多用于填方边坡的防护。

4.2.5.4 喷混植生植物护坡

喷混植生植物护坡，是喷锚护坡和液压喷播植草的有机结合。它是在稳定岩质边坡上先施工短锚杆、铺挂镀锌铁丝网后，再采用专用喷射机，将拌和均匀的种植基材喷射到坡面上，植物依靠“基材”生长发育，形成植物护坡的施工技术。具有防护边坡、恢复植被双重作用，可以取代传统的喷锚防护、片石护坡等圬工措施。

该技术使用的种植基材由种植土、混合草灌种子、有机质、肥料、团粒剂、保水剂、稳定剂、pH缓解剂和水等组成。种植基材的配方(基质配置)是成功的关键，良好的配方能够达到在陡于1∶0.75的岩质边坡上既具备一定的强度保护坡面和抵抗雨水冲刷，又具有足够的空隙率和肥力以保证植物生长。除此之外，基质保护、植物选择和工后保养也不容忽视。目前已广泛应用于铁路、公路、水利等各类岩石边坡绿化防护工程。

另一种类似的方法就是客土植生植物护坡技术，是在边坡坡面上挂网后，机械喷填(或人工铺设)一定厚度适宜植物生长的土壤或基质(客土)和种子的边坡植物防护技术。该技术的特点是可根据地质和气候条件进行基质和种子配方，从而具有广泛的适应性。多用于基质条件较差的边坡。由于客土可以由机械拌和，挂网实施容易，因此施工的机械化程度高，速度快，无论从效率和成本上都比浆砌片石和挂网喷砼防护优越，而且植被防护效果良好，基本不需要养护即可维持植物的正常生长。该技术在我国开发建设项目边坡防护中已被大量应用，在日本等国家已经被作为边坡防护与绿化的常规方法。

另外，还有一种类似的方法，称为厚层基材喷射植被护坡。这是国外近10多年新开发的一项集坡面加固和植物防护于一体的复合型边坡植物防护技术，近年来在国内开发建设项目边坡防护中得到推广应用。厚层基材喷射植被护坡是采用混凝土喷射机把基材与植物种子的混合物按照设计厚度均匀喷射到需防护的工程坡面的护坡技术，其基本构造包括锚杆、网和基材混合物。该项技术首先通过混凝土搅拌机或砂浆搅拌机把绿化基材、种植土、纤维及混合植被种子搅拌均匀，形成基材混合物，然后输送到混凝土喷射机的料斗，在压缩空气的作用下，基材混合物由输送管道到达喷枪口与来自水泵的水流汇合使基材混合物团粒化，并通过喷枪喷射到坡面，在坡面形成植物的生长层，以达到护坡的目的。

上述方法适用于开挖后的岩石坡面的植被恢复，尤其对不宜进行植被恢复的恶劣的地质环境，如砾石层、软岩、破碎岩及较硬的岩石，有比较明显的效果。

挖沟植草护坡施工工序为：平整坡面→测量放线→安装锚杆→固定植生袋→固定铁丝网→喷布有机基材→喷播草种→盖无纺布→炼苗揭布→前期养护。

4.2.6 滑坡地段的护坡措施

由于开挖和人工扰动地面，致使坡体稳定失衡，形成的滑坡潜发地段。应采取固定滑坡的护坡措施。主要有削坡反压、排除地下水、滑坡体上造林、抗滑桩、抗滑墙等措施，这些措施也可结合使用。

滑坡地段护坡措施的可行性研究和初步设计，应重点调查和勘测滑坡潜发地段的人为挖损破坏情况及地下地表水、岩层构造、塑性滑动层状况。分析影响滑坡的主要因素，验算坡体稳定性，科学预测滑坡的危险性及防治的重点区域，比选确定护坡措施的型式、组合、布局、结构、断面尺寸等，确定工程材料、适宜栽种的树种及草种。

4.2.6.1 削坡反压

削坡反压适用于上陡下缓的移动式滑坡。就是在坡脚修抗滑挡土墙，稳定坡体，将上部陡坡挖缓，取土反压在下部缓坡，使整个坡面受力均匀，控制上部向下滑动的一种滑坡防治措施(图4-10)。

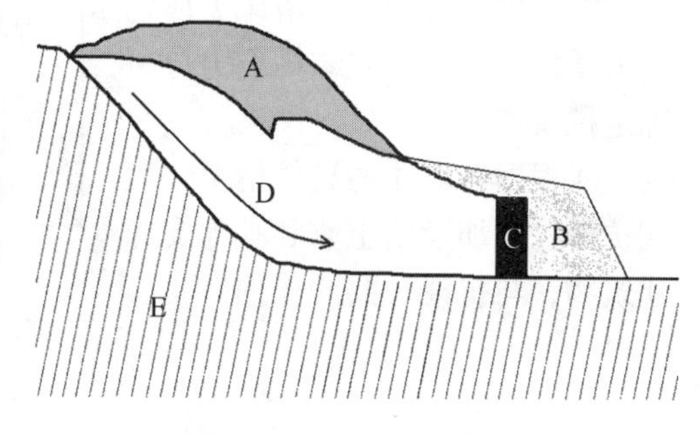

图4-10 削坡反压示意图

A. 削土减重部位 B. 卸土修堤反压 C. 渗沟 D. 滑坡体 E. 不透水层

4.2.6.2 拦排地表水、排除地下水

在地面径流及渗流、地下水较易导致滑坡的地段，采取拦排水工程。首先在滑坡体外边缘开挖截水沟并布置排水沟，将来自滑坡体外围的地表径流截排到滑坡体下游坡脚以外。同时，在坡脚修抗滑挡土墙，墙后设排水渗沟，墙下设排水孔，排除滑坡体内的地下水；其设计按防洪排水工程规定执行。

4.2.6.3 滑坡体上造林

在滑坡体基本稳定、但有人为挖损的条件下，仍有滑坡潜在危险的坡面，可在滑坡体上造林。首先，应在滑坡体上部修筑排水沟，排除外来径流；然后，在滑坡体上种植深根性乔木和灌木，利用植物根系固定坡面，同时可利用植物蒸腾耗水作用，减少地下水对滑坡的促动(图4-11)。

滑坡体上造林是稳定边坡的重要措施。滑坡体上护坡林的配置，应从坡脚到

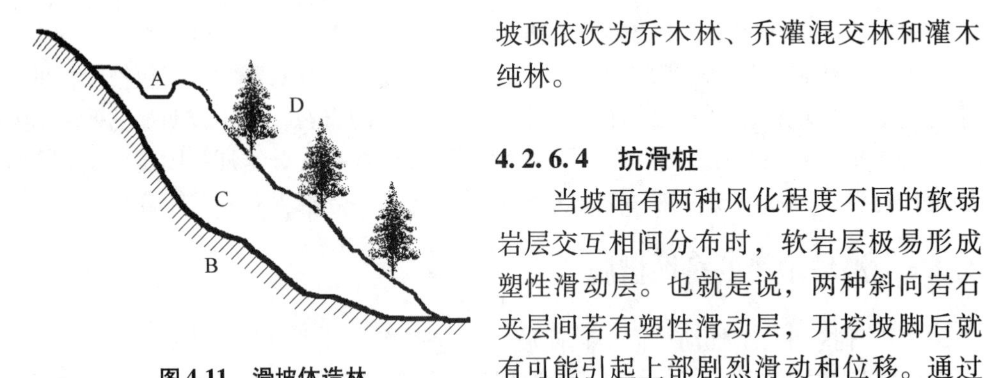

图4-11 滑坡体造林

A. 排水沟 B. 不透水层

C. 滑坡体 D. 坡面造林

坡顶依次为乔木林、乔灌混交林和灌木纯林。

4.2.6.4 抗滑桩

当坡面有两种风化程度不同的软弱岩层交互相间分布时，软岩层极易形成塑性滑动层。也就是说，两种斜向岩石夹层间若有塑性滑动层，开挖坡脚后就有可能引起上部剧烈滑动和位移。通过在地基内打桩加固滑坡土体稳定坡面，或在滑动层与基岩间打入楔子，可阻止滑坡体滑动，稳定坡面(图4-12)。

抗滑桩应符合下列要求：

①抗滑桩主要适用浅层及中型非塑滑坡前缘，不宜用于塑流状深层滑坡。

②根据作用于桩上土体的特性、下滑力大小及施工条件等，确定抗滑桩断面及布设密度。

③根据下滑推力、滑床土体物理力学性质，通过桩结构应力分析确定抗滑埋深。

④根据滑坡体的具体情况，可在抗滑桩间加设挡土墙和其他支撑建筑物，与抗滑桩共同作用。

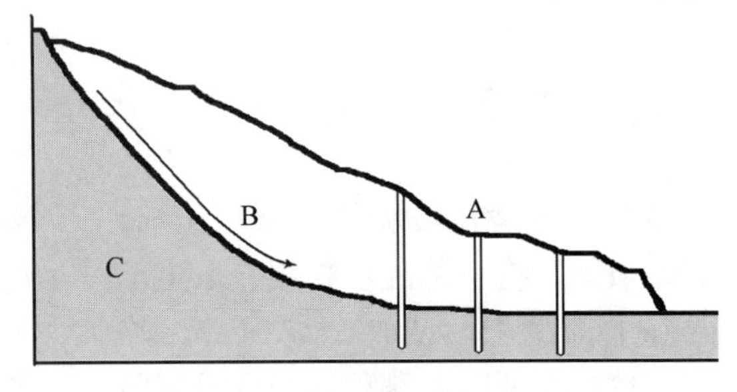

图4-12 抗滑桩

A. 抗滑桩 B. 滑坡体 C. 不透水层

4.2.6.5 抗滑墙

当滑坡比较活跃，急需有效控制时，应在滑坡体坡脚将抗滑挡土墙向上延伸，修筑块石护坡(图4-13)。

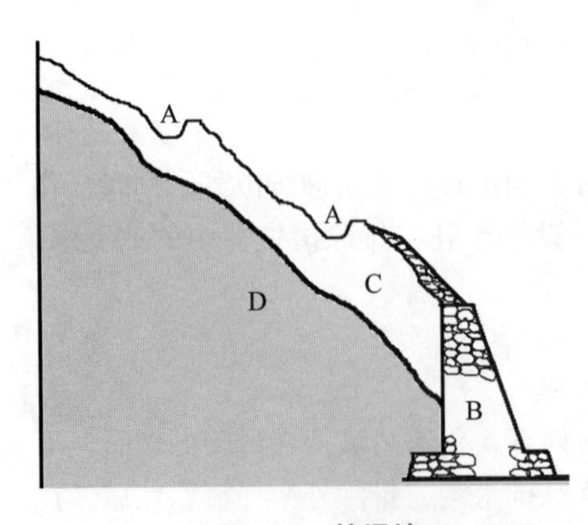

图4-13 抗滑墙

A. 排水沟 B. 抗滑墙并块石护坡

C. 滑坡体 D. 不透水层

4.3 土地整治工程

土地整治是指对被破坏或压占的土地采取措施，使之恢复到所期望的可利用状态的活动或过程。开发建设项目水土保持方案中的土地整治工程，是指对因生产、开发和建设损毁的土地，进行平整、改造、修复，使之达到可开发利用状态的水土保持措施。土地整治工程的重点是控制水土流失，充分利用土地资源，恢复和改善土地生产力。

土地整治工程包括3个方面：一是坑凹回填，一般应利用废弃土石回填整平，并覆土加以利用，也可根据实际情况，直接改造利用；二是渣场改造，即对固体废弃物存放地终止使用以后，进行整治利用；三是整治后的土地根据其土地质量、生产功能和防护要求，确定利用方向，并改造使用。

4.3.1 基本原则与设计要求

4.3.1.1 基本原则

土地整治工程在不同设计阶段，均应体现以下几项原则。

(1)土地整治与蓄水保土相结合

土地整治工程应根据坑凹和弃土(砂、石、渣)场的地形、土壤、降水等立地条件，以"坡度越小，地块越大"为原则划分土地整治单元。立地条件好的，尽量整治成地块大小不等的平地、平缓坡地或水平梯田；条件稍差的，也应尽可能整治成窄条梯田或台田。同时，搞好覆土、田块平整和打畦围堰等蓄水保土工作；达到保持水土，恢复和提高整治土地的生产力的目的。

(2)土地整治与生态环境建设相协调

土地整治须确定合理的农林草用地比例，并尽可能的扩大林草面积。在有条件的地方布置农林草各种生态景点，改善并美化项目区的生态环境，使项目区建设与生态环境有机融合起来。土地整治应明确目的，以林草措施为主，改善和优化生态环境；也可以改造成农业用地、生态用地、公共用地、居民生活用地等，并与周边生态环境相协调。

(3)土地整治与防排水工程相结合

坑凹回填物及弃土(砂、石、渣)场实际上都是人工开挖形成的松散堆积体，遇降水或地下水渗透后很容易产生沉陷，并间接增大产流汇流面积，遭遇暴雨时则可能造成剧烈水土流失、滑坡、泥石流等灾害。所以，必须把土地整治与坑凹或渣场本身及其周边的防排水工程结合起来，才能保障土地的安全。

(4)土地整治与水土污染防治相结合

开发建设项目特别是矿山开采选矿和冶炼，对水土的污染是一个十分重要的问题。应尽可能把土地整治与水土污染防治结合起来。首先按照有关排污的国家标准，对项目排放的流体污染物和固体污染物采取净化处理，然后采取包埋、填压等处置方式的土地整治，防止有毒物质毒化污染土壤、地表水和地下水，影响农作物生长。

4.3.1.2 设计要求

对于无法回填利用的外排弃土(石、砂、渣)和尾矿(砂、渣)等固体物质，应合理布置排土(石、砂、渣)场、贮灰场、尾矿场，采取挡土(石、砂、渣)墙、拦渣坝以及拦渣堤等拦挡工程。

弃置场地应有排水工程(包括地表排水和地下排水工程)、上游来水的排导工程。

对终止使用的弃土(石、砂、渣)场表面，采取平整和覆土措施，改造成为可利用地，并应采取植物措施。

根据整治后土地的立地条件和项目区生产建设或环境绿化需要，采取深耕深松、增施有机肥等土壤改良措施，并配套灌溉设施，分别改造成农林草用地、水面养殖利用或其他用地。

4.3.2 坑凹回填

坑凹是基建和生产过程中挖掘形成的，主要可分为2种情况：一是剥离坑凹，如取土场、取石场、取沙场、路基两侧取土后未回填的基坑、小型浅层露天采场和大型深层露天采场等；二是塌陷凹地，如井巷开采产生塌陷地等。

4.3.2.1 坑凹回填

(1)剥离坑凹

剥离坑凹的土地整治主要是回填(填埋)、推平或垫高，适应新的地形，形成新的合适坡度，并尽可能覆土。实施程序是回填—整平—覆土。

①坑凹回填工程布局 坑凹回填应充分利用废弃土、石料或矿渣，力争回填后坑平渣尽；坑凹回填应根据坑凹容积与废土、弃石体积，合理安排废土、弃石的倒运路线与倾倒方式，提高回填工效；坑凹回填后，应进一步平整地面，表层覆土，并修建四周的防洪排水设施，为开发利用创造条件；有条件的地方可将坑凹改建为蓄水池或水面养殖塘，蓄积降水，合理开发利用水资源。

如，在流域中下游区，坑凹地多改造为水塘，对洼地边坡夯实，四周采取植物措施；流域上游地区的坑凹地多数改造成台地(梯地)，按梯田建设的要求进行整治。

对矿坑地应采取回填、整平、覆土措施，复垦成为农林草用地。

②填埋方式

a. 浅坑浅凹：一般采用条带式分条填埋，或任意工作线(面)回填，回填材料利用废弃土(石、砂、渣、灰)。回填方式根据坑凹地形地质、地层岩性、施工条件及其面积确定。降水量大的地方，浅坑浅凹地也要配套排水工程。

b. 深坑回填：有一定的工艺要求，如大型露天采坑，设计上采用挖填结合即采排结合的方式，闭矿采坑(即采矿结束时的最后采坑)回填后成为内排土场。深坑深凹也可根据原工程设计中有关边坡和采场工作面稳定设计、采排方式以及采场处理等设计，确定回填工程的方式。

此类项目的回填工艺设计一般纳入主体设计之中，但水土保持方案应论证其是否符合水土保持要求，并提出修正意见。

③整平工程 回填结束后，接着就是堆垫场地的整平工程。可分两步进行，一是粗整平，二是细平整。由于坑凹分布的位置、地形不同，整平方式也不同。平地和宽缓平地上的坑凹回填后，堆垫高度基本接近原地面，可全面进行粗整

平；在沉降稳定之前，补填沉陷穴、沉陷裂缝，并进行细平整，以待覆土。坡地上的坑凹回填之前，可在坑凹下坡部位修筑必要的挡拦建筑物，采用分阶后退的方法，然后通过粗平整，形成平行于等高线的阶式梯田，之后进一步细平整，并考虑防排水等设施。

④覆盖物料和整治　覆土工程土地整平工作结束之后，即可进行覆盖物料进行土地整治。黄土区或附近有取土条件的地方表层应覆土，厚度依据土地利用方向确定，农业用地 80～100cm，林业用地 50～80cm，牧业用地 30～50cm。取土困难的地方，可覆盖易风化物如页岩、泥岩、泥页岩、污泥等物料。覆盖物顺序倾倒后形成“堆状地面”，若作为农业用地，必须进一步整平；若为林牧业用地，可直接采用“堆状地面”种植，具有自动填补沉陷裂缝，分散贮存地面径流的功能。

凹形采石（挖砂）场，如在干旱、半干旱地区，可首先利用岩石碎屑平整采石场坑凹，然后铺覆 0.3m 厚的黏土防渗层；在黄土区或有取土条件的地方，在平整土地表面覆土；在土料缺乏的地区，可先铺一层易风化岩石碎屑，改造为林草用地；在降水量丰沛、地下水出露地区，当凹形取石场（挖砂场）周边有充足土料时，采用岩屑、废砂填平坑凹、表层铺土，将取石场改造为农林用地，种植耐湿耐涝农作物或乔灌木，铺土厚度根据用地需求确定。若缺乏土料，则采取坑凹平整和边坡修整加固工程，将其改造成蓄水池（塘）作为水产养殖用地。

对凹形取土场整治，可结合地形地质地貌条件、周边地表径流量大小情况，采用边坡防护工程、截排水工程、坡面水系工程和土地整治工程。对干旱、半干旱地区且无地下水出露的凹形取土场，采用生土填平坑凹，表层按农林草用地要求铺覆熟化土。若取土场周边无熟化土，则采取深耕、深松、增施有机肥、种植有机物含量高的农作物或草类等耕作措施改良土壤。对降水量丰沛、地下水出露地区，当土壤、水分等符合农林草类植物种植要求时，采取土地平整、覆土措施将取土场改造成为农地或林地，并种植适宜农作物或乔灌木，同时在周边布置截（引、排）水工程和边坡防护工程；当取土场内外水量丰富、水质较好，适合养殖水产品或种植水生植物时，可用黏土、砌石、砼等防渗处理工程，并修筑引水排水工程，将其改造成为养殖场或水生植物种植场；当土质较差时，采取边坡防护、场地粗平整和植被自然恢复工程。

(2)塌陷凹地

采空塌陷区因采矿使地面下沉，形成再塑地貌。与挖损地貌不同的是矿床以上岩体发生了位移，但地表物质数量及组成基本不变，塌陷稳定后地貌在局部可能形成塌陷盆地、塌陷漏斗、塌陷裂缝。

采空塌陷与矿产地质、开采工艺、地下水等条件有着密切的关系，对于拟建矿应准确预测塌陷的范围、深度和危害的程度，并提出相应的对策。已形成的塌陷凹地，根据其深度，分别采取整治利用措施。塌陷深度小于 1m 的，可推土回填平整，然后作为农业用地。对深度 1～3m 的，可采取挖深垫高的办法，挖深段可蓄水养渔、种藕，垫高段进行农业利用。必须注意塌陷凹地在我国南北方差异很大，应因地制宜，采取相应的措施。

采空区塌陷地整治按以下步骤进行：

①收集塌陷区的基础资料。如土壤资料(土壤类型及其分布、土壤物理性质等)、气象资料、水土保持林草植被资料、水文地质资料等。

②根据所收集的资料对塌陷区进行土地适宜性评价，通过评价确定土地利用方向。

③结合土地利用规划，落实具体的治理措施。

采空塌陷区的土地整治措施与挖损地貌的剥离坑凹基本相同，但采空塌陷区会出现地表裂缝；同时，采空塌陷区的浅层地下水一般都会受到破坏。

具体整治措施有：

①采空塌陷区裂缝(漏斗)治理措施　采空塌陷区裂缝宽度与煤层深度、煤层厚度、煤层上覆地层地质特性等有关，最宽可达到1.5m左右。目前一般采取填充措施，就近取土填平恢复植被或种植农作物。较宽的裂缝可直接填充，裂缝很窄时需要在表层适当扩口后再填充，扩口目的一是探明裂缝是否上窄下宽，二是容易将裂缝下部填实。扩口开挖深度一般不超过3m为好。裂缝填充物也可以使用其他固体废弃物(如煤矸石)，一般以不污染水源和土壤为原则。

②塌陷盆地治理措施　再塑塌陷盆地地貌一般有2种。一种是积水塌陷盆地，该种盆地可有计划的改造为水域，供养殖或其他用途。另一种为漏水盆地，该种盆地应因地制宜进行整治，分别恢复为林地、草地和梯田等。改造为林地、草地和梯田的塌陷盆地应注意表土利用和土壤培肥。黄土高原土层深厚，可不考虑土壤剥离，但应进行土壤培肥改良。

4.3.3 渣场改造

渣场是指固体废弃物的存放场所，如排土场、矸石山、贮灰场、尾矿库、拦渣坝及各类弃渣弃土堆放的场地。排土场、矸石山及堆放弃土、弃石、弃渣、尾砂等的场地，在采取拦渣工程的基础上，终止使用后，应进行改造。渣场改造包括整治和覆土两部分内容。

4.3.3.1 平(缓)地渣场整治

以平地作为渣场且堆渣高度在3m左右时，周围修建的挡渣墙应高出渣面1m。长江流域需达到0.3m或0.5m以上，以便覆土利用。

堆渣场应先修筑挡渣墙，然后从墙脚开始逐层向后延伸(每层厚0.5～0.6m)，堆渣至最终高度时，渣面应大致平整，以便覆土改造利用。

渣场表面平整后，先铺一层黏土并碾压密实作为防渗层，再覆表土。

铺土厚度一般为：农地0.5～0.8m，林地≥0.5m，草地≥0.3m。在土料缺乏的地区，可先铺一层风化岩石碎屑，改造为林草用地。

选择土层深厚处作为渣场改造土料的取土场，取土后及时平整处理，减小新的破坏。

拦渣坝和拦渣堤内弃土(石、砂、渣)填满后，须采取渣面平整或覆土措施，按上述方法改造成为可利用地。

4.3.3.2 坡地渣场整治

以坡地作为排土(石、砂、渣)场时，除对排弃物自然边坡及坡脚采取斜坡防护工程外，渣场顶部应平整，外沿修筑截排水工程，内侧修建排水系统，中间作为造林、种草用地。

根据用地需要，将渣面修整成为窄条梯田、梯地、反坡梯田等，再用熟化土逐台铺垫。

4.3.3.3 尾矿(砂)、粉煤灰、赤泥等场地整治

对尾矿(砂)库中有毒有害物质必须采取净化处理措施，防止库内污水下泄给下游河流及环境造成污染。

尾矿(砂)库、粉煤灰场、赤泥库排废期满后，先铺设黏土或其他类型的防渗层，然后铺熟化土，改造成为农林草用地或其他用地，防止有毒有害物质对种植物的污染危害。

黏土防渗层厚度≥0.3m，表土铺设厚度同前。

沟中洪水处理应符合防洪标准的规定。

4.3.3.4 开挖破损面整治

①对破损坡面，采取斜坡防护工程，并在距开挖边缘线10m以外布置截排水工程，避免取土场上方地表径流对边坡坡面的冲刷，保证边坡稳定。斜坡防护工程的型式宜采用植物护坡。对取土场平面采取平整、覆土等土地整治工程，同时采取农业技术措施，尽快恢复和提高土地生产力。

②山坡坡地取土场。施工前应将表土集中堆放，施工与生产取土之后及时对取土场平面进行平整，并铺覆熟化土，改造成农林牧或其他用地，铺土厚度同上。

③山坡取石场。利用取石过程中废弃的细颗粒碎石、岩屑等平整取石场平面，其上铺设不小于0.25m的黏土防渗层，然后根据用地需要铺覆熟化土，改造成农林草用地或其他用地。在缺乏土料的地区铺垫一层风化岩石碎屑之后，将取石场平面作为林草用地或其他用地。铺土厚度同上。

4.3.4 整治后的土地利用

整治后的土地应根据其地理区位条件、坡度、土地生产力及所在区域的人口、经济和社会状况等，进行土地适宜性评价，确定土地利用方向，并提出恢复土地生产力的措施。对于拟建项目，土地利用方向的确定是预测性的或具有设计意义；对于已建或投产项目，则是现实的评价。

4.3.4.1　土地适宜性评价

土地适宜性评价是确定土地利用方向的基础，同时也起着规范土地整治和指导布局水土保持措施的作用。土地适宜性评价的过程是：首先确定土地评价单元和可能的土地利用方式，其次选择参评因子和确定评价标准，最终确定土地利用方向。

土地评价应遵循以下原则：

①综合分析原则　根据生产建设的工艺、区域自然条件、社会经济发展水平、水土保持要求，综合分析整治后土地的质量和利用价值。

②主导因子原则　对各种可能影响土地质量的因子进行筛选，选择主导因子，特别是选择限制性因子，分析评价土地适宜性。

③土地质量与土地利用相结合原则　整治后的土地生产力提高需经过一个稳定的过程，土地生产力水平也是不断提高的，可在不同时段内采取不同的利用方式。初期土地质量差，可作为林草用地；随着土地质量的提高，可改作农业利用。

④优先恢复为耕地、林草地的原则　在人口多、耕地少的地区，应优先将各种弃土(砂、石、渣)场等废弃土地恢复为耕地。对原为荒地或不需改造成耕地的，宜恢复为林草地。

⑤效益优先原则　即基础效益、生态效益、经济效益最佳原则。

4.3.4.2　整治后的土地利用

整治后的土地利用方向应符合下列规定：

①土地恢复　经整治后的土地应恢复其生产力，根据整治后土地的位置、坡度、质量等特点确定用途。土质较好，有一定水利条件的，可恢复为农地、林地、草地、水面和其他用地，但需作进一步的加工处理。

②农业利用　经整治形成的平地和缓坡地(15°以下)，土质较好，有一定水利条件的，可作为农业用地。

③林业和草业利用　整治后地面坡度大于或等于15°或土质较差的，可作为林业和草业用地；乔、灌、草合理配置，以尽快恢复植被，保持水土。

④水面利用　有水源的坑凹地和常年积水较深、能稳定蓄水的沉陷地，可修成鱼塘、蓄水池等，进行水面利用和蓄水发展灌溉。蓄水池位置应与地下采矿点保持较远的距离，以免对地下开采作业造成危害。

⑤其他利用　根据项目区的实际需要，土地经过专门处理后，可进行其他利用。

4.3.4.3　土地生产力恢复措施

整治后的土地往往由于缺乏表土或覆盖土贫瘠，生产力很低，故必须采取有效措施，恢复和提高土地生产力。通常，可采取下列土地改良措施：

①种植绿肥植物 种植具有根瘤菌或其他固氮菌的植物，主要是豆科植物，改良土壤。

②加速风化措施 土地表面为风化物时，采取加速土壤风化的措施，如城市污泥、河泥、湖泥、锯沫等改良物质，接种苔藓、地衣促进风化。

③增施有机肥 对于贫瘠土地，通过理化分析，确定氮磷钾比例增施有机肥，改良土壤理化性质。

④增施化学物料 对于pH值过低或过高的土地，施加化学物料如黑矾、石膏、石灰等改善土壤。

土地改良措施应参考国标《水土保持综合治理技术规范》。

4.4 植被建设工程

开发建设项目水土保持中的植被建设工程包括对弃渣场、取土场、取石场及各类开挖破坏面的林草恢复工程，也包括项目建设区范围内的裸露地、闲置地、废弃地、各类边坡等一切能够用绿色植物覆盖的地面所进行的植被建设和绿化美化工程，如生活区、厂区、管理区及道路等植被绿化。

4.4.1 基本原则和设计要求

4.4.1.1 基本原则

①开发建设项目应通过选线、选址及工程总体布置等的方案比选，尽量避让开人工片林、天然林，以及自然保护区、草原保护区及湿地区等的自然植被；应尽量减少征占、压埋地表和植被的范围。对具有特殊功能的植被应采取局部保护措施加以保护。

②对各类开挖破损面、堆弃面、占压破损面及各类边坡，在安全稳定的前提下(含采取一定的工程措施)，应尽可能采取植物防护措施，恢复自然景观。并对含有害物质(指对植被生长有害)的渣场或其他地面，如高陡裸露岩石边坡等特殊场地，采取特殊措施恢复植被。

③植被建设工程的设计必须与景观设计、土地整治工程设计紧密结合，通盘考虑、统一布局，从生态学的要求和美学要求出发进行。不同区域和不同开发建设项目，应分别确定植被建设目标。城区的植被建设应以观赏型为主，偏远区域应以防护型为主。

④在南方地形较缓或稳定边坡的地方，可采取封育管护措施恢复自然植被。北方干旱地区，在当前技术经济条件下无法人工恢复的，应采取相应的土地整治措施，创造条件，进行自然恢复。

⑤植被建设工程应考虑与主体工程设计相衔接，特别要考虑地下埋设的管线工程和地上的供电通信工程的特殊要求。

4.4.1.2 设计要求

(1)可行性研究阶段

①在调查基础，初步确定水土保持植被恢复与绿化范围、任务、规模，对主体工程提出植被保护的相关建议。

②分析预测植被恢复与建设可出现的限制因子和需采取的特殊措施。

③结合主体工程设计分区，基本确定植被恢复与绿化的标准，比选论证植被恢复与绿化总体布局方案。应根据项目主体建设的要求，研究项目对绿化的特殊要求，并比较论证提出可行的绿化方案。

④初步确定植被恢复与绿化的立地类型划分、树种选择、造林种草的方法，做出典型设计，并进行工程量计算和投资估算。

(2)初步设计阶段

①根据水土保持方案和主体工程可行性研究，调整与复核植被恢复与绿化方案，确定分区绿化功能、标准与要求。

②划分植被恢复与绿化的小班(地块)，分析评价各小班的立地条件。对特殊立地需要改良的，提出相应的改良方案。

③根据林草工程的设计要素与要求，对每一地块做出具体设计。

4.4.2 弃渣场、取土场、采石场等造林种草的设计

4.4.2.1 弃渣场植被恢复与绿化技术

弃渣因组成成分不同，大体可以或分为2大类，一类是以弃石(碎石、小块石)为主，一类是以弃土或土状物(极易风化的页岩泥等形成细小风化碎屑)为主。以弃石为主的，又因地质条件和开挖工艺等不同而有所差异，石灰岩弃渣多为块石，砂岩、页岩多为碎石；TBM(tunnel boring machine)法施工以碎石弃渣为主，钻爆法弃渣为较大块石。具体设计时应根据弃渣组成采取相应的土地整治措施，然后按确定的土地利用方向进行植被恢复。

(1)以弃石为主的渣场植被恢复与绿化设计

在土石山区明挖、隧洞开挖形成的弃渣场，煤炭开采形成的矸石场(山)，铁矿开采形成的排石场，铜矿开采形成的毛石堆等，均是以弃石为主。这类渣场需覆土(河泥、风化碎屑)或实施客土措施才能恢复植被。

①树(草)种选择

a. 有较强的适应能力。对干旱、潮湿、瘠薄、盐碱、酸害、高温(特指自燃矸石)、毒害、病虫害等不良土地因子有较强的忍耐能力，同时对粉尘污染、冻害、风害等不良气候因子也有一定的抵抗能力。

b. 栽植较容易，成活率高；或适宜播种、栽植时期较长、发芽力强且繁殖量大。

c. 地上部分生长迅速繁茂，能及早覆盖地面，并能长时间大面积覆盖地面，地下部分能尽快伸展，以便更好地稳固表土，有效阻止风蚀和水蚀。

d. 具有固氮和改良土壤的能力，有助于林草后期生长和土地生产力的持续提高。

②栽植技术

a. 直播。适于弃石渣场覆土后的植被恢复，多用于草灌种植，乔木少用；可采用条播、穴播和撒播的方法。

b. 植苗。有覆土条件的可覆土后进行植苗造林。覆土可分为覆薄土(30cm以下)和覆厚土(50cm以上)。前者开穴后，可将周边土置入穴内，相当于客土造林；后者可直接开穴栽植。

无覆土条件但有风化碎屑物质(如矸石场)的，可提前(1年或半年)挖坑、挖穴促进坑内矸石风化，将坑外的碎石、石粉填入坑内，将坑内的未风化矸石捡出，这样利于蓄水保墒，可直接栽植。

无覆土条件，但有土料、河泥等来源的，可采用客土栽植。即开穴后将土或河泥等物质置于穴内栽植。无覆土条件的，也可采取大苗带土坨栽植。

北方针叶树种造林或小苗造林最好采用容器苗。

(2)*表层覆土*

根据矸石不同的风化程度，可分别采用如下措施：

①矸石风化壳达10 cm左右，可采取无覆盖方式植树造林(图4-14)。

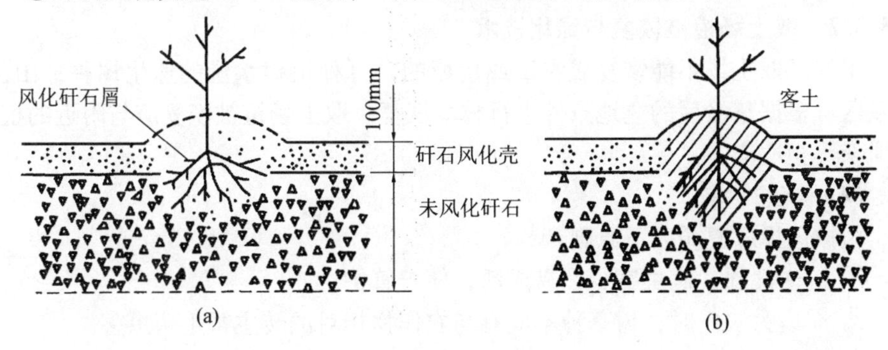

图4-14 不覆土的造林模式

②当风化壳在5～10 cm时，其中60%左右为5mm以下碎屑颗粒，小于0.25mm的颗粒达10%以上时，可直接播种豆科与禾本科牧草，或采用薄覆盖(覆土10cm左右)方式种植[图4-15 (a)]。

③对未风化或风化度很低的矸石复垦场地，必须盖土30～50cm，即采用厚覆盖方式，进行植被恢复[图4-15(b)、(c)]。图4-15 (c) 中的隔离层可以是黏土、碱性物料或其他物料。如为防止漏水，可用黏土作为隔水层，起保水保肥的作用；若为防止酸害，可用碱性物料作为隔离层，如将石灰作为隔离层。

④在土层覆盖厚的黄土高原、丘陵、阶地、盆地、平原区，或下伏岩性为强风化层，以土或土状物为主的弃渣场(如黄土高原露天矿山排土场、公路、铁路和水工程开挖形成的弃渣场等)，稍作土地整治即可确定土地利用方向，进行植被恢复(有的可直接恢复为耕地)。

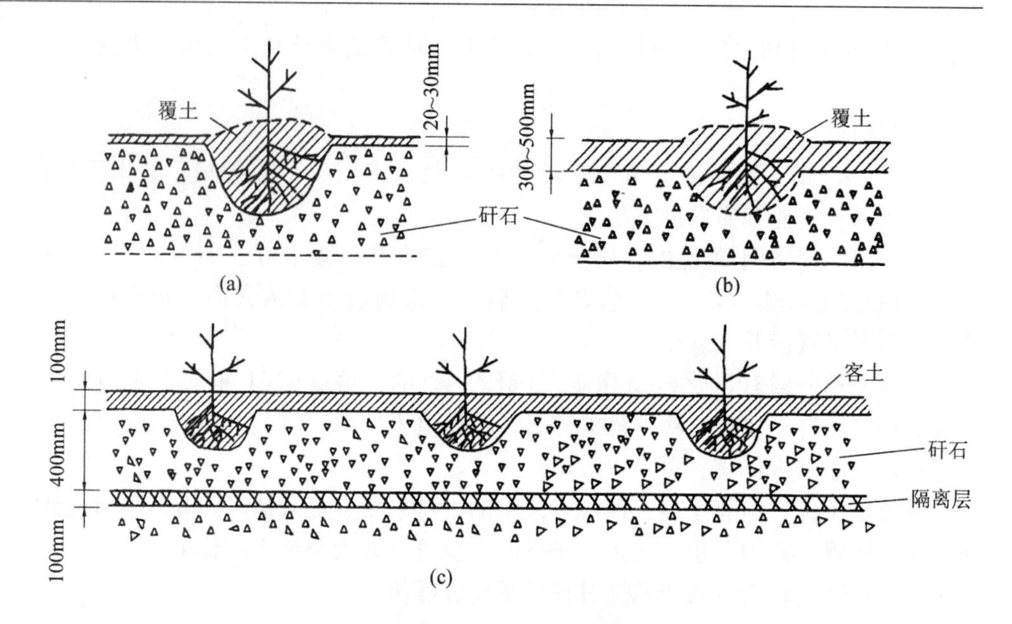

图4-15 覆土后的造林模式

(a)薄覆盖 (b)厚覆盖 (c)覆盖加隔离层

4.4.2.2 取土场植被恢复与绿化技术

平原区取土场不能恢复成农田或鱼塘的，可种植耐水湿的速生树种；山区、丘陵区可根据整治后的立地条件进行林草恢复；取土场植被恢复应与附近的植被和风景等相适应。

(1)植被选择

植被选择应遵循以下原则：

① 抗逆性强，病虫害少，易成活，便于管护。

② 周边为农田时，树草种不应有与农作物相对的转主寄生病虫害。

③ 草种选择应根据气候特点，选择适合当地生长的暖季型或冷季型草种。

④ 应优先选择乡土植物，适当考虑经济效益。

(2)林草配置及栽植技术

① 平(缓)地取土场　取土前，先将犁底层以上25cm的熟化土集中起来，堆放在取土场旁；取土结束后，平整取土场，将表土平铺于表面。整治后的土地根据其土地质量、生产功能确定作为林牧业用地，恢复林草植被。栽植技术与常规技术相同。

②坡地取土场

a. 种草护坡：对坡比小于1:1.5，土层较薄的砂质或土质坡面，可采取种草斜坡防护工程。

种草护坡应先将坡面进行整治，并选用生长快的低矮匍匐型草种。

种草护坡应根据不同的坡面情况，采用不同的方法：一般土质坡面采用直接播种法；密实的土质被面上，采取坑植法。

在风沙坡地，应先设沙障，固定流沙，再播种草籽。

种草后1～2a内，进行必要的封禁和抚育措施。

b. 造林护坡：对坡度10°～20°，在南方坡面土层厚15cm以上、北方坡面土层厚40cm以上，立地条件较好的地方，采用造林护坡。

护坡造林应采用深根性与浅根性相结合的乔灌木混交方式，同时选用适应当地条件、速生的乔木和灌木树种。在坡面的坡度、坡向和土质较复杂的地方，将造林护坡与种草护坡结合起来，实行乔、灌、草相结合的植物或藤本植物护坡。坡面采取植苗造林时，苗木宜带土栽植，并应适当密植。

c. 综合斜坡防护工程：详细内容参考4.2节。

4.4.2.3 采石场植被恢复与绿化技术

(1) 40°以下石壁的治理

一般采用直接挂网喷草技术。首先将石壁表面整修平整；然后将各种织物的网(如土工网、麻网、铁丝网等)固定到石壁上(可以按一定的间距，在石壁上锚钉或用混凝土固定)；再向网内喷一定厚度的植物生长基(生长基包括可分解的胶结物、有机和无机肥料、保水剂等)，最后将草籽与一定浓度的黏土液混合后，喷射到生长基上。

(2)40°～70°的石壁的治理

一般采用喷混植生技术。首先将有一定抗拉强度的钢丝网(抗拉强度低的网不能用)用锚钉固定到石壁上，然后在网下喷一层厚度为5～10cm的混凝土作为填层，再将草籽、肥料、黏合剂、保水剂等的混合物均匀喷射到填层上。

(3)70°以上陡壁的治理

应在石壁上开凿人工植生槽，加填客土，栽植藤本植物，以接力的方式绿化石壁。植生槽的制作要充分利用石壁凹凸不平的微地形，因地制宜，见缝插针。必要时要对石壁作适当的处理，人工开凿成若干个长1～2m、宽0.4m、深0.4m的植生槽，并注意预留排水孔。藤本植物的选择要注意上爬与下垂品种的搭配。

4.4.3 陡坡和裸岩绿化设计

4.4.3.1 一般陡坡的绿化设计

(1)水力喷播

① 应用范围　主要适用于湿润半湿润地区，特别是降水量大于800mm的地区，当降水量达到1 000mm以上时效果更好。但在干旱、半干旱地区采取此类措施应保证养护用水的持续供给，造价与养护费用高。

对于一般土质路堤边坡、土石混合路堤边坡，经处理后即可采用，也可用于土质路堑边坡等稳定边坡。常用于坡率1:1.5，坡率超过1:1.25时应结合其他方法使用，坡高每级高度不超过10m。

②技术要求

a. 对于岩质坡面，应首先对其刷平处理。

b. 排水设施施工。对于长大边坡，坡顶、坡脚从平台均需设置排水沟，并应根据坡面水流量的大小考虑是否设置坡面排水沟，一般坡面排水沟横向间距为40～50m。

c. 喷播施工。按设计比例配合草种、木纤维、保水剂、黏合剂、肥料、染色剂及水的混合物料，并通过喷播机均匀喷射于坡面。

d. 应在喷射后覆盖无纺布或者塑料薄膜，以防被雨水冲刷。在干旱、半干旱地区则可覆盖草帘以增温保湿，以利种子发芽、生长。

(2)格状框条护坡

①适用范围　适用于我国大部分地区，但降水量极少干旱地区应有灌溉措施。用于泥岩、灰岩、砂岩等岩质路堑边坡，以及土质或砂土质道路边坡、堤坡、坝坡等稳定边坡。坡率不陡于1:1.0，坡率超过1:1.0时慎用；每级坡高不超过10m。

②技术要求

a. 用浆砌石在坡面做成网格状。网格尺寸一般为2.0m²，或将每格上部做成圆拱形；上下两层网格呈"品"字形排列。浆砌石部分宽0.5m左右。

b. 在护坡现场直接浇制宽20～40cm，长12m的混凝土或用钢筋混凝土预制构件，修成格式建筑物。为防止格式建筑物沿坡面下滑，应固定框格交叉点或在坡面深埋横向框条。

c. 在网格内种植草皮。典型设计如图4-16所示。

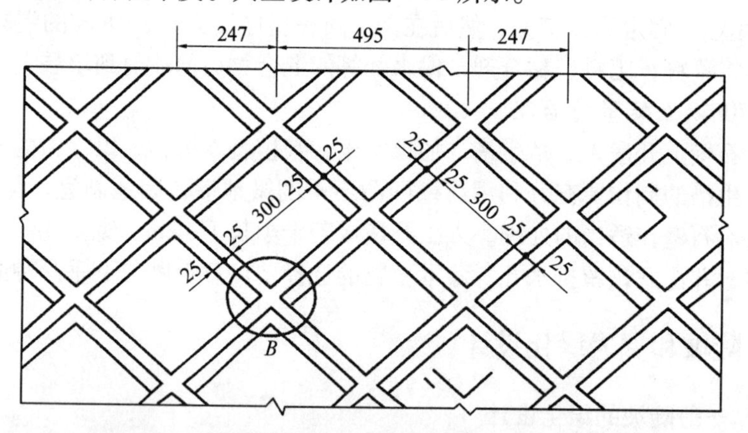

图4-16　格状框条铺草皮护坡典型设计图(单位：cm)

(3)植生带绿化

①适用范围　适用于各类地区，但在干旱、半干旱地区应保证养护用水的持续供给。一般用于土质路堤边坡，土石混合路堤边坡经处理后可用等稳定边坡，也可用于土质路堑边坡；坡高一般不超过1m，坡率1:1.5。

②技术要求

a. 平整坡面。消除坡面所有石块及其他一切杂物，全面翻耕边坡，深耕20～25cm，并施入有机肥，如腐熟牛粪或羊粪等，用量为0.3～0.5kg/m²；打碎土块，耧细耙平。若土质不良，则需改良，对黏性较大的土壤，可增施锯末、泥炭等改良其结构。

准备足够的用于覆盖植生带的细粒土，以沙质壤土为宜，每铺 $100m^2$ 的植生带，需备 $0.5m^3$ 细土。铺植生带前 1 ~2d，应灌足底水，以利保墒。

b. 开挖沟槽。在坡顶及坡底沿边坡走向开挖一矩形沟槽，沟宽 20cm，沟深不少于 10cm。坡面顶沟离坡面 20cm，用以固定植生带。

c. 铺植生带。铺装植生带前，在耧细耙平的坡面再次用木板条刮平，把植生带自然平铺在坡面上。将植生带拉直、放平，但不要加外力强拉。植生带的接头处应重叠 5 ~10cm，植生带上下两端应置于矩形沟槽，并填土压实；用"U"形钉固定植生带，钉长 20 ~40cm，松土用长钉。钉间距一般为 90 ~150cm(包括搭接处)。

d. 覆土、洒水。在铺好的植生带上，用筛子将准备好的细粒土均匀地筛于坡面，细粒土的覆盖厚度为 0.3 ~0.5cm。覆土完毕后，应及时洒水。第一次洒水一定要浇透，使植生带完全湿润。

4.4.3.2 高陡边坡的绿化设计

(1)钢筋混凝土框架内填土植被护坡

①适用范围 该法适用于各类边坡，但由于造价高，仅在那些浅层稳定性差且难以绿化的高陡岩坡和贫瘠土坡中采用。

②技术要求

a. 整平坡面，清除坡面危石。预制埋于横向框架梁中的土工格栅。

b. 按一定的纵横间距施工，锚杆框架梁、竖向锚梁钢筋上预系土工绳，以备与土工格栅绑扎用。视边坡具体情况选择框架梁的固定方式。

c. 预埋用作加筋的土工格栅于横向框架梁中，土工格栅绑扎在横梁箍筋上，然后浇注混凝土，留在外部的用作填土加筋。按由下而上的顺序在框架内填土，根据填土厚度可设 2 道或 3 道加筋格栅，以确保加筋固土效果。

d. 当坡率陡于 1:0.5 时，须挂三维植被网，并将三维网压于平台下，并用土工绳与土工格栅绑扎。三维网竖间搭接 15cm，用土工绳绑扎。横向搭接 10cm，搭接处用"U"形钉固定，坡面间距 150cm。网与竖梁接触处回卷 5cm，用"U"形钉压边，要求网与坡面紧贴，不能悬空或褶皱。

e. 采用液压喷播植草，将混有种子、肥料、土壤改良剂等的混合料均匀喷洒在坡面上，厚 1 ~3cm；喷播完后，视情况覆盖一层薄土，以覆盖三维网或土工格栅为宜。覆盖土工膜并及时洒水养护边坡，直到植草成坪。

典型设计如图 4-17 所示。

(2)预应力锚索框架地梁植被护坡

①适用范围 适用于边坡坡度大于 1:0.5(高度不受限制)，稳定性很差，且无法用锚杆将钢筋混凝土框架地梁固定于坡面的高陡岩石边坡。必须采用预应力锚索加固边坡，同时将钢筋混凝土框架地梁固定在坡体上，然后在框架内植草护坡。

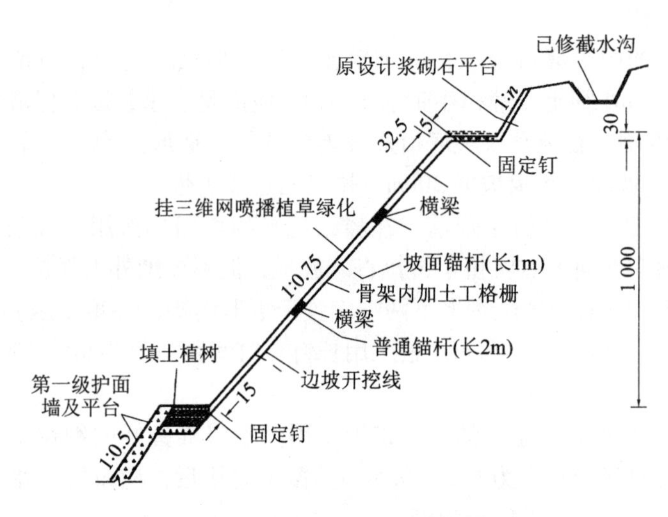

图4-17 框架内加筋固土植草设计

②技术要求

a. 根据工程情况确定预应力锚索间距、锚杆间距。

b. 施工锚索，浇注锚索反力座。反力座达到强度后，将锚索张拉到设计值。锚索头应埋入混凝土中。

c. 钻锚杆孔，浇注框架地梁。锚索反力座和框架内都应配钢筋，浇注反力座时应预留钢筋，以便和框架梁相连。张拉锚杆后，将锚头埋入混凝土中。整平框架内的坡面，视需要填入部分土质。

d. 采用厚层基材喷射植被护坡技术，在框架内喷射种植基和混合草种，其厚度低于格子梁高度2cm，根据工程情况和当地的气候条件选择草种。

典型设计如图4-18所示。

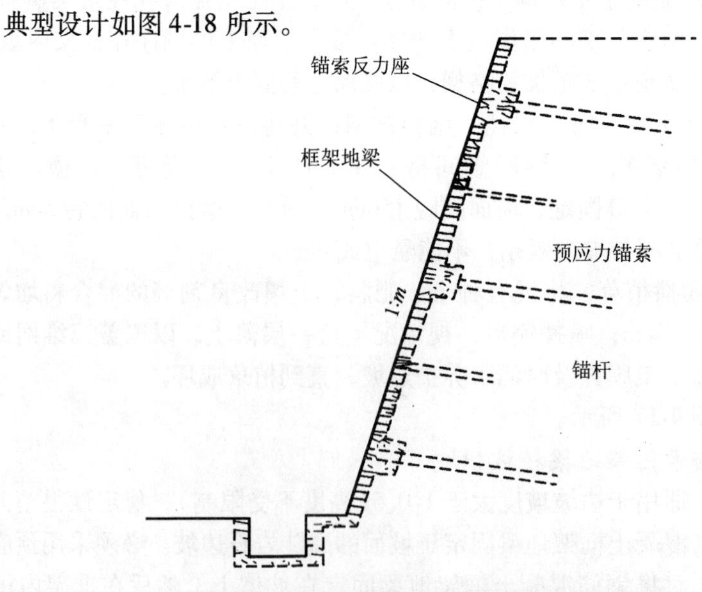

图4-18 预应力锚索框架地梁植被护坡设计

(3)预应力锚索植被护坡

①适用范围 适用于浅层稳定性好，但深层易失稳的高陡岩土边坡；不必用框架固定浅层，只用地梁即可。

②技术要求

a. 开挖并平整坡面，在坡面上定出地梁位置并铺设模板。留出预应力锚索孔的位置；浇注地梁，待地梁强度达到要求后钻锚索孔，清孔、下锚索并给锚孔注浆；待浆体强度达到设计要求后，按一根地梁上的锚索数量和设计的张拉工序张拉锚索到设计吨位。

b. 视情况在地梁之间采用浆砌片石等方法形成框架。

c. 采用液压喷播或厚层基材喷射植被护坡等方法种植植被。

d. 对坡面植被进行养护直到长出茂盛的植被。

典型设计如图 4-19 所示。

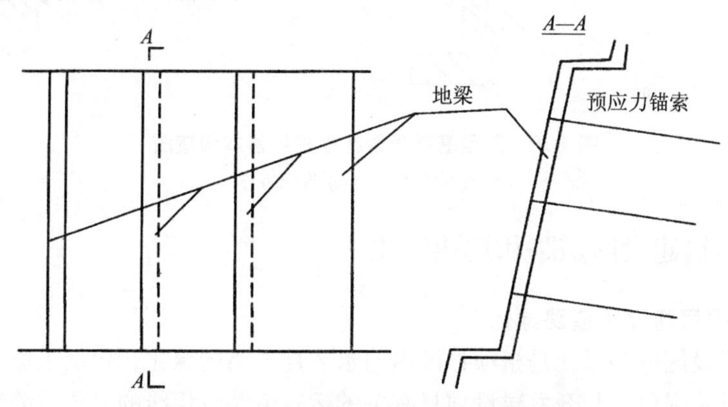

图 4-19 预应力锚索地梁植被护坡设计示意图

(4)厚层基材喷射植被护坡技术

①适用范围 适用于无植物生长所需的土壤环境，也无法供给植物生长所需的水分和养分的坡面。

②技术要求

a. 清理、平整坡面。清除坡面浮石、浮根，尽可能平整坡面，禁止出现反坡。

b. 钻孔。按设计布置锚杆孔位，用风钻凿孔，钻孔孔眼方向与坡面垂直，孔径 25mm。

c. 安装锚杆。采用水泥药卷或水泥砂浆固定锚杆。水泥药卷或水泥砂浆应填满钻孔并捣实。

d. 铺设、固定网。铺设时网应张拉紧，网间搭接宽度不小于 5cm，并每隔 30cm 用 18 号铁丝绑扎，安装锚杆托板固定网。

e. 拌和基材混合物。把绿化基材、纤维、种植土及混合植被种子按设计比例依次倒入混凝土搅拌机料斗搅拌，搅拌时间不应小于 1min。

f. 上料。采用人工上料方式，把拌和均匀的基材混合物倒入混凝土喷射机。

g. 喷射基材混合物。喷射尽可能从正面进行，避免仰喷，凹凸部及死角部分要充分注意。基材混合物的喷射应分2次进行，首先喷射不含种子的基材混合物，然后喷射含种子的基材混合物，含种子层厚度为2cm。

典型设计如图4-20所示。

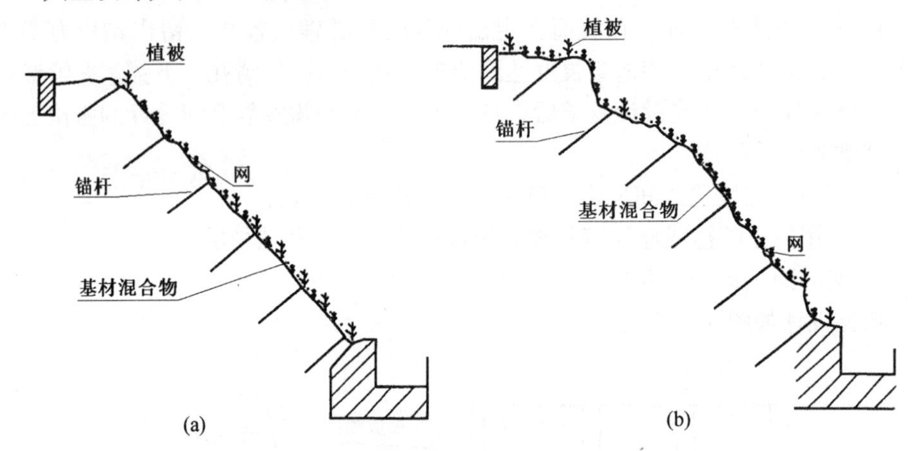

图4-20 厚层基材喷射植被护坡基本构造图

(a)规则坡体 (b)不规则坡体

4.4.4 项目建设区道路和周边绿化

4.4.4.1 项目建设区道路绿化

项目建设区道路绿化是指项目区内的永久性道路的绿化，包括工业场地和生活区内的道路绿化和与开发建设项目有关的运输道路专用线的绿化。前者与城市的街道绿化基本相似；后者与一般道路绿化的要求基本一致。

(1)基本要求

①道路绿化应与主体工程布局和设计紧密配合，根据不同道路的宽度、周边的条件及项目的生产工艺、防护要求等采取不同的布局。

②专用线道路绿化，两侧行道树应选择主干通直、高大(高度不小于2.5m)、抗病虫害的树种。转弯处不得遮挡驾驶员视线，保证车辆正常运行。周围一定范围内与之相关的闲置地应与行道绿化统一布局，全面绿化。专用线绿化还应考虑两侧的附属建筑物和供电通讯线路的要求。

③工业场地和生活区内的道路绿化应根据不同工业企业生产性质和防护要求，统一安排，合理布局，应把道路绿化看作是工业场地和生活区绿化的一部分，充分考虑与周围绿化的协调和美学要求，如植物种的外形、色彩、季相等。

④工业场地和生活区道路绿化还应考虑采光、吸尘、隔噪等防护要求及对地上、地下管线的影响，一般行道树距管线的间距应大于2.0m，离高压线的距离大于5m。

(2)专用线道路绿化

①专用线公路绿化 项目建设区公路专用线绿化是采用乔木、灌木、草本、

花卉覆盖公路两侧边坡、分隔带及沿线空地等建设工程。专用线若穿过城市，其绿化与街道绿化类似；若穿过田野、山林、河流、荒山，其绿化宽度及绿化内容有较大的活动余地。应从实际出发，本着“因路制宜，美化环境，防护道路”的原则进行布设。

公路绿化包括护路林带、中央分隔带、停车场绿化、交叉道口绿化、路旁建筑物绿化、路堤路堑边坡绿化及公路周围闲置地绿化。公路绿化布局，应点、线、面结合，乔、灌、草、花结合，切忌单一树种、布局单调，应把绿化与美化结合起来。

高速公路和一级公路绿化要求标准高，路堤两侧排水沟外缘、路堑坡顶排水沟外缘(无排水沟和截水沟者为路堤或护坡道坡脚外缘，或坡顶外缘)征占地范围(1～3m或更宽)应种植1行或多行乔木或灌木林带，局部亦可考虑草坪。中央隔离带一般宽1～1.5m，应种植常绿灌木、花卉或可修剪的针叶树，并与草坪结合，路堤、路堑边坡应与斜坡防护工程相结合，种植草坪或攀缘植物。周围闲置地、路旁建筑物如收费站、停车场、进出路口、交叉桥梁周围等也应全面绿化。二、三、四级公路可根据情况在路旁适当位置(一般不在路堤上中部种植)种植乔灌相结合的护路林带，有闲置空地应考虑草坪、灌木和花草。路堤路堑边坡根据实际情况结合斜坡防护工程进行绿化。

公路绿化树种要求形态美观、抗污染(尾气)、耐修剪、抗病虫害。树种选择应多样化，特别是长距离公路上，每隔一定距离(2～3km)可更换主栽树种，并注意常绿与落叶、阔叶与针叶、速生与慢生树种结合，以控制病虫害，同时也使公路绿化景色有变化之美。

②专用线铁路绿化　铁路绿化是为了防止风、雪、沙、水对铁路的危害，保护路基。但绿化首先要考虑火车的安全运行。绿化应注意以下问题：

a. 铁路两侧栽植乔木，距铁路外轨不得小于8m；种植灌木不得小于6m。一般近铁轨两侧种灌木，外侧种乔木。

b. 铁路路堤边坡上不能种植乔木，可用草皮或灌木护坡，坡脚外侧可根据征占地宽度安排灌木。

c. 路堑顶部截水沟外2m处种植乔木，路堑边坡结合斜坡防护工程，种植草皮或灌木，不能种植乔木。

d. 铁路与公路交叉处，一般自交叉道口每侧40m以内、公路线路距交叉道口每侧50m以内形成菱形地段内，不宜种植乔木；若种植灌木高度应小于1m。

e. 铁路弯道处，弯道内侧至少应预留出200m的视距。在这个范围内不能种植阻挡视线的乔灌木。

f. 当铁路通过市区或居民区时，在可能的条件下应预留出较宽的绿化带种植乔灌木，以防尘隔噪。

g. 在铁路站台上，在不妨碍车辆和人流的通行情况下，可适当布置花坛、水池及庭荫树，供旅客休息。

(3)工业场地和生活区道路绿化

工业场地和生活区道路绿化与街道绿化相似，既具有组织交通、联系分隔生产系统或生活小区之功能；也具有防尘隔噪，净化空气，降低辐射热，缓和日温差的作用。它与其他植被建设工程相结合，达到卫生防护的目的。依山建立的厂矿企业和道路，同样具有控制水土流失的功能。此种道路绿化应注意以下问题：

①工业场地和生活区道路绿化，必须有利于交通运输的畅通和保证安全运行，沿途栽植的乔灌木，必须严格遵守交通方面有关路面交叉、弯道等规定的最小距离，留出足够宽度的行车道和人行道。

②工业场地和生活区道路两旁往往有密集的架空管线和地下管道和电缆，在决定总平面布置图时就应综合考虑，统一布局，妥善安排；如果管线已架好或埋好，绿化应采取比较灵活的方式，因地制宜地配置，尽量减少管线对绿化植物生长的影响及绿化后给管线修理安全造成不利影响。此类道路绿化设计，在特殊重要的地段应作出断面图。

③工业场地和生活区栽植条件差，土质比较瘠薄，辐射热高，尘埃和有害气体危害大，行人和车辆损伤频繁。因此，宜选择耐瘠薄、耐修剪、抗污染，吸尘和防噪作用大，并符合绿化艺术要求的树种，如悬铃木、泡桐、槐树、油松、侧柏、广玉兰、乌桕和香樟等。

4.4.4.2 项目区周边绿化

项目区周边绿化应充分利用征占地范围内的闲置地或废弃地；在风沙区根据防护要求适当外扩建立防风固沙林带；在水土流失严重地区适当外扩建立水流调节林带；外围有较大的大气污染源，应建立卫生防护林带。布设上应与美化环境结合起来，与项目区内的绿化相互配合。具体要求见前述有关章节或规范。

4.4.5 水工程绿化和其他植被建设工程

4.4.4.1 水工程绿化

常见的水工程有水库、水电站、引水工程、灌溉工程、改河工程、大型防洪工程等，归纳起来可分为2类：一是以拦蓄水、发电为主的水库枢纽工程；另一类是以渠系为特征(引水、灌溉、改河、防洪堤)的河渠工程。其绿化的目的是防冲保土、涵养水源、保护水工建筑物，并与环境改良、水上旅游相结合。

(1)水库枢纽工程

水库枢纽工程绿化主要是以涵养水源、保持水土为主要目的的防护性植被建设工程，包括弃土(渣)场、取土场和石料场、配料场等废弃地的整治绿化；坝头及溢洪道周边绿化；水库库岸及其周边绿化；坝前低湿地造林；回水线上游沟道拦泥挂淤绿化；水库管理区绿化。

①废弃地整治绿化　各类废弃地整治绿化是水库枢纽工程的重点。水工程的废弃地整治后有良好的灌溉水源，应根据条件营建果园、经济林等有较高效益的绿色工程；也可结合水上旅游进行园林式规划设计。

②坝头、溢洪道周边绿化　坝头和溢洪道周边绿化应密切结合水上旅游规划设计进行，宜乔、灌、草、花、草坪相结合，点、线、面相结合，绿化、园林小品相结合；充分利用和巧借坝头和溢洪道周边的山形地势，创造美丽宜人的环境。

③水库库岸及其周边绿化　水库库岸及其周边绿化，包括水库防浪灌木林和库岸高水位线以上的岸坡防风防蚀林。如果库岸为陡峭基岩构造类型，无需布设防浪林，视条件可在陡岸边一定距离布设防风林或种植攀缘植物，以加大绿化面积。因此，库岸防护绿化的重点应布设在由疏松母质组成和具有一定坡度(30°以下)的库岸。

防浪灌木林一般从正常水位略低的位置开始布置，以耐水湿灌木为主，如柳；布设宽度应根据水面起浪高度计算确定。

防风防蚀林除防风、控制起浪、控制蒸发外，还应与周边水上旅游规划结合起来，构成环库绿化美化景观。林带宽度应根据水库的大小、土壤侵蚀状况等确定，同一水库各地段也可采取不同的宽度，从十米到数十米不等。林带结构可根据情况确定为紧密结构或疏透结构。距离库岸较近的可选择旱柳、垂柳等耐水蚀的树种。距水面越远，水分条件越差，应根据立地条件，选择较为耐旱的树种，如松属、柏属的树种等。

④坝前低湿地造林　坝前低湿地水分条件较好，可营造速生丰产林。遇有可蓄水的坑塘，可整治后蓄水养鱼、种藕，布局上应与塘岸边整治统一协调。

⑤回水线上游沟道拦泥挂淤绿化　回水线上游沟道应营造拦泥挂淤林，并与沟道拦泥工程相结合，如土柳谷坊、石柳谷坊。如果超出征占地范围，应与当地流域综合治理相结合。

⑥水库管理区绿化　水库管理区绿化实际上与生活区绿化相同，属于园林绿地规划设计的范畴。

(2)渠系(含防洪、改河)工程

渠系(含防洪、改河)工程绿化的目的是保护渠系建筑物，防止冲刷、冲淘和坍塌。由于此类工程多数水分条件好或为水湿条件，因此应选择耐水湿的树种，北方如杨、柳，南方如落羽松、池杉等。布设上应考虑与农田防护林结合。渠道高或在洪水位以上，有条件可考虑植草皮或种植灌木，渠道外坡一般种植灌木，坡脚种植乔木。

4.4.4.2　其他植被建设工程

开发建设项目的绿化，可适当建设果园和经济林栽培园，在不影响水土保持和绿化美化的前提条件下，对于提高经济效益有着重要意义。有关果园和经济林栽培园的建设可参考有关书籍。以下重点介绍园林化植树。

开发建设项目绿化，在考虑水土保持防护的前提下，必然会碰到与园林绿化交叉的问题。园林化植树对于工业场地和生活区需要美化的功能区是十分重要的。在整个园林绿化中，乔木和灌木由于其寿命长，并具有独特的观赏价值，其可谓园林绿化的骨架。一般的配置类型有孤植、对植、丛植、群植、带植、风景林和绿篱等多种形式。应根据项目区的功能分区、防护要求、美化目的，在不同的条件下采用不同的配置方式和选择不同的树种。

(1)孤植

孤植就是单株配置，有时也可2～3株(同一树种)紧密配置(图4-21)。孤植树是观赏的主景，应体现其树木的个体美，选择树种应考虑体形特别巨大、轮廓富于变化、姿态优美、花繁实累、色彩鲜明、具有浓郁的芳香等，如雪松、罗汉松、白皮松、白玉兰、广玉兰、元宝枫、毛白杨、碧桃、紫叶李、银杏、槐树、香樟等。孤植树要注意树形、高度、姿态等与环境空间的大小、特征相协调，并保持适当的视距，应以草坪、花卉、水面、蓝天等色彩作为背景，形成丰富的层次。

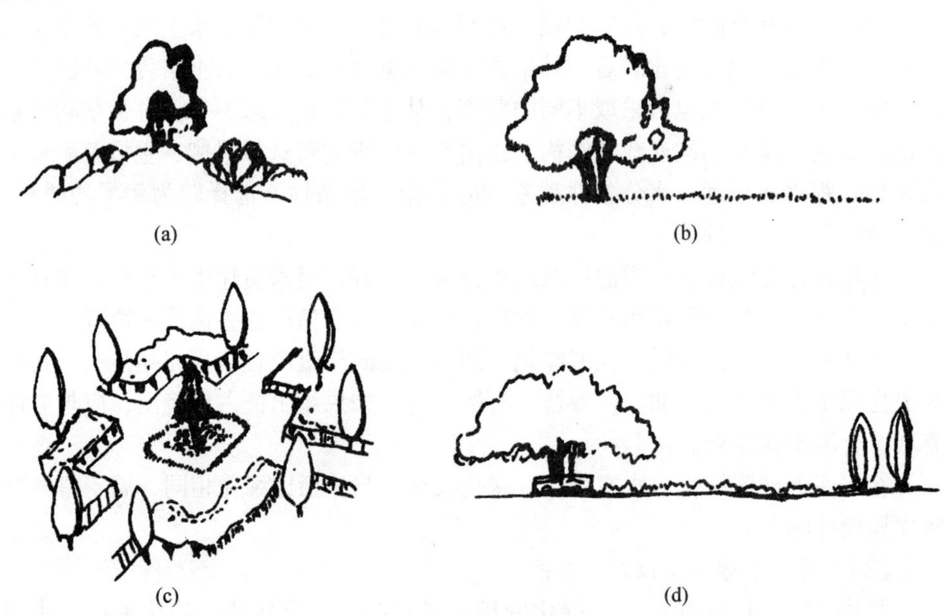

图4-21　孤植配置示意图

(a)配置在山头上　(b)配置在草坪上　(c)配置在园路交叉中心　(d)利用原有大树布置休息场

(2)对植

对植是指2株或2丛树，按照一定的轴线关系左右对称或均衡的配置方法。用于建筑物、道路、广场的出入口或桥头，起遮荫和装饰作用；在构图上形成配景或夹景，很少作主景。对植有规则式和自然式之分(图4-22和图4-23)。

①规则式对植　规则式对植一般采用同一树种、同一规格、按全体景物的中轴线呈对称配置。可以是1对或多对，两边呼应，以强调主景。对植树种要求形态美观整齐、大小高度一致。通常采用常绿树种，如雪松、圆柏、云

树种形态相同的树

图4-22　规则式对植

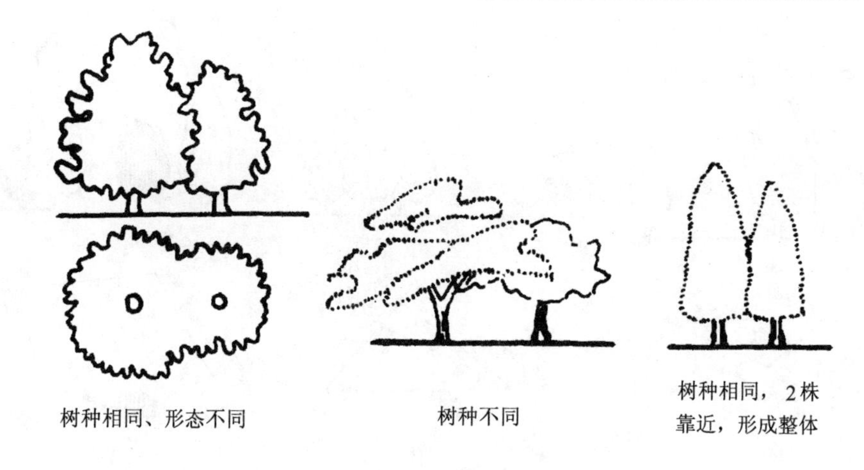

图 4-23 自然式对植

杉等。

②自然式对植 自然式对植是采用 2 株(或丛)不同的树木，在体形上大小不同，种植位置不对称等距，以主体景物的中轴线为支点取得均衡，表现树木自然的变化，形成的景观比较生动活泼。

(3)丛植、群植、带植

丛植是由 2 株以上至十几株乔灌木树种自然组合在一起的配置形式。其对树种的选择和搭配要求比较细致，以反映树木组成的群体美的综合形象为主。丛植可作为园林主景或作为建筑物和雕塑的配景或背景，也可起到分隔景物的功能。

单一树种配置的树丛称为单纯树丛；多个树种配置的称为混交树丛。丛植配置树种不宜过多，形态差异也不应过分悬殊，以便使组成的混交树丛能形成统一的整体。一般来讲，3～4 株配置的树丛可选用 1～2 个树种；随着树丛规模的扩大，选用树种相应增加。但在任何情况下，应有一个基本树丛构成的主体部分，其他树丛则成为从属部分。在大小、形态、多少、高低、色彩变化和组合的过程中，始终要注意规则式树丛的对称完整性，自然式树丛的构图均衡性。

从树丛构成的色彩季相上看，由常绿树种组成的树丛，效果严肃，缺乏变化，称为稳定树丛；由落叶树种组成的树丛，色彩季相变化明显，但易形成偏枯偏荣的现象，称为不稳定树丛；常绿和落叶树种组成的树丛则介于两者之间，具有各自的优点，被广泛采用。

丛植株数有 2 株、3 株、4 株和 5 株之分，5 株以上的丛植称为群植(图 4-24)。群植按一定的构图配置，重点表现群体美，可作为主景或背景，但切忌树种太多，以免形成杂乱无章之感。

带植是带状布设的树群，要求林冠有高低之分，林缘线有曲折变化。带植主要起隔景的功能，也可作为河流与园林道路的配景。

(4)风景林

风景林也称林植或树林，是由乔灌木树种成片或大块配置的森林景观，一般可分为密林(郁闭度 0.7 以上)和疏林(郁闭度 0.4～0.6)，又可分为纯林和混交

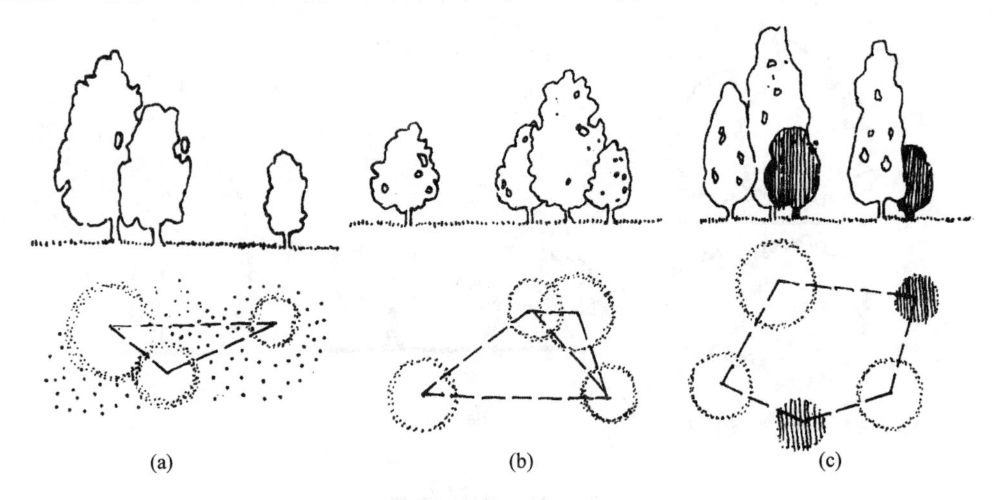

图4-24 丛植、群植和带植示意图
(a)3株丛植 (b)4株丛植 (c)5株丛植

林，主要用于大面积风景区。风景林配置上应注意景物、地形、园林小品、道路等的协调配合，近景和远景呼应，色彩、季相、形态等的配合。

(5)绿篱

绿篱是由耐修剪的灌木或小乔木，以相等距离的株行距，单行或双行排列组成的规则绿化带。绿篱具有保护某一景物，规范游人行走路线的作用；也具有分隔景区、屏障视线、形成园林图纹线的作用；也可作为衬托花境、花坛、雕塑等的背景。

绿篱按高度，可分为绿墙(高度>160cm)、高绿篱(高度120～160cm)、中绿篱(50～120cm)、矮绿篱(<50cm)。

绿篱按功能和观赏价值，可分为：①常绿绿篱，由常绿树种组成，如桧柏、侧柏、塔柏、大叶黄杨、小叶黄杨、女贞、冬青和月桂等；②花篱，由观花树种组成，如桂花、栀子、金丝桃、迎春、木槿和郁金等；③观果篱，由观果价值高的树种组成，如枸杞、忍冬、花椒等；④刺篱，由带刺树种组成，如黄刺玫、胡颓子、山楂和花椒等；⑤编篱，由绿篱树种编制而成，如杞柳、紫穗槐等；⑥蔓篱，由攀缘植物与木篱、木栅结合形成。

4.5 防风固沙工程

风沙区或易遭受风蚀的地区进行开发建设，因开挖地面、破坏植被，必然加剧风蚀和风沙危害。对此危害不进行防治，项目区的开发建设也会受到影响。因此必须采取防风固沙工程来控制其危害。

4.5.1 基本原则和设计要求

4.5.1.1 基本原则

不同地区的风蚀和风沙危害特点不同，防风固沙的基本原则和措施也不一样。开发建设项目区的防风固沙工程应与保护建设工程紧密结合起来。我国遭受风沙危害的地区可分为3种类型。

①北方风沙区　北方风沙区主要分布在“三北”沙漠、沙化土地和风蚀严重(极易沙化)的地区。存在着流动沙丘、半固定沙丘、固定沙丘及易风蚀的沙化土地。防风固沙应以植被措施为主，同时结合人工沙障；在特别重要的地段，无法恢复植被时，可采用化学固沙；有条件的地区可平整沙丘和引水拉沙造地。

②黄泛沙区　黄泛沙区古河道沙地及河流沿岸沙地或次生沙地，应研究沙地的成因，在害风方向设置防风林带，堵截风源，并采取翻土压沙、植被固沙等措施。

③东南沿海风沙区　主要发生在海水潮涨的海岸线，风源是沿海大风，故应顺海岸线选择抗风性强的树种，采用客土造林法营造防风林带。

4.5.1.2　设计要求

(1)可行性研究阶段

①根据项目总体可行性研究，预测项目破坏地表和植被的面积及引起的风沙危害，预测周边风沙对项目构成的威胁；从保障生产建设安全与防风固沙、改善环境出发，进行多方案比较，提出防风固沙工程的总体方案。

②根据项目所在区域气候条件、下伏地貌和下伏物的性质。沙地的机械组成、地下水埋深及矿化程度、风蚀程度(沙化、沙丘类型、沙丘高度、沙丘部位)以及植被覆盖及破坏程度等，结合施工工艺，提出防风固沙应采取的措施，并论证其可行性。

③对于植物固沙，应分析立地条件，比选采用的树种和草种，种植方法等；对于机械固沙，应比选分析沙障类型、沙障材料、取材地点、材料运输路线；对于化学固沙，应论证分析、比选化学胶结物料及来源、胶结方法。

④在风沙危害严重的地区，机械固沙和化学固沙结果是为植物固沙创造良好的环境，因此，各类措施的先后顺序，如何合理配合，应合理论证。防风固沙工程，特别是机械和化学固沙，费用较高，应论证其经济合理性，并提出初步方案。

(2)初步设计阶段

①在可行性研究的基础上，确定防风固沙的总体方案；结合项目总体初步设计，做必要的分析论证。特殊情况可对原方案进行再次比选论证(机械固沙和化学固沙措施)。

②设计确定植被防护距离，沙障物料种类，沙障高度、间距，沙障铺设或修筑的方法，沙障与其他措施的结合等。

③根据可行性研究，比选化学胶结物料，设计确定固沙面积、化学物料用量、覆盖或喷涂方式、化学固沙与其他措施的结合等。

④对于植物固沙，应划分立地条件类型，根据适地适树的原则选择合适的树种草种，确定种植方法、种植密度、种植时间等，将树种落实到小班上。若植物

措施与其他措施结合，应设计确定施工顺序、结合方式、特殊的施工要求等。

4.5.2 沙障固沙

沙障又称风障，是用柴草、秸秆、黏土、树枝、板条、卵石等物料在沙面上做成的障蔽物，是消减风速、固定沙表的有效的工程固沙措施。其主要作用是固定流动沙丘和半流动沙丘。

4.5.3 造林种草固沙

4.5.3.1 造林固沙

风沙区的开发建设项目，若有条件，应尽可能采用造林固沙，只有这样才能改变生态环境。在项目区周围应营造防风固沙林带，风口地带进行风口造林，林带间和风口内沙地进行成片造林。

4.5.3.2 种草固沙

固沙种草在防风固沙中经常采用，草种应具有较强的抗风，抗旱，抗寒，耐沙埋、沙割等抗逆性能，并有较强的固沙能力，如北方沙区的沙蒿、沙打旺、无芒雀麦，南方的葛藤等。种草一般布置在风蚀较轻地区或固定沙丘上，实质上与一般水土保持相同，可参考有关规范。

4.5.4 化学固沙技术

我国于1956年开始研究化学固沙，20世纪60年代对沥青乳剂固沙进行了配方、喷洒工艺、机具、选择树种与栽植方法等综合性研究，取得了成效。但当前仍处在以沥青乳液为主的小面积应用阶段。

化学固沙属于工程治沙措施之一，可以看作是机械固沙的一种特例。

化学固沙是在流动沙地上喷洒化学胶结物质，使其在沙地表面形成一层有一定强度的防护壳，避免气流对沙表的直接冲击，达到固定流沙的目的。此种措施收效快，便于机械化作业；但成本高。多用于严重风沙危害地区的开发建设项目的防护，如铁路、公路、机场、国防设施、油田等。选择化学胶结物时应考虑沙地的透气性，尽可能与植物措施相结合。

目前，国内外用作固沙的胶结材料主要是石油化学工业的副产品。我国一般常用的有沥青乳液，它在常温下具有流动性，便于使用，价格也较低。

常见化学胶结物还有油叶岩矿液、合成树脂以及合成橡胶等，也可使用一些天然有机物，如褐煤、泥炭、城市垃圾废物以及树脂等。

此外，最近兴起的高分子吸水剂，可以吸附土壤和空气中的水分，供植物吸收，也有助于固沙。还可以使用土工织物，并在其中种植植物，以达到固沙的目的。

4.5.5 平整沙丘造地技术

平整沙丘造地不仅能够防沙固沙，而且能够提高土地生产力，为项目区服务。无水源的地区可用推土机平整沙丘；有水源的地方可采用引水拉沙的办法平整沙丘。平整后的沙地如有条件可引洪淤地。整治好的土地应根据立地条件，植树种草恢复植被；条件好的，可考虑耕种。

4.6 泥石流防治工程

泥石流是松散土石和水的混合体在重力作用下沿坡面或沟道流动的现象。开发建设项目由于本身特点或地理条件限制，项目建设在泥石流易发的沟道或坡面下游，受泥石流危害的危险性增大；或项目在开发建设期大量弃土弃渣，加剧泥石流的潜在危险，应采取泥石流防治工程。泥石流防治应以保护建设项目，保障项目区下游安全的措施为主，结合流域综合治理。应根据泥石流分区，采取不同的措施。

4.6.1 基本原则和设计要求

4.6.1.1 基本原则

(1)以预防为主

泥石流的防治方案应与开发建设项目的主体设计结合，应在选址时尽量避开泥石流危险区；在生产和建设工艺设计中，尽量采用弃土(渣)量小、开挖量小的方案。项目必须建在或通过泥石流易发区的，应首先把泥石流的预测预报系统作为项目设计的重要内容。

(2)统筹兼顾，重点防护

应根据项目区所在沟道或坡面的状况和项目的主体设计方案，对泥石流易发区进行分区，判别不同区域对项目危害程度，做到统筹兼顾，重点防护。

(3)注重以工程为主体的泥石流防治措施

大型建设项目的泥石流防治，应以工程措施，如拦渣工程、防洪工程、排导工程为主体，达到应急性保障的目的。

(4)综合防治，除害兴利

从长远利益出发，泥石流防治应根据地表径流形成区、泥石流形成区、泥石流流通区和泥石流堆积区的特征，分别采取不同的措施进行综合防治，并与流域水土资源利用结合起来，做到除害兴利。

(5)经济安全兼顾

泥石流危害大，极易造成重大经济损失，但其防治工程造价高，投资大。因此，设计应十分慎重，充分论证，做到经济合理，安全可靠。

4.6.1.2 设计要求

(1)基本要求

泥石流的防治应以小流域为单元，可根据泥石流发生规律在不同的类型区采取不同的措施，开展全面综合防治，做到标本兼治、除害兴利。

①地表径流形成区 主要分布在坡面，应在坡耕地修建梯田，或采取蓄水保土耕作法；荒地造林种草，实施封育治理，涵养水源；同时配合坡面各类小型蓄排工程，力求减少地表径流，减缓流速。有条件的流域可将产流区的洪流另行引走，避免洪水沙石混合，削减形成泥石流的水源和动力。

②泥石流形成区 主要分布在容易滑塌、崩塌的沟段，应在沟中修建谷坊、淤地坝和各类固沟工程，巩固沟床，稳定沟坡，减轻沟蚀，控制崩塌、滑塌等重力侵蚀的产生。

③泥石流流过区 在主沟道的中、下游地段，应修建各种类型的格栅坝和桩林等工程，拦截水流中的石砾等固体物质，尽量将泥石流改变为一般洪水。

④泥石流堆积区 主要在沟道下游和沟口，应修建停淤工程与排导工程，控制泥石流对沟口和下游河床、川道的危害。

(2)可行性研究阶段设计要求

①考察和调查项目建设泥石流易发区的分布、形成原因、危害及潜在危险性，明确防治的方针和重点。

②收集与泥石流发生密切相关的地质、地形、气象和水文资料。重点调查泥石流沟道松散固体物质的风化、剥离、堆积情况，沟道径流和汇流情况及植被状况。对重要区域应进行必要的勘测。

③根据主体设计，预测项目对沟道自然地貌和植被的破坏，弃土弃渣量及其对泥石流发生的影响；预测泥石流对项目的潜在危害。

④比较选定泥石流防治方案，选定所采取的措施，明确各项措施在泥石流防治中的任务，初步确定其型式、规模、位置、布局及建筑材料来源、场所和运输条件。

⑤对投资高、规模大的泥石流防治工程，要反复论证，应根据具体情况做专题研究。如大型泥石流排导工程。

⑥企业治理和地方综合治理相结合。泥石流沟道往往需要修筑大量工程才能达到预期效果。除企业征地范围内或直接影响区的治理由企业业主负责外，大面积泥石流沟道的谷坊建设应考虑与地方综合治理密切结合。在当前中国山区经济尚不发达的情况下，就地取材修筑谷坊是最经济的。

(3)初步设计阶段设计要求

①明确泥石流防治工程初步设计的依据和技术资料。

②详细调查和勘测径流形成区的汇流资料、形成泥石流的固体物质来源，流通区的沟道水文地质状况和沉积区的沉积现状和条件。

③确定泥石流防治工程的性质、类型、规模，复核其防护任务和具体要求。

④确定泥石流工程的位置、结构型式、断面尺寸、材料及其运输路线，其中生物措施应明确植物种类、配置方式和典型设计。

4.6.2 地表径流形成区

坡面是泥石流发生过程中地表径流的主要策源地。因此，防治措施主要是针对坡面。本区的防治工程主要有坡耕地治理、荒坡荒地治理、小型蓄排工程和沟头沟边防护工程等。具体包括修建梯田、保土耕作，造林种草、封山育林育草和坡面小型蓄排工程等，目的是减少坡面的地表径流，减缓流速，削弱形成泥石流的水源或动力。这些措施大部分也适用于坡面泥石流的防治。

4.6.2.1 坡耕地治理

以小流域为单元，对坡耕地进行全面治理。根据土层薄厚、雨量大小等条件，分别修建水平梯田、坡式梯田和隔坡梯田。有关规划、设计、施工等技术可参照国家标准 GB/T16453.1—1996《水土保持综合治理 技术规范 坡耕地治理技术》。

对于25°以下未修梯田的坡耕地，各地应根据不同条件，分别采用不同的保水保土耕作法，如沟垄种植、草田轮作、套种、间作、深耕深松等。具体技术要求可参照国家标准 GB/T16453.1—1996《水土保持综合治理 技术规范 坡耕地治理技术》。

4.6.2.2 荒地治理

对于荒坡荒地，首先应布置造林工程，其中的荒山宜林地，可营造水土保持经济林、薪炭林、用材林和饲料林等；应按照林种、林型、树种规划和整地工程设计要求开展植物工程设计。具体技术要求参照国家标准 GB/T16453.2—1996《水土保持综合治理 技术规范 荒地治理技术》之《水土保持造林》。

对于荒坡荒地中适宜种草的非宜林地和水保规划中用于发展牧业生产的土地，可人工种草；须搞好人工草地规划，选好草种和种植方式。具体技术要求参照国家标准 GB/T16453.2—1996《水土保持综合治理 技术规范 荒地治理技术》之《水土保持种草》。

对于残林、疏林和退化草地，采取封山、封坡、育林育草的封育治理，并搞好有关的工程管理与技术管理。具体技术要求参照国家标准《水土保持综合治理 技术规范 荒地治理技术》之《封育治理》。

4.6.2.3 小型蓄排工程

对于雨量较多、坡面径流较大的土石山区和丘陵区，坡耕地和荒地治理还应配合截水沟、排水沟、沉沙池、蓄水池、路旁水窖、涝池等小型蓄水工程，减少暴雨径流。具体技术要求参照国家标准 GB/T16453.4—1996《水土保持综合治理 技术规范 小型蓄排引水工程》。

4.6.2.4 沟头沟边防护工程

小流域侵蚀沟的沟头、沟边，应根据不同条件，修建围埂式、跌水式、悬臂式等不同类型的防护工程。具体技术要求参照国家标准 GB/T16453.3—1996《水土保持综合治理　技术规范　沟壑治理技术》。

4.6.3 泥石流形成区

泥石流形成区主要是指滑坡和崩塌严重的沟道，它是泥石流固体物质产生的策源地。故应在沟道中修建谷坊、淤地坝，营造沟底防冲林，在坡面上修筑斜坡防护工程，目的是巩固沟床，稳定沟坡，减轻沟蚀，控制和减少崩塌、滑塌等重力侵蚀产生的固体物质。

4.6.3.1 谷坊

对于小流域沟底比降较大，沟底下切严重的沟段，应分别修建土谷坊、石谷坊、柳谷坊等各种类型的谷坊。谷坊是横拦在沟道中的小型挡拦建筑物，其坝高小于3m，适于沟底比降较大(5% ~10%或更大)的支毛沟。谷坊的主要作用是防止沟床下切，稳定山坡坡脚，防止沟岸扩张，减缓沟道纵坡，减小山洪流速，减轻山洪或泥石流灾害。

具体技术要求参照国家标准 GB/T16453.3—1996《水土保持综合治理　技术规范　沟壑治理技术》。

4.6.3.2 淤地坝

在我国西北黄土高原区及华北、东北等地区，沟壑治理中常采取筑坝淤地的措施，既缓洪拦沙、巩固沟床，又淤地增产。

淤地坝是治理沟壑的一项有效工程，可以拦截泥沙、巩固沟床，增加耕地。具体技术要求参照国家标准 GB/T16453.3—1996《水土保持综合治理　技术规范　沟壑治理技术》。

4.6.3.3 沟底防冲林

在纵坡比较小的支毛沟沟底，顺沟成片造林，以巩固沟底，缓流落淤。

在纵坡较大、下切较为严重的沟段，应在修建各类谷坊的基础上，在谷坊淤泥面上乔灌混交成片造林。

4.6.3.4 斜坡防护工程

对于存在活动性滑塌、崩塌的沟坡、谷坡和山坡，应削坡反压、排除地下水，修筑抗滑桩和挡土墙等，并在滑坡体上造林，以制止沟坡崩塌、滑塌的发展。具体技术参照本章相关内容。

4.6.4 泥石流流通区

泥石流流通区分布在沟道的中、下游，应在适宜的位置修建各种类型的格栅坝和桩林等工程，拦截水流中的石砾、漂石等固体物质，使泥石流中固体物质含量降低，以减小泥石流的冲击力。

4.6.4.1 格栅坝

在沟中用混凝土、钢筋混凝土或浆砌石修成重力坝，其过水部分用钢材或其他建材作成格栅，拦截泥石流中的巨石与大漂砾而使其余泥水下泄，减小石砾冲撞。

格栅坝上的过流格栅有梁式、耙式和齿状等多种型式(图4-25)。

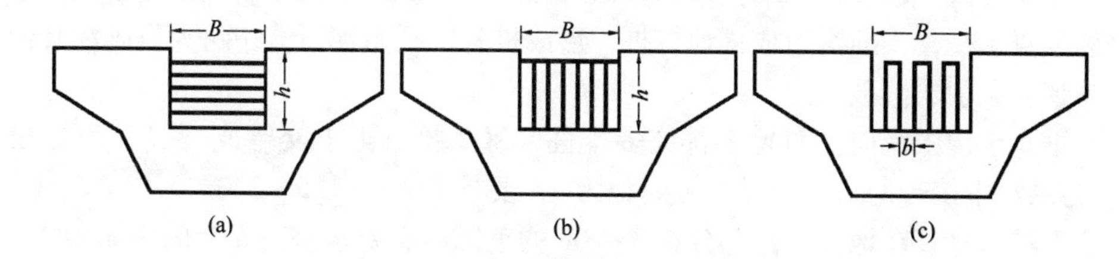

图 4-25 格栅坝断面型式图

(a)梁式坝 (b) 耙式坝 (c) 齿状坝

(1)梁式坝

在重力坝中部作溢流口，口上用钢材作横梁，形成格栅；梁的间隔应能上下调整，以便根据坝后淤积和泥石流活动情况及时将梁的间隔放大或缩小。

溢流口尺寸一般为矩形断面，高 h 与宽 B 之比为1.5~2.0。

筛分率 e 按下式计算

$$e = V_1/V_2 \tag{4-10}$$

式中 V_1———一次泥石流过程中库内的泥沙滞留量(m^3)；

V_2——通过坝体下泄的泥沙量(m^3)。

使用正常的梁式坝筛分效果一般应达到：当下泄粒径 $D_c = 0.5D_m$ 时，滞留库内的泥沙百分比为20%（D_m 为流体中的最大粒径)。

同一沟段布置的梁式坝，筛孔由大到小，依次向下布置成坝系，并使此坝系有最高的筛分效率。

(2)耙式坝

坝和溢流口作法与梁式坝相同。不同的是，在溢流口处用钢材作成耙式竖梁，形成格栅。

筛分率 e 计算与梁式坝相同。

(3)齿状坝

将重力坝的顶部作成齿状溢流口，齿口采用窄深式的三角形、梯形或矩形断面。

①齿口尺寸 主要确定齿口的深宽比，一般要求深:宽 =1:1 ~2:1。

②齿口密度 要求 $0.2 > \sum b/B < 0.6$（B 为溢流口总宽度，m；b 为齿口宽度，m）。

当 $\sum b/B = 0.4$ 时，调节量效果最佳。

③齿口宽与拦截作用关系 设 D_{m1} 与 D_{m2} 分别为中小洪水与大洪水可挟带的最大粒径。则当 $b/D_{m1} > 2 \sim 3$ 和 $b/D_{m2} \leq 1.5$ 时，拦截效果最佳。

④齿口宽与闭塞条件 设 D_m 为洪水中挟带的最大粒径，则 $b/D_m > 2.0$ 时不闭塞，$b/D_m \leq 1.5$ 时闭塞。

4.6.4.2 桩 林

在泥石流间歇发生、暴发频率较低的沟道中下游，在沟中用型钢、钢管桩或钢筋混凝土桩，横断沟道成排地打桩，形成桩林，拦阻泥石流中粗大石砾和其他固体物质，削弱其破坏力。

垂直于沟中流向，布置2排或多排桩，每2排桩上下交错成“品”字型。设 D_m 为洪水中挟带的最大粒径，桩间距为 b，要求 $b/D_m = 1.5 \sim 2.0$。

当桩基总长在地面外露部分在3~8m的范围时，要求桩高 h 为间距 b 的2~4倍。

桩基应埋在冲刷线以下，且埋置长度不应小于总长度的1/3。

桩林的受力分析与结构设计，类同悬臂梁。

4.6.4.3 拦沙坝

拦沙坝用来与格栅坝、桩林相配合，拦蓄经筛滤后的砂砾与洪水，巩固沟床，稳定沟坡，减轻对下游的危害。

拦沙坝一般为浆砌石或混凝土实体重力坝，坝高5m以上，单坝库容 $1 \times 10^4 \sim 10 \times 10^4 m^3$。

坝址选择根据项目区的特点和要求，坝体设计按一般小型水利工程技术。

4.6.5 泥石流堆积区

泥石堆积区主要分布在沟道的下游和沟口，应修建停淤工程与排导工程两类；两类工程互相配合，控制泥石流对沟口和下游河床、川道及开发建设项目的危害。

4.6.5.1 停淤工程

根据不同地形条件，选择修建侧向停淤场、正向停淤场或凹地停淤场，将泥石流拦阻于保护区之外，同时，减少泥石流的下泄量，减轻排导工程的压力。

(1)侧向停淤场

当堆积扇和低阶地面较宽、纵坡较缓时，将堆积扇径向垄岗或宽谷一侧山麓做成侧向围堤，在泥石流前进方向构成半封闭的侧向停淤场，将泥石流控制在预定的范围内停淤。其布置要点是：

①入流口选在沟道或堆积扇纵坡变化转折处，并略偏向下游，使上部纵坡大于下部，便于布置入流设施，获得较大落差。

②在弯道凹岸中点靠上游处布设侧向溢流堰，在沟底修建潜槛，并适当抬高，以实现侧向入流和分流。要求既能满足低水位时洪水顺沟道排泄，又有利于在超高水位时也能侧向分流，使泥石流的分流与停淤达到自动调节。

③停淤场入流口处沟床设横向坡度，使泥石流进入后能迅速散开，铺满横断面并立即流走，避免在堰首发生壅塞、滞流，产生累积性淤积而堵塞入流口。

④停淤场具有开敞、渐变的平面形状，消除阻碍流动的急弯和死角。

(2)正向停淤场

当泥石流出沟处前方有公路或其他需保护的建筑物时，在泥石流堆积扇的扇腰处，垂直于流向修筑正向停淤场(图4-26)。布设要点如下：

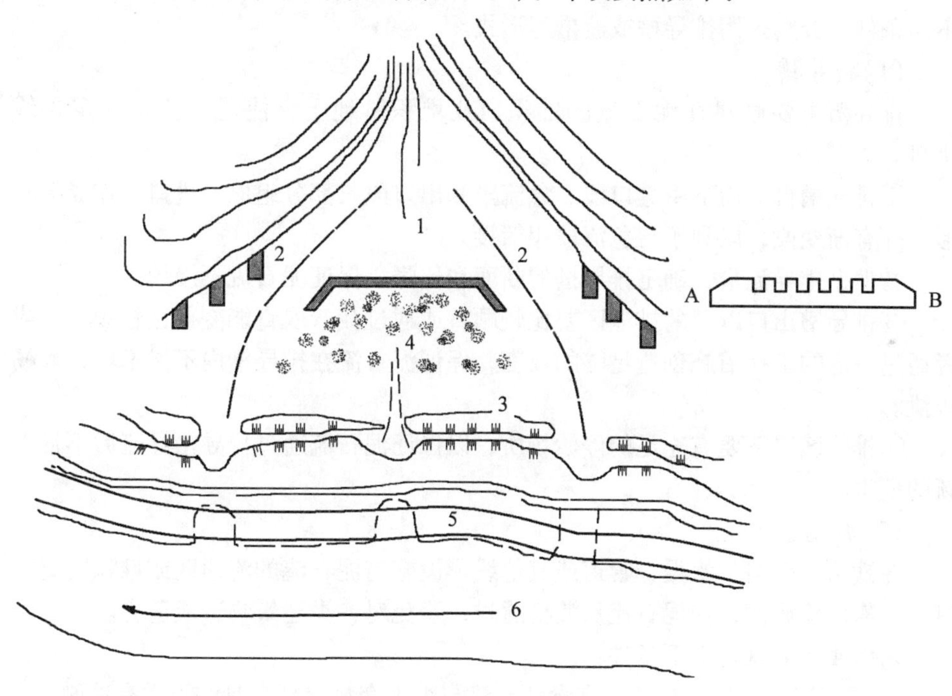

图4-26 正向停淤场示意图

1. 正向停淤场 2. 导流坝 3. 围堤 4. 停淤场 5. 公路 6. 主河

①正向停淤场由齿状拦挡坝与正向防护围堤结合而成，拦挡坝的两端有出口，齿状拦挡坝与公路、河流之间建防护围堤，形成高低两级正向停淤场。

②拦挡坝两端不封闭，两侧留排泄道，在堆积扇上形成第一级高阶停淤场，具有正面阻滞停淤、两侧泄流的功能，加快停淤与水土(石)分离。

③拦挡坝顶部做成疏齿状溢流口，在拦挡石砾的同时，将分选不带石砾的洪水排向下游。

④在齿状拦挡坝下游河岸(公路路基上游)修建围堤，构成第二级低阶停淤

场，经齿状拦坝排入的洪水在此处停淤。

⑤沿堆积扇两侧开挖排洪沟，引导停淤后的洪水排入主河。

(3)凹地停淤场

在泥石流活跃，沿主河一侧堆积扇有扇间凹地的，可修建凹地停淤场。布设要点如下：

①在堆积扇上部修导流堤，将泥石流引入扇间凹地停淤。凹地两侧受相邻两个堆积扇挟持约束，形成天然围堤。

②根据凹地容积及泥石流的停淤场总量，确定是否需要在下游出口处修建拦挡工程，以及拦挡工程的规模。

③在凹地停淤场出口以下，开挖排洪道，将停淤后的洪水排入下游主河。

4.6.5.2 排导工程

在需要排泄泥石流，或控制泥石流走向和堆积的地方，修建排导工程。根据不同条件，分别采用排导槽或渡槽等形式。

(1)排导槽

排导槽主要修建在泥石流的堆积扇或堆积阶地上，使泥石流按一定路线排泄。

①排导槽自上而下由进口段、急流段和出口段三部分组成。进口段作成喇叭形，并有渐变段，以利于与急流段相衔接。

②根据排导流量，确定排导槽的断面和比降，保证泥石流不漫槽。

③排导槽出口以下的排泄区要比较顺直或通过裁弯取直能变得比较顺直，或者通过一定的工程措施创造足够的坡度，保证泥石流在排导槽内不淤不堵，顺畅排泄。

④排泄区以下要有充足的停淤场所，以保证泥石流通过排导槽导流后不带来新的危害。

(2)渡槽

在铁路、公路、水渠、管道或其他线形设施与泥石流的流通区或堆积区交叉口处，需修建渡槽，使泥石流从渡槽通过，避免对各类建筑物造成危害。

采用渡槽需具备以下条件：

a. 泥石流暴发较为频繁，高含沙水流与洪水交替出现，且沟道常有冲刷。

b. 泥石流最大流量不超过200m^3/s，其中固体物粒径最大不超过1.5m的中小型泥石流。

c. 进口顺畅，基础有足够的承载力并具有较高的抗冲刷能力。

d. 具备足够的地形落差，能满足设施立体交叉净空的要求。

不宜采用渡槽的条件：

a. 沟道迁徙无常；

b. 冲淤变化剧烈；

c. 洪水流量大，含固体物密度、粒径变化幅度很大的高黏性泥石流和含巨大漂砾的水石流。

渡槽由沟道入流衔接段、进口段、槽身段、出口段和沟道出流衔接段等5个部分组成，各部分布设要求：

①沟道入口衔接段，在渡槽进口以上需有15～20倍于槽宽的直线引流段，沟道顺直，与渡槽进口平滑地连接。

②渡槽进口段，采用梯形或弧形断面的喇叭口，从沟道入流衔接段渐变到槽身段，渐变段长度一般大于槽宽的5～10倍，且不应小于20m，其扩散角应小于8°～15°。

③槽身段，作成均匀的直线形，其宽度根据槽下的跨越物而定；其长度比跨越物的净宽再增加1.0～1.5倍。

④渡槽出口段，与沟道出流衔接段顺直相连，避开弯曲沟道，避免在槽尾附近散流停淤。

⑤沟道出流衔接段，其断面与比降要求能顺畅通过渡槽出口排出的泥石流，不产生淤积或冲刷，保证渡槽的正常使用。

4.7 防洪排水工程

开发建设项目在基建施工和生产运行中，由于破坏地面或排放大量弃土、弃石、弃渣，极易造成水流失和引发洪灾害，对项目区本身或下游构成危害。为此，必须修建防洪排水工程，以防害减灾。防洪排水工程主要包括拦洪坝、排洪渠、排洪涵洞、防洪堤、护岸护滩、清淤清障等工程。

4.7.1 基本原则和设计要求

4.7.1.1 基本原则

根据项目开发建设的总体布局、施工与生产工艺、安全要求等，按照经济安全的原则，确定应采取的工程类型。

防洪排水工程应把防洪减灾、保障安全放在首位，研究确定合理的防洪标准和稳定性要求。为了保护特殊重要的生产和民用设施，应根据国家标准，通过论证分析，提高防洪设计标准。

防洪排水工程应处理好防洪与综合利用、占地和造地的关系，尽量少占耕地，并结合工程修建和运行特征，把防洪与蓄水利用、拦泥与淤地造地结合起来，充分发挥其综合效益。

防洪排水工程涉及一定的汇水面积，为了减少来水来沙量，控制面上水土流失，延长其工程寿命，工程应与流域综合治理协调相结合。

4.7.1.2 设计要求

(1)基本要求

①防洪排水建筑物与其他建筑物应尽量做到统一规划，统筹兼顾，合理

布局。

②依据《防洪标准》和行业规范正确确定防洪排水设施的洪水标准。

③根据地形、地质、建筑材料、交通、施工等条件选择经济、适用、可靠的防洪排水建筑物型式。

④进行必要的水文、水力学等计算，合理确定建筑物主要尺寸。

⑤对于生产建设类项目，在布置建筑物时，既要考虑生产过程中(如灰库使用期间)的防洪排水，同时也要考虑生产结束、转场(如灰库贮满封场)、暂停期限间的排水。

⑥防洪排水体设计应给后期留有余地。

⑦防洪排水建筑物设计应使用成熟的新技术；排水建筑物应根据气候条件优先使用生物技术，如我国南方可考虑选用生物排水渠。

(2)可行性研究阶段

①调查项目区及周围影响区的地质、地貌、水文、气象、水土流失以及水土保持等基本情况；重点勘察河(沟)道及工程所涉地方的地形、水文、地质状况；对特殊重要的地段，进行必要的地质勘探、水文分析和试验。

②初步拟定防护和综合利用任务，提出可能采用的防洪排水工程类型、布局方案及相应位置、规模、结构型式以及建筑材料等。

③根据基础资料，对防洪排水工程的多种可选方案，从技术、经济、社会等多方面进行全面分析论证，初步确定可行方案。

(3)初步设计阶段

①明确防洪排水工程初步设计依据和技术资料。

②对工程所涉区域的位置、面积、地形、气象、水文、泥沙、水质及地下水等情况进行分析论证，说明分析结果。对主要的水文和工程地质问题提出结论性意见。

③核对工程的防护和综合利用任务，明确工程类型、位置、规模和布局；确定结构型式、坝顶高程、断面尺寸及筑坝材料的采料场位置和运输路线。

④大型防洪排水工程应对可行性研究阶段的方案比选进一步复核研究，切实做到经济合理、安全可靠。

4.7.2 拦洪坝

拦洪坝是横拦在沟道或河道的挡水建筑物，用以拦泥蓄水、防洪减灾、保障项目区生产建设安全的工程措施。它主要布置在项目区上游洪水集中危害的沟道内，除防洪功能外，还应根据具体情况，考虑综合利用。

防洪坝大多数为土坝或堆石坝，有特殊防护要求，根据具体情况选用重力坝、拱坝等型式。

拦洪坝设计应明确防洪任务，重点分析论证防洪标准，选取合理的防洪标准和符合实际的洪水计算方法，同时，也应考虑拦蓄洪水的综合利用。这对工程的安全、造价和效益至关重要。

4.7.2.1 坝址选择

拦洪坝坝址应符合以下几个条件：

①坝址处地形地质条件良好，基础为弱风化或未风化岩石或密实土。应避开较大弯道、跌水、泉眼、断层、滑坡体、洞穴等，坝肩应无冲沟。

②河(沟)地形平缓，河床较窄，坝轴线短，库容大。

③有适宜于布置溢洪道、放水工程的地形地质条件。

④坝址附近有充足的筑坝土、砂、石等建筑材料，有水源条件。

⑤库区淹没损失小，对村镇、工矿、铁路、公路、高压线路等建筑物的安全影响小。

4.7.2.2 水文计算

(1)设计洪水计算

对于有资料地区的设计洪水，应依据《水利水电工程设计洪水计算规范》进行分析计算；对于无资料地区的设计洪水，应依据《水利水电工程设计洪水计算规范》或各省(自治区、直辖市)编制的《暴雨洪水实用计算手册》，以及各地编制的《水文手册》所提供的方法进行多种计算；计算过程中必须对依据的基本资料、主要环节、各种参数和计算成果进行多方面的调查与分析，通过分析论证选用合理的成果。

计算的项目有：①设计洪峰流量；②设计洪水总量；③输沙量；④设计洪水过程线的推求(小型工程可采用概化三角形过程线法)；⑤调洪演算。

(2)调洪演算

当拟建工程上游无设计标准较高的坝库时，采取单坝调洪演算；当拟建工程上游有设计标准较高的坝库时，采取双坝调洪演算。具体内容参照《水利工程水利计算规范》。

4.7.2.3 库容与坝高

拦洪坝的总库容，包括拦泥库容和滞洪库容两部分。根据坝址以上年来沙量和淤积年限，确定拦泥库容；根据洪峰、洪量、洪水历时结合建筑物泄洪能力确定滞洪库容。具体方法可参照《水土保持治沟骨干工程技术规范》。

拦洪坝的坝高由拦泥坝高、滞洪坝高和安全超高三部分组成。根据已确定的拦泥库容与滞洪库容，在坝高—库容关系曲线上查得相应的拦泥坝高与滞洪坝高，再加上相应的安全超高，即为拦洪坝的总坝高。拦洪坝坝顶高程的确定，可参照拦渣坝的规定。

4.7.2.4 土坝的断面设计

(1)坝顶宽度的确定

按不同的坝高和施工方法采取不同的坝顶宽度。当坝顶有交通要求时，应按车辆通行的标准确定，一般单车道为5m、双车道为7m。坝顶无交通要求时，坝顶宽度参照《水土保持治沟骨干工程技术规范》中的相关规定。

(2)坝坡

上游坝坡应比下游坝坡缓，坝体高度越大坝坡应越缓。中低高度均质土坝的平均坝坡约为1:3，水坠坝坝坡应比碾压坝坝坡缓。坝坡比可参照《水土保持治沟骨干工程技术规范》中的规定，按其所提供的经验数据初步拟定，最终通过坝体稳定分析确定。

(3)边埂

采用水坠法施工的土坝，根据建筑材料与坝高、施工方法确定。一般坝高较小和土料含沙量较大时，边埂宽度可小些；坝高较大、土料黏粒含量较大时，边埂宽度可大些。

(4)坝体排水

土坝下游坝坡坡脚应设置排水设施。根据不同条件分棱体排水、贴坡排水等形式。具体参照《碾压式土石坝设计规范》的规定。

4.7.2.5 稳定性分析

土石坝体稳定分析依照《碾压式土石坝设计规范》的相关要求计算。水坠坝边埂自身稳定计算等参照《水土保持治沟骨干工程技术规范》中的规定。

水坠坝应对施工中和施工后期坝坡整体稳定及边埂自身稳定进行计算，竣工后进行稳定渗流期下游坝坡稳定计算和上游库水位骤降时坝坡稳定验算。

碾压式土坝应对运行期下游坝坡稳定性及上游库水位骤降时坝坡稳定性进行验算。

4.7.2.6 放水建筑物

①卧管式放水工程　适用于坝上游岸坡基础条件较好，坡度为1:2～1:3的坝坡上。包括卧管、涵管及消力池三部分。具体技术要求参照《水土保持治沟骨干工程技术规范》。

②竖井式放水工程　适用于布置在土坝上游坝坡上，且坝体基础较好。包括竖井、消力井及涵管设计。具体技术参照《水土保持治沟骨干工程技术规范》。

4.7.2.7 溢洪道设计

①陡坡式溢洪道　适用于坝高20m以上、库容$50\times10^4m^3$以上沟中的较大型坝库。由进口段、陡坡段和消力池三部分组成。具体技术参照《水土保持治沟骨干工程技术规范》。

②明渠式溢洪道　适用于坝高20m以下，库容$50\times10^4m^3$以下沟中小型坝库。具体技术参照《水土保持治沟骨干工程技术规范》。

4.7.2.8 基础处理

根据坝型、坝基的地质条件，筑坝施工方式等，采取相应的基础处理方法。

水坠坝基础处理参照《水坠坝技术规范》。

碾压坝基础处理参照《碾压式土石坝设计规范》。

浆砌石坝基础处理参照《浆砌石坝设计规范》。

4.7.3 排洪渠

排洪渠是为了保证项目区生产建设安全兴建的排除周边坡面及区域内的洪水危害的工程设施。排洪渠一般修建在项目区周边，项目区内各类场地、道路和其他地面排水，应结合排洪渠进行统一布置。

4.7.3.1 排洪渠的布置原则

排洪渠在总体布局上，应保证周边或上游来洪安全排走，并尽可能与项目区内的排水量结合起来。

①排洪渠道渠线布置，宜走原有山洪沟道或河道。若天然沟道不顺直或因开发项目区规划要求，必须新辟渠线，宜选择地形平缓、地质稳定、拆迁少的地带，并尽量保持原有沟道的引洪条件。

②排洪渠道应尽量设置在开发项目区一侧或周边，避免穿绕建筑群，这样能充分利用地形，减少护岸工程。

③渠道线路尽量缩短距离，减少弯道，最好将洪水引导至开发项目区下游。

④当地形坡度较大时，排洪渠应布置在地势较低的地方，当地形平坦时宜布置在汇水面的中间，以便扩大汇流范围。

⑤排洪道采用何种形式(排洪渠或排洪涵洞)，应结合具体情况确定。一般最好采用排洪渠。但对通过开发项目区内或市区内的排洪道，由于建筑密度较大，交通量大，一般应采用排洪涵洞；反之，对通过郊区或新建工业区，或厂区外围的排洪道，可采用排洪渠，以节省工程费用。

4.7.3.2 排洪渠的设计原则

在设计排洪渠时应首先调查排洪渠周边下垫面情况及气象和水文资料，做必要地质勘探、水文分析；确定产流场地的面积和产流参数，生产运行排出的各类水量；明确其防护和综合利用任务。然后，根据基础资料，选定排洪渠的线路、规模和布局，提出其结构形式和布置方式。

①排洪渠设计应遵循安全经济兼顾的原则，确定合理的防洪标准。防洪标准可参照国家标准 GB 50201—1994 的规定执行(表 4-8)。

②排洪渠设计纵坡，应根据渠线、地形、地质以及与山洪沟连接要求等因素确定。当自然纵坡大于 1:20 或局部高差较大时，可设置陡坡式跌水。

③排洪渠断面变化时，应采用渐变段衔接，其长度可取水面宽度变化之差的 5 ~ 20 倍。

④排洪渠进出口平面布置，宜采用喇叭口或“八”字形导流翼墙。导流翼墙长度可取设计水深的 3 ~ 4 倍。

⑤排洪渠的安全超高见表4-9，在弯曲段凹岸应考虑水位壅高的影响。

表4-8 工矿企业等级和防洪标准

等级	工矿企业规模	防洪标准(重现期，a)
Ⅰ	特大型	200～100
Ⅱ	大型	100～50
Ⅲ	中型	50～20
Ⅳ	小型	20～10

注：各类工矿企业的规模，按国家现行规定划分；如辅助厂区(或车间)和生活区单独进行防护的，其防洪标准可适当降低。

表4-9 防洪建筑物安全超高 m

建筑物名称	建筑级别			
	1	2	3	4
土堤、防洪墙、防洪闸	1.0	0.8	0.6	0.5
护岸、排洪渠、渡槽	0.8	0.6	0.5	0.4

注：安全超高不包括波浪爬高；越浪后不造成危害的，安全超高可适当降低。

⑥排洪渠宜采用挖方渠道。修建填方渠道时，填方应按堤防要求进行设计。

⑦排洪渠弯曲段和弯曲半径，不得小于最小允许半径及渠底宽度的5倍。最小允许半径可按下式计算。

$$R_{min} = 1.1V^2\sqrt{A} + 12 \tag{4-11}$$

式中 R_{min}——最小允许半径(m)；

V——渠道中水流流速(m/s)；

A——渠道过水断面面积(m^2)。

⑧当排洪渠水流流速大于土壤最大允许流速时，应采用防护措施防止冲刷。防护形式和防护材料，应根据土壤性质和水流流速确定。

⑨排洪渠进口处宜设置沉砂池，拦截山洪泥沙。

4.7.3.3 排洪渠的类型

根据排洪渠建筑材料的不同，可分土质排洪渠、三合土排洪渠和浆砌石排洪渠等3种类型。

(1)土质排洪渠

在有洪水危害的山坡的坡面或下部，按设计断面半挖半填，修成土质排洪渠，不加衬砌，结构简单，就地取材，节省投资。适用于坡面洪水流量较小，危害不大的地方。

(2)三合土排洪渠

排洪渠的填方部分用三合土分层填筑，夯实而成。适用于有高含沙山洪的地方。

(3)浆砌石排洪渠

土质排洪渠的底部和边坡都用浆砌石衬砌，厚0.3～0.5m。适用于排泄冲刷较强的山洪。

4.7.3.4 洪峰流量的确定

清水洪峰流量根据各地水文手册中的有关参数，按以下公式计算。

$$Q_b = 0.278KiF \tag{4-12}$$

式中 Q_b——最大清水洪峰流量(m^3/s)；

K——径流系数；

i——平均1h降雨强度(mm/h)；

F——山坡集水面积(km^2)。

高含沙洪峰流量山洪密度为1.1～1.5t/m³时，采用下式计算。

$$Q_S = Q_B(1+\varphi) \tag{4-13}$$

$$\varphi = (\gamma_c - 1)/(\gamma_h - \gamma_c) \tag{4-14}$$

式中 Q_S——高含沙山洪洪峰流量(m^3/s)；

Q_B——最大清水洪峰流量(m^3/s)；

γ_c——高含沙山洪密度(t/m^3)；

γ_h——高含沙山洪中固体物质密度(t/m^3)；

φ——修正系数。

4.7.3.5 渠道断面的确定

一般采用梯形断面。渠内过水断面水深按均匀流公式计算。

梯形填方渠道断面，顶宽1.5～2.5m，内坡1∶1.5～1∶1.75，外坡1∶1～1∶1.5。

安全超高按明渠均匀流公式算得水深后，增加安全超高。

排洪渠纵断面设计应将地面线、渠底线、水面线、渠顶线绘制在纵断面设计图中。

4.7.4 排洪涵洞

排洪涵洞是从地面以下排除洪水的建筑物，适合于当坡面或沟道洪水与项目区的道路、建筑物、堆渣物等发生交叉时采用。涵洞由进口、洞身和出口三部分组成，其顶部往往填土，一般不设闸门。

排洪涵洞应在调查、勘测的基础上，明确排洪涵洞的任务，综合排洪、过水、交通等因素，比选确定涵洞的线路、布局和型式。通过水文水力计算，确定涵洞具体的断面形式、排洪量和构造；明确建筑材料的采料场位置及运输路线。

4.7.4.1 排洪涵洞的设计要求

①排洪涵洞纵坡变化处，应注意避免上游产生壅水，断面变化宜改变渠底宽

度，深度保持不变。

②排洪涵洞检查井的间距，可取50～100m，涵洞走向变化处应加设检查井。

③涵洞中每隔10～20m设置一道沉陷缝，并做好止水设施，避免由于地基的不均匀沉陷而发生裂缝。

④排洪涵洞为无压流时，设计水位以上的净面积不应小于过水断面积的15%。

⑤季节性冻土地区的涵洞基础埋深不应小于土壤冻结深度，进出口基础应采取适当的防冻措施。

⑥排洪涵洞出口受河水或潮水顶托时，宜设防洪闸，防止洪水倒灌。

4.7.4.2 排洪涵洞的类型与结构

排洪涵洞根据其洞内水流的状态，可分为有压、无压或半有压3种。涵洞的型式一般分为浆砌石拱形涵洞、钢筋混凝土箱形涵洞、钢筋混凝土盖板涵洞和圆型管涵4种。

①浆砌石拱形涵洞　其底板和侧墙用浆砌块石砌筑，顶拱用浆砌粗料石砌筑。当拱上垂直荷载较大时，采用矢跨比为1/2的半圆拱；当拱上荷载较小时，采用矢跨比小于1/2的圆弧拱。

②钢筋混凝土箱形涵洞　其顶板、底板及侧墙为钢筋混凝土整体框形结构，适合布置在项目区内地质条件复杂的地段，排除坡面和地表径流。箱形涵洞洞顶可填厚土。箱形涵洞跨度可根据排水量确定，单孔跨度应小于2～3m，大于此值应作成双孔或多孔。单孔箱涵壁厚一般为跨度的1/8～1/12；双孔顶板厚度为其跨度的1/9～1/10，侧墙厚度为其高度的1/12～1/13，隔墙可小些。

③钢筋混凝土盖板涵洞　涵洞边墙和底板由浆砌块石砌筑，顶部用预制的钢筋混凝土板覆盖。盖板涵洞应考虑填土的抗力，以节省工程量。底板视地基条件，可分为分离式和整体式。盖板厚度为跨径的1/5～1/12，盖板设2%的坡度向两侧倾斜，以利排水。

④圆形管涵　多采用混凝土和钢筋混凝土修筑。管涵水力条件和受力条件较好，结构简单，工程量小，施工方便，可根据需要采用单管、双管或多管。

4.7.4.3 排洪流量

涵洞排洪流量计算方法参见排洪渠的洪峰流量确定。

4.7.4.4 排洪涵洞断面

涵洞孔径及下游连接段的型式和断面尺寸由水力计算确定。水力计算之前首先应分清水流状态。无压涵洞洞身断面尺寸较大，但进水口壅高较小；有压涵洞洞身断面尺寸较小，进水口壅高较大；半有压涵洞介于两者之间。

当上游来水面较大，洪水历时长时，应采用无压涵洞的水力计算确定断面尺寸；当洪水历时短时，可按半有压涵洞的水力计算确定；排洪洪涵洞一般不采用有压涵洞，应尽可能设计为无压涵洞，以便使涵洞有较大的比降，利于洪水和淤积物的排出，一般选择在1∶500～1∶100范围内。沟道入口衔接段在渡槽进口前需有15～20倍槽宽的直线引流段，与渡槽进口平滑衔接。

涵洞净高应在水力计算的水深基础上，加一定高度的超高。

4.7.5 防洪堤

防洪堤是沿沟岸、河岸布设的，避免项目区遭受洪水危害，保障生产安全的防洪建筑物。

防洪堤设计应重点考察和勘测河(沟)道，河(沟)岸的地形、地质、水文情况，结合项目的防洪要求，明确其防护和综合利用任务；根据必要深度的地质勘探、水文分析，比选确定堤线、规模、结构型式、布置方式、断面尺寸及筑堤材料的采料场位置和运输路线。

4.7.5.1 拦洪堤防洪标准

(1)防洪标准的确定

拦洪堤的防洪标准应符合国家防洪标准(GB50201—1994)规定。具体设计时，应根据本工程在防洪中所起的作用，对不同防洪标准可减免的洪灾经济损失与所需防洪费用进行对比分析，并考虑社会、经济、环境等因素，进行综合权衡论证，进一步分析确定。

(2)安全加高与安全系数

①拦洪堤工程的安全加高，应根据工程级别选定，见表4-10。

表4-10 拦洪堤工程级别划分表

拦洪堤级别	1	2	3	4	5
安全加高(m)	1.0	0.8～0.9	0.7	0.6	0.5

②土堤的抗滑稳定安全系数，不小于表4-11规定的数值。

表4-11 拦洪堤稳定安全系数表

运用条件	拦洪堤工程的级别				
	1	2	3	4	5
设计条件	1.30	1.25	1.20	1.15	1.10
地震条件	1.10	1.05	1.00	—	—

4.7.5.2 拦洪堤选线

为充分发挥拦洪堤防洪功能，保证拦洪堤在使用期间的稳定与安全，应合理选线，尽量减小拦洪堤的设计高度与断面尺寸。

拦洪堤应布设在土质较好、比较稳定的滩岸上，沿高地或一侧傍山布置，尽可能避开软弱地基、深水地带、古河道和强透水层地基。

拦洪堤堤线走向力求平顺，各堤段用平缓曲线相连接，不宜采用折线或急弯。

堤线布设应保留适当宽度的滩地，走向与河势相适应，并与大洪水的主流线大致平行。

堤线应尽量选择在拆迁房屋、工厂等建筑物较少的地带，并考虑到建成后便于管理养护和防汛抢险。

防汛区内各防护对象的防洪标准差别较大时，可修建隔堤分别防护。

4.7.5.3　拦洪堤堤距

①应根据河流地形地质条件、水文泥沙特性、河床特点及冲淤变化规律，分别拟定不同堤距进行水力学(流速、水面线)等计算；根据不同堤距、堤型的工程量、工程投资等技术经济指标，考虑对设计有重大影响的自然因素和社会因素，综合分析确定(图4-27)。

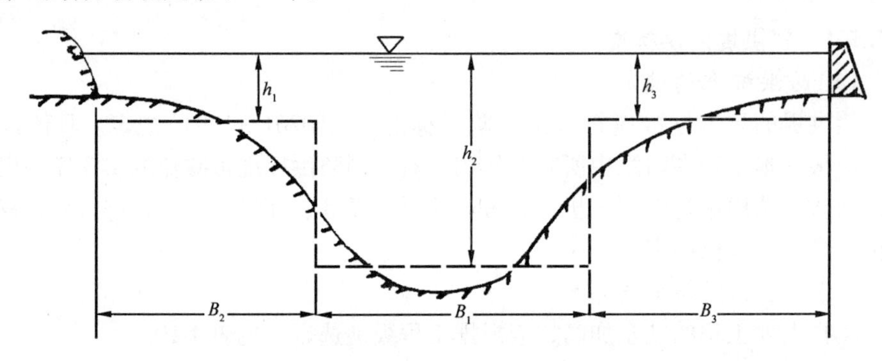

图4-27　堤距示意图

②根据河段防洪规划及治导线确定堤距，上下游、左右岸统筹兼顾，保障必要的行洪宽度，使设计洪水从两堤之间安全通过。河段两岸防洪堤之间的距离(或一岸防洪堤与对岸高地之间的距离)应大致相等，不宜突然放大或缩小。

③确定堤距时，要考虑现有水文资料系列的局限性、滩区的滞洪淤沙作用、社会经济发展要求，留有余地。

④利用河道上原有堤防应以不影响行洪安全为前提。

⑤堤距计算。

涉及堤距计算的洪水验算可按均匀流公式，对冲淤变化较大的河流可建立一维饱和(或非饱和)输沙模型推求水面线。均匀流计算按滩槽分别计算。计算方法如下。

$$\left.\begin{aligned} B &= B_1 + B_2 + B_3 \\ Q &= Q_1 + Q_2 + Q_3 \\ Q_1 &= (1/n_1)B_1 h_1{}^{5/3} J^{1/2} \\ Q_2 &= (1/n_2)B_2 h_2{}^{5/3} J^{1/2} \\ Q_3 &= (1/n_3)B_3 h_3{}^{5/3} J^{1/2} \end{aligned}\right\} \tag{4-15}$$

式中 Q——设计流量(m^3/s);

J——水面比降;

n——糙率;

B——河宽(m);

h——平均水深(m);

Q、B、h 等符号的角标 1、2、3 分别代表主槽和两边河漫滩。

4.7.5.4 堤型选择

拦洪堤可采用土堤(包括均质土堤和分区填筑的非均质土堤)、土石混合堤或石堤。堤型选择应根据当地土石的数量、质量、分布范围、运输条件、工程造价、堤址地质、施工场地及工程的重要性等因素综合考虑,经技术、经济比较后确定。

①当有足够筑堤土料时,应优先采用均质土堤;土料不足时,也可采用土石混合堤。

②非均质土堤可分别采用斜墙式、心墙式或混合型式。

③在地质条件、石料储备及工程的重要性等条件具备时,应考虑建造浆砌石拦洪堤。

④同一堤线的各堤段根据具体条件分别采用不同堤型。在堤型变换处应处理好结合部位工程连接。

4.7.5.5 堤防设计水位线

在拟建堤防区段内沿程有接近设计流量的观测水位资料时,根据控制站设计水位和水面比降推算堤防沿程设计水位,并考虑桥梁、码头、跨河、拦河等建筑物的壅水作用。当沿程无接近设计流量的观测水位资料时,根据控制站设计水位推求水面线来确定堤防沿程设计水位。在推求水面曲线时,应根据实测或调查洪水资料推求糙率,并利用上、下游水文站实测水位进行检验。

4.7.5.6 土堤堤身断面设计

①土堤堤顶和堤坡依据地形地质、设计水位、筑堤材料及交通条件,分段确定。可参照已建成的防洪堤结构初步选定标准断面,经稳定分析与技术经济比较后,确定堤身断面结构及尺寸。

②堤顶高程按设计洪水位、风浪爬高、安全超高三者之和确定。当土堤临水面设有坚固的防浪墙时,防浪墙顶高程可视为设计堤顶高程。土堤堤顶应高于设计水位 0.5m 以上。土堤预留沉降加高,通常采用堤高的 3% ~8%。地震沉降加高一般可不考虑,但对于特别重要堤防的软弱地基上的堤防,须专门论证确定。

③堤顶宽度根据防汛、管理、施工、结构等要求确定。一般Ⅰ、Ⅱ级堤防顶宽 6m,Ⅲ级以下堤防顶宽不小于 3m。堤顶有交通和存放物料要求时,须专门设置回车场、避车道、存料场等,其间距和尺寸根据需要确定。

④堤顶路面结构根据防汛的管理要求确定。常用结构形式有黏土、砂石、混凝土、沥青混凝土预制块等。堤顶应向一侧或两侧倾斜，坡度2%～3%。

⑤堤坡根据筑堤材料、堤高、施工方法及运用情况，经稳定分析计算确定。土堤常用的坡度为1∶2.5～1∶4。

⑥土堤戗台尺寸根据堤身结构、防渗、交通等因素，并经稳定分析后确定。堤高超过6m时可设置2～3m的戗台。

⑦土堤临水面应有斜坡防护工程。斜坡防护工程应坚固耐久、就地取材、造价低、便于施工和维修。

⑧土堤背水坡及临水坡前有较高、较宽滩地或为不经常过水的季节性河流时，应优先选择草皮护坡。

4.7.5.7 浆砌石防洪堤

在地形狭窄的河(沟)道中，水流流速较大，防洪要求高时，应修建浆砌石防洪堤。

堤顶高程设计与土堤相同。

浆砌石堤顶一般宽0.5～1.0m，迎水面边坡1∶0.3～1∶0.5，堤顶安全超高0.5m，石堤基础埋深应在水流的冲刷深度以下，且不小于0.5m。

堤坡参照挡土墙设计。浆砌石拦洪堤沿长方向应预留变形缝。

4.7.5.8 防渗体

①防渗体的位置应使堤身浸润线和背水坡渗流逸出比降下降到允许范围之内，并满足结构与施工要求。

②防渗体主要有斜墙、心墙等形式。堤身其他防渗设施的必要性及形式，应根据渗流计算及技术经济比较选定。

③土质防渗体断面自上而下逐渐加厚。其顶部最小水平宽度不小于1m；如为机械施工，可依其要求确定。底部厚度，斜墙不小于设计水头的1/5，心墙不小于设计水头的1/4。防渗体的顶部在设计水位以上的最小超高为0.5m。防渗体的顶部和斜墙临水面应设置保护层。

④填筑土料的透水性不相同时，应将抗渗性好的土料填筑于临水面一侧。

4.7.6 护岸护滩

护岸护滩是为了防止项目区因洪水冲淘沟岸、河岸，而导致沟(河)岸坍塌、加剧洪水危害所修建的工程。护岸护滩应尽量与淤滩造地等综合利用结合起来。

护岸护滩工程设计，应在详细考察河岸、沟岸地形、地质、气象及水文情况和防护要求，明确采取护岸护滩措施的地段，做必要深度的地质勘探、水文分析，比较选定布置线路、规模，提出其结构型式、布置方式、断面尺寸。

4.7.6.1 护岸护滩的设计及要求

护岸护滩工程主要包括坡式护岸、坝式护岸护滩和墙式护岸等3类，根据各地具体条件分别采用不同的形式。工程布设之前，应对河道或沟道的两岸情况进行调查研究，分析在修建护岸护滩工程之后，下游或对岸是否会发生新的冲刷。工程应大致按地形设置，外沿顺直，力求没有急剧弯曲。工程高度应能保证高于最高洪水位，并考虑工程背水面有无塌岸可能。如有，则应预留出堆积崩塌砂石的余地。在河流的弯道处，凹岸水位比凸岸水位高，高出的数值可按下式进行近似计算：

$$H = V^2B/gR \tag{4-16}$$

式中 H——凹岸水位与凸岸水位之差(m)；

V——水流流速(m/s)；

B——河(沟)道宽度(m)；

R——弯道率曲半径(m)；

g——重力加速度(m/s^2)。

4.7.6.2 护岸护滩工程的形式

(1)坡式护岸

坡式护岸分护坡和护脚2种，枯水位与洪水位之间采用斜坡防护工程，枯水位以下采取护脚工程。斜坡防护工程参见本章4.2斜坡防护工程。护脚工程有抛石护脚、石笼护脚、柴枕护脚及柴排护脚等几种形式。应根据水流速度、河岸坡度、建筑材料来源等选用。

①抛石护脚　抛石护脚是较为经济的一种护脚形式，抛石直径一般为20~40cm，它适宜于流速在1~2m^3/s，水流冲击较小的河岸采用。

抛石范围：上部自枯水位开始，下部根据河床地形而定。对深泓线距岸较远的河段，抛石至河岸底坡度达1:3~1:4的地方即可；对深泓线逼近岸边的河段，应抛至深泓线。

抛石护脚的边坡应小于块石体在水中的临界休止角(1.0:1.4~1.0:1.5，根据当地实测资料确定，一般不大于1.0:1.5~1.0:1.8)，等于或小于饱和情况下河(沟)岸稳定边坡。抛石的厚度，一般0.4~0.8m，相当于块石直径的2倍，在接坡段紧接枯水位处，加抛顶宽2~3m的平台，岸坡陡峻处(局部坡度大于1.0:1.5，重点险段大于1.0:1.8)，需加大抛石厚度。

②石笼护脚　石笼护脚多用于河沟流速大于2~3m/s，岸坡较陡的地方；石笼由铅丝、钢筋、木条、竹篾、荆条等制作，内装块石、砾石或卵石构成；铺设厚度一般0.4~0.5m，其他技术要求与抛石护脚相同。

③柴枕护脚　柴枕抛护范围，上端应在常年枯水位以下1m，其上加抛接坡石，柴枕外脚加抛压脚大块石或石笼；柴枕规格应根据防护要求和施工条件确定，一般枕长10~15m，枕径0.6~1.0m，柴石体积比约为7:3。柴枕一般作成

单层抛护，根据需要也可用取双层或三层抛护。

④柴排护脚 用于沉排护岸，其岸坡不大于1.0∶2.5，排体上端在枯水位以下1m。排体下部边缘，根据估算的最大冲刷深度，并达到使排体下沉后，仍可保持大于1.0∶2.5的坡度，相邻排体之间向下游搭接不小于1m。

(2)坝式护岸护滩

坝式护岸护滩主要有丁坝、顺坝2种形式，以及丁坝与顺坝结合的拐头坝及"T"字型坝。根据具体情况分析选用。丁坝、顺坝的修建应遵循河道规划治导线并征得河道主管部门的认可后，方可进行。

丁坝、顺坝可依托滩岸修建。丁坝一般按河流治导线在凹岸成组布置，丁坝坝头位置在规划的治导线上；顺坝沿治导线布置。丁坝、顺坝为河道整治建筑物，目的是稳定主槽，在由于主槽变动对堤防造成威胁时采用。由于丁坝、顺坝对河势影响很大，因而其布设必须符合河道整治规划的要求。按结构及水位关系、水流影响，可采用淹没或不淹没坝，透水或不透水坝。

①丁坝 丁坝根据与水流走向的关系，可分为上挑丁坝和下挑丁坝。应根据河岸、沟岸的实际情况选用。丁坝多采用浆砌石，有时也采用土心丁坝。丁坝间距一般为坝长的1～3倍，可根据防护要求确定。

a. 浆砌石丁坝：坝顶高程一般高于设计水位1m左右；坝体长度根据工程的具体条件确定，以不影响对岸滩岸遭受侧冲为原则；坝顶宽度为1～3m；两侧坡度1.5∶1.5～1.0∶2.0。

b. 土心丁坝：坝身用壤土、砂壤土填筑，坝身与护坡之间设置垫层，一般采用砂石、土工织物作成。坝顶高度一般5～10m，根据工程的需要可适当增减；裹护部分的外坡一般1.0∶1.5～1.0∶2.0，内坡与外坡相同或适当变陡。坝顶面护砌厚度为0.5～1.0m。

②顺坝 顺坝是顺河岸、沟岸修筑的防洪建筑物，其轴线方向与水流方向接近平行，或略有微小交角。根据建坝材料，顺坝可为土质顺坝、石质顺坝和土石顺坝3类。

a. 土质顺坝：坝顶宽2～5m，一般为3m左右，外坡不小于1.0∶2.0，内坡1.0∶1.0～1.0∶1.5。

b. 石质顺坝：坝顶宽1.5～3m，外坡1.0∶1.5～1.0∶2.0，内坡1.0∶1.0～1.0∶1.5。

c. 土石顺坝：坝基为细砂河床的，应设沉排。沉排伸出坝基的宽度，外坡不小于6m，内坡不小于3m。

(3)墙式护岸

墙式护岸是安全坚固、造价较高的一种护岸工程，一般用于特殊重要的防护地段。墙式护岸临水面采取直立式，背水面可采取直立式、斜坡式、折线式、卸荷台阶或其他形式。墙体材料可采用钢筋混凝土、混凝土、浆砌石等。断面尺寸及墙基嵌入河床下的深度，根据具体情况及稳定性验算分析确定。具体设计计算可参考挡土墙要求进行。

墙式护岸墙后与岸坡之间应回填砂、砾石，并与墙顶相平。墙体设置排水孔，排水孔处设反滤层。沿墙式护岸长度方向及地基条件改变处设计变形缝，其分段长度为：钢筋混凝土结构20m，混凝土结构15m，浆砌石结构10m，岩基上的墙体分段可适当加长。

墙式护岸嵌入岸坡以下的墙基结构，可采用地下连续结构或沉井结构。地下连续墙要采用钢筋混凝土结构，断面尺寸根据结构分析计算确定；沉井一般采用钢筋混凝土结构，其应力分析计算可采用沉井结构计算方法。

4.7.7 清淤清障

清淤清障是将已建和在建项目区内河(沟)道原来已倾倒弃土、弃石、弃渣清除，并搬运至采取防护措施的堆置场的一项措施，目的是防止弃土、弃石、弃渣冲刷下泄至下游，或淤塞河道，阻碍行洪，造成危害。

4.7.7.1 基本要求

清淤清障前应详细调查弃渣河(沟)道的地形、地质、气象及水文情况，勘察河(沟)道弃渣的位置种类、堆积量、堆积范围、堆积面积与排放方式，基本明确清淤清障的范围；比选清淤清障的做法和挖槽的路线；选定堆置场的位置、规模、型式、结构、尺寸等。河道清淤清障必须在每年汛前完成。

4.7.7.2 堆置场地的选择

①清淤清障应设置专用的土、渣、淤泥堆置场地。

②堆置清淤清障物，尽量利用附近荒地、凹地，严格控制占用耕地，有条件的应结合堆置清理的淤泥与弃渣填平沟凹造地。

③堆置清淤清障物不得占用其他施工场地和妨碍其他工程施工。

④堆置场四周必须设置拦护工程。拦渣工程形式的选择可根据堆置清淤清障场地条件确定。具体技术要求参照本规范第3章的规定执行。

4.7.7.3 清淤清障的做法

①一岸清淤　在河道淤积物数量不太大，且偏于一岸的，采取一岸清淤，扩宽行洪河槽。

②挖槽清淤　在河道淤积物数量很大，顺河道淤积很长、河面堵塞十分严重时，采取挖槽清淤。

4.8 降水蓄渗工程

降水蓄渗工程是指针对建设屋顶、地面铺装、道路、广场等硬化地面导致区域内径流量增加，所采取的雨水就地收集、入渗、储存、利用等措施。该措施既可有效利用雨水，为水土保持植物措施提供水源，也可以减少地面径流，防治水土流失。

在干旱、半干旱地区及西南石山区的新建、改建、扩建工程更应加强雨水利用工程的设计和建设内容。北京、天津等地区已制定有关文件，规定在城市建设项目的水土保持设计文件中必须进行雨洪利用设计，要求雨水集蓄利用设施与主体建设工程同时设计、同时施工和同时投入使用。

开发建设活动对原地貌的地面漫流和河槽汇流均会产生较大影响。在坡面汇流方面，因基本建设施工活动和生产运行，使土壤性状、土壤湿度、土层剖面特性、植被、地形、土地利用等下垫面条件发生变化，硬化地面、开挖裸露面等使地面糙率和入渗系数降低，入渗减少，冲刷能力加剧，地下水补给减少，破坏了局地水文循环。同时施工期间的回填土方、堆置土方等因排水不良，对边坡稳定产生不利影响。在河槽汇流方面，由于地面漫流大大增加，排洪量加剧，河流汇流量暴涨，加剧防洪压力。因此，降水蓄渗工程应用于大型开发建设项目以及城镇建设或开发区建设，具有改善局地水循环、节约用水、减免雨洪灾害等重要作用。

4.8.1 基本原则和设计要求

4.8.1.1 基本原则

对于因开发建设项目建设和生产运行引起的坡面漫流和河槽汇流增大等问题，采取降水蓄渗措施，如渗水方砖、框格种草、集雨工程等，并与其他工程相结合，形成完整的防御体系，有效防止径流损失，并对雨水加以利用。

硬化面积宜限制在项目区空闲地总面积的1/3以下，地面和人行道路的硬化结构宜采用透水形式。

应恢复并增加项目区林草植被覆盖率、植被恢复面积，以达到项目区空闲地总面积的2/3以上。

4.8.1.2 设计要求

(1)可行性研究阶段设计要求

①结合工程总体布置，进行相应水文计算，初步确定硬化面积、入渗产流数等，收集资料，对项目区及周边降水来水情况进行调查，计算径流损失量及可能的集水量。

②进行降水蓄渗工程的总体规划，初步确定工程总体布置。

③对不同型式的降水蓄渗工程进行分类典型设计，初步确定断面尺寸，计算工程量。

(2)初步设计阶段设计要求

①根据雨水集蓄利用有关规范，复核调整总体布置及水文计算。

②确定各种不同型式的降水蓄渗工程位置，查明地质条件，确定断面尺寸及基础处理方式，做出施工组织设计。

4.8.2 雨水集蓄利用方式

对产生径流的坡面，应根据地形条件，采取水平阶、窄条梯田、鱼鳞坑等蓄水工程；对径流汇集的局部坡面，应根据地形条件，采取水窖、涝池、蓄水池、沉沙池等径流拦蓄工程；项目区位于干旱、半干旱地区及西南石质山部分地区，应结合项目工程供水排水系统，布置专用于植被绿化的引水蓄水、灌溉工程。降水渗蓄利用工程总体上讲就是2种方式，一是就地入渗，二是贮存利用。常见方式如下：

①地面硬化利用类型为建筑物屋顶　其雨水应集中引入地面透水区域(如绿地、透水路面等)形成蓄渗回灌，也可引入储水设施蓄存利用。

②地面硬化利用类型为建设工程场地　庭院、广场、停车场、人行道、步行街和自行车道等场地，应首先按照建设标准选用透水材料铺装，直接形成蓄渗回灌；也可设计构筑汇流设施，将雨水引入透水区域实现蓄渗回灌，或引入储水设施蓄存利用。

③地面硬化利用类型为城市主干道、交通主干道等基础设施　路面雨水应结合沿线的绿化灌溉，设计构筑雨水利用设施。

建设工程的附属设施应与雨水利用工程相结合；景观水池应设计为雨水储存设施；草坪绿地应设计为雨水滞留设施。用于滞留雨水的绿地须低于周围地面，但与地面高差最大不应超过20cm。

4.8.3 雨水集蓄利用工程设计

4.8.3.1 基本资料

建设雨水集蓄利用工程，应收集工程所在地区年降水量资料和多年平均年蒸发量资料，并分析计算得出多年平均保证率为50%、75%及90%的年降水量。无实测资料地区，可查本省(自治区、直辖市)多年平均降水量、蒸发量及 Cv 等值线图求得。

对拟作为集流面的屋顶、庭院、广场、公路、道路等的硬化地面面积进行测算。

一般情况下可不测绘地形图，但应有蓄水设施及灌溉土地之间的相对位置和高差资料以及拟建工程位置的土质或岩性，必要时宜有1/500的局部地形图。

对相邻区域内已建集雨工程的集流效率，蓄水设施的种类、结构和容积，提水设备、节水灌溉设施以及节水灌溉制度和工程运行管理情况进行调查。

对工程实施范围内可利用雨水进行灌溉的绿地种类、面积与需水、灌溉情况以及土壤质地应进行调查。

对当地水泥、钢筋、石灰、防渗膜料以及砂、石、砖、土料等建筑材料的储(产)地、储(产)量、质量、单价、运距等应进行调查。

4.8.3.2 集雨工程规划

(1)供水标准的确定

开发建设项目硬化地面集蓄的雨水，一般存在轻度或轻微污染，只考虑作为绿地灌溉、小型加工业和工业供水水源。

① 绿地灌溉供水量应根据本地区树、草的需水特性和可能集蓄的雨水量，采用非充分灌溉的原理，确定补充灌溉的次数及每次补灌量。缺乏资料时，灌水次数和每次灌水定额可参照表4-12的规定取值。

表4-12 树木、果树集雨灌溉次数和定额

灌水方式	降雨量250~500mm地区的灌水次数	灌水定额(m^2/hm^2)
滴灌	2~5	120~150
小管出流灌	2~5	150~225
微喷灌	2~5	150~180
点灌(穴灌)	2~5	150~180

全年灌溉水量用下式计算

$$M_d = \beta(N - 10P_e - W_s)/\eta \tag{4-17}$$

式中 M_d——全年灌溉水量(m^3/hm^2)；

β——非充分灌溉系数，取0.3~0.6；

N——农作物、果树或林草全年需水量(m^3/hm^2)；

P_e——农作物、果树或林草生育期有效降水量(mm)；

W_s——灌溉前土壤有效储水量，缺乏实测资料的地区可按N的15%~25%估算；

η——灌溉水利用系数，可取0.8~0.95。

②小型加工业供水应按照节约用水、提高回收利用率的原则，根据生产实际需要确定，或参照《农村给水设计规范》确定。

③工业供水应按照节约用水、提高回收利用率的原则，根据生产实际需要确定。

(2)工程规模的确定

①集流面面积确定

a. 供水保证率应按表4-13的规定取值。

表4-13 雨水集蓄利用工程供水保证

供水项目	集雨灌溉	小型加工业
保证率(%)	50~75	75~90

b. 仅有1种用途的雨水集蓄利用工程集流面的面积按下式计算

$$\sum_{i=1}^{n} S_i k_i \geqslant 1\,000W/P_p \tag{4-18}$$

式中 W——1种用途的年供水量(m^3)；

S_i——第 i 种材料的集流面面积(m^3)；

P_p——保证率为 P 时的年降水量(mm)；

k_i——第 i 种材料的年集流效率(%)；

n——材料种类数。

c. 几种用途雨水集蓄利用工程的集流面总面积按下式计算

$$S_i = \sum_{j}^{m} S_{ij} \tag{4-19}$$

式中 S_i——第 i 种材料集流面总面积(m^2)；

S_{ij}——第 j 种用途第 i 种材料的集流面面积(m^2)。

d. 年集流效率应根据各种材料在不同降雨情况下试验观测资料确定。缺乏资料时，可参考表 4-14 取值。

表 4-14 不同材料集流面在降雨量 200～500mm 地区的年集流效率

集流面材料	降雨量 200～500mm 地区年集流效率(%)
混凝土	75～85
水泥瓦	65～80
机 瓦	40～55
手工制瓦	30～40
浆砌石	70～80
良好的沥青路面	70～80
乡村常用土路、土碾场和庭院地面	15～30
水泥地面	40～55

② 蓄水工程容积的确定

蓄水工程容积可按下式计算

$$V = \frac{KW}{1-\alpha} \tag{4-20}$$

式中 V——蓄水容积(m^3)；

W——全年供水量(m^3)；

α——蓄水工程蒸发、渗漏损失系数，取 0.05～0.1；

K——容积系数，半干旱地区灌溉供水工程可取 0.6～0.9，湿润、半湿润地区可取 0.25～0.4。

4.8.3.3 集雨工程设计

(1) 集流工程

集流工程应由集流面、汇流沟和输水渠组成。当集流面较宽时，宜修建截流沟拦截降雨径流并引入汇流沟。

屋顶集流面可采用接水槽或在屋檐下的地面上修建汇流沟汇流。利用道路、广场等硬化地面作为集流面时，均应修建汇流沟。汇流沟可采用混凝土现浇或预制、块(片)石、砖衬砌的矩形、"U"形渠或土渠。汇流沟的纵向坡度应根据地形确定，衬砌渠(沟)一般不宜小于1/300，土渠(沟)不宜小于1/500，断面尺寸应按汇流量确定。

(2)蓄水工程

参见本章4.7小型排蓄引水工程设计有关内容。

4.8.3.4 节水灌溉系统及灌溉制度

①利用集蓄雨水进行灌溉时，应采用节水灌溉方法。集雨滴灌、微喷灌工程设计应符合SL103—1995《微灌工程技术规范》的要求，宜采用定型设计。小型集雨喷灌工程的设计应符合GBJ85—1985《喷灌工程技术规范》的要求，设备应选用经过法定检测机构检测合格的产品。

②应采用非充分灌溉方法，以提高灌溉水生产率为目标，根据当地降雨和植物需水规律，分析确定影响植物生长关键缺水期及需要补充的灌溉水量，进行关键期补水灌溉的灌溉制度设计。资料不足时，集雨节灌的灌水次数和定额可参照表4-12取值。

4.8.4 降水渗透利用工程

降水渗透利用工程是一项新技术，便于在城区及生活小区设置，对于我国大城市和开发区及大型开发建设项目，由于地面硬化、地下水开采过度等导致局地水循环破坏的地区，通过降水渗透利用工程，既可补充地下水，又可以减少泄洪径流、减轻城市防洪压力。降水渗透利用技术在设计方面尚处于初步阶段，以下介绍的几种较适用于我国城市建设与开发建设项目，供参考。

4.8.4.1 渗水管

渗水管是多孔管材，雨水通过埋设于地下渗水管向四周土壤层渗透。其主要优点是占地面积少，管材四周填充粒径20~30mm的碎石或其他多孔材料，有较好的调蓄能力。缺点是发生堵塞或渗透能力下降时，很难清洗恢复；此外不能利用土壤表层的净化作用。该方法对水质有一定要求，应不含悬浮固体。在用地紧张的城区，表层土壤渗透性差而下层土壤渗透性好的地区、旧排水管网改造利用地区和水质较好的地区适用该法。

4.8.4.2 渗水沟

渗水沟是采用多孔材料或是自然的带植物的浅沟，底部铺设透水性好的碎石层。屋顶花园+浅草沟雨水处理系统是典型的雨水渗透处理利用系统。屋面雨水先流经屋顶花园进行渗透净化，而后与道路雨水一并进入凹式绿地，流入浅草沟。浅草沟由上至下可分为2层，上层为种植草类植物的浅水洼，下层为渗透渠。通常水洼层铺设活土，深度不超过0.3m，通过土壤与植物的处理作用净化雨水，同时种植的植被绿色可以很好融入到建筑周围的生态景观当中。下层渗透渠一般填充高渗透性的棱柱状颗粒，例如砾石或熔岩颗粒等，可储存大量雨水，并逐渐将雨水释放以补充地下水，超过渗透能力的雨水排入市政管网。

4.8.4.3　渗水地面

渗水地面分为天然渗水地面和人工渗水地面。前者以绿地为主，其透水性好，能美化环境并对雨水中的污染物有较强的截留和净化作用，但其渗透流量受土壤性质的限制。人工透水地面是人工铺设的透水性地面，如多孔沥青地面、碎石地面和草坪砖地面等，多铺设在道路两侧的透水人行道、停车场等地段。其主要优点是利用了表层土壤对雨水的净化能力，对预处理要求低，技术简单；缺点是渗透能力受土质所限，需要较大的透水面积。渗水地面在现代城市建设中已得到越来越广泛的应用。

4.8.4.4　渗水洼塘

渗水洼塘即利用天然或人工修筑的池塘或洼地进行雨水渗透，补给地下水。种植草坪的洼地对雨水不仅有调蓄作用，还可以去除水中的污染物，同时具有很好的观赏价值。渗水池塘一般是人工修建的比洼地深的雨水滞蓄和入渗设施，其周围一般种植树木，也有较好的景观效果。

4.8.4.5　渗水浅井

渗水浅井类似于普通的检查井，但井壁做成透水的，在井底和四周铺设10～30mm 的碎石，雨水通过井壁、井底向四周渗透。其主要优点是占地面积和所需的空间小，便于集中管理；缺点是净化能力低，不能含过多的悬浮固体，需要预处理。适用于拥挤的城区地面和地下可利用空间小，表层土壤渗透性差而下层土壤渗透性好的场合。浅水井的另一作用是雨水地下入渗。地下入渗是在土地有限的情况下，或者表层有较浅的不透水层时，挖穿不透水层，在透水层开入渗沟，沟内铺设带孔的透水管，周围填装直径 16～32mm 的砾石，透水管连接浅水井。浅水井将收集到的屋顶或道路等不透水地面产生的雨水，用管道输送到入渗沟内的透水管，沟内充填的砾石和管道有一定的蓄水空间，可存储一部分雨水，并使雨水通过周围的土壤下渗。

以上工程可以与雨水收集结合，经自然净化处理排入预定入渗区域。这种整体的雨水收集与入渗系统可分散控制，来缓解城市排水管网的负担，并涵养地下水资源。该技术较符合我国实际情况，可广泛应用于以生态建设为目标的城市。但是，这种技术完全依赖自然的净化机理处理雨水，它需要占用较多的城市空间，无法适应建筑密度高且改建困难的城市；另一方面，由于该技术对雨水的净化效果有限，所以当地雨水回用水质要求较高时，就必须经过进一步的深度处理才能使用。

4.9　临时防护工程设计

开发建设项目从动工兴建到建成投产正常运行，其间往往历时较长，如不及时落实“三同时”制度和采取有效措施，可能会造成严重的水土流失。临时防护工程是开发建设项目水土保持措施体系中不可缺少的重要组成部分，在整个防治方案中起着非常重要的作用。

4.9.1　基本原则和设计要求

4.9.1.1　基本原则

施工建设中，临时堆土(石、渣)必须设置专门堆放地，集中堆放，并应采取拦挡、覆盖等措施。

对施工开挖、剥离的地表熟土，应安排场地集中堆放，用于工程施工结束后场地的覆土利用。

施工中的裸露地，在遇暴雨、大风时应布设防护措施。如裸露时间超过一个生长季节的，应进行临时种草加以防护。

施工建设场地、临时施工道路应统一规划，并采取临时性的防护措施，如布设临时拦挡、排水、沉沙等设施，防止施工期间的水土流失。

施工中对下游及周边造成影响的，必须采取相应的防护措施。

4.9.1.2　设计要求

(1)可行性研究阶段设计要求

在可行性研究阶段，初步拟定临时防护工程的类型、布置、断面，并估算工程量。

(2)初步设计阶段设计要求

在初步设计阶段，应结合主体工程设计，确定临时防护工程的类型、布置、结构、断面尺寸等，明确防护工程量、建筑材料来源及运输条件。

4.9.2　临时防护工程的适用范围

临时防护工程主要适用于工程项目的基建施工期，是为防止项目在建设过程中造成的水土流失而采取的临时性防护措施。

临时防护工程一般布设在项目工程的施工场地及其周边、工程的直接影响区范围。

防护的对象主要是各类施工场地的扰动面、占压区等。

4.9.3 临时防护工程的类型

(1)临时工程防护措施

临时工程防护措施主要有挡土墙、护坡、截(排)水沟等几种。临时工程防护措施不仅工程坚固、配置迅速、起效快，而且防护效果好，在一些安全性要求较高和其他临时防护措施不能尽快发挥效果时，则必须采取这种防护措施。

(2)临时植物防护措施

临时植物防护措施主要有种树、种草或树草结合，或者种植农作物等。临时植物防护措施不仅成本低廉、配置简便，宜农则农、宜林则林、宜草则草，时间可长可短，而且防护效果好、经济效益高、使用范围广。

(3)其他临时防护措施

由于工程性质不同，开发建设的方式、特点也不一样，有许多时候难以配置临时植物或工程防护措施，需要因地制宜地采取其他有效的防护措施，如开挖土方的及时清运、集中堆放、平整、碾压、削坡开级、薄膜覆盖等。

4.9.4 临时防护工程的设计

(1) 临时工程防护措施

临时工程防护措施在设计标准可适当降低，但必须保证安全运行。设计时应对项目的生产特点、工艺流程、地形地貌、生产布局等情况进行详细调查，准确计算工程量，使工程措施既满足防护需要，又不盲目建设而造成浪费。

① 临时挡土(石)工程　临时挡土(石)工程一般修建在施工场地的边坡下侧，其他临时性土、石、渣堆放体及地表熟土临时堆放体的周边等。临时挡土(石)工程的规模应根据渣体的规模、地面坡度、降雨等情况的分析确定。临时挡土(石)工程防洪标准可以根据确定的工程规模，参考相应的弃渣防治工程的防洪标准确定。

② 临时排水设施　临时排水设施可以采用排水沟(渠)、暗涵(洞)、临时土(石)方挖沟等，也可利用抽排水管，一般布置在施工场地的周边。临时排水设施规模和标准，根据工程规模、施工场地、集水面积、气象降雨等情况分析确定。临时排水设施的防洪标准应根据确定的工程规模，参考相应的弃渣防治工程的防洪标准确定。

③ 沉沙池　沉沙池一般布置在挖泥和运输方便的地方，以利于清淤，其作用主要是沉积施工场地产生的泥沙。沉沙池的容量根据流域地形地质和可能产生的径流、泥沙量确定沉积泥沙的数量。

(2)临时植物防护措施

对裸露时间超过一个生长季节的地段，应采取临时植物防护措施。临时植物防护措施的应用较为普遍，配置方便，设计时要充分考虑地形条件、生产工艺、防护要求等，要在满足防护需要的同时，尽可能降低防护成本。

① 种植农作物 对于需要临时防护的地段，能种植农作物者尽量种植，不仅可以降低防护成本，同时也可增加一定收益。种植农作物前需采取必要的土地整治措施，其种植方法可参照常规农业耕作方法。

② 临时种草 临时种草是最常见的配置方式，临时种草主要采取土地整治、播撒草籽的方式进行。具体要求参见相关的标准执行。

③ 临时植树 临时植树主要针对裸露时间较长的地段，临时植树前应采取必要的土地整治，植树方式需根据树种特性和立地条件具体确定，或植苗播或播种。具体要求参见相关的标准执行。

(3)其他临时防护措施

① 表面覆盖 它是一种应用最为广泛的临时防护措施，其作用也较为明显。施工中的各类裸露地、开挖的弃土以及弃土石、建筑用砂石料的运输过程中，应采用土工布、塑料布等覆盖，风沙区部分场地也可用草、树枝等临时覆盖，避免大风或强降雨天气产生水土流失。

② 平整碾压 平整碾压主要针对临时堆放的弃土弃渣，应对其采取平整碾压措施，改变弃土弃渣局部地貌，增加其紧实度，避免大风或强降雨天气产生水土流失。

本章小结

开发建设项目水土流失防治技术，是开发建设项目水土保持工作的核心内容，也是本书的基础性知识。拦渣工程、斜坡防护工程、土地整治工程、泥石流防治工程和防洪排水工程是防治开发建设项目水土流失的基本工程措施和手段，以生态修复和植被恢复为目的的植被建设工程、防风固沙工程则是其工作最基本的植物措施与手段。

思考题

1. 简述挡渣工程的主要内容和设计要点。
2. 简述斜坡防护工程中生物措施与工程措施结合的必要性。
3. 简述土地整治工程、防风固沙工程与植被建设工程相结合的要素。
4. 防洪排洪工程的核心是什么？
5. 在各类开发建设项目水土保持方案中，哪些水土流失防治技术是设计核心？

小 资 料

长江三峡水利枢纽工程

长江三峡水利枢纽工程简称"三峡工程"，是当今世界上最大的水利枢纽工程。三峡工程位于长江三峡之一的西陵峡的中段，坝址在三峡之珠——湖北省副省域中心城市宜昌市的三斗坪。三峡工程建筑由大坝、水电站厂房和通航建筑物三大部分组成。

大坝为混凝土重力坝，大坝坝顶总长3 035m，坝高185m，设计正常蓄水位175m，总库容$393\times10^8m^3$，其中防洪库容$221.5\times10^8m^3$。

三峡工程被列为全球超级工程之一，有世界"十大之最"：①防洪效益最为显著的水利工程；②世界最大的电站；③建筑规模最大的水利工程；④工程量最大的水利工程；⑤施工难度最大的水利工程；⑥施工期流量最大的水利工程；⑦泄洪能力最大的泄洪闸；⑧级数最多、总水头最高的内河船闸；⑨规模最大、难度最高的升船机；⑩世界移民最多、工作最艰巨的移民建设工程。

三峡工程的综合效益：①防洪：三峡工程是减轻荆湖地区洪涝灾害的重要工程，防洪库容在$73\times10^8\sim220\times10^8m^3$。如遇1954年那样的洪水，在堤防达标的前提下，三峡能减少分洪$100\times10^8\sim150\times10^8m^3$，荆江至武汉段仍需分洪$350\times10^8\sim400\times10^8m^3$。如遇1998年洪水，可有效防御。长江三峡水利枢纽工程可以有效阻挡百年一遇的大洪水。②发电：装机$(26+6)\times70\times10^4(1820\times10^4+420\times10^4)$kW，年发电846.8(1 000)$\times10^8$度。主要供应华中、华东、华南、重庆等地区。长江三峡水利枢纽工程的发电量可以照亮大半个中国。③航运：三峡工程位于长江上游与中游的交界处，地理位置得天独厚，对上可以渠化三斗坪至重庆河段，对下可以增加葛洲坝水利枢纽以下长江中游航道枯水季节流量，能够较为充分地改善重庆至武汉间通航条件，满足长江上中游航运事业远景发展的需要。长江三峡水利枢纽工程在养殖、旅游、保护生态、净化环境、开发性移民、南水北调、供水灌溉等方面均有巨大效益。

三峡工程的问题弊端：①对库区文物的影响；②对生态与环境的影响；③移民问题；④地质灾害问题；⑤国防安全问题。

第5章

开发建设项目水土保持方案实例分析

5.1　矿产开采项目

5.1.1　井采矿项目水土保持方案分析

5.1.1.1　项目及项目区概况

（1）项目概况

××××斜沟矿井及选煤厂工程（以下简称斜沟煤矿）。属于河东煤田北部远景普查区的中南部，井田南北长约22km，东西宽约4.5km，总面积为88.64km^2。地质资源储量24.44×10^8t，可采储量为12.70×10^8t。开拓方式采用斜井（主斜井、副斜井、回风斜井），采煤方法采用一次采全高长壁采煤法。造成水土流失直接影响区的面积为1 982.05hm^2。

（2）项目区概况

项目区地处吕梁山脉的西北端黄土丘陵沟壑区，工业场地海拔943.5～985.0m，地形大部分为山地区，少部分在岚漪河阶地，地势东南高西北低；属温带半干旱大陆性季风气候，年平均气温8.7℃，无霜期178d，≥10℃以上积温3 506℃，年平均降水量470.0mm，汛期（5～9月）降水量380.3mm，占全年的80.91%，5年一遇24h设计暴雨量87.8mm，10年一遇24h设计暴雨量111.8mm，20年一遇24h设计暴雨量136.5mm，年平均蒸发量2 082.4mm，年平均风速2.6m/s，最大冻土深度1.31m；项目区土壤以淡栗褐土为主；植被区划属晋西北黄土丘陵灌丛草原地区，自然植被覆盖度为低等水平，物种较少，植被覆盖率20%～50%。

5.1.1.2　建设项目及水土流失特点

兴县总面积3 165.3km^2，其中水土流失面积2 466km^2，占全县总面积的78%。本项目区属黄河河龙区间多沙粗沙治理区，由于区内山高沟深坡陡，雨量集中，土壤质地差，土体结构松散，水力侵蚀极为严重，属于中度以上侵蚀区，原地貌土壤侵蚀模数在280～10 000t/（km^2·a）；该区多年平均风速2.6m/s，大风日数3.2d，风力侵蚀轻微。

该项目属新建工程，在主体工程和附属工程施工准备及建设过程中扰动面积大，破坏力强，移动土石方量多，沉陷范围大，尤其是采空塌陷区的影响是潜在的，主要表现为对地质构造和地下水的影响，从而导致对地表和植被的破坏。

该工程施工期间极易造成较大面积和较强的水土流失，增加水土流失量。矸石和弃渣堆放过程中，由于风力作用，在矸石和弃渣的表面容易产生风化和剥蚀；而在有倾角和边坡位置，容易产生水蚀。在其他的施工区域，也不同程度的存在风力侵蚀和水力侵蚀。

5.1.1.3 水土保持现状及其评价

(1)水土保持现状

正在兴县实施的“黄河水保生态工程重点小流域治理项目”和“世行贷款项目”。以治理水土流失、改善生态环境和实现农业经济可持续发展战略为目标，以增加植被、拦沙固土、蓄洪排清、提高经济效益为核心，以小流域为单元，实行工程措施、植物措施相结合，山、水、田、林、路综合治理，梯、坝、林、果、草配套开发，全面保护和合理开发利用自然资源，进行集中、综合、连续开发治理，治管结合。从根本上控制水土流失，最大限度地开发土地生产力。

世行贷款“蔚汾河流域水土保持综合治理”项目治理面积1 113hm^2，其中淤地坝10座，营造经济林2 133hm^2，用材林2 333hm^2，灌木林4 387hm^2，人工种草133hm^2。

世行贷款“扶贫开发”项目治理面积4 667hm^2，其中利用淤地坝造地50hm^2，营造经济林2 333hm^2，水土保持林100hm^2。

(2)水土保持经验

①在沟道内布设拦沙坝、河堤、谷坊等工程措施，前期拦沙滤水，后期发展沟坝地，增加耕地面积，减少过度垦荒，缓和人地矛盾。

②沟道栽植固岸防冲林，防止沟岸冲刷扩延，保护两岸农田。

③坡耕地实施坡改梯或退耕还林还草，在保证基本农田的基础上，发展畜牧业和林果业，增加农民收入。

④对沙化弃耕地和荒草地以封禁治理为主，选择适宜的优良林草品种，补植补种，改良植被。

⑤在工程实施上，实行项目法人制、招投标制、建设监理制和资金报账制，加强管理，确保预期效益发挥。

(3)水土保持存在的问题

总结多年来水土保持经验的同时，也发现还存在着一定的问题，主要表现在：

①项目监测工作滞后，大部分煤矿未能按监测要求实施，致使目前监测资料缺乏，不能为编制水土保持方案提供依据；

②措施布局零乱，缺乏整体性和全局性；

③工程措施比较薄弱，防洪拦渣能力不够；

④裸露面多，植被恢复不够；

⑤崩落区、侵蚀区治理任务艰巨。

5.1.1.4 水土流失预测

施工建设期为重点防护时段，其次为施工准备期；工业场地、弃渣场、排矸场和排洪工程防治分区为新增水土流失主要区域，也是建设期重点防治分区。

水土流失预测的方法一般可以采用资料调查法、实测法和引用资料法进行预测。

①资料调查法　对于建设期扰动原地貌、破坏植被面积预测、弃土石渣量预测采用资料调查法。

②实测法　水力侵蚀强度预测采用实测法。对井工矿已有的路基边坡的侵蚀沟作现场样方调查，对路基边坡侵蚀沟的实测数据，用下式来估算路基边坡水力侵蚀模数：

$$M = \gamma V_E / m$$

式中 m——路基边坡堆弃年限(a)；

γ——岩土密度(t/m^3)，此处取$\gamma = 1.65$；

V_E——样方总侵蚀量(m^3/hm^2)；

M——平均侵蚀模数[$t/(hm^2 \cdot a)$]，路基边坡侵蚀沟中，大、中冲沟总体呈“U”型，细冲沟总体呈“V”型。根据计算，路基边坡平均水力侵蚀模数为7 400$t/(km^2 \cdot a)$。

③引用资料法　风力侵蚀强度预测采用引用资料法。本工程风蚀量预测引用附近已建成的项目地资料。

根据预测结果，斜沟煤矿建设工程在建设期扰动、损坏水土保持设施面积54.36hm^2；造成水土流失面积54.36hm^2；新增土壤侵蚀量10 400.83t，其中施工准备期新增土壤侵蚀量2 428.23t，工程建设期新增7 336.78t，植被恢复期新增635.82t，人为水土流失较为严重。

5.1.1.5 水土保持措施

(1)水土保持措施总体布局

①工业场地防治分区　主体工程已有场地排水沟、边坡防护、场地绿化和表土剥离等措施；方案新增沉沙池、编织袋装土护脚临时防护措施。

②场外道路防治分区　主体工程已有进场道路绿化措施；方案新增排水沟、其他道路两侧的植物措施。

③场外管线防治分区　主体工程已有及时回填平整、恢复农田和自然恢复植被措施；方案新增开挖土方绿网遮盖临时防护措施。

④弃渣场防治分区　方案新增挡渣墙、排水沟和渣面、渣坡覆土及恢复植被措施。

⑤排矸场防治分区　方案新增堆石坝、排水竖井、排洪涵洞和排矸场周边栽植防护林措施。

⑥排洪工程防治分区　主体工程已有场地截洪沟、排洪暗涵和弃渣场截洪沟措施，方案新增截洪沟施工区和保护带植被恢复措施。

⑦首采塌陷防治分区　主体工程采取筹建观测站、预留保安煤柱、移民搬迁、专人巡查、裂缝填充、地面整治、补偿等措施。

(2)水土流失防治措施体系图

水土流失防治措施体系见图5-1。

5.1.1.6 投资估算及效益分析

(1)投资估算

本方案水土保持措施新增投资533.84万元。其中工程措施费239.41万元，植物措施费16.96万元，施工临时工程费9.65万元；独立费用217.09万元；基本预备费28.99万元；水土保持设施补偿费21.74万元。

(2)效益分析

通过对项目区水土流失影响因素分析，结合本工程水土流失特点，确定工程的水土流失防治分区。各分区采取工程措施、植物措施与临时防护措施相结合的综合防治措施后，对项目区原有的水土流失和工程新增的水土流失进行科学防治，改善项目周边地区的生态环境，工程的建设有良好的生态效益、经济效益和社会效益。

5.1.1.7 实施方案的保证措施

为了全面落实水土保持方案，确保水土保持方案按计划实施，必须强化组织领导，搞好后续水土保持设计，做好水土保持工程招标、投标，加强水土保持工程的建设监理工作，做好水土保持监测工作，搞好技术管理，保证资金到位，合理使用资金。

5.1.2 露天矿项目水土保持方案分析

5.1.2.1 项目及项目区概况

(1)项目概况

×××铁矿二期(Ⅰ采场)采选工程，位于河北省滦县××镇、该项目一期工程(Ⅱ、Ⅲ采场)北侧。项目年产铁矿石800×10^4t，属大型项目。总投资28.9亿元，其中土建投资9.1亿元。项目建设期3年，矿山服务年限30年。最终产品为铁精矿，开采方式为露天开采。

项目占地总面积276.2hm^2，扰动地表面积209.9hm^2，占压水土保持设施面积88.5hm^2。固体废弃物总量为11.5×10^8t。新建项目包括采矿场1处，选矿厂1处，表土堆场1处，排岩胶带5km，水源井2个，加压泵站1座，泵房2座，输水管线1 500m(1条钢管DN300)，高位水池3座，截洪沟4 550m，场外输电线路5.0km和场外通讯线路250m等。

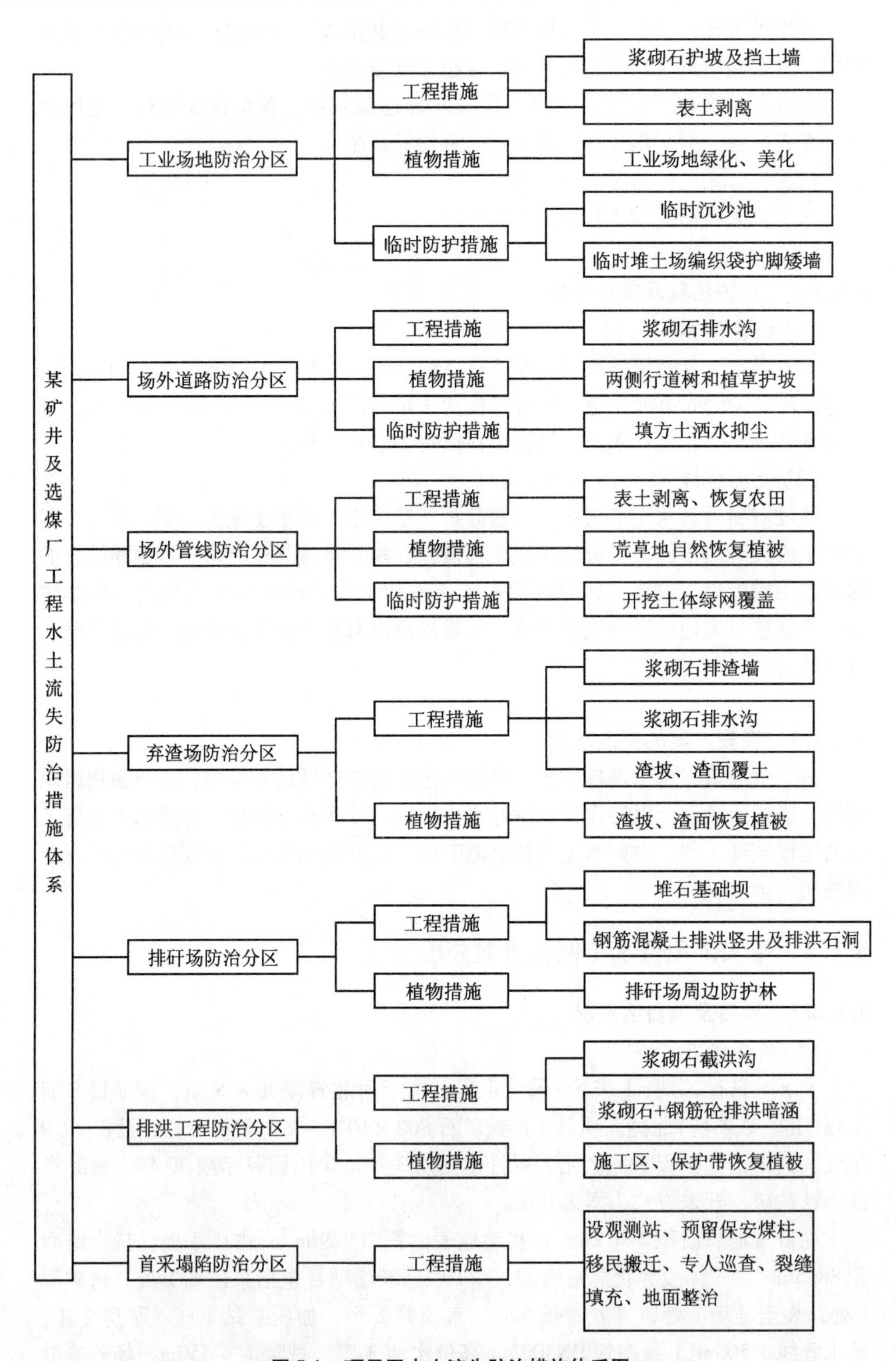

图5-1 项目区水土流失防治措施体系图

(2)项目区概况

项目区位于丘陵区，采矿场及选矿厂起伏较大，其他位置相对较为平坦。该项目区的土壤按土类分区主要为褐土，植被属暖温带落叶阔叶林带，林草覆盖率约为30%。项目区属暖温带大陆性气候，春季干旱多风，夏季炎热多雨湿润，秋季天高气爽，冬季寒冷少雪干燥。项目区年平均降水量为680mm，年平均蒸发量1 648.3mm，年平均日照时数2 696.9h，年平均气温10.5℃，≥10℃积温3 948℃，最大冻土深80cm，无霜期175d，多年平均风速2.86m/s。

5.1.2.2 建设项目及水土流失特点

露天矿项目的主要特点是，大面积平整场地，采掘场的全面挖损和排土场的占压，使原地貌发生了巨大的变化，形成巨大的人造山，对地面扰动大，排土量大，往往需要设计内外排土场。所以在项目实施过程中，需要注意内外排土场的位置和使用年限，并核实内外排土场的库容能否满足。同时，如果外排土场的位置选择在地势较低的山谷或洼地内，则应对其洪水的汇水面积和汇水量作初步计算，以避免加重水土流失。

项目区地处滦河下游丘陵地带，水土流失类型以人为侵蚀和水力侵蚀为主。采矿场内现有多处砖厂和采矿点，人为侵蚀严重，侵蚀强度为中度；选矿厂位于丘陵坡地，部分为荒草地，部分为坡耕地，以水蚀为主，侵蚀强度为轻度；排岩胶带主要为荒草地，以水力侵蚀为主，侵蚀强度为轻度；供水系统部分为耕地，部分为荒坡地，以水力侵蚀为主，侵蚀强度部分为微度，部分为轻度。项目区侵蚀模数背景值为600t/(km^2·a)。滦县的水土流失面积，在全国第一次土壤侵蚀遥感调查时为279.14km^2，到全国第二次土壤侵蚀遥感调查时已下降到了248.75km^2。

5.1.2.3 水土保持现状及其评价

该铁矿二期(Ⅰ采场)采选工程，在项目选址、总体布局、施工布置等方面较多地考虑了水土保持问题。项目区不属于崩塌、滑坡危险区，但由于采矿场的深挖，可能在采矿场内诱发部分崩塌、滑坡等水土流失危害。主体工程应进一步优化施工时序，减少施工期的水土流失。

主体工程中的截洪沟、挡土墙、厂区绿化等措施，满足水土保持要求，能够起到防治水土流失的作用。表土存放、废弃物处理等符合环境保持和水土保持要求。

该方案将在场外供水系统、场外输电线路、场外通讯线路等方面，补充完善水土保持措施体系。

5.1.2.4 水土流失预测

该项目水土流失预测主要采取资料调查法、类比实测法和引用资料法。对于建设期扰动原地貌、损坏植被面积预测、弃土石渣量预测采用资料调查法。对排土场、采掘场水土流失量预测，主要采用相邻露天矿工程现场调查和类比实测法进行，并结合本工程所在区域的微地形、地貌等下垫面状况的差异，确定本工程排土场、采掘场的水土流失量；对于工业场地、地面运输系统、供排水管线、供电通信线路等工程，在施工过程中产生的水土流失主要采取类比实测法和资料调查相结合的方法进行预测。

根据预测，占压、损坏水土保持设施面积 88.5hm^2；扰动地表面积 209.9hm^2；建设期及生产期弃土弃渣总量 11.5 × 10^8t；水土流失总量 36 180t，比原地貌新增土壤侵蚀量 18 896t；水蚀强度最大的时段为建设期，强度较大的区域为采矿场、选矿厂和表土堆场。

造成水土流失的主要影响因子包括采矿场表层剥离、采矿场深挖、采矿场排水、废石及尾矿排放、选矿厂厂区建设、排岩胶带基础开挖、场外水电通讯基础开挖及临时占地等。

可能造成的水土流失危害主要包括：影响采矿场等主体工程自身安全，对项目周边生态环境产生一定的不利影响，对项目区河流水质和水循环产生影响。

5.1.2.5 水土保持措施

对采矿场区、选矿厂区、表土堆场、排岩胶带区、场外水电通讯区、施工便道区和施工生产生活区7个防治分区，分别布置水土保持措施。本方案新增措施包括：

(1)采矿场区

植物措施　在采矿场周围布置防风林带，种毛白杨3 000株。

(2)选矿厂区

①植物措施　对浆砌石挡土墙进行垂直绿化，种五叶地锦4 250株。

②临时措施　对因修筑平台产生的临时弃土设置草袋装土临时拦挡，长度500m。

(3)表土堆场区

①工程措施　在表土堆场外侧修排水沟1 850m，与一期表土堆场外侧排水沟相连，将水排至一期排水沟。在表土堆场坡脚修浆砌石挡土墙2 450m。在表土堆场顶部边缘四周修土埂2 300m。

②植物措施　在表土堆场周围布置防风林带，种毛白杨1 850株。在表土堆场顶部及边坡、平台处种紫穗槐37.5万株，树下播撒高羊茅37.5 × $10^4$$m^2$。

(4)排岩胶带区

①植物措施　对排岩胶带基础开挖、临时弃土破坏的区域恢复植被，混播无芒雀麦、波斯菊3 900m^2。

②临时措施　在排岩胶带基础开挖前，对可能产生的临时弃土设置草袋装土临时拦挡措施，总长300m。

(5)场外水电通讯区

①工程措施　将坡地上输水管线施工破坏的地埂恢复为砌石地埂，总

长55m。

②植物措施　将高位水池基础开挖产生的弃渣运往废石转运站；对该区被损毁的灌草地进行绿化，播撒高羊茅3 000m^2。

③临时措施　在输电线路和通讯线路基础开挖前，设置草袋装土临时拦挡共350m；将高位水池场地平整时产生的弃渣，均匀堆置于场地周围筑成土埂，长度140m。

(6)施工便道区

①植物措施　施工便道结束后，将施工便道恢复植被，播撒高羊茅1 000m^2。

②临时措施　将挖方段产生的少量弃方，均匀堆置在便道下游一侧，筑成土埂，长度300m。

(7)施工生产生活区

①植物措施　施工结束后，将选矿厂施工生产生活区和高位水池施工生产区恢复植被，混播无芒雀麦、波斯菊，面积分别为10 000m^2和100m^2。

②临时措施　在采矿场和选矿厂的施工生产区内各设置沉沙池1座；在采矿场和选矿厂的施工生产生活区分别修排水沟500m和300m；对选矿厂、高位水池、水源地施工生产区的砂砾料采取草袋装土临时拦挡措施，长度分别为200m、30m、50m。

5.1.2.6　投资估算及效益分析

(1)投资估算

水土保持方案新增投资949.5万元。

新增投资包括：工程措施投资295.6万元，植物措施投资167.2万元，施工临时工程投资21.5万元，独立费用244.5万元，基本预备费43.7万元，水土保持设施补偿费177.0万元。

(2)效益分析

设计水平年防治效果：扰动土地整治率为95%，水土流失总治理度为85%，土壤流失控制比为0.7，拦渣率95%，林草植被恢复率95%，林草覆盖率20%，可以实现防治目标。

通过本方案的实施，可以实现较好的生态效益，以及一定的社会效益和经济效益。保土效益27 277.7t。

5.1.2.7　实施方案的保证措施

为了贯彻落实规划，矿方应按照《水土保持方案》的设计框架，根据年度计划安排，按期完成治理任务。为此，必须在行政与组织管理、资金管理以及技术管理方面认真实施。

5.1.3 管道工程水土保持方案分析

5.1.3.1 项目及项目区概况

(1)项目概况

北方某天然气输气管道工程是国家“九五”期间的一项特大型工程，项目涉及4省(市)22个县(市)，总长900km²，采用管道沟埋敷设方式，总投资36亿元。在某省总长171.78km²，总占地面积302hm²，其中临时性占地面积301hm²，永久性占地面积1hm²。

(2)项目区概况

管线所经区域的地貌类型由土石山地、黄土盆地、丘陵和山前洪积川滩地，逐步过渡为平原，地形由剧烈起伏变为平缓开阔。山区植被覆盖率60%左右。年降水量500mm左右，年平均气温7～10℃。

(3)水土流失状况

根据水土流失分级标准和项目区实际情况，沿线水土流失可分为4个类型区，即土石山地中度侵蚀区，浅山丘陵、盆地轻度侵蚀区，河滩、川地微度侵蚀区及平原区。

5.1.3.2 建设项目及水土流失特点

(1)项目涉及地貌类型多，施工条件复杂

输气管道工程项目战线长，采用管道沟埋敷设方式，沿途所涉地貌类型包括风沙区、黄土区、土石山区、石山区、丘陵阶地区、平原区，管线穿山越岭、跨河过沟，施工条件复杂。该项目在某省先后36次穿越河道，15次穿越公路，2次翻越崇山峻岭。

(2)项目战线长，但占地面积不大

项目在某省总长171.78km²，总占地面积仅302hm²，占地面积并不大。

(3)水土流失呈线状分布，且区域变异很大

输气管道项目本身为线状，造成的水土流失亦呈线状分布。该项目在某省沿途经过4个类型区，即土石山地中度侵蚀区，浅山丘陵、盆地轻度侵蚀区，河滩、川地微度侵蚀区及平原区。开发建设造成的水土流失量也因所涉类型区的变化而变化，差异很大，以土石山区和浅山丘陵最为严重。

(4)植被破坏呈线状，增加了重建植被施工难度

管道施工扰动，使管线及周围的土壤结构和植被遭到破坏，降低了水土保持功能，加剧了水土流失。但因呈线状分布，增加了植被重建的施工难度。

(5)弃渣弃土分散，极易造成流失

管线施工通过山区、河道，弃渣弃土均分散堆置在坡面、河岸、河滩上，极易被水流冲刷。

(6)开挖破坏坡体支撑，引起崩塌、滑坡等重力侵蚀

管道经过陡峻山地和深谷谷岸的地带，由于开挖，破坏了坡体支撑，为崩

塌、滑坡制造了条件，极易引起重力侵蚀。

(7)管线穿越公路，造成水土流失隐患，危及交通安全

管道工程共穿越公路15次，穿越段路基由于管道施工被扰动，容易透水，致使路基被水淘空，路基失去支撑，造成塌陷，甚至发生车毁人亡的事故。

5.1.3.3 水土流失预测

经实地调查，管道施工共破坏水土保持面积277.82hm^2，其中农耕地261.66hm^2，林地1.8hm^2，灌草13.35hm^2。破坏水土保持工程护坝25道350m，谷坊坝6道，渠道140处2 100m，地埂18 200m。开挖土石方量$90.82\times10^4m^3$，其中回填$80.02\times10^4m^3$，废弃$10.79\times10^4m^3$。

为了使水土流失预测更切合实际，对管道工程可能造成的土壤侵蚀量采取分段预测的方法。根据管线所经过的不同水土流失类型分区，结合土地利用情况和水土流失特点，将管道分为土石山坡、丘陵缓坡、河道、沟道和平原耕地5个区段来进行预测。

按以上预测，管道施工直接破坏水土保持措施，造成水土流失的区段长度为27km，破坏地表总面积$41.1\times10^4m^2$，废弃土石总量$3\times10^4m^3$。如不采取水土流失防治措施，在施工期间和工程完工后的3a内，可能造成的水土流失总量为$3.6\times10^4m^3$(合46 814t)，其中新增土壤侵蚀量为$3.5\times10^4m^3$(合45 418t)。

防治措施：修建浆砌石护坡28处1 033m，干砌石护坡4处437m，浆砌石挡土墙37道1 298m，干砌石挡土墙17道936m，浆砌石拦渣坝18道229m，干砌石拦渣坝道250m，干砌石护地坝3道170m，削坡2处80m，排水沟5条660m，栽植紫穗槐68 160m^2。

5.1.3.4 水土保持措施

(1)水土流失分区及防治措施总体布局

①土石山地中度侵蚀区　山高坡陡，土层薄，岩石破碎，是崩塌滑坡等重力侵蚀易发区。本区水土流失防治以工程措施为主，工程生物相结合。

②浅山丘陵、盆地轻度侵蚀区　本区施工破坏主要表现为对地坎、坡面植被和坡耕地的破坏，防治措施主要是清除废弃土石和土地整治，恢复耕地和植被，同时做好管道上方坡面截水、排水和护坡固沟工程。具体措施为：修建浆砌石护坡3处110m，浆砌石挡土墙2道90m，干砌石挡土墙3道90m，浆砌石防洪堤1道50m，截、排水沟8道，栽植紫穗槐74 450m^2，自然恢复植被64hm^2。

③山前滩、川地微度侵蚀区　本段地貌完整，地势平缓，管道埋设对本区水土保持影响轻微，主要任务是做好恢复土地、植被，同时做好管道方向的截水、排水和防冲固坡工程。本区防治措施有：修建浆砌石拦碴坝10道150m，栽植紫穗槐13 500m^2。

④平原区　本区应做好穿越河道的废弃物的处理及农耕地恢复；对于穿越公路的地段，应采取相应的工程措施，避免公路塌陷和公路边坡冲刷。

(2)水土保持措施设计

①拦渣工程　在管道施工中造成的废土、弃石应放置专门存放地，并采取相应的拦渣工程，拦渣工程主要包括拦渣坝、挡土墙和护坝。拦渣工程的修建分下面3种情况：

a. 附近有沟道的废土、弃石等直接弃于沟道中，在堆置体下游修建防洪拦渣坝。

b. 废土、弃石堆置前沿易发生滑坡、崩塌，或堆置在坡顶及斜坡面时，采用挡土墙拦护。

c. 废土、弃石等堆置于沟岸或河岸的，应采取挡土墙拦护。

②斜坡防护工程　管道施工中由于取挖地面或堆置废土、弃石等形式的各种不稳定边坡，都应根据不同的条件，分别采取防护措施。斜坡防护工程主要包括植物护坡、工程护坡和综合护坡。

a. 对边坡高度大于4m，坡比大于1∶1.5的，应采取削坡措施。

b. 对边坡小于1∶1.5的土质或沙质坡面，可采取植物护坡措施。

c. 对堆置物或山体不稳定处形成的边坡，或坡脚易遭受水流淘刷的，应采取工程护坡措施。

d. 对条件较复杂的不稳定边坡，应采取综合护坡措施。

③防洪排水工程　管道在施工中，由于破坏地表或废土、弃石导致水土流失，对下游造成洪水危害，或管道本身遭受其上游洪水危害的，应部署防洪排水工程，主要包括缓洪拦渣坝、排水沟和截水沟。

a. 管道上游有小流域沟道洪水集中危害的，应在沟道中修建缓洪拦渣坝。

b. 管道一侧或周边坡面有来洪危害的，应在坡面与坡脚修建排水沟或截水沟。

④土地整治　管道所过区域施工前为农用地的，仍恢复为农用地。管道所过区域施工前为林地或灌草坡的，栽种灌木，恢复植被；无恢复条件的，可采取封禁措施自行恢复；根据《管道管理条例》，距管道中心线5m之内，不再栽植乔木林和深根灌木林。

5.1.3.5 投资估算和效益分析

(1)投资估算

完成上述工程所需材料：水泥1 364.27t，块石16 676.38m^3，沙子4 357.88m^3。总投资334.45万元。

(2)效益分析

本方案实施后，可进一步保护输气管道的安全，延长工程使用寿命；减小水土流失、保护生态环境。管道在建设过程中修筑的施工便道及水保防护工程，都是尽量结合群众生产生活需要而修建的，在一定程度上改善了当地的交通条件，方便了群众生产生活。

5.1.3.6 方案实施措施

工程管理部门安排专门机构和人员负责，组织实施水土保持方案提出的各项防治措施，并加强建设工程的监督保护工作；各项防治措施专业人员负责施工设计和技术指导；水土流失防治费用由工程建设单位承担，列入工程建设计划；各项资金做到及时到位，专款专用，并接受水行政主管部门的监督。

5.1.4 石油勘探开发区水土保持方案分析

5.1.4.1 项目及项目区概况

(1)项目概况

西北黄土高原某石油开发项目，某县石油开发区的水土保持方案。该石油开发项目始于20世纪70年代，到1994年累计打井292口，投产油(水)井219口，年产原油20多×10^4t。石油生产用地总面积342hm^2，其中井场站所占地137hm^2；修筑石油生产主干道6条、长53km，井场道路87km，道路占地面积187hm^2；还有输电线路、输油管道、泵站等占地。

(2)项目区概况

石油开发区属黄土高原沟壑区，地形破碎，沟壑密度为3～5km/km^2。地表多为深厚黄土，石油开采的含油层在地下1 400～1 600m。

当地气候为大陆性季风气候，年降水量407 mm，其中7～9月占64%，蒸发量1 675mm。年平均气温8.6℃，平均无霜期151d，大风较多。当地河流多年平均输沙模数为9 340t/(km^2·a)。自然植被多为典型草原。建设区地处的地貌类型有4种，其中塬面占10%，塬边坡地占12%，梁峁地占22%，山坡地占44%，沟谷阶地和川台地占12%。

5.1.4.2 建设项目及水土流失特点

建设石油勘探开发区的主要特点是，对地面扰动小，根据石油的分布而变化，影响区域不规则。项目实施过程中，对地下水水位影响严重，土石方数量大。在土石方堆放过程中，占压土地，破坏植被。

因此，石油勘探开发区的特点是：水土流失范围随石油分布而变化，影响区域不规则，影响范围点多面广，分布零碎。土石方的堆放造成土石的裸露，长时期容易形成风化，极易造成风蚀。同时在有坡度和倾斜地区，雨季容易形成水蚀。

5.1.4.3 水土流失预测

本项目水土流失预测主要采用实地调查和类比的方法。其结果如下。

(1)损坏水土保持设施情况

开发区建设井场站所、道路、输油管道、输电线路、供水供电设施、工厂企业、生活基地等，都要扰动原地貌和地表土层，破坏地面植被，使水土保持设施的功能降低。根据建设项目的占地情况，受影响的区域约342hm^2。

(2)生产建设中弃土量

石油开发中共需弃土55.8 × $10^4 m^3$，其中采区内井场弃土36.9 × $10^4 m^3$，道路弃土18.9 × $10^4 m^3$。

(3)可能造成的水土流失量

主要是施工过程中的流失。在修路、打井中，削坡整平都会形成较陡的边坡，一般在70°以上，高度可达20m。所弃土石形成的自然边坡，一般都在30°以上，极易造成水土流失。据对该工程的调查，仅井场站所发生的崩塌、滑坡就有26处。

根据黄河中游各地调查资料，丘陵山区道路的弃土量将有10% ~30%在暴雨、洪水的作用下流失。该项目将造成超过10 × $10^4 m^3$ 弃土的流失。

5.1.4.4 水土流失防治措施

水土流失分区及防治措施总体布局如图5-2所示。

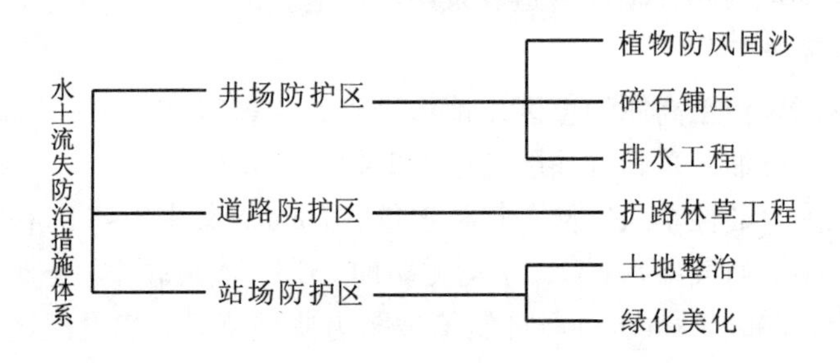

图5-2 水土流失分区及防治措施总体布局

(3)治理进度安排

主要集中在施工期完成水土保持工程，实施期2 ~3年，养护1年，第三年验收。

5.1.4.5 水土保持工程投资及效益分析

(1)水土保持投资

根据建设项目概算方法，经计算，该县境内石油开发区主要水土保持工程投资为20多万元。

(2)效益分析

治理区土壤侵蚀模数由8 000t/(km^2·a)降到2 000t/(km^2·a)，石油开采区、站场等区域的环境得到美化，自然面貌改观。

5.2 工业企业项目

5.2.1 林浆纸联营项目水土保持方案分析

5.2.1.1 项目及项目区概况

(1)项目概况

广东省××纸业有限公司林浆纸一体化扩建项目首期年产 20×10^4t 化学木浆工程位于肇庆市广宁县县城西南约 7km 的官步龙塘坪以北，地理坐标为东经 112°05′~112°43′，北纬 23°22′~23°59′。厂区东面有省道 263 线经过，南面紧靠绥江，西面为龙塘坪、楼江等农居，北面为丘陵、水塘、旱地及部分水田。本项目拟在原厂区北面新征土地上扩建，大部分为林地(有 2 个山塘)，其间有部分水田。扩建工程区东起省道 263 线，西到旧屋坪，北至处梁寨，地形标高32~90m，东西长 1.0km，南北宽约 0.6km。

(2)项目区概况

项目区广宁县属低山高丘区，地势起伏较大，绥江两岸地势平缓。地势西北高，东南低，北部多中山，海拔高度一般在 700~1 000m，西南部海拔高度一般在 300~500m。

项目区属亚热带季风气候区，夏长冬短，热量丰富，光照充足，雨量充沛。年平均气温 20.7℃，极端最高气温 39.4℃，极端最低温 -4.2℃(持续时间 3~5d)。霜期多出现在 12 月中旬至次年 1 月上旬，年平均霜冻 7~11d，≥10℃积温 7 214℃。平均降水量 1 732mm，平均相对湿度 82%。常年主导风向为东北偏东风，平均风速 2.1m/s。土壤以赤红壤、红壤为主。项目影响区域植被类型为人工植被与自然植被。

5.2.1.2 项目区水土流失现状

广宁县境内群山耸立，山地丘陵占总面积的 80%，森林覆盖率为 78.5%。广宁县属广东省水土流失重点治理区。据 1999 年遥感资料，广宁县水土流失面积占全县土地总面积的 5.2%，为 126.77km^2，其中自然流失面积 111.01km^2，占流失面积的 88%。土壤流失类型依次有面蚀、崩岗、沟蚀及滑坡，人力侵蚀主要是坡耕地和陡坡开荒。水土流失面积中，轻度侵蚀面积占 79.5%，中度侵蚀面积占 18.9%，强度侵蚀面积占 1.4%，极强度侵蚀面积仅占 1.94%。项目区土壤侵蚀容许值为 500t/(km^2·a)。

5.2.1.3 项目区及厂区水土保持现状

广宁县在水土流失治理方面也取得了显著成效，现有林草地面积 2 092.48km^2，修建了蓄水塘堰、拦砂坝和淤地坝等小型水土保持工程，使水土流失得到有效控制。

通过对一期工程现状的调查，厂区水土流失轻微，主要措施包括地面硬化、排水工程、围墙、挡土墙和园林式绿化等，空闲区域均已充分利用，水土流失得到有效控制。场内道路全部用砼硬化，道路两边设暗沟式雨水排除系统；在厂区周边砌筑砖围墙，在保证安全的同时，避免了厂区少量水土流失的危害；在靠近绥江边填方坡面坡脚砌筑浆砌石挡土墙，避免了边坡的崩塌和水土流失；厂区绿化实施乔灌草相结合，以园林树种为主，在美化环境的同时，减轻了厂区的水土流失，绿化面积占厂区总面积的25%以上。

5.2.1.4 水土流失预测

由于本项目区的地形地貌为山地、丘陵，水土流失预测一级区为山地丘陵区；根据项目组成、施工布置、施工工艺等，将项目区水土流失预测二级区划分为厂址区、施工工区、固废填埋场和进场道路区4个预测区，对工程建设过程中引起的水土流失进行预测。根据本项目建设特点，结合项目区环境和水土流失现状，确定本工程水土流失预测范围为厂址建设及其运行过程中，扰动地表和破坏植被面积范围，不包括林业基地占地面积。本工程总占地面积为66.35hm^2，水土流失预测范围为66.35hm^2。

预测内容包括扰动原地貌、土地及植被损坏面积，损坏水土保持设施的面积、数量，弃土弃渣量，可能造成的新增水土流失量、水土流失危害等。具体预测内容和方法见表5-1。

表5-1 水土流失预测内容、方法对应表

序号	预测内容	采用方法
1	原地貌、土地及植被损坏面积	根据主体工程提供数据和图纸统计，并对现场进行查勘复核
2	损坏水土保持设施的面积、数量	
3	弃土弃渣量	根据主体工程设计报告提供的数据
4	可能造成的水土流失总量及新增水土流失量	选择相距近，施工方法、工程破坏地貌植被形式相似的工程区进行类比
5	可能造成的水土流失危害	在熟悉工程布置、施工方法及工期安排基础上，综述潜在的水土流失危害
6	水土流失影响综合评价	分析前5项预测结果，确定重点防治区域，为防治方案提供依据

5.2.1.5 水土保持措施

(1)水土保持防治分区

根据该扩建工程实际，水土保持防治分区主要划分为厂区、施工工区、固废填埋场区和进场道路区。

①厂区 占地面积56.85hm^2。在厂址平整、厂房建设等土石方开挖回填过程中会导致表土裸露，产生大量水土流失。在完工后应对项目区进行园林绿化，

在保持水土的同时美化厂区景观。

②施工工区　施工工区占地面积4hm²。施工期机械的碾压、建筑材料堆积和施工人员的活动，使原地表遭受不同程度的扰动和破坏，引发水土流失。应以施工期临时设防和弃用后的治理为主。

③固废填埋场　包括现有填埋场，总占地面积6.2hm²。补充设计现有填埋场的治理措施，使水土流失得到治理；新建填埋场的拦渣坝、防渗措施建设过程中，会造成水土流失，后期需要进行覆土整治和植被绿化，避免废物流失造成危害。因此，必须加强施工期的防治措施和弃用后的整治和绿化。

④进场道路区　占地面积0.8hm²，主要用于外部道路与固废填埋场的连接，施工期地表的扰动和土石方的开挖，必然导致水土流失。运行期随着路面硬化和防治措施的落实，水土流失逐渐减轻。

(2)水土保持措施总体布局

为了使因工程建设引起的水土流失降到最低程度，达到保持水土的最终目的，结合该项目的特点，拟采用拦、防等工程与植物措施相结合的防治方案。防治措施体系见图5-3。

5.2.1.6　投资估算及效益分析

(1)投资估算

该扩建工程水土保持总投资1 688.83万元。其中工程措施457.52万元，植物措施58.70万元，施工临时工程860.65万元，独立费用192.98万元，基本预备费94.19万元，水土保持补偿费24.78万元。

(2)效益分析

①基础效益　项目建设扰动和损坏地表面积66.35hm²，水土流失防治责任范围为70.15hm²，水土保持防治措施面积27.29hm²；其中植物措施防治面积26.62hm²，工程措施防治面积0.64hm²，建构筑物和水面面积37.92hm²，水土流失面积28.43hm²。

②社会效益　水土保持方案实施后，工程弃渣得到治理，扰动的原地貌得以恢复，工程水土流失防治责任范围内得到有效防护，减轻对周围农田、村庄、道路、学校的影响，避免河道淤埋(塞)，保证主体工程的运行及安全，为该项目建设促进地区经济发展的目的起到积极作用。

③经济效益　水土保持方案实施后，一方面可有效减少水土流失现象发生，避免泥砂淤积附近江河、水库，降低了对周边环境的危害和可能的经济损失。另一方面，水土保持措施的实施，减少环境污染、美化环境，特别是当地旅游资源丰富，创造良好的环境对当地旅游业发展具有十分重要作用。

④生态效益　水土保持方案实施后，可以有效控制工程建设中的人为水土流失，改善项目区生态环境。水土保持措施在主体工程区、弃渣场、施工场地、施工便道等区域的实施和运行，将产生明显的保水、保土效益，有利于当地环境质量的改善，使其生态系统向良性循环方向发展。

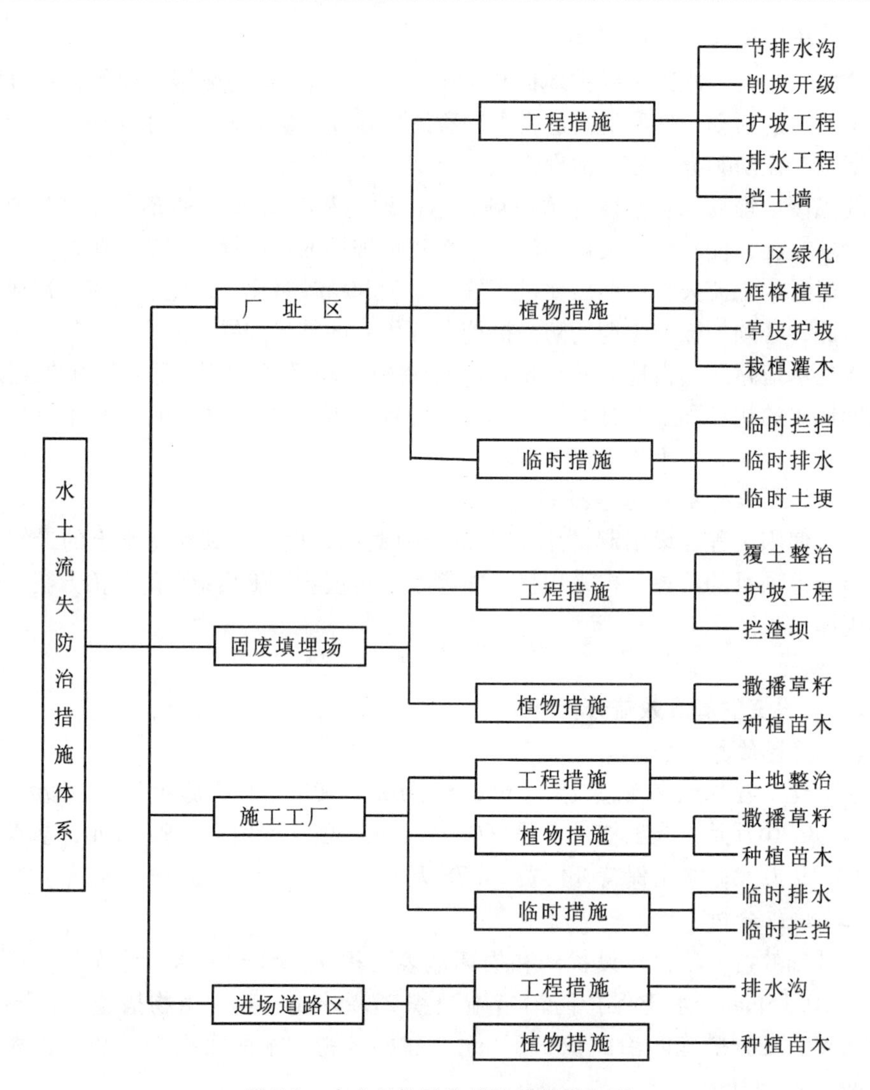

图5-3 水土保持防治措施体系结构图

5.2.1.7 方案实施的保证措施

主体工程设计中应将工程水土保持投资纳入设计估算，以保证水土保持方案措施资金计划的落实；施工单位应加强施工组织和管理、优化施工组织设计，大量的土石方开挖和回填，要尽量避开雨季；在施工过程中坚持预防为主，防治结合的原则，减少水土流失量；项目法人在与承包商签订施工合同时，要明确水土流失防治责任，施工过程中要避免随意扩大扰动面积，对各分区的防治要结合施工进程进行；地方水行政主管部门应加强对施工过程的监督检查，以保证水土保持方案各项措施的落实。

5.2.2 火力发电厂水土保持方案分析

5.2.2.1 项目及项目区概况

(1)项目概况

云南××电厂规划装机容量4×300MW，分两期实施。一期工程装机规模为2×300MW，总投资26.81亿元(土建投资为4.70亿元)。本期工程属扩建项目，规划装机2×300MW，配置2台1 025t/h循环流化床锅炉和2台300MW凝汽式汽轮发电机组。

本期工程主要由厂区、施工场地和灰场等组成。建设占地47.44hm²；施工总工期27个月(包括施工准备期6个月)；工程拟定施工准备期从2009年1月开始，3#机2011年1月投产，4#机2011年4月投产。本期工程总投资为24.6亿元，其中土建投资为3.5亿元。

(2)项目区概况

××电厂在开远坝子边缘，厂区属山间盆地，盆地内地形平坦，四周为中低山。项目区属南亚热带高原季风气候区，具有年温差小、日温差大、干湿季分明、降水集中的特点，年平均气温19.8℃，年平均降水量为794.6mm，年平均蒸发量为1 986.8mm；区内土壤以赤红壤、红壤和水稻土为主，项目区自然植被类型为暖热常绿阔叶林，现状植被为以坡耕地为主的农田植被，自然植被主要为灌草丛植，林草覆盖度为60%左右。

5.2.2.2 建设项目及水土流失特点

××电厂二期扩建工程占用了大量的一期工程征占地，这些土地已全都经过场地平整，目前场地地形平坦，部分区域上有临时建筑设施，裸露地表多被人工及机械压实，且有一定的挡护、排水等水土保持设施，现场未发现明显的土壤侵蚀现象，水土流失总体较轻。在没有扰动情况下，现状土壤侵蚀强度为微度，侵蚀模数为500t/(km²·a)左右；厂区及施工场地新占用地主要为灌木林地和坡耕地，其中，灌木林地林草覆盖度在70%左右，地形坡度在15°~20°，现场无明显土壤侵蚀现象，侵蚀模数取500t/(km²·a)，坡耕地地形整体较为平缓，地形坡度在5°左右，土壤以红壤为主。根据现场调查，在农闲期及农作物生长初期该区存在一定的土壤侵蚀现象，侵蚀模数取1 500t/(km²·a)。

贮灰场区新占用地主要为灌木林地和坡耕地，其中，灌木林地林草覆盖度在60%左右，地形坡度在20°~30°，现状土壤侵蚀现象不很明显，但该区坡度较大，土壤侵蚀模数取600t/(km²·a)；贮灰场坡耕地地形坡度在10°~20°，土壤以红壤为主。根据现场调查，在农闲期及农作物生长初期该区土壤侵蚀现象较显著，侵蚀模数取2 500t/(km²·a)。

厂区及施工场地平均土壤侵蚀模数为800t/(km²·a)，灰场区平均在1 220t/(km²·a)左右。

根据《土壤侵蚀分类分级标准》(SL190—1996)的划分，项目区位于西南土石山区，土壤侵蚀类型以水力侵蚀为主，水土流失允许值为500t/(km²·a)。

5.2.2.3 水土保持现状及其评价

××市属珠江南北盘江国家级水土流失重点治理区，属省级水土流失重点监督区和重点治理区。项目区位于开远市的西部低山盆地中度流失区，水土流失形式以面蚀为主。本区人类活动频繁，坝区因耕作合理，水土流失不严重，但坝区四周的丘陵、山区、半山区水土流失严重，尤其以大于15°坡耕地、未成林造林地和荒山荒坡流失最为显著，且呈现向人为活动较集中的地方发生和发展。水土流失严重的原因有：地形切割强烈，相对高差大；降雨季节性集中，强度偏大；土壤抗蚀力弱，发育程度低；森林的过量砍伐，人口密集、垦殖率高、开荒较严重；此外，大量的开发建设项目也造成了一定的水土流失。

项目区水土保持设施主要为厂区和灰场区占用的具有水土保持功能的灌木林地，无其他水土保持专项设施。

5.2.2.4 水土流失预测

通过分析主体工程的设计资料，结合现场勘察，对施工中开挖、占压土地、破坏林草植被的种类、数量、程度及面积分别进行统计测算。

根据工程设计资料，结合现场调查按水土保持设施类型进行统计。

根据施工组织设计，结合物料平衡统计最终弃土渣量。

各预测分区土壤侵蚀量计算采用如下公式。

$$W = \sum_{i=1}^{n} (M_i \times F_i \times T_i) \tag{5-1}$$

式中 W——水土流失量(t)；

n——预测单元；

M_i——第 i 个分区原生土壤侵蚀模数值($i=1, 2, \cdots, n$)[t/(km²·a)]；

F_i——第 i 个分区水土流失面积(km²)；

T_i——第 i 个分区水土流失预测时段(a)。

项目建设新增水土流失量为

$$W_{新} = (W_1 + W_2) - W_0 \tag{5-2}$$

式中 W_0——原生水土流失量(t)；

W_1——施工期水土流失量(t)；

W_2——自然恢复预测水土流失量(t)；

$W_{新}$——项目新增水土流失量(t)。

根据预测，××电厂二期2×300MW扩建工程的建设共扰动破坏原地貌面积为47.44hm²，损坏水土保持设施面积8.45hm²。本工程建设期可能造成的水土流失总量为3 016t，新增水土流失量为2 414t，水土流失主要集中在厂区及施工临时场地。

5.2.2.5 水土保持措施

(1)水土保持措施总体布局

针对各防治分区所处位置、地形地貌、自然条件、施工工艺及水土流失产生特点，结合主体工程具有水土保持功能工程，采取有效的工程措施、植物措施、临时防护措施，进行全面防护，以形成完整、科学的水土流失防治体系，达到良好的防治效果。

①厂区 场地开挖、填筑及平整形成的边坡采取浆砌石护坡，除建筑物、道路广场硬化外，空地进行植物防护措施。本方案主要对施工过程中形成的开挖边坡及临时堆土进行临时挡护、遮盖措施，对剥离的表土及时运往临时堆存场。

②施工临时场地区 该区在施工期间对土地破坏并不严重，部分占地被临时建筑物遮蔽，部分占地被压实，故其在施工期间的水土流失较轻。本方案主要考虑场地平整前期的表土剥离、临时堆存，使用过程中的临时防护及施工结束后的清理平整、复耕等措施。

③贮灰场区 在一期工程挡护排水设施的基础上，补充截洪沟的设计，并加强了表土的剥离堆存及充分利用。并对运行期灰场堆灰过程中，提出洒水、碾压、加强日常管理等水土保持要求。本项目水土保持防治措施体系详见图5-4。

(2)水土保持措施工程量

①厂区 主体工程设计浆砌石挡护措施17 000m^3；厂区绿化3.41hm^2。本方

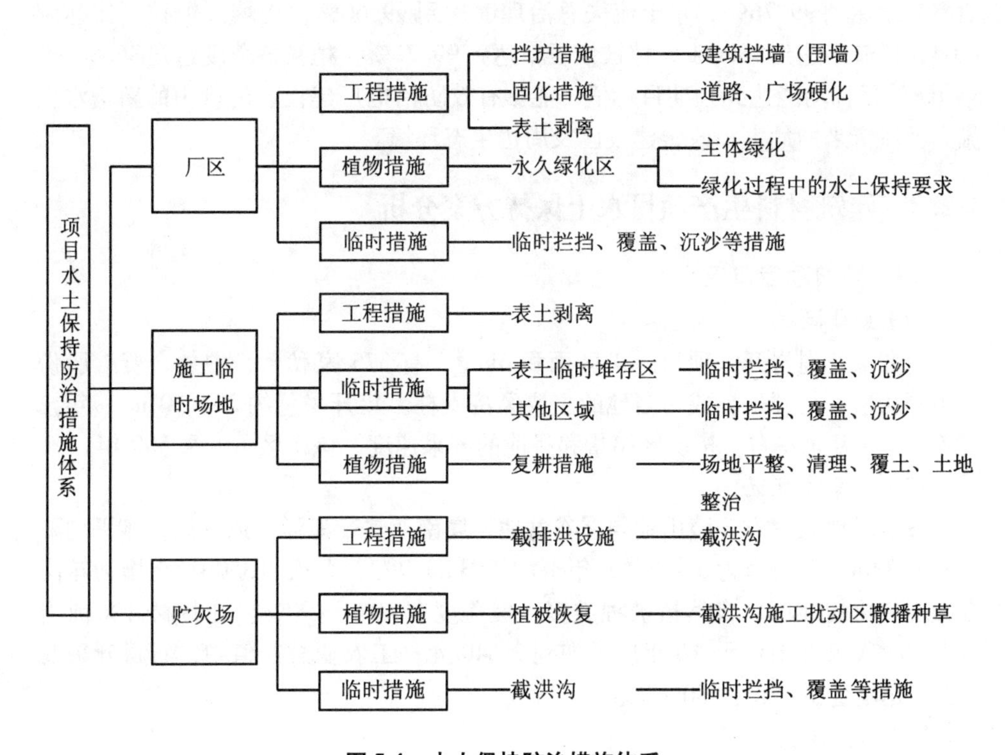

图5-4 水土保持防治措施体系

案新增表土剥离 $0.74\times10^4m^3$。临时防护措施：编织土袋挡墙 5 000m^3，临时排水沟 2 000m，沉沙池 1 个，土工布 5 000m^2。

②施工临时场地　主体工程设计浆砌石挡护 8 000m^3；排水沟长 3 000m，土方开挖 2 100m^3。本方案新增表土剥离 $1.85\times10^4m^3$；复耕 12.96hm^2。临时防护措施包括表土临时堆存场及场地使用期的临时防护：编织土袋挡墙 3 125m^3，临时排水沟 1 500m，沉沙池 1 个，土工布 12 500m^2。

③贮灰场　本方案新增贮灰场截洪沟长 3 143m，基础开挖 25 200m^3，回填 2 100m^3，M7.5 浆砌石 3 913m^3，碎石垫层 2 444m^3，混凝土 1 863m^3，砂浆抹面 14 960m^2；堆灰区表土剥离 $2.32\times10^4m^3$；截洪沟施工扰动区撒播种草 1hm^2。临时防护措施：编织土袋挡墙 450m^3，土工布 2 000m^2。

5.2.2.6　投资估算及效益分析

(1)水土保持投资估算

本方案新增水土保持措施投资 659.75 万元。在方案新增费用中，工程措施投资 233.97 万元，植物措施投资 50.54 万元，施工临时工程措施投资 82.04 万元，独立费用 243.89 万元，预备费 36.63 万元，损坏水土保持设施补偿费 12.68 万元。

(2)效益分析

从水土保持角度分析，通过该方案的实施，开远电厂二期扩建工程的扰动土地整治率达到 99.76%，水土流失总治理度达到 99.66%，土壤侵蚀控制比达到 1.04，拦渣率达到 98.6%，植被恢复率达到 99.71%，植被覆盖度达到 36.62%，6 项防治目标均能达到预期目标值，能够有效防治电厂建设、运行中的新增水土流失及所带来的危害，改善建设区及周边生态环境。

5.2.3　建筑材料生产项目水土保持方案分析

5.2.3.1　建筑项目概况

(1)项目概况

南方某花岗岩开采项目。矿区面积 6km^2，有 375 家私营、中外合资、股份公司等从事石材开采，成为当地的主要经济支柱。年开采量约 $20\times10^4m^3$，年投资约 5 000 万元左右。按矿区储量和目前的开采速度，该矿区可开采 500 年。

(2)项目区概况

该矿区地处南方丘陵山地与溪谷盆地，属南亚热带海洋季风气候，年平均降水量 1 700mm，雨季为 3～9 月，年平均气温 20.9℃，无霜期 350d。土壤为花岗岩母质分化的红壤，自然植被种类多、覆盖度在 40%～90%。在石材开采前当地人均收入只有 450 元，6 年后增加到 2 640 元；工农业总产值中，石材开采及加工、运输业的产值占 80% 以上。

(3)水土流失状况

该地区最具特征的土壤侵蚀地貌为崩岗侵蚀地貌，有崩岗 700 多处，而且发展快，侵蚀量巨大，有的已发展为崩岗群，形成沟壑遍布的景象。该区所处的河流平均侵蚀模数在20世纪五六十年代为490t/(km^2·a)，70年代增加到1 110t/(km^2·a)，流域的侵蚀模数呈增加趋势。

5.2.3.2 水土流失特点及危害

(1)水土流失特点

①扰动和破坏面大。该矿区是丘陵山地，采石需采用机械、爆破、人工等方式剥离表土，弃土和弃料很多，原地形地貌、植被、土壤等遭到整体性扰动，山体将要被挖平，整个采矿区都将受到影响，破坏面和数量很大。

②开矿点密集，并呈立体分布，极易造成水土流失。该采区每平方千米的矿点达60多个，在海拔110~760m的高程内均有分布，从沟底、山坡到山顶，都有采矿点。由于没有统一规划，乱挖滥弃现象十分严重，加之矿点是沿山坡分布，25°以上的土地占47%，一遇暴雨必然形成严重的水土流失。

③由于采矿的组织形式较多，为恢复治理造成了一定的难度。一些小矿点技术水平低，使开采剥采比加大；有的几经转手，业主治理责任不清；有的经营不善，无力进行治理等。

④该项目属长期生产项目，生产期间的水土流失防治十分紧迫。采矿项目在生产期间，不断产生弃土、弃料，其水土流失防治必须与生产同期进行。

⑤水土流失危害直接，社会影响较大。矿区造成的水土流失，已对周边群众构成生命财产的威胁，其水土流失防治具有政治影响。

(2)水土流失危害

矿区主要对下游6个村共24km^2区域构成威胁。首先是对3 427户15 771人、2 017座房屋造成危害，其中118座房屋已受到不同程度的损害，14座房屋被淤沙围埋，受影响人数达952户5 012人。其次是对农业生产造成危害，6个行政村42%的水田、58%的坡耕地、71%的果树、22%的山林受到危害，农业产量下降。再次是对水利设施造成破坏，下游河床近2年平均每年抬高1m左右，河床已高出两侧房屋2~4m，成为"小悬河"。下游一个小型水库已淤积67%。

(3)水土流失预测

本项目采用实地调查法、类比法和公式法进行预测。其结果如下：

①破坏植被面积　根据实地调查，目前已开采区破坏植被面积为71.53hm^2，占集水面积的17%。

②弃土弃料量　该矿区的剥采比为1∶3.5，现有弃土弃料量为$95.25\times10^4m^3$，今后年排弃量为$20.1\times10^4m^3$。

③可能造成新的水土流失量　主要是矿点、疏林地、崩岗、耕地造成的水土流失，根据实测和估算，废弃土石的传输比为0.3~0.4；经计算，平均侵蚀模数增加36 573t/(km^2·a)，近期5年共增加水土流失量74.97×10^4t。

④可能造成的危害　主要是对下游村庄、房屋的危害，耕地的损失，造成泥

石流、滑坡、崩塌等。

5.2.3.3 水土流失防治措施

(1)防治措施布局

该矿区的水土流失防治分4个区域进行布局，即采石场区、道路防护区、封禁防护区、采石迹地区。防治措施体系见图5-5所示。

(2)实施进度安排

主要防治措施计划在5年内完成，施工区的拦挡工程在第一年完成，随后实施植物措施，封育措施将长期实施。

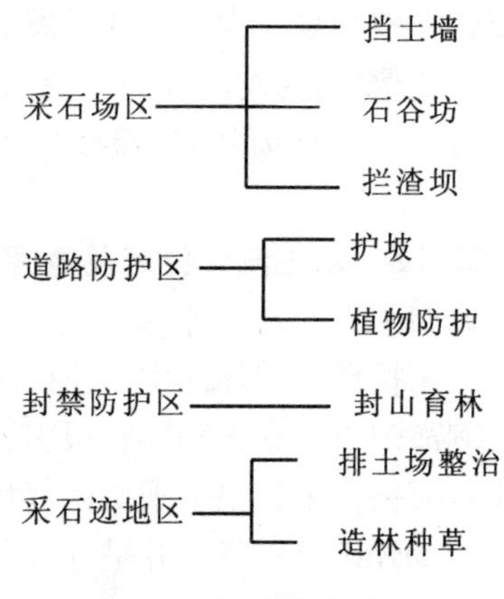

图5-5 防治措施图

5.2.3.4 水土保持投资估算

(1)投资估算编制依据

按项目所在省水利水电工程概算编制办法和定额进行编制。

(2)总投资

矿区一期治理4km^{2}范围的水土流失，共需投资394万元。

(3)效益分析

拦渣工程修建后，平均拦沙率达88%，泥沙被有效拦截；封禁治理区的植被覆盖率达到90%以上，土壤流失量减少50%；下游村庄、房屋、耕地得到有效保护。

5.3 交通运输项目

5.3.1 铁路建设项目水土保持方案分析

5.3.1.1 建设项目及周边概况

(1)建设项目概况

北方某特大煤田运煤专用铁路。地处黄土高原，跨越黄河多沙粗沙区，穿过库布齐沙漠和毛乌素沙地边缘，是我国水土流失重点预防监督区域，也是国家水土保持重点治理区。

该铁路全线铺轨222km，北起北方某大型工业城市，跨越黄河，经黄土高原的鄂尔多斯高原，沿乌兰木沦河到煤田开发区。全线共建特大桥6座、长4 420m，大桥15座、长3 635m，中型桥50座、长3 375m，小型桥10座、长257m，涵洞350座、长7 549m，隧道1座、长854m，全线共设车站18个。在中途城市设机务段，在铁路南北站分别设机务折返所。铁路建设期3年。设计年输送煤炭能力1 000×10^{4}t。

(2)周边地区概况

铁路经过的地区地貌有4种类型。首先经过36km黄河冲积平原，地表由黄河冲积、洪积夹带的细沙、黏土物质沉积而成，是当地的农业主产区。然后进入39km覆沙丘陵区，该区气候干燥，处于半荒漠、干草原和荒漠草原过渡带，地面流动沙丘占80%，有部分沙生植物。再进入47km丘陵沟壑区，水土流失强烈，基岩裸露，沟壑纵横，土地支离破碎。最后进入50km覆沙丘陵区，是干草原、栗钙土地带，沙丘居多，流动沙丘占40%～50%。

线路经过2条河流，均为多沙河流。流域的输沙模数为5 150～7 590t/(km^2·a)，平均含沙量在1 000kg/m^3以上，其中泥沙粒径大于0.25mm以上的粗沙占输沙量的38%，该地区是入黄泥沙主要来源地之一。

该地区属大陆性干旱寒冷气候区，具有干燥、少雨、多风、气温低且变化大、暴雨集中、蒸发强烈等特点。年均降水量为150～400mm，其中7～9月降雨占全年的65%～70%。年平均气温5.5～6.2℃，无霜期143～160d。大风日数最多49～95d，年平均风速3.2～3.6m/s，大风日数23～28d，年扬沙日数68～108d。气候条件也加剧了水土流失的发生发展。

(3)水土流失状况

当地干燥、气温低而变化大的条件加速了物理风化的过程，增多了地表松散物质，加上降雨集中且暴雨多、大风日数多的外力，使原生的水土流失剧烈发生。铁路经过的区域，侵蚀沟深大多在几十米，有的上百米。沟壑密度为6～11km/km^2，沟壑面积占土地总面积的20%～30%，个别地方高达60%，土壤侵蚀模数为5 000～18 800t/(km^2·a)。水土流失特点是风蚀、水蚀兼有，交替进行。冬春季节以风蚀为主，大多数沙土被搬运到背风坡面和沟道内，到夏秋季节以水蚀为主，泥沙被洪水携带，一部分直接注入黄河，一部分沉积在河口及下游，造成对农田、房屋、交通等设施的危害，风水蚀循环往复，形成对当地环境和经济发展的长期困扰。该地区强度沙漠化面积达$2.76\times10^4km^2$，占总土地面积的32%。大多数地区土地裸露，植被稀疏。

当地的水土保持工作，自20世纪50年代开始就进行了不断的治理，其中有几条大流域的治理是国家水土保持重点区。国家、地方、群众投入了大量的人力、物力、财力进行水土流失的防治工作，取得了明显的效果。

5.3.1.2 水土流失预测

(1)防治责任范围的界定

根据本铁路沿线各区段调查资料，参考包兰线、乌吉线铁路建设资料，铁路建设施工破坏宽度一般每侧为100m左右、两侧200m共171km的路段，直接影响区为34.2km^2，其中铁路征地13.45km^2。

(2)对地表可蚀性的影响

施工期间，大量土体和岩石被剥离、扰动和堆积，破坏了自然状态下的稳定和平衡，将使土体的抗蚀指数降低，土壤侵蚀加剧。

(3)新增水土流失量预测

铁路破坏影响范围新增加的土体侵蚀量为30%(包括施工便道、临时建筑等对水土流失的影响),该铁路影响区内新增水土流失91 299t/a。

该工程修建期的弃土石量为$487.46\times10^4m^3$。其中隧道开挖、滨河路基段、深挖路堑段、沿线桥涵施工等的弃土弃石$52\times10^4m^3$大多倒入河道中,产生大量的水土流失。地表新增侵蚀和弃土弃石侵蚀两项,年新增水土流失量$256.1\times10^4t/a$。

(4)风蚀沙化预测

该铁路穿越风沙区,经过沙区的里程81km,建开放车站9个,修大、中、小桥共7.5km,隧道1座,施工土石方$573.3\times10^4m^3$。破坏了潜在沙化土地的地表结构,植被遭破坏,土层被松动,极易造成新的沙漠化土地。由于线路建设动用大量土石,在沙化地区建站场,使该区域的沙化面积增加$1.2km^2$,沙漠化率增加到50.9%。

5.3.1.3　水土流失防治工程

根据水土流失预测,铁路建设防治水土流失的区域分为沿线施工区、铁路两侧影响区。有些措施是原设计中已有的,有些经水土保持方案论证属新增项目。采取的防治措施见图5-6所示。

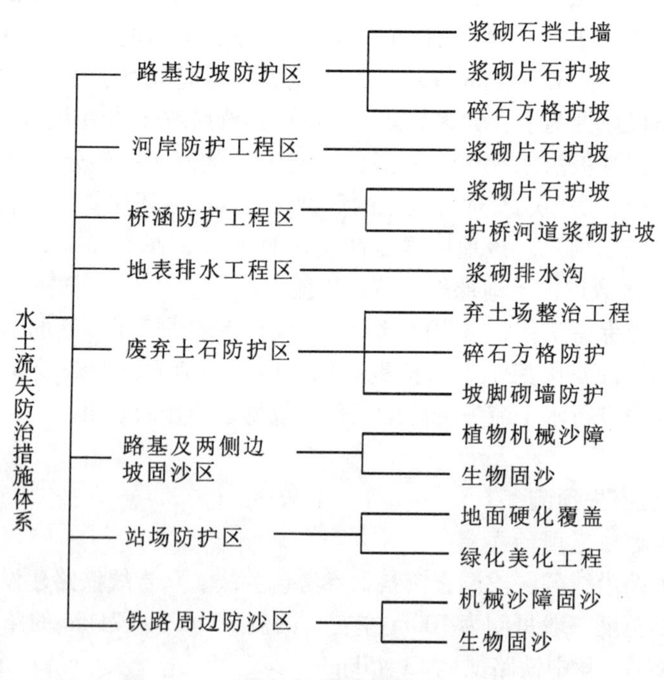

图5-6　防治措施

5.3.1.4 投资估算及效益分析

(1)投资估算

以上水土保持工程在原主体工程设计中大多已做了设计，其投资已列入工程投资中。现就水土保持后评价时增加的投资作一说明。

①沿线废弃土石整治工程 弃渣整平、斜坡防护工程共需投资292.73万元。

②防沙治沙工程 除原设计的投资448.8万元的治沙工程外，新增潜在沙化土地的治理，投资为123.94万元。

(2)效益分析

原设计中采取的水土保持措施，可减少水土流失量18.19×10^4t/a，但侵蚀量仍大于修建铁路前当地的水土流失量。经补作水土保持工程后，水土流失量减少到21.37×10^4t/a，低于原生地表年侵蚀量30.43×10^4t/a。沙化土地治理后，原有的17.4km^2沙化土地减少到5.56km^2，沙化率由修路前的47%降为16%。栽植的633hm^2防风固沙林草，对保护铁路安全、改善沿线地区的生态环境都有积极作用。

5.3.2 高速公路建设水土保持方案分析

5.3.2.1 建设项目概况

(1)建设项目概况

西部开发省际公路通道阿荣旗至北海公路南宁—梧州—桂林支线岑溪至兴业段高速公路(以下简称岑溪至兴业高速公路)。该段公路路线总长172.257km，其中主线全长128.193km(含岑梧高速连接线1.404km)，按双向4车道高速公路标准设计，路基宽28m，设计时速120km/h；玉林东、玉林北2段高速公路连接线总长22.863km，按双向4车道高速公路标准设计，路基宽26m，设计时速为100km/h；昙容(南渡互通)、容县、山围、民乐4段二级公路连接线总长21.201km(工程量及投资计入主线)，按二级公路标准设计，路基宽12m，设计时速为80km/h。

全线新建大桥14座4 316m，中桥15座880m，小桥29座696m，隧道8座，涵洞598道，互通式立交13处，分离式立交18处，通道283处，服务区4处。路基工程土石方总量3 195.44$\times10^4m^3$，其中土方量1 981.33$\times10^4m^3$，石方量1 214.11$\times10^4m^3$；修建沥青混凝土路面3 270.51$\times10^4m^3$；主体工程共征用土地1 309.4hm^2，拆迁房屋56 600m^2。修建沥青混凝土路面3 270.507$\times10^4m^2$；计划2005年7月开工，总工期3a，估算总投资为49.94亿元。

(2)项目区自然状况

本段公路经过山岭重丘和平原微丘地貌。项目区属南亚热带湿润季风气候，年平均气温为21.3~21.9℃，年平均降水量为1 466.7~1 634.0mm；土壤以赤红壤和水稻土为主，公路沿线多为农作物、人工用材林、次生天然林和经济林等。项目区内以轻度水力侵蚀为主，属广西壮族自治区人民政府公告的水土流失重点治理区。

5.3.2.2 水土流失特点及预测

(1)水土流失特点

拟建公路沿线地形以山岭重丘区为主，地形起伏较大；土壤以花岗岩风化土为主，土层较深，结构疏松，凝聚力差；局部地面植被稀疏。由于区域内年降雨量大，雨量集中强度大，从而容易造成沟蚀及坡面侵蚀等水土流失。

因修建公路，将产生人为的水土流失：一是毁林开荒，破坏植被，顺坡种地，造成水土流失；二是乱砍滥伐森林，减少了水源涵养林的面积，加速了水和土的流失；三是烧砖烧瓦，加大水土流失的程度；四是开渠修路、开矿、取土采石过程中的乱采滥挖，废土废渣的乱堆乱弃，随意挤占农田和林地，破坏植被，污染水体，淤塞江河；当地盛产花岗岩，开采加工花岗岩造成的水土流失已成为当地最严重的水土流失之一。

(2)水土流失预测

①扰动原地貌、损坏土地及植被面积的预测　根据实地调查及查阅公路的有关技术资料，经分析预测，工程建设造成的对原地貌、土地及植被损坏面积1 602.33hm^2,其中包括水田84.89hm^2，旱地894.00hm^2，林地411.26hm^2，荒草地212.18hm^2。

②弃土(渣)量的预测　拟建公路建设中的土石方量较大，虽经调运利用，但由于受地形条件所限，部分路段还是有较多的弃渣。经预测，该工程建设所产生的弃渣总量为675.93×10^{4}m^3，包括：路基工程施工产生的弃渣411.35×10^{4}m^3，拆迁建筑物产生的弃渣量2.55×10^{4}m^3，不良地质路段清淤换土产生的弃渣量36.12×10^{4}m^3，路基清表土产生的弃渣225.91×10^{4}m^3。其中永久弃渣533.76×10^{4}m^3，用作覆土的临时表土弃渣142.17×10^{4}m^3。

③损坏水土保持设施面积的预测　拟建公路施工期损坏的水土保持设施主要有旱地、林地、荒草地等。据统计，该公路建设将损坏水土保持设施的面积达1 517.44hm^2。

④可能造成的水土流失面积的预测　公路建设可能造成的水土流失面积包括主体工程区、取土场区、弃渣场区、施工便道区和施工生产生活区的占地面积。经统计分析，可能引起的水土流失面积为1 602.33hm^2。

⑤可能造成的水土流失危害预测　在公路建设中，造成水土流失面积为1 602.33hm^2,施工期水土流失总量为84.50×10^{4}t，其中新增水土流失量为82.10×10^{4}t。

5.3.2.3 水土流失防治措施

水土流失防治体系见图5-7。

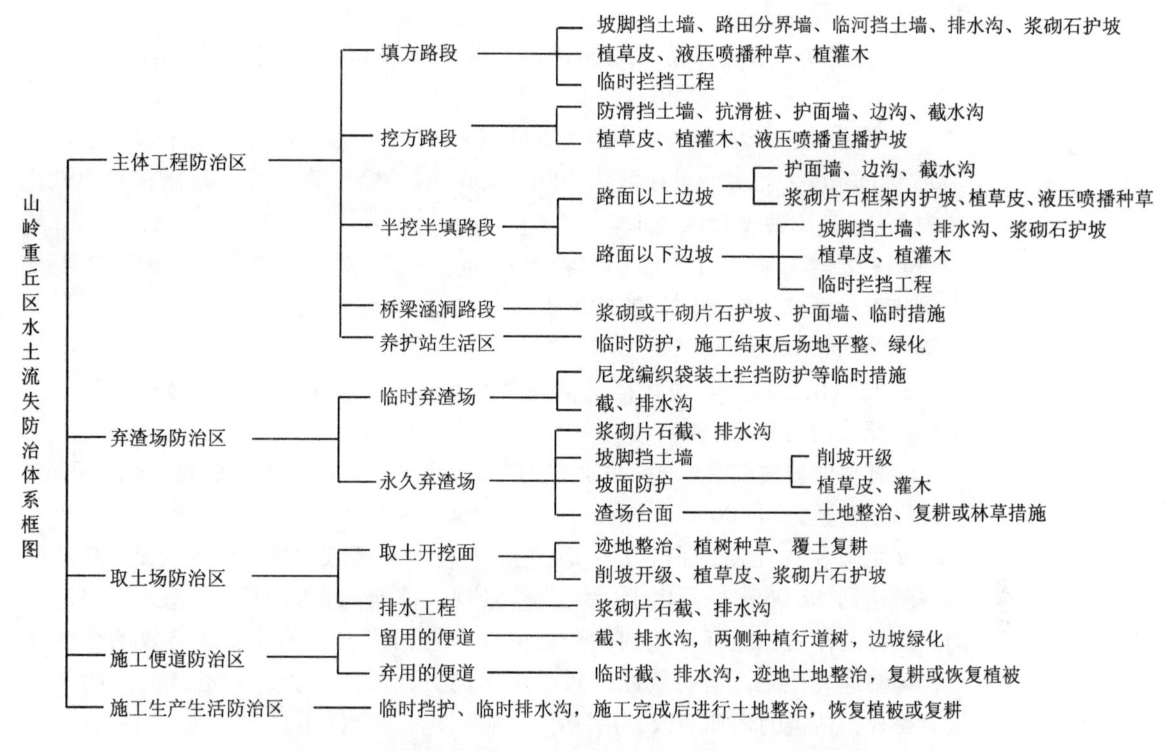

图 5-7 拟建公路工程山岭重丘区水土流失防治体系框图

根据水土保持“三同时”制度，规划的各项防治措施与主体工程同时施工、同时验收，各项水土保持措施在公路建设施工期(3 年)内全部完成，在施工过程中边开挖边防护，工程完成后及时做好植被恢复工作。

5.3.2.4 水土保持投资估算及效益分析

(1)水土保持投资估算

根据工程可行性研究报告得到主体工程中具有水土保持功能措施的投资为 42 457.09 万元，其中公路绿化里程 172.257 km，投资为 2 583.86 万元；路基排水与防护工程 1 273 055 m^3，投资 33 280.36 万元；涵洞 598 道，投资 6 592.87 万元。

本方案新增投资 5 671.98 万元，其中方案新增水土保持工程投资 5 384.36 万元，水土保持设施补偿费 227.62 万元，水土保持设施竣工验收报告编制费 60.00 万元。

(2)效益分析

①基础效益　本方案设计的水土保持措施实施后，预计因公路建设造成的水土流失将得到有效的控制和改善，基础效益具体体现在以下几个指标上：

a. 扰动土地整治率。水土保持措施防治面积为 1 547.22hm^2，永久建筑物面积为 32.71hm^2，水面面积为 11.82hm^2，扰动地表面积为1 651.49hm^2，经计算，扰动土地治理率为96.38%。

b. 治理度。水土保持措施防治面积为1 547.22hm^2，造成水土流失面积为1 618.38hm^2,经计算，治理度为95.60%。

c. 控制比。该项目区容许值为500t/(km^2·a)，方案目标值在平原微丘区为500t/(km^2·a)，在山岭重丘区为600t/(km^2·a)，经计算，其控制比在平原微丘区为1.0，在山岭重丘区为1.2。

d. 拦渣率。在综合考虑675.93×10^4m^3弃渣的成分、性质、堆放方式与地点、防护措施和运输等因素的情况下，估算得实际拦渣量为642.85×10^4m^3，即拦渣率为95.11%。

e. 植被恢复系数。植物措施面积为936.95hm^2，可绿化面积为974.29hm^2，植被恢复系数为96.17%。

f. 林草植被覆盖率。林草总面积为793.67hm^2，责任范围面积为1 651.49hm^2，植被恢复系数为48.06%。

②生态效益　水土保持方案实施后，可使绿化区域的植被得到恢复，林草覆盖率将达到48.06%，美化了沿线公路景观。植被的根系对土壤起到加筋、锚固、支撑的作用，能有效地加固边坡的稳定性；植被的茎叶还能有效的截留降雨，抑制地表径流，削弱溅蚀，减少水土流失，从而减少进入沿线河流的泥沙量。另外，植被的增加对改善沿线小气候条件有一定作用，方案的实施还将促进环境向良性循环方向发展。

③社会效益　随着水土保持工程的实施，工程弃渣得到有效治理，开挖面实施工程防护和植物防护，大部分植被得以恢复，使工程区泻入河道的泥沙量显著减少，一方面可改善河道水质，提高江河的自然景观，另一方面可减缓河床的淤积速度，减轻洪涝灾害。另外，本方案的实施，加强了工程区危险地段护坡、排水，控制滑坡、坍塌的发生，对于保障工程设施的安全起到了重要的作用。

5.3.2.5　公路建设水土保持特点

①公路建设是线形带状的人工建筑工程，对地面扰动的类型多　山体要开挖、削坡、修隧道，沟道要架桥，有的河道要改道，高处要挖方、低处要填高。只要是公路经过的地方，无论是什么地物都要受到扰动，因此其破坏类型多、治理的形式较多，涉及移民、改河、群众生产生活等。

②建设中的弃土、弃石、弃渣数量大，战线长　公路建设动用的土石方数量较大，总体上要求尽量挖填平衡，但由于地形等原因，局部地段的弃土不便运到回填处，如在高陡山区和峡谷修路，有些是就地排弃，因此拦挡工程较多，需防护的固体废弃物数量大，施工里程长。

③造成新的水土流失主要是在施工过程中　按一般公路设计，废弃物在排放完后采取防护措施，但对施工中的水土流失没有控制。从水土保持的角度要求，在排放之前应修建拦挡、防护工程，控制建设中的水土流失。公路投入运行后，水土流失成相对稳定状态。

④公路建设项目的水土保持设施必须与主体工程同步实施　有些水土保持设施需先于主体工程之前完成，才能起到保持水土的作用，否则必然是先流失后治理。

⑤建设项目的责任范围要合理确定　公路建设对自身的安全要求一般都较高，特别是目前大多是修建的高速公路、高等级公路，其安全要求标准都较高，如公路护坡、排水、防洪等在主体工程设计中大多做了考虑，只作论证复核即可。但对因公路建设中排水、泄洪、排放废弃物、采挖料场等对周边地区造成的水土流失考虑较少，特别是公路两侧一定区域内的影响，由于不属于征地范围，往往忽视了水土保持。此类区域的水土流失防治应在水土保持方案中突出说明，并进行规划设计。

5.3.3 机场建设项目水土保持方案分析

5.3.3.1 建设项目情况

(1)建设项目概况

合肥新桥国际机场工程建设项目。位于合肥市肥西县高刘镇和寿县刘岗镇交接部位，距合肥市区约 31.8km，地理位置优越，交通便捷。本期工程总占地 735.14hm^2。

主要建设内容包括：场内建设工程有飞行跑道、滑行道、联络道、停机坪、航站楼、塔台、货运区、急救中心、机场生产辅助及生活设施、场务用房、动力用房、消防站、航管楼、灯光站等；场外建设工程有二次雷达站、南/北超远台(DVOR/DME)、北近台(NDB、VOR/DME)以及双向 ILS 仪表着陆系统等。场外配套工程有铁路、公路、供电、供水、供气、通信、供油等。本期工程总投资 35.18 亿元(其中土建工程投资 18.43 亿元)。

(2)机场环境状况

机场位于江淮分水岭北西侧，地貌形态属江淮丘陵岗地。土地类型以黄棕壤和水稻土分布最为广泛。地处亚热带北部湿润季风气候区，四季分明，气候温和，雨量适中，光照充足，无霜期长。年平均气温在 16.0℃左右，年平均风速 2.3m/s，年平均降水量为 909.8mm。机场及周边属北亚热带常绿阔叶混交林带，多为水稻等人工栽培植被，有少量的红藻、慈姑等水生植物。村庄道路林木种类主要是榆、槐等。项目区优势树种有意杨、泡桐、果树等，草种主要有狗牙根，林草覆盖率为 18.9%。

(3)水土流失状况

该项目区为非水土流失重点防治区，属北方土石山区，现状土壤侵蚀强度为轻度，以水力侵蚀为主，表现形式主要为面蚀(片蚀)，其次为沟蚀，水土流失容许值为 200t/(km^2·a)，年平均土壤侵蚀模数本底值取为 1 000t/(km^2·a)。

5.3.3.2 新的水土流失预测

该项目水土流失预测采用实地调查法、类比法和公式法进行，其结果如下。

(1)扰动原地貌、破坏土地和植被面积的预测

该工程扰动地貌的面积约735.14hm^2，其中场内建设区占地675.5hm^2，场外设施区占地3.8hm^2，场外配套工程区占地55.84hm^2。

(2)弃土弃渣量预测

该工程建设区共产生弃土$3.56\times10^4m^3$。其中场外设施区$0.04\times10^4m^3$，进场道路区、供水管线区、场外排水区、供油工程区、输电线路区、供气管网区共$3.52\times10^4m^3$。工程拆迁产生弃渣按拆迁房屋面积估算。本工程计拆迁房屋面积$5.95\times10^4m^2$，按每拆迁1m^2产生弃渣0.45m^3估算，将产生弃渣$2.67\times10^4m^3$。综上所述，本工程共产生弃土(渣)$6.23\times10^4m^3$。

(3)损坏水土保持设施面积和数量的预测

工程建设过程可能损坏的水土保持设施总面积为604.96hm^2，其中肥西县490.76hm^2，寿县114.2hm^2。

(4)可能造成的水土流失量

由于工程建设，共可能造成水土流失总量为100 724t，其中原生水土流失量40 565t，新增水土流失量60 159t。其中场内建设区占新增水土流失量的97.61%，为该工程的建设期主要的水土流失区域；土建施工期为主要流失时段，应加强对场内建设区土建施工期的水土保持监测。

5.3.3.3 水土保持措施

(1)水土流失防治重点

该工程新增水土流失防治，以场内建设区、场外设施区和场外配套工程区为重点防治区域，临时措施与永久措施相结合，工程措施与植物措施相结合，以形成完整的防护体系。

本水土保持方案采取的工程防护措施有挡土墙、土地整治等；临时防护措施有挡板拦挡、防尘网遮盖、袋装土临时挡护、彩条布临时遮盖、临时排水、临时沉沙等；植物措施主要有施工迹地植被恢复、绿化美化等。

(2)水土保持措施规划

方案根据主体工程施工总体布置方案和施工特点，以及项目建设区和直接影响区新增水土流失预测结果和防治目标，结合各影响区域的地形、地质、地貌类型、土壤条件等，在对主体工程中具有水土保持功能措施全面评价的基础上，拟定工程水土保持措施的总体布局。

在措施实施进度安排上，实行水土保持“三同时”制度。根据不同部位的施工特点，建立分区防治措施体系。

在进场道路、供水管线、输电线路、供气管网区等“线”状位置，结合线路施工的特点进行分段防护，根据各个路段的不同情况布设工程和植物防护措施，使工程沿线的水土流失得到有效控制。

在整个建设项目“面”上，土地整治工程、植被建设工程与工程措施相配套，合理利用土地资源，按照系统工程原则，处理好局部与整体、单项与综合、眼前

与长远的关系，提高水土流失的防治效果，减少工程投资，改善生态环境。

5.3.3.4 水土保持工程投资估算及效益分析

(1)水土保持工程投资估算

根据地方工程概预算编制规范计算，总投资9 386.43万元，其中，主体工程中的水保投资8 347万元，新增水保静态总投资1 039.43万元。新增水保静态总投资包括：工程措施296.66万元，植物措施28.47万元，临时工程48.61万元，独立费用321.50万元，基本预备费41.71万元，水土保持设施补偿费302.48万元。

(2)效益分析

首先是减轻和控制了当地的水土流失；其次是在场内建设区、场外设施区等未被覆盖区域现状为耕地区域采取了土地整治的方式复耕，对于现状为荒草地的采取植被恢复措施，能够有效地减少水土流失，起到了很好的稳土固土的作用，大大地降低了水土流失的侵蚀强度，也改善了机场周边的生态环境，为航空提供良好的自然环境；再次是由于本方案以及主体工程都采取了工程、植物以及施工过程中的临时措施，直接的经济效益是使得该工程能够顺利实施等。同时，通过对项目区主体工程水土流失的综合治理，明确了工程挖方的去向、施工要求等，基本杜绝了工程中弃土弃渣挤占河道、影响行洪所造成的洪涝灾害，消除了对下游河道、沟渠的不利影响。

5.4 水利工程项目

5.4.1 水利枢纽工程水土保持方案分析

5.4.1.1 项目区概况

白莲崖水库工程位于安徽省六安市霍山县西南部东淠河佛子岭水库上游支流漫水河上，坝址以上流域已伸入大别山北部中低山地区，区内山峦重叠，溪河、盆地、峡谷交替，平均海拔高度约为500m。地处北亚热带北缘，属东亚季风较湿润气候区，雨量丰沛，在接近大别山主体处形成一个多雨中心，库区年平均降水量1 480mm。白莲崖水库所在区域土壤分布主要是黄棕壤和棕壤，其次还有少量的人工土和水稻土。植物种类丰富，植被覆盖率高。

5.4.1.2 建设项目及水土流失特点

该区所属漫水河流域中下游，属于“皖河上游、大别山区北部五大水库上游区(含江淮分水岭西部地区)”，为水土流失重点治理区。项目区现状土壤侵蚀强度为轻度，年平均土壤侵蚀模数为2 100t/(km^2·a)，土壤侵蚀类型以水力侵蚀为主，水土流失容许值采用200t/(km^2·a)；其次为重力侵蚀。水力侵蚀在项目区表现为面状侵蚀、沟状侵蚀及山洪侵蚀。面蚀分布较广，主要发生在植被稀疏的坡面上，特别是滥垦坡耕地上；沟蚀多发生在陡坡开荒地和植被稀少的坡面中下部；泥石流一般发生在新建公路沿线和陡峻、地形破碎的地方。项目区重力侵蚀也时有发生，表现形式主要有崩塌、滑坡、泥石流等。

5.4.1.3 水土流失预测

该项目水土流失预测采用实地调查法、资料收集法和类比法进行。水利枢纽工程建设过程中，工程区占地范围内的原有地貌将遭受不同程度的破坏，坝区、渣场、料场区等原地貌将发生较大改变。本工程的建设将扰动原地貌、损坏土地及植被面积达841.31hm^2，施工期总弃渣量达$32.88\times10^4m^3$，工程建设期及植被恢复期可能产生的新增水土流失量31 222.6t。从流失区域分析，项目建设区工程新增水土流失量27 067t，直接影响区新增水土流失量4 155.6t。其中以渣场流失严重，水土流失量6 776t（占扰动面流失量的21.7%）。在不采取任何防治措施的情况下，工程建设引起的水土流失总量（含原生水土流失量）达35 241.4t，开挖扰动面平均侵蚀模数约13 500t/(km^2·a)，其中渣场施工期侵蚀模数为28 500t/(km^2·a)，运行初期侵蚀模数约10 500t/(km^2·a)。

5.4.1.4 水土保持措施

(1)水土保持措施布局

①主体建设区　针对白莲崖枢纽工程建设“点”多、“线”长、“面”广的特点，新增水土流失防治，以主体工程建设区的弃渣场、场内外交通道路施工区、专项设施（库区道路）迁改建区为重点防治区域，临时措施与永久措施相结合，工程措施与生物措施相结合，“点、线、面”相结合，以形成完整的防护体系。

在措施实施进度安排上，实行水土保持“三同时”制度。根据不同部位的施工特点，建立分区防治措施体系。

在弃渣场、料场等“点”状位置，以工程措施（挡渣工程和斜坡防护工程）为先导，土地整治措施和植被建设工程措施相结合，通过建立综合的防治体系，使弃渣场、料场等的水土流失得到有效控制。

在道路交通建设区等“线”状位置，结合道路施工的特点进行分段防护，根据各个路段的不同情况布设工程和植物防护措施，使公路沿线的水土流失得到有效控制。

在整个建设项目“面”上，土地整治工程、植被建设工程与工程措施相配套，合理利用土地资源，按照系统工程原则，处理好局部与整体、单项与综合、眼前与长远的关系，提高水土流失的防治效果，减少工程投资，改善生态环境。

②影响区　影响区在总体上，以基本农田建设作为突破口，保证实现粮食稳定自给，协调解决农林、农牧矛盾，在短期内控制上游泥沙不入河，为退耕还林还草打好基础；其次，利用退耕地，发展高标准的人工草地，建立新的牧草基地。林业建设作为改善生态环境、防风固沙的有效措施，不仅为工程建设及当地农牧业发展提供良好的生产条件，而且通过利用植物的观赏特性和季节变化，美

化枢纽的背景景观，从而实现农、林、牧各业相互依存、相互发展，水利枢纽开发建设与影响区环境治理协调发展。

③枢纽区绿化美化整体布局　水利枢纽绿化、美化建设，总体上是按照传统园林的布局原则，根据当地地形的变化组织观赏空间，利用地形本身所隐含的意境表达空间的性格特征。

(2)水土保持措施设计

①工程措施设计　水土保持工程措施主要为钢筋砼或砼护砌与衬砌，泄洪洞进出口及发电引水隧洞进出口衬砌硬化、护坡等。主坝为碾压混凝土拱坝，其本身无需防护；发电厂房和变电站区域均为硬化地面，无须配置植物措施。

坝区和厂区渣场临河侧的工程防护可采取重力式挡墙或河岸式护坡2种型式，根据坝区弃渣场和厂区弃渣场所处的地理位置和地形条件、弃渣量、对河道行洪的影响、景观要求以及工程投资等方面综合考虑。本方案采用河岸式护岸对渣场临河侧进行防护。弃渣场周边排水利用已有排水沟涵，不再另行设计排水沟。局部地方排水沟在土地整治时一并实施。

在主体工程设计中，场内外交通道路分挖方段、填方段和半挖半填段的路基、边坡等分别进行防护，采取的措施主要有浆砌片石路肩挡土墙、路堤挡土墙、浆砌片石护脚、干砌块石护坡以及排水工程等。

②植物措施和其他措施设计　植物措施主要包括防风固沙林，坝头区和转运站绿化美化和公路两侧防风固沙林带。

建设过程中形成的大面积挖损区和弃渣场，设计进行土地整治，并将其改造为农田或环境绿地。

③影响区防护治理　影响区防护治理以控制原生地面水土流失，促进农业经济发展，保护和改善枢纽区环境条件为目标，安排的主要措施有水土保持治沟骨干工程、淤地坝工程、谷坊、梯田、林草、封育等。

各项重点工程均有详细设计说明和图件，并以单独附件列出。

5.4.1.5　投资估算及效益分析

(1)投资估算

该方案新增水土保持措施估算总投资758.60万元，其中工程措施289.6万元，植物措施128.44万元，临时工程8.98万元，独立费用106.82万元，水土保持设施补偿费192.35万元，基本预备费32.05万元。

主体工程中具有水土保持功能项目投资6 630.81万元。

(2)效益分析

首先是减轻和控制了当地的水土流失；其次是在未被覆盖区域现状为耕地区域采取了土地整治的方式复耕，对于现状为荒草地的采取植被恢复措施，能够有效地减少水土流失，土壤侵蚀模数由治理前的2 100t/($km^2\cdot a$)降低到240t/($km^2\cdot a$)。对具备植物生长条件的区域分别采取了植树、种草和迹地恢复措施来进行防护，有效控制了水土流失；同时可大大改善土壤理化性质，提高土壤肥力及地面林草覆盖度，改善贴地层的温度、湿度和风力。随着植被覆盖度的提高和植物种类的多样化，还可以促进野生动植物繁殖。水土保持方案实施后，将保证主体工程的运行安全，工程弃渣和料场全面得到治理，扰动的原地貌得以恢复，防止河道淤积，在一定程度上改善河道水质，并有效恢复和提高该区域的土地生产力。实施植树、种草等措施，使自然景观得到最大程度的恢复，有效改善和提高区内生态环境。

5.4.1.6 方案实施管理

为保证本方案的实施，在组织领导措施方面，成立与环境保护相结合的水土保持方案实施管理机构，配置专职人员负责水土保持工作的组织、管理和落实，并与地方水土保持部门取得联系，自觉接受地方水行政主管部门的监督检查。在技术保证措施方面，要加强技术培训，培养一支过硬的水土保持技术人员和施工队伍，保证完成本方案的实施任务。

5.4.2 调水及灌渠工程开发工程水土保持方案分析

5.4.2.1 工程及周边概况

(1)工程概况

南水北调中线一期引江济汉工程，从长江上荆江沙市河段附近引水，补济汉江兴隆以下河段流量和补充东荆河灌区水源，改善汉江下游生态用水、灌溉、供水和航运条件。引水规模为设计引水流量350m³/s，最大流量500m³/s，年平均引水量$28.0\times10^8m^3$，$p=85\%$保证率，引水量$39.8\times10^8m^3$。工程总投资46.49亿元，计划建设总工期4年。

(2)项目区自然情况

地处江汉平原的中部，位于长江及其最大支流汉江两大水系之间。渠线处于长江及汉江的一、二级阶地上，主要发育垅岗状平原、岗波状平原、湖沼区及平坦、低洼平原4种地貌。项目区属北亚热带季风气候，四季分明，无霜期短，日照长，雨量充沛，年平均降水量1 040mm，年平均蒸发量1 240mm左右，年平均气温16.2℃，风向以东北风及偏北风为主，年平均风速2.3~2.4m/s。项目区水系发育，湖泊众多，地表水资源丰富。工程场区总体位于扬子准地台的江汉盆地西部的江陵凹陷。项目沿线土壤类型多样，土层深厚，土壤肥沃，共有水稻土等7个土类43个土属200个土种。主要植被为农业经济作物，原生林地较少，人工林地多以经济林、农田防护林、堤防防护林、行道树、四旁树等为主，植被覆盖度相对较低。

(3)水土流失状况

项目区的土壤侵蚀类型主要是水力侵蚀，以面蚀和沟蚀为主。水土流失以微度侵蚀为主，仅岸坡和堤坡处有少量的轻度侵蚀，项目区水土保持情况相对较好，原生水土流失较小，水土流失背景值为297t/(km²·a)。项目所在地区水土流失容许值为500t/(km^2·a)。土壤侵蚀(轻度及其以上)总面积304.47km^2，全部在沙洋县，占沙洋县国土面积的14.9%，荆州区、潜江市全部为微度侵蚀。

5.4.2.2 水土流失特点及预测

(1)水土流失特点

①本项目所在区域年平均降雨量大，降雨集中且多暴雨，强度大，侵蚀力度大。

②本项目沿线穿越的河湖、渠系众多，因工程建设而造成新的水土流失直接进入这些河湖、渠系，危害较大。

③本工程属于建设类项目，在项目工程建设过程中将有大量土石方开挖、回填，扰动了原地貌，破坏了原地表的植被、土壤，降低了地表的抗蚀能力，同时将会有大量的人工坡面裸露，裸露面表层结构疏松，在自然因素的作用下易诱发新的水土流失；同时产生大量弃土，若不及时采取有效的防护措施，势必造成新的水土流失和生态环境破坏。

(2)开发建设造成水土流失预测

①扰动原地貌、损坏土地及植被面积的预测 根据施工组织设计，结合现场调查，路渠交叉(桥梁)施工过程中仅桥梁桩基施工区被扰动，路渠交叉(桥梁)占地范围内其他区域施工过程中未受到破坏，沉沙池弃渣预留占地施工期未扰动；除此之外，引江济汉工程在施工过程中征地范围内全部扰动，经初步测算，本工程在施工过程中共计扰动地表面积为3 362.37hm^2，其中荆州区1 633.19hm^2，沙洋县1 362.98hm^2，潜江市366.20hm^2。

②弃土量预测 工程设计土方开挖5 595.20×10^4m^3，其中渠道开挖4 952.31×10^4m^3，穿湖段(庙湖、海子湖和长湖)清淤94.21×10^4m^3，交叉建筑物开挖499.86×10^4m^3，导流工程开挖48.83×10^4m^3；工程共回填土方1 526.24×10^4m^3。

工程填筑土方1 526.24×10^4m^3(压实方)，其中利用挖方1 497.12×10^4m^3，土料场开采185.84×10^4m^3，产生弃土4 166.55×10^4m^3。弃方主要为弃土。

③损坏水土保持设施面积和数量的预测 本项目扰动地表面积中仅水浇地、菜地及园地计入损坏水土保持设施面积，经初步测算，本项目损坏水土保持设施面积为104.00hm^2，其中荆州区45.54hm^2，沙洋县39.25hm^2，潜江市19.21hm^2。

④可能造成的水土流失量预测 经计算，本项目在施工期水土流失量为30.29×10^4t，新增水土流失量为28.44×10^4t；运行初期水土流失量为2.86×10^4t，新增水土流失量为2.27×10^4t；预测期水土流失总量达到33.15×10^4t，新增水土流失总量为30.71×10^4t。

⑤可能造成水土流失危害 a. 淤积河道，降低河道行洪能力。b. 降低土壤肥力，减少土地资源。c. 填埋周边农田、淤塞灌排水系，影响农业生产。d. 影响工程安全。

5.4.2.3 水土保持措施

(1)总体布局

项目建设区水土流失防治将工程措施与植物措施相结合，做到“点、线、面”的结合，形成完整的防治体系。根据不同施工区的特点，建立分区防治措施体系，在弃土场等“点”，以工程措施为主；在引水渠线、施工道路等“线”，以工程措施为主，植物措施为辅；在整个施工区“面”上，土地整治和植物措施相结合，合理利用水土资源，改善生态环境。本项目水土保持措施以“点”为防治重点，即做好各区的水土流失防治，实现以点带面。

(2)分区防治方案

该工程水土保持分区防治措施体系由主体工程防治区、弃土场、土料场、施工道路、施工场地、文物发掘区及移民安置区等7个水土保持区构成。其中弃土场、土料场为重点防治区。

①主体工程防治区

a. 渠道。龙洲垸进口端设置的沉沙池，在运行期间，沉沙池每年约有 $10\times10^4m^3$ 的泥沙沉积。需要每年清理沉沙池的泥沙。原主体设计将泥沙清理后返还到长江，是不符合水土保持技术要求的。因此，从水土保持角度提出清淤弃土的去向，采取临时征用弃土方案，在弃土前将表层耕植土剥离并临时保护起来，待清淤后，覆盖在泥沙上面，临时征地恢复耕种。

b. 交叉建筑物。建筑物开挖土方 $512.55\times10^4m^3$，计划回填利用 $217.05\times10^4m^3$。对计划回填利用的土方，集中临时堆放在建筑物附近的工程已征土地范围内，平均堆高按2m计，周边利用袋装土拦挡，拦挡采用梯形断面，顶宽0.50m，高0.50m，边坡1:1；在拦挡外侧开挖临时排水沟，排水沟底宽0.30m，深0.30m，边坡1:1。土方堆放边坡按1:2控制，表面播撒红三叶草籽，占地 $72.35hm^2$。

c. 管理区。本阶段工程管理站仅初步拟定了用地面积及房建面积，并估算了征地、房建投资，对具体位置未作规划；但是管理站园林绿化从水土保持的角度，应该栽植行道树，进行建筑物前绿化、花坛绿化和垂直绿化等。

②料场防治区　料场采取工程措施和植物措施相结合，工程措施包括排水沟(为防止料场在开采过程中，开挖面和剥离的覆盖层，在雨季产生新的水土流失)、表土临时防护和土地整治(待取土完工后，利用表土对土料场的开挖面进行整治复耕，对局部挖深部分改建成水面。取土场开挖边坡不大于1:2，初选开采深度1.5m)。根据主体工程进度计划，表土需堆放约1a，为防止堆放的表土遇雨产生水土流失，在其表面播撒红三叶草籽进行临时植物措施防护。

③弃土场防治区　工程弃土是产生新的水土流失的主要来源之一，因此，对工程弃土的防护措施是本方案的重点。根据局部地形，我们选择沮漳河老河道作为弃土场。因沮漳河改道，现有长达十几千米的老河道不过流，河道宽500～900m，渠道横穿老河道而过，可以采取弃土填渠道两岸平台和弃土填堤及内平

台2种水土保持措施。但这2种方式解决弃土量有限，要弃土还需要在渠道沿线两侧选择弃土场集中堆放。所以还需挡拦措施、表土临时防护措施、表面排水等。

④施工便道防治区　作为平原湖区，施工便道挖填土方相对较小，在施工便道修筑的同时，在便道两边沿征地界线开挖界沟，一则可排泄路面雨水，二则起到田路分家的作用，防止施工期间施工车辆越界破坏耕地。龙高Ⅰ线渠道施工需修便道126.00km，交叉建筑物施工需修便道24.50km。根据施工布置，施工便道部分布置在工程已征土地范围内，部分需要临时征地。

⑤施工场地防治区　施工布置采用集中设置与分散布置相结合的方式，将主要生产系统和生活设施尽量布置于各拟设管理段的征地范围内。生活用房、施工辅助企业、混凝土拌合站、砂石料堆放场、水泥仓库、钢筋及木材加工场，尽量靠近施工场地。根据施工组织技术要求，对施工场地平整时，同时布设周边排水沟。

⑥地下文物发掘防治区　对沿线文物发掘点，开挖土方临时集中堆放在渠线已征土地范围内，平均堆高控制在2m左右，周边利用袋装土设临时拦挡。临时拦挡采用梯形断面，根据弃土量，拦挡高度0.5～1m，顶宽0.5m，边坡1∶1。弃土表面夯实并播撒红三叶草籽防护。发掘完工后，将弃土集中运至主体工程规划的弃土场堆放，拆除临时拦挡。

⑦移民安置区

a. 拆迁安置区占地应统一规划。安置区内建房应集中布置，严禁乱占耕地，保护土地资源。在“三通一平”过程中产生的废土、废渣不得任意向沟道倾倒，尽量用于平整宅基地，充分利用弃土。当用于院内平台填方时，应分层夯实，边坡不宜太陡，以满足稳定要求。剩余弃土结合村、镇建设，集中统一堆置，并及时绿化。

b. 开挖地段应保持边坡稳定，必要时采取相应的工程措施，如马道、护坡等，用以防止滑坡、崩塌，并对裸露面予以绿化。

c. 拆迁安置新区建设应合理布设排水系统，以免径流汇集造成村庄周边被冲刷，引起水土流失。

d. 拆迁工程完工后，对建筑垃圾进行分类，木头、砖头尽量回收利用，其余废方就地运至低地填高。同时在拆迁安置区搞好村镇绿化，以美化环境，保护村庄，发展庭院经济。绿化时应采用安置地适生树种，做到适地适树，应种植一些常绿乔、灌木以及布置花卉、草坪等，以达到保持水土、恢复和改善景观的目的。

5.5 城镇移民及市政建设项目水土保持方案分析

5.5.1 建设区概况

5.5.1.1 迁建工程概况

兴山县新城区迁建到古夫镇。古夫镇位于香溪河东支古夫河(东河)右岸，南距现兴山县城高阳镇约16km，北起古洞口，南至柚子树大桥，为古夫河漫滩及两岸斜坡地带，包括新城建设区面积3.8km^2以及辖属的麦仓、长坪、北斗坪、邓家坝、朝阳、古洞口、丰邑坪、快马等8个郊区村面积约47km^2。规划的209国道(内蒙古呼和浩特——广西北海河口)将经过新城区，已建的古洞口水利水电枢纽位于古夫镇上游1.25km的古洞口峡谷处，库容$1.38\times10^8m^3$。

5.5.1.2 建设区自然概况

古夫盆地地处神农架穹隆的南缘，褶皱与断层发育，多呈北东向。地层由白云岩、灰岩、硅质页岩、砂岩、页岩、冲洪积层等组成，地势北高南低，溪沟由北向南深切，形成了发育较好的岩溶地貌。古夫镇地处鄂西山地神农架南部边缘岩溶剥蚀中山区，海拔高度235～1 500m，相对高差600m以上。总体地形是近南北向展布的山间盆地，盆地底部为古夫河床及漫滩，高程235～198m。

兴山县矿产资源丰富，有磷矿、硫铁矿、煤矿、银矾等，储量大，分布集中，易于开采。

新城区水系主要由古夫河干流及寒溪口、古洞沟、书洞沟、歇马溪、大沟等5条支流溪沟组成；地下水主要受大气降水补给。在水量、水质及供水条件方面，新城区古夫河水量均可满足城镇居民饮用、工农业用水的要求。

新城区属亚热带季风气候区，四季分明，水热同季。气候的垂直变化明显，从河谷到山脊海拔越高，气温越低、霜期越长、降雨量越多，湿度越大；河谷地带则相反。年降水量900～1 200mm，从北向南、由高到低逐渐减少。

新城区土壤以黄棕壤为主，黄壤、黄棕壤、棕壤由低到高垂直分布，水稻土是中山、低山区的主要耕作土壤。森林资源丰富，植被覆盖率达50%以上，有乔木、灌木、竹类、藤本等，木本植物1 000种以上，不仅有银杏、珙桐、青钱柳等国家保护的珍稀树种，而且有柑橘、茶叶、核桃、生漆、杜仲、油桐、脐橙、夏橙等经济树种。

5.5.1.3 水土流失状况

兴山县从1989年开始被列入国家水土流失重点防治工程区，成立了水土保持委员会，并设立了县水土保持局，开展水土流失综合治理已有十余年。县委、县政府及各级领导对水土保持生态环境建设工作非常重视，建立健全了水土保持监督执法体系，全民水土保持意识较强，有很好的水土保持工作基础。三峡移民工程开始后，新县城建设办公室积极配合县水土保持局开展迁建工程中的水土保持工作，加强城市迁建工程中的水土流失治理工作。

新城区及郊区是“长治”工程二期治理范围，在1991～1995年期间，已由国家投资进行初步治理，治理面积3 802.61hm^2，其中，石坎坡改梯154.2hm^2，土坎坡改梯35.8hm^2，水土保持林1 070.17hm^2，经济果木林213.44hm^2，封禁治理2 065.4hm^2，保土耕作263.6hm^2。

5.5.2 新增水土流失预测

5.5.2.1 损坏水土保持设施的面积

损坏水土保持设施的面积，是指工程开挖及填筑土石用地，改变、损坏或压埋原地貌及植被，降低或丧失其原有的水土保持功能的面积或设施。

根据新城区建设总体规划实施进度安排，首先进行新城中心区和移民安置区的场地平整工作，共计面积189hm^2，应计入本方案水土流失预测。截至调查期，据不完全统计，新县城建设过程中，损坏的水土保持设施主要有经济果木林35.76hm^2、山塘（蓄水池）4处计2.18×10^{4}m^3、排洪渠582m和基本农田22.32hm^{2}等，其面积已计入水土流失预测范围。在今后的建设工程中，除占用原有居民用地11.93hm^{2}外，还将损坏的水土保持植物措施面积233.09hm^2，其中，草地138.78hm^2，耕地57.50hm^2，林地36.81hm^2；水土保持设施工程有谷坊4座，排洪沟750m，应计入本方案的水土流失预测。综上所述，建设工程区造成的水土流失面积为245.05hm^2。

弃土、弃石、弃渣主要来源于工程建设初的场地平整、基础开挖，以及建设后的工程弃渣。已开工建设的工程主要在城北中心区以及移民安置区，建设区集中在220～280m高程。据新城建设规划估测，总开挖量约为247.7×10^{4}m^3，总填方约为263.7×10^{4}m^3。目前开挖量尚不足填方量，需从古夫河河床采挖砂卵石补充。因此，项目区建设过程中初期（即场地平整过程中）暂不存在弃渣的处理问题。在即将开展的大规模房屋及道路基础设施建设等工程中，土石方开挖量仍然较大，将带来一定量的弃土、石、渣，据调查，主要来源于交通公路建设，工业、民用建筑工程。

据调查测算，平均修建路面宽为18m、长为1km的道路，开挖土石方为2×10^4～2.5×10^{4}m^3，弃土、石渣量1×10^4～2×10^{4}m^3。按此计算，到城区建设规划期末，需要开挖土石方19.1×10^{4}m^3，增加弃土弃渣量约14.5×10^{4}m^3，折算为23.2×10^{4}t。

后期需要进行场地初平工程的面积为96.2hm^2，根据地形条件和现有平整场地的高程以及平整方式估算，需要开挖土石方量为75.5×10^{4}m^3，且全用于填方。

另外，工业、民用建筑工程等占地面积为201.93hm^2，按建筑面积50%，且一般房屋基础按每平方米挖方0.5～1m^3、弃方0.3～0.5m^{3}计算，则房屋建筑基础开挖土石方量为$70.7\times10^4m^3$，弃土量达$28.3\times10^4m^3$，但其弃土也将全部用于整个新城建设的填方。

以上弃土虽然不足用来填筑抬高河滩地，但若在施工过程中不采取水土保持措施，必将造成严重的水土流失。

5.5.2.2 水土流失总量预测

根据新县城迁建工程水土流失来源以及前述方法测算，在不采取任何工程或水土保持措施的前提下，到建设期末工程建设中可能造成土壤侵蚀量达66.86×10^4t。

(1)到2002年(近期)水土流失量

近期施工主要是新城中心区和移民安置区，将损坏现有平整场地上的植被，以及存在一定量的房屋基础开挖弃渣。

①损坏地被物造成的水土流失量　近期工程将占地147.96 hm^2，按现有地形、土壤、植被等条件，估测地表损坏后，水土流失面积为：轻度50.22hm^2，中度56.8hm^2，强度12.31hm^2，极强度28.81hm^2，按类比法，以建设期平均为2年计算，水土流失总量为1.4×10^4t。

②开挖、搬运造成的流失量　近期工程建设中，需开挖搬运土石方的工程主要为地基处理工程以及部分待迁居民地场地平整工程，需要开挖土石方量总计为$69.4\times10^4m^3$，估测有$28.2\times10^4m^3$就地利用外，需搬运土石方为$41.2\times10^4m^3$；如果不采取任何工程和水土保持措施，按经验法，取松散系数1.3，则弃渣量为$53.56\times10^4m^3$；按流失系数取0.30计算，则水土流失量为$16.07\times10^4m^3$，按容重$1.4t/m^3$计算，折22.5×10^4t。

(2)到2015年(远期)水土流失量

远期建设将是城南工业区、城东文化区为主的建设。不仅要进行场地平整，而且还要进行房屋等主体工程施工。

①损坏地被物造成的水土流失量　远期工程占地97.09 hm^2，估测地表损坏后，以强度流失为主，水土流失面积为：轻度14.63hm^2，中度26.96hm^2，强度29.13hm^2，极强度26.37hm^2，按类比法，以建设期平均为2年计算，水土流失总量为1.23×10^4t。

②开挖、搬运造成的水土流失量　远期工程建设中，还需平整场地、地基处理以及公路建设等工程，需要开挖土石方量总计为$95.9\times10^4m^3$，估测搬运土石方为77.1 m^3；如果不采取任何工程和水土保持措施，按经验法，取松散系数1.3，弃渣量为$100.23\times10^4m^3$；流失系数取0.30计算，则水土流失量为$30.07\times10^4m^3$，按容重$1.4t/m^3$计算，折42.1×10^4t。

(3)水土流失总量

水土流失总量为近期与远期两时段之和，兴山县水土流失总量为67.23×10^4t。

5.5.3 现有水土保持措施

根据《兴山县新城区建设规划》，现有水土保持措施主要有城市绿化措施以及部分水土保持工程措施。在新城区 3.8km^2 范围内，近期规划公用绿地面积 14.57hm^2，其中公共绿地 11.63hm^2，人均绿地 5.83hm^2，人均公用绿地 4.65hm^2。远期绿地面积 50.13hm^2，其中公共绿地 34.95hm^2，人均绿地 11.39hm^2，人均公用绿地 7.94hm^2。规划城区绿化覆盖率近期不低于 38%，远期不低于 40%，可以满足城市绿化及水土保持生态环境建设要求。另外，对城中心区的古夫河段修建了混凝土块护坡的河堤，对通过城区的书洞沟与孙家沟进行以明渠改造为主的沟道防护，在中心区外的山坡上修建了截流沟等措施。这些工程，不仅起到了防洪作用，而且防止了弃渣引起的水土流失。

由于新城区绿化建设工作还未实施，所以该方案采纳新城区中心区的城市绿化布置，不再重新规划。河堤工程既是防洪工程的主体，也是水土保持工程的重要组成部分，本方案亦不重新进行规划。新城区的城市中心区和中心区周围排水工程已完成，但排水渠某些地段过流断面小，渠道内发生淤积、弃渣现象严重，已给新城区的防洪带来众多隐患。对新城区现有排水区部分地段进行改造与管理是本方案编制的一个重点。另外，在中心区后缘修建的一条排水渠，因标准低、无内渗孔，并且直接排入城区，已造成一处滑坡活动，并有众多安全隐患，这也是该方案设计的一个重点。新城区的中心区还基本完成了根据中心区修建性详规而为场地平整所需修建的挡土墙，水土保持效果好，故方案中不另行设计；但还有一些地方存在挡土墙质量、高度不够，或没有布置挡土墙，这一部分也是该方案编制的重点之一。

5.5.4 水土保持投资

(1)投资估算

根据计算，要完成以上水土保持工程，总投资为 845.74 万元，其中，工程措施 457.21 万元，植物措施 268.29 万元，临时工程 14.51 万元，独立费用 60.31 万元，预备费 40.02 万元，水土保持设施补偿费 5.4 万元。

(2)效益分析

开发建设项目的水土保持措施，是城市建设过程中不可缺少的配套措施，方案充分考虑城市生态环境建设、市区安全，并结合防洪排水、绿化美化市民生活等，其突出效益主要是生态和社会两大效益。

5.5.5 方案实施保障

1991 年《中华人民共和国水土保持法》的颁布实施，标志着我国水土保持工作正式纳入了法制化轨道。《水土保持法》指出，“一切单位和个人都有保护水土资源、防治水土流失的义务，并有权对破坏水土资源，水土流失的单位和个人进行检举”，并且要求“从事可能引起水土流失的生产单位和个人，必须采取措施保护水土资源，并负责治理因生产建设活动赞成的水土流失”。随着我国国民经济的快速发展，生产建设项目层出不穷，如果忽视了对水土资源的保护和合理利用，必然造成新的人为水土流失，恶化生态环境，严重制约区域经济的可持续发展。兴山县新县城迁建工程作为三峡库区移民迁建工种的一部分，不仅编制了新城建设的水土保持方案，而且还要贯彻水土保持工程的“三同时”制度，从组织领导机构、工程监理制度、资金保证等方面入手，落实水土保持方案。

本章小结

本章分别收集了矿产资源开采、管道工程、工业企业、交通运输工程、水利工程、城镇移民及市政工程等工程项目的水土保持方案。分析不同类型工程建设项目水土保持方案编制过程中的要点，以期为学习编制各种工程建设项目水土保持方案提供借鉴和参考。

思 考 题

1. 线型开发建设项目有哪些？其水土保持方案关注的内容是什么？
2. 点型开发建设项目与线型开发建设项目在水土流失防治上有何不同？
3. 归纳各种行业水土保持方案编制的技术关注要点。

第6章

开发建设项目水土保持方案编制与管理

6.1　开发建设项目水土保持的法律规定

6.1.1　水土保持法律法规体系

6.1.1.1　法律法规

在开发建设项目水土保持的管理方面，我国颁布实施了一系列法律法规。现行的水土保持法律法规体系可分为3个层次：第一层次为法律法规，包括水土保持及相关的法律、行政法规和地方法规，一是《中华人民共和国水土保持法》《中华人民共和国环境影响评价法》以及其他相关法律；二是《中华人民共和国水土保持法实施条例》和《建设项目环境保护管理条例》等行政法规；三是各地颁布的实施水土保持法办法等地方法规。第二层次为水土保持规章，主要指部门规章。第三层次为规范性文件，即各级人大、政府或其组成部门为进一步落实水土保持法定要求而制定的有关文件。

为保护和改善生活环境与生态环境，防治污染和其他公害，保障人体健康，我国制定了《中华人民共和国环境保护法》，于1989年12月26日经第七届全国人民代表大会常务委员会第十一次会议通过，以中华人民共和国主席令第22号公布实施。该法明确了国家环境监测制度、建设单位的环境保护责任制度、建设项目的环境保护设施“三同时”制度、建设项目的环境影响评价制度、从事环境评价单位的资格审查制度、排污许可证制度、超标准排污收费制度、限期治理制度和环境污染与破坏事故的报告及处理制度，并将水土流失防治作为农业环境保护的一部分纳入了各级人民政府的职责。

《中华人民共和国水土保持法》于1991年6月29日经第七届全国人民代表大会常务委员会第二十次会议通过，并以中华人民共和国主席令第49号颁布实施。该法确定了“预防为主”的水土保持工作方针，明确了各级人民政府对水土保持工作的职责，明确了人为水土流失的防治责任，确定了开发建设项目水土保持方案报告制度、水土保持设施“三同时”制度以及水土保持设施补偿制度，规定了水土保持规划的法律地位，确定了水土流失分区防治战略，确定了水行政主管部门和水土保持机构的执法主体地位，确立了水土流失综合治理的基本方略，确立了水土保持监测的法律地位，明确了有关水土保持优惠政策和水土保持的法律概念。为了更好地贯彻落实水土保持法，1993年8月1日，国务院公布《中华人民共和国水土保持法实施条例》(国务院令第120号)，细化了水土保持的相关制度，规定水土保持方案作为建设项目的环境影响评价文件的一个有效组成部分，须先经水行政主管部门审查同意。

为了防止建设项目产生新的污染，破坏生态环境，1998年11月29日，国务院公布了《建设项目环境保护管理条例》(国务院令第253号)，再次强调了涉及水土保持的各类建设项目，必须有经水行政主管部门审查同意的水土保持方案。为了实施可持续发展战略，预防因规划和建设项目实施后对环境造成不良影响，促进经济、社会和环境的协调发展，在环境保护法的基础上，国家制定了《中华人民共和国环境影响评价法》，于2002年10月28日经第九届全国人民代表大会常务委员会第三十次会议通过，以中华人民共和国主席令第77号颁布实施。该法细化了环境影响评价的相关要求，补充了规划环评、公众参与等要求。

此外，各省、自治区、直辖市根据水土保持法的规定，分别制定了实施水土保持法的办法，对促进水土保持法的落实发挥了重要的作用。深圳还制定了《深圳经济特区水土保持条例》。

6.1.1.2　部门规章与地方政府规章

国务院各部委、中国人民银行、审计署和具有行政管理职能的直属机构，可以根据法律和国务院的行政法规、决定、命令，在本部门的权限范围内，制定规章。部门规章规定的事项应当属于执行法律或者国务院的行政法规、决定、命令的事项。各省、自治区、直辖市以及省、自治区的人民政府所在地的市和经国务院批准的较大市的人民政府，可以根据法律、行政法规和本省、自治区、直辖市的地方性法规，制定行政规章。

涉及水土保持的部门规章主要包括：

①《开发建设项目水土保持方案编报审批管理规定》(水利部令第5号，1995年5月30日颁布实施，2005年7月8日以水利部令第24号修订)。

②《水土保持生态环境监测网络管理办法》(水利部令第12号，2000年1月31日颁布实施)。

③《开发建设项目水土保持设施验收管理办法》(水利部令第16号，2002年10月16日颁布实施，2005年7月8日以水利部令第24号修订)。

④《企业投资项目核准暂行办法》(国家发展和改革委员会令第19号，2004年9月15日颁布实施)。

⑤《水利工程建设监理规定》(水利部令第28号，2006年12月18日颁布实施)。

⑥《水利工程建设监理单位资质管理办法》(水利部令第29号，2006年12月18日颁布实施)。

相关行业主管部门也制定了一些关于环境保护、水土保持方面的相关规章。

6.1.1.3 规范性文件

规范性文件指各级人大、政府或其组成部门为进一步落实水土保持法定要求而制定的有关文件。开发建设项目的水土保持工作须遵循这些规范性文件。常见的规范性文件主要包括：

(1)国家政策方面的要求

①《国务院关于加强水土保持工作的通知》(国发[1993]5号)。

②《关于印发全国生态环境保护纲要的通知》(国发[2000]38号)。

③《国务院关于投资体制改革的决定》(国发[2004]20号)。

④《关于加强水土保持方案审批后续工作的通知》(水利部办函[2002]154号)。

⑤《关于印发〈全国水土保持预防监督纲要〉的通知》(水利部水保[2004]332号)。

(2)方案管理方面的要求

①《开发建设项目水土保持方案管理办法》(水利部、国家计委、国家环境保护局水保[1994]513号)。

②《关于印发公路建设项目水土保持工作规定的通知》(水利部、交通部水保[2001]12号)、《水利部、国家煤炭工业局关于加强煤炭生产建设项目水土保持工作的通知》(水保[1999]398号)等水利部与相关部门的联合文件。

③《关于印发〈规范水土保持方案编报程序、编写格式和内容的补充规定〉的通知》(水利部司局函，保监[2001]15号)。

④《国家发改委关于燃煤电站项目规划和建设有关要求的通知》(发改委[2004]864号)。

⑤《建设项目环境保护分类管理目录》(国家环保总局公布的最新版本)。

⑥《企业投资项目核准目录》(国家发展和改革委员会公布的最新版本)。

⑦《湖南省开发建设项目水土保持方案分类登记名录》(湘水保委[2004]4号)等分类管理的地方规定。

(3)其他相关内容

①《关于印发〈水土保持监测资格证书管理暂行办法〉的通知》(水保[2003]202号)。

②《关于加强大中型开发建设项目水土保持监理工作的通知》(水保[2003]第89号)。

③《全国性及中央部门和单位行政事业性收费项目目录》(财政部、国家发改委财综[2008]10号或最新版本)。

④《关于加强大型开发建设项目水土保持监督检查工作的通知》(水利部办公厅文件，办水保[2004]97号)。

⑤各省、自治区、直辖市人民政府关于划分水土流失重点防治区的公告及水土保持设施补偿费等的文件。

6.1.2 水土保持法规中对开发建设项目的有关规定

6.1.2.1 法律法规

(1)《中华人民共和国水土保持法》及其实施条例

《中华人民共和国水土保持法》第八条规定："从事可能引起水土流失的生产建设活动的单位和个人，必须采取措施保护水土资源，并负责治理因生产建设活动造成的水土流失"。明确了防治人为水土流失的责任主体是从事开发建设的单位和个人。第二十七条规定："建设过程中发生的水土流失防治费用，从基本建设投资中列支；生产过程中发生的水土流失防治费用，从生产费用中列支"，明确了防治人为水土流失的资金渠道。

第十八条规定："修建铁路、公路和水利工程，应当尽量减少破坏植被；废弃的砂、石、土必须运至规定的专门存放地堆放，不得向江、河、湖泊、水库和专门存放地以外的沟渠倾倒；在铁路、公路两侧地界以内的山坡地，必须修建护坡或者采取其他土地整治措施；工程竣工后，取土场、开挖面和废弃的砂、石、土存放地的裸露土地，必须植树种草，防止水土流失。""开办矿山企业、电力企业和其他大中型工业企业，排弃的剥离表土、矸石、尾矿、废渣等必须堆放在规定的专门存放地，不得向江、河、湖泊、水库和专门存放地以外的沟渠倾倒；因采矿和建设使植被受到破坏的，必须采取措施恢复表土层和植被，防止水土流失。"该条和第二十条规定了各类建设项目水土流失防治的重点内容，并限制了取土、挖砂、采石等行为。

第十四条规定："在山区、丘陵区、风沙区修建铁路、公路、水利工程，开办矿山企业、电力企业和其他大中型工业企业，其环境影响报告书中的水土保持方案，必须先经水行政主管部门审查同意。""在山区、丘陵区、风沙区依法开办乡镇集体矿山企业和个体申请采矿，必须填写'水土保持方案报告表'，经县级以上地方人民政府水行政主管部门批准后，方可申请办理采矿批准手续。""建设工程中的水土保持设施竣工验收，应当有水行政主管部门参加并签署意见。水土保持设施经验收不合格的，建设工程不得投产使用。""水土保持方案的具体报批办法，由国务院水行政主管部门会同国务院有关主管部门制定。"该条的规定，明确了水土保持方案审批后环境影响报告书才能审批，小型项目可以填报水土保持方案报告表，水行政主管部门对水土保持设施进行验收，水土保持设施验收不合格的建设工程不得投产使用，水土保持方案的管理办法由水利部制定。

与此同时，各省(自治区、直辖市)、省会城市和较大市人大相继出台了各地实施水土保持法办法，对推进各地的水土保持工作奠定了法律基础。

(2)《环境影响评价法》及建设项目环境保护管理条例

《环境影响评价法》第十七条和《建设项目环境保护管理条例》第八条规定："涉及水土保持的建设项目，还必须有水行政主管部门审查同意的水土保持方案"。该款规定强调了在环境影响报告书中，必须附有水土保持方案，并已经水行政主管部门审查批准。

依据《建设项目环境保护管理条例》，国家环境保护总局于1999年12月公布了《建设项目环境保护分类管理目录》，根据建设项目对环境影响的大小，将环境影响评价文件分为环境影响报告书、报告表和登记表。其中，可能对环境敏感区造成影响的大中型建设项目需编制环境影响报告书，意即不管拟建的大中型项目对该区域造成影响的大小，只要可能造成影响，就需要编制环境影响报告书。目录中的环境敏感区指需特殊保护的地区、生态敏感与脆弱区、社会关注区以及环境质量已达不到环境功能区域要求的地区；其中需特殊保护地区包括水土流失重点预防保护区。生态敏感与脆弱区包括水土流失重点治理及重点监督区。按此规定，只要拟建的大中型项目位于或经过国家、省、县三级的水土流失重点防治区，就须编制环境影响报告书，不能编报报告表或登记表。可以推理，此类项目一定涉及水土保持，需要编报水土保持方案。

(3)其他相关法律的要求

《公路法》第三十条和第四十一条，规定了公路建设项目在设计和施工阶段应符合防止水土流失的要求，公路用地范围内的山坡、荒地，由公路管理机构负责水土保持。

《水法》《防洪法》及《河道管理条例》均规定了禁止在江河、湖泊、水库、运河、渠道内弃置阻碍行洪的物体和种植阻碍行洪的林木及高秆作物，还提出了加强河道滩地、堤防和河岸的水土保持工作，防止水土流失、河道淤积的要求。

《土地管理法》第三十五条和第三十八条，《农业法》第五十九条，《草原法》第三十一条、第四十六条、第四十九条和第五十一条均规定了相应的水土流失防治工作。此外，《固体废物污染环境防治法》《自然保护区条例》《基本农田保护条例》和《地质灾害防治条例》也规定了水土保持的相关内容。

6.1.2.2 部门规章

(1)开发建设项目水土保持方案编报审批管理规定

1995年5月30日，水利部发布了《开发建设项目水土保持方案编报审批管理规定》(水利部令第5号)；2005年7月8日，为满足新形势下水土保持工作的要求，水利部发布《关于修改部分水利行政许可规章的决定》(水利部令第24号)，对《开发建设项目水土保持方案编报审批管理规定》做了修改。修改后的规定共16条，包括编报方案的范围、后续设计的要求、分类分级管理、审批条件、方案变更、罚责等内容。

凡从事有可能造成水土流失的开发建设单位和个人，必须编报水土保持方案。其中，审批制项目，在报送可行性研究报告前完成水土保持方案报批手续；核准制项目，在提交项目申请报告前完成水土保持方案报批手续；备案制项目，在办理备案手续后、项目开工前完成水土保持方案报批手续。经审批的项目，如性质、规模、建设地点等发生变化时，项目单位或个人应及时修改水土保持方案，并按照原程序报原批准单位审批。

经批准的水土保持方案应当纳入下阶段设计文件中。开发建设项目的初步设计，应当依据水土保持技术标准和经批准的水土保持方案，编制水土保持篇章，落实水土流失防治措施和投资概算。初步设计审查时应当有水土保持方案审批机关参加。

凡征占地面积在 $1hm^2$ 以上或者挖填土石方总量在 $1\times10^4m^3$ 以上的开发建设项目，应当编报水土保持方案报告书；其他开发建设项目应当编报水土保持方案报告表。

(2)水土保持生态环境监测网络管理办法

2000年1月31日，水利部发布了《水土保持生态环境监测网络管理办法》(水利部令第12号)。该办法共23条，分5章。多个条款均提及了开发建设项目的水土保持监测问题。其中第十条要求开发建设项目的建设和管理单位应设立专项监测点，依据批准的水土保持方案，对水土流失状况进行监测，并定期向项目所在地监测管理机构报告监测成果。

(3)开发建设项目水土保持设施验收管理办法

2002年10月14日，水利部发布实施了《开发建设项目水土保持设施验收管理办法》(水利部令第16号)；2005年7月8日，为满足新形势下水土保持工作的要求，水利部发布《关于修改部分水利行政许可规章的决定》(水利部令第24号)，对《开发建设项目水土保持设施验收管理办法》做了修改。修改后的办法共19条，包括验收范围、合格条件、验收时限和分级管理要求、技术评估、分期验收要求等内容。

水土保持设施验收的范围应当与批准的水土保持方案及批复文件一致。水土保持设施验收工作的主要内容为：检查水土保持设施是否符合设计要求，施工质量、投资使用和管理维护责任落实情况，评价防治水土流失效果，对存在问题提出处理意见等。

在开发建设项目土建工程完成后，应当及时开展水土保持设施的验收工作。国务院水行政主管部门负责验收的开发建设项目，应当先进行技术评估。技术评估，由国务院水行政主管部门认定的具有水土保持生态建设咨询评估资质的咨询机构承担。承担技术评估的机构，应当组织水土保持、水工、植物、财务经济等方面的专家，依据批准的水土保持方案、批复文件和水土保持验收规程规范对水土保持设施进行评估，并提交评估报告。

(4)水利工程建设监理规定

2006年12月18日，水利部发布实施了《水利工程建设监理规定》(水利部部长令第28号)，规定了实施监理制度的范围。总投资200万元以上且符合下列条件之一的水利工程建设项目，必须实行建设监理：①关系社会公共利益或者公共安全的；②使用国有资金投资或者国家融资的；③使用外国政府或者国际组织贷款、援助资金的。铁路、公路、城镇建设、矿山、电力、石油天然气、建材等开发建设项目的配套水土保持工程。符合上述规定条件的，应当按照本规定开展水土保持工程施工监理。

(5)水利工程建设监理单位资质管理办法

2006年12月18日，水利部发布实施了《水利工程建设监理单位资质管理办法》(水利部部长令第29号)，规定了水利工程和水土保持工程监理单位资质管理的办法。该规章规定，注册资金达到200万元、100万元、50万元，专业监理工程师人数达到30人、20人、10人，总监理工程师人数达到5人、3人、1人，具备相应从业业绩的单位，可以申请水土保持监理的甲级、乙级和丙级资质。甲级可以承担各等级水土保持工程的施工监理业务，乙级可以承担Ⅱ等以下各等级水土保持工程的施工监理业务，丙级可以承担Ⅲ等水土保持工程的施工监理业务。同时具备水利工程施工监理专业资质和乙级以上水土保持工程施工监理专业资质的，方可承担淤地坝中的骨干坝施工监理业务。该规章还将征占地面积500hm^{2}以上的开发建设项目的水土保持工程划为Ⅰ等工程，征占地面积50hm^{2}以上、小于500hm^{2}的开发建设项目的水土保持工程划为Ⅱ等工程，征占地面积小于50hm^{2}的开发建设项目的水土保持工程划为Ⅲ等工程。

此外，国家发展和改革委员会为适应投资体制改革的需要，于2004年9月15日专门发布了《企业投资项目核准办法》，规定开发建设项目在核准前需取得水土保持方案、环境影响评价、水资源论证、地质灾害评价及其他法律规定的专题论证报告的批文。

6.1.2.3　规范性文件

1994年11月22日，水利部、国家计划委员会、国家环境保护局联合发布了《开发建设项目水土保持方案管理办法》(水保[1994]513号)。该文件强调了环境保护行政主管部门负责审批建设项目的环境影响报告书，水行政主管部门负责审查建设项目的水土保持方案。建设项目环境影响报告书中的水土保持方案必须先经水行政主管部门审查同意。建设项目的环境影响报告书经过环境保护行政主管部门审查批准后，开发建设单位方可申请计划行政主管部门审查建设项目可行性研究报告。水土保持方案报告制度是我国开发建设项目立项的一个重要程序和内容。经过审批的开发建设项目如有较大变动时，项目建设单位应及时修改水土保持方案报告的内容，并报水行政主管部门重新审批。《办法》还强调了建设项目中的水土保持设施的“三同时”制度，水土保持设施未经验收或者经验收不合格的，建设工程不得投产使用。

为推进各行业水土保持工作，水利部先后分别与国土资源部、国家电力公司、铁道部、国家有色金属工业局、煤炭工业局、交通部联合出台了落实水土保持方案制度的联合文件，有力地推进了水土保持方案编报工作。1998年10月20日，水利部、国家电力公司率先联合印发了《电力建设项目水土保持工作暂行规定》(水保[1998]423号)，加强了部门相互配合，推进了水土保持方案的落实，促进了开发建设项目的水土保持工作。1999年2月13日，铁道部、水利部以铁计[1999]20号文件发布《铁路建设项目水土保持工作规定》，强调1995年5月30日以后开工建设的在建铁路工程及新建项目必须在可行性研究阶段编报水土保持方案。1999年7月23日，水利部、国家煤炭工业局以水保[1999]398号文件发布《关于加强煤矿生产建设项目水土保持工作的通知》，强调凡造成水土流失的在建项目须编报水土保持方案，并要求对已建项目组织进行水土流失治理。1999年8月30日，水利部、国家有色金属工业局以水保[1999]470号文件发布《关于加强有色金属生产建设项目水土保持工作的通知》，规定凡可能造成水土流失的在建项目及新建项目须补报或编报水土保持方案。2001年1月16日，水利部、交通部以水保[2001]12号文件发布《公路建设项目水土保持工作规定》，强调在可行性研究阶段应将水土保持工作作为路线方案比选的重要条件之一，在初步设计阶段进一步落实水土保持方案。2002年5月10日，水利部办公厅以办函[2002]154号发布《关于加强水土保持方案审批后续工作的通知》，要求按照批准方案的要求，结合主体工程，及时组织水土保持初步设计、招标设计、技施设计等，保证工程建设各阶段水土保持都有相应的技术文件，特别要保证各施工单位取得相应资料，以便按照已批准水土保持方案施工进度的要求落实各项水土流失防治措施。

2002年6月15日，水利部、国家发展计划委员会、国家经济贸易委员会、国家环境保护总局、铁道部、交通部等六部委局联合印发了《关于联合开展水土保持执法检查活动的通知》(水保[2002]258号)，推动了水土保持工作向纵深发展，促进了水土保持"三同时"制度的进一步落实；2004年7月12日，水利部办公厅以办水保[2004]97号文件发布《关于加强大型开发建设项目水土保持监督检查工作的通知》，委托流域机构代部行使水土保持监督检查权，加强大型开发建设项目的水土保持方案实施情况的监督和检查工作。2004年8月18日，水利部以水保[2004]342号发布《全国水土保持预防监督纲要》，提出了2015年前的水土保持预防监督工作的任务、目标。

2003年3月5日，水利部以水保[2003]89号文件发布《关于加强大中型开发建设项目水土保持监理工作的通知》，文件要求开发建设项目须按规定开展监理工作。2003年5月16日，水利部以水保[2003]202号文件发布《水土保持监测资格证书管理暂行办法》，设立水土保持监测资质，并要求对开发建设项目开展水土保持监测工作。

6.1.3 水土保持方案编制的有关规定

6.1.3.1 法律依据

《中华人民共和国水土保持法》第十九条规定："在山区、丘陵区、风沙区修建铁路、公路、水工程，开办矿山企业、电力企业和其他大中型工业企业，在建设项目环境影响报告书中，必须有水行政主管部门同意的水土保持方案"；"在山区、丘陵区、风沙区依照矿产资源法的规定开办乡镇集体矿山企业和个体申请采矿，必须持有县级以上地方人民政府水行政主管部门同意的水土保持方案，方可申请办理采矿批准手续"；"建设项目中的水土保持设施，必须与主体工程同时设计、同时施工、同时投产使用。建设工程竣工验收时，应当同时验收水土保持设施，并有水行政主管部门参加”。该条规定了水土保持方案报告审批制度，并强调水土保持设施与主体工程“三同时”的要求，提出了水土保持设施验收的要求。

《中华人民共和国水土保持法实施条例》第十四条进一步规定了环境影响报告书中的水土保持方案，必须先经水行政主管部门审查同意；建设工程中的水土保持设施竣工验收，除有水行政主管部门参加的要求外，还规定了须签署意见；水土保持设施经验收不合格的，建设工程不得投产使用。水土保持方案的具体报批办法，由国务院水行政主管部门会同国务院有关主管部门制定。

《开发建设项目水土保持方案编报审批管理规定》是专门为水土保持方案编制与审批而制定的部门规章。

6.1.3.2 方案的分类与审批

水土保持方案分为水土保持方案报告书和水土保持方案报告表。凡征占地面积在 $1hm^2$ 以上或者挖填土石方总量在 $1\times10^4m^3$ 以上的开发建设项目，应当编报水土保持方案报告书；其他开发建设项目应当编报水土保持方案报告表。编制水土保持方案报告书的单位应当具有水土保持方案编制资质，编制人员应当经过培训后取得上岗证书。持有上岗证书的个人可以从事水土保持方案报告表的编制，无需具有单位资质。

凡从事有可能造成水土流失的开发建设单位和个人，必须编报水土保持方案。其中，审批制项目，在报送可行性研究报告前完成水土保持方案报批手续；核准制项目，在提交项目申请报告前完成水土保持方案报批手续；备案制项目，在办理备案手续后、项目开工前完成水土保持方案报批手续。

开发建设单位或者个人要求审批水土保持方案的，应当向有审批权的水行政主管部门提交书面申请和水土保持方案报告书或者水土保持方案报告表。有审批权的水行政主管部门受理申请后，应当依据有关法律、法规和技术规范组织审查，或者委托有关机构进行技术评审。水行政主管部门应当自受理水土保持方案报告书审批申请之日起20日内，或者应当自受理水土保持方案报告表审批申请之日起10日内，作出审查决定。但是，技术评审时间除外。对于特殊性质或者特大型开发建设项目的水土保持方案报告书，20日内不能作出审查决定的，经本行政机关负责人批准，可以延长10日，并应当将延长期限的理由告知申请单位或者个人。

6.1.3.3 方案编制的其他要求

编制水土保持方案，应与前期工作的阶段相适应。主体工程处于可行性研究阶段时，水土保持方案的编制深度应当达到可行性研究深度。主体工程处于初步设计阶段、施工图设计阶段或者已经开工时，水土保持方案的编制深度应达到初步设计或更深的深度。水土保持方案审批后，建设项目的性质、规模、建设地点等发生变化时，项目单位或个人应及时修改水土保持方案，并按照原报批程序重新审批。

经批准的水土保持方案应当纳入下阶段设计文件中。开发建设项目的初步设计，应当依据水土保持技术标准和经批准的水土保持方案，编制水土保持篇章，落实水土流失防治措施和投资概算。初步设计审查时应当有水土保持方案审批机关参加。

6.2 水土保持方案的主要内容和编制程序

6.2.1 水土保持方案编制总则

开发建设项目水土保持方案的编制总则一般设置为第一章，旨在明确方案编制的主要原则，主要包括下列内容：

①方案编制的目的与意义　说明编制水土保持方案的目的和必要性，以及水土保持方案的用途和意义。

②方案编制的依据　前已述及，方案编制依据主要包括法律、法规、规章、规范性文件、技术规范与标准、相关资料等。

③水土流失防治的执行标准　即按《开发建设项目水土流失防治标准》的规定，确定方案设计的最低标准。实际上，方案确定防治目标时，还应结合当地的自然条件和项目的特点，分析确定水土流失防治的防治等级和具体指标。

④方案编制的指导思想与原则　说明方案编制的指导思想，根据工程建设可能导致的水土流失特点，论述水土流失防治应遵循的主要原则。

⑤设计深度和设计水平年　根据主体工程设计所处的设计阶段，确定方案编制的设计深度，一般在立项前编报水土保持方案，可确定为可行性研究深度。当主体工程达到初步设计深度或已经开工时，方案须达到初步设计深度。公路、铁路、输电线路、管道工程等项目的可行性研究报告的设计深度较浅，需开展一定的补充勘测或调查。方案设计水平年指主体工程完工后，方案确定的水土保持措施实施完毕并初步发挥效益的时间。建设类项目为主体工程完工后的当年或后一年，建设生产类项目为主体工程完工后投入生产之年或后一年。

6.2.2 项目概况

(1)基本情况

主要包括开发建设项目名称、项目法人单位、项目所在地的地理位置(应附地理位置图)、建设目的与性质、工程任务、等级与规模，说明在规划中的地位和项目的立项进展情况。若与其他项目有依托关系，还应作出说明。对矿山类项目，除了介绍项目区的面积、资源与可采储量、开采年限、开采方式及接替计划等，还要介绍首采区的情况。

(2)项目组成及布置

以主体工程推荐方案为基础，介绍各单项工程的平面布置、工程占地、建设标准等主要技术指标，附平面布置图。介绍与水土保持相关的施工工艺、生产工艺和水量平衡图，简要叙述项目特点及原材料和产品的运送方式。采矿类项目应有综合地质柱状图，公路、铁路项目应有工程平纵(断面)缩图。扩建项目还应说明与已建工程的关系。

根据主体设计情况，说明项目附属工程的建设内容，并对项目建设所需的供电系统、给排水系统、通信系统、对外交通等予以说明。

(3)工程占地

工程占地情况包括永久征(占)地和临时用地，应按项目组成及县级行政区划(大型的线型建设项目可用地市级行政区域代替)分别说明占地性质、占地类型、占地面积等情况。

(4)土石方平衡

分项(或分段)说明工程土石方挖方、填方、借方、弃方量，还应对弃方的综合利用情况作出说明。土石方平衡应根据项目设计资料、地形地貌、运距、土石料质量、回填利用率、剥采比等合理确定取土(石)量、弃土(石)量和开采、堆弃地点、形态等，并附土石方平衡表(表6-1)、土石方流向框图。对线型建设项目，应根据施工条件按自然节点(河流、隧道等)分段进行土石方平衡。土石方平衡须以主体工程为参照对象，汇总土石方开挖、填筑情况(包括表土剥离与回填工程量)，并说明与其他分区或分段之间的调入、调出情况，以及所需的取料和弃渣数量(表6-1)。不应将专设的取料场、弃渣场参与土石方平衡计算。

表6-1 土石方平衡表样式 m^3 或 $\times 10^4 m^3$

分段或防治分区	挖方	填方	调入方		调出方		外借方		弃方	
			数量	来源	数量	去向	数量	来源	数量	去向

说明：①各种土石方均应折算为自然方进行平衡。

②表土剥离和回填、建筑垃圾、钻渣泥浆等均应计入土石方平衡。

③各行均可按“挖方 + 调入方 + 外借方 = 填方 + 调出方 + 弃方”进行校核。

(5)工程投资

工程投资应说明主体工程总投资、土建投资、资本金构成及来源等。

(6)施工组织

施工组织的介绍主要包括以下内容：①介绍主体工程施工布置、施工工艺与时序要求等，说明主要工序。分段施工的工程应列表说明，重点介绍施工营地、材料堆放场地、施工道路、取土(石、料)场、贮灰场、尾矿库、排土场、弃渣场等布置情况。②介绍施工用水、电、通信等情况。③说明土、石、砂、砂砾料等建筑材料的数量、来源及其相应的水土流失防治责任。对自采加工料，应说明综合加工系统，料场的数量、位置、可采量等及取料场、弃渣场的确定情况。

(7)拆迁安置

拆迁安置主要包括拆迁(移民)安置、专项设施复建等内容，包括拆迁(移民)规模、搬迁规划、拆迁范围、安置原则、安置方式、专项设施复建方案，生产、拆迁和安置责任。

(8)进度安排

应说明主体工程总工期，包括施工准备期开始时间、主体工程开工时间、主体土建工程完工时间、项目投产时间，建设进度安排等。对于分期建设的项目，还应说明前期和后续项目的情况，并附施工进度表及主体工程进度横道图。

6.2.3 项目区概况

项目区概况介绍应满足水土流失预测与水土保持措施设计的需要，根据不同项目特点，按以下内容描述。

(1)自然环境

①地质　简述区域地质和工程地质概况，重点说明项目区的岩性、地震烈度、地下水埋深、不良地质工程地质情况。

②地形地貌　主要包括项目建设区的地形、地面坡度、沟壑密度、海拔高程、地貌类型、地表物质组成等。

③气象　介绍与工程、植物措施配置相关的气候因子，主要指项目区所处的气候带、气候类型、年平均气温、大于等于10℃的活动积温、无霜期、最大冻土层深度，年平均降水量、年蒸发量、降水量年内分配，年平均风速、主导风向、年大风日数及沙尘天数等，给出资料的来源和系列长度。此外，还应介绍典型设计中用到的设计频率降水特征值。

④水文　主要包括项目建设区及周边区域水系情况，地表水状况，河流平均含沙量，径流模数，洪水(水位、水量)与建设场地的关系等情况，并附水系图。线型工程的水文特征值可分段论述。

⑤土壤　主要包括项目区的土壤类型、土层厚度、土壤质地、土壤的抗蚀性等。必要时，还应给出土壤的机械组成和土壤肥力情况。

⑥植被　介绍项目区在全国植被分区中的区属，当地林、草植被类型，乡土树(草)种，主要群落类型，林草植被覆盖率、生长状况等基本情况。

⑦其他　主要包括可能被工程影响的其他环境资源，项目区内历史上多发的自然灾害。

(2)社会经济概况

社会经济概况应说明资料的来源和时间，主要说明社会经济情况和土地利用情况，还应说明当地的支柱产业和产业结构调整方向。点型工程按项目所在乡(县)、线型工程以县(地市)为单位进行调查统计。

①社会经济概况　建设地点在农村的可按表6-2统计，建设地点在城镇时应

表 6-2　项目区社会经济概况统计表样式

行政区划	总面积（hm^2）	耕地面积（hm^2）	总人口（人）	农业人口（人）	GDP（万元）	农业总产值（万元）	农民人均耕地面积（hm^2）	农民人均年纯收入（元）

作相应调整。

②土地利用概况　主要指项目区（乡或县）的土地类型、利用现状、分布及面积，基本农田、林地等情况，还应说明人均耕地、人均基本农田等情况，说明不同用途的用地所占比例。

（3）水土流失及水土保持现状

①项目区水土流失现状　定量介绍项目区内水土流失的类型和强度，确有困难时可用项目所在地的县级行政区域的有关数据代替。还应说明项目所在地的水土流失类型区划情况，给出容许土壤流失量和项目占地范围内水土流失背景值及取值依据。

②水土流失防治情况　给出项目所在地的国家级和省级、县级水土流失重点防治区划分情况，并说明是否属于国家或省级水土流失治理的重点项目区。

③项目区内的水土保持现状　介绍项目区内现有的水土保持设施现状，水土流失治理的成果等情况。

④水土流失防治经验　主要介绍当地成功的水土流失防治工程的类型和设计标准，植物品种和管护经验等。同时介绍同类开发建设项目的工程措施的布设及标准，当地适宜的林草品种，临时防护措施布设等经验，扩建工程还应详细介绍上一期工程的水土保持工作开展情况和存在的问题。

6.2.4　主体工程水土保持分析与评价

6.2.4.1　主体工程设计的水土保持制约因素分析评价

从主体工程的选址（线）及总体布局、施工工艺及生产工艺、土石料场选址、弃渣场选址、主体工程施工组织设计、主体工程施工和工程管理等方面分析是否有水土保持制约因素，并按点型建设类项目、点型建设生产类项目、线型建设类项目的限制性规定和不同水土流失类型区的限制性规定进行复核，同时根据各类限制性规定的强制约束力说明水土保持可行性。不能排除绝对限制类行为的，水土保持方案中应有明确的结论并有与主体设计单位共同协调处理的说明。对严格限制行为，项目建设确定无法避免时，方案中应提高防治要求，并与周边环境和其他要求相适应。

6.2.4.2　主体设计比选方案的水土保持意见

从扰动地表面积及可恢复程度、土石方量、损坏植被和水土保持设施数量、可能造成的水土流失量及危害、工程投资等方面进行水土保持影响及分析，评价主体工程推荐方案是否存在水土保持制约因素。如果推荐方案存在制约因素，还应从水土保持角度对其他比选方案进行论证，提出水土保持意见。如果各个比选方案均存在制约性因素，就应挑选出影响最小的建设方案，做进一步的分析。

对主体工程选线、选址、总体布局、施工及生产工艺、土石料场选址、弃渣场选址、占地类型及面积等方面，从水土资源占用、水土流失影响、景观、土石方平衡和对主体工程土建部分的安全性等方面对不同的比选方案进行评价。要从保护生态、保护自然景观、水土保持的角度论证主体工程设计的合理性，并对主体设计提出有利于水土保持的建议，以达到最大限度地保护生态、控制扰动范围、减少水土流失的目的。

6.2.4.3 主体设计推荐方案的分析评价

①主体工程的选址(线)要求。

②主体工程占地类型、面积和占地性质的分析与评价，应做到：

a. 尽量减少永久征地面积；

b. 工程永久占地不宜占用农耕地(基本农田)，特别是水田等生产力较高的土地。

③主体工程土石方平衡，弃土(石、渣)场、取土(石、料)场的布置，施工组织、施工方法与工艺等评价，应注意：

a. 综合分析挖填方的施工时段、土石方组成和运距、回填利用率等因素，从水土保持角度提出土石方综合利用、调配的合理化建议。对施工时序及是否做到先拦后弃做出评价；

b. 对主体设计选定的取土(石、料)场和弃土(石、渣)场，应从水土保持角度进行比选和综合分析，不符合水土保持要求的，须提出新的场址；主体工程设计深度不够的，由水土保持与主体设计人员共同分析比选确定取土(石、料)场和弃土(石、渣)场；

c. 分析土石方调配情况，从水土保持角度对土石方调配提出合理化建议。

④施工组织、施工方法与工艺等评价，分析施工方法与工艺中水土流失的主要环节及防治措施。

⑤主体工程施工管理的水土保持分析与评价，从施工道路、临时防护、堆料场、周转场地、施工时序等方面对包括施工准备在内的整个施工过程进行水土保持分析与评价。

⑥工程建设与生产对水土流失的影响因素分析，主要指施工和生产所需的原材料供应、废弃物处理、招投标、合同管理等方面的分析评价。

6.2.4.4 水土保持工程界定与主体设计的评价

在主体工程占地区域内，许多防护措施的设置既是出于主体工程安全稳定的需要，同时也兼有水土保持功能，在水土流失防治措施体系中须加以区分。对以主体设计功能为主或为主体工程的安全稳定服务的防护措施，进行水土保持分析与评价，即分析主体设计的防护措施是否满足水土保持要求，否则还需提出需补充完善的措施，纳入水土流失防治措施体系。

(1)水土保持方案的防护措施的界定原则

①主导功能原则　以防治水土流失为主要目标的工程，应界定为水土保持工程；以主体工程设计功能为主、同时兼有水土保持功能的工程，不能纳入水土流失防治措施体系，仅对其进行水土保持分析与评价。当不能满足水土保持要求时，可提出水土保持意见，要求主体设计修改完善；也可提出补充措施，纳入水土流失防治措施体系。

②责任区分原则　对建设过程中的临时征地、临时占地，因施工结束后将归还当地群众或政府，基于水土保持工作具有公益性质的特点，需要将此范围的各项防护措施界定为水土保持工程，纳入水土流失防治措施体系。

③试验排除原则　对主体设计功能和水土保持功能结合较紧密的、难以区分以功能主次的工程，可按破坏性试验的原则进行排除。假定没有这些工程，在没有受到土壤侵蚀外营力的同时，主体设计功能仍旧可以发挥作用的，此类防护措施可以看作以防止土壤侵蚀为主要目标，应界定为水土保持工程，并纳入水土流失防治措施体系。

(2)水土保持工程界定参考

①植物措施　植物措施既可防止水力和风力对土壤的侵蚀，又可增加雨水下渗，减少径流损失。各类建设项目中设计的植物措施一般都是为了美化环境和防止冲刷，故植物措施均应界定为水土保持工程。

②拦挡工程

a. 火电厂的贮灰场的灰坝具有一定的水土保持功能，但属主体工程正常运转还可或缺的工程，其水土保持功能是次要的，方案中只需对其作出评价。主要从防洪标准、防洪安全、坝坡防冲、灰坝布置对下游和周围的影响、贮灰场容量等方面进行评价，但不需对贮灰坝坝体的稳定性进行评价。坝坡的综合防护，可以作为水土保持工程。

b. 冶金、有色等工程尾矿库的尾矿坝、冶炼渣库(赤泥库)挡渣坝具有一定的水土保持功能，但不界定为水土保持工程，方案中可按火电厂贮灰坝的要求进行评价。另外，有色采矿项目排土场后专门设置的挡水坝，也不应界定为水土保持工程。但是，冶金、有色等工程排土场(废石场)的拦渣坝、挡渣墙则看作以水土保持功能为主，应界定为水土保持工程，由水土保持方案进行设计；如果主体设计已经提供设计图，还须对废石场布置(对下游和周围的影响)、废石场容量、拦渣坝防洪标准、防洪安全、拦渣坝和挡渣墙的稳定性等作出评价和验算，一并列入水土保持方案。

c. 井采煤矿排矸场的挡矸墙、拦矸坝应当界定为水土保持工程，水土保持方案编制时要作出设计。主体设计已经考虑挡矸墙、拦矸坝的，还需对矸石场布置(对下游和周围的影响)、矸石场容量、拦矸坝防洪标准、防洪安全、拦矸坝和挡矸墙结构计算(包括稳定、强度)等作出评价和验算，一并列入水土保持方案。

d. 露采煤矿排土场挡土墙、挡土坝应当界定为水土保持工程。

e. 水利水电工程弃渣场的挡渣墙、拦渣坝应当界定为水土保持工程。

f. 公路铁路工程路堑、路堤挡土墙具有一定的水土保持功能，但不应界定为水土保持工程，方案中只作评价。

g. 输气、输油管线横坡和顺坡段边坡挡墙，具有一定的水土保持功能，但不界定为水土保持工程，只作评价。而穿跨越河(沟)道的护岸工程，应当界定为水土保持工程。

③排水工程

a. 电厂厂区、冶金和有色选矿厂、煤矿工业广场、露天采场、水利水电工程生产办公生活区、公路服务区、铁路站场、输气和输油工程站场、输变电工程站场等区域内的排水工程和区域外的截、排水工程，均应界定为水土保持工程。

b. 公路和铁路路基截、排水工程均应界定为水土保持工程。

c. 在干旱缺水和沿海缺淡水的地区采取的降水蓄渗措施，界定为水土保持工程。

④地面硬化工程　各类工程的场地和道路硬化都具有水土保持功能，但主要功能是主体设计的车辆通行和停放、公共活动等功能，不界定为水土保持工程，只作评价。经评价，根据水土保持需要确需补充硬化措施的，可将此部分界定为水土保持工程。采用透水形式的硬化措施可界定为水土保持工程。

⑤斜坡防护工程　对于各类主体工程设计的坡面防护工程，应区别对待。从水土保持角度看，坡面防护应尽量采用植物措施，因为植物措施既起防冲刷作用，又能增加雨水下渗，还能起美化环境的作用。所以，凡是植物措施护坡、工程和植物综合斜坡防护工程，如三维植物网护坡、混凝土网格植草护坡、混凝土六方块护坡、浆砌石拱型网格植草护坡等，均应界定为水土保持工程。工程措施中的浆砌石护坡、混凝土预制块护坡，一般不界定为水土保持工程，特殊需要的可经方案论证后界定为水土保持工程；混凝土喷锚护坡等，一般是处理不良地质情况采取的护坡，尽管具有水土保持功能，但不界定为水土保持工程，只作评价。对于没有不良地质情况、坡度缓的坡面，如果主体设计采用单纯工程措施护坡，水土保持方案编制时应修正护坡形式，改为工程和植物综合护坡措施，界定为水土保持工程。

⑥土地整治工程　土地整治工程是在施工结束后，清除建筑垃圾，将坑凹不平的土地整理成相对平整的土地(需要覆土的进行覆土)，用于复耕、恢复植被或其他用地的措施。这项措施应界定为水土保持工程。

⑦表土剥离及其临时防护和回填利用　表土资源是最重要的土资源，应重点保护，既要防止表土的流失，也要防止表土的压埋。所以，水土保持方案应结合工程区立地条件分析设计表土剥离及其临时防护和回填利用措施。如果主体设计中有，应界定为水土保持工程，纳入水土流失防治措施体系；如果主体设计中没

有，则应在方案中进行补充。

⑧临时拦挡和覆盖措施　临时拦挡覆盖措施都应界定为水土保持工程。

⑨其他情况　料场、渣场、施工生产生活区(含材料堆放地)等临时占地范围内修建的各类防护措施，均应界定为水土保持工程。降水蓄渗工程既可集蓄径流，用于林草植被的灌溉，或增加地面下渗，减少水的流失，又可减少对下游的冲刷，应界定为水土保持工程。如厂(场)区布设的蓄水池、下渗地砖等工程，应界定为水土保持工程。江河湖海的防洪堤、防浪堤、抛石护脚等措施和厂区围墙等不界定为水土保持工程。

6.2.4.5　生产运行对水土流失的影响因素分析

①对生产运行期的排矸、排灰、排渣、尾矿等进行分析。

②对矿山采掘的沉陷区进行分析。

6.2.4.6　结论性意见、要求与建议

①明确建设项目是否可行，明确推荐方案的水土保持可行性。从水土保持角度看，当主体工程的推荐方案不是最优时，应当与主体设计单位交换意见，并有相应的说明；当推荐方案存在规范规定的严格限制类的制约性因素或有可能存在较为严重的水土流失时，应当提高水土流失防治标准的执行等级，并在方案中论证工程措施的设防标准，有明确的文字说明；当推荐方案存在禁止类制约性因素时，方案(送审稿)应当否决主体设计的推荐方案，交由审查会议确认，方案(报批稿)中应说明推荐方案被否决，并以与主体设计单位协调确定的其他比选方案为基础进行方案编制。

②明确取土场、弃渣场是否合理。对主体工程的后续设计、施工组织和施工管理等提出水土保持要求。

③明确对主体工程设计的建议。对可能诱发次生崩塌、滑坡、泥石流灾害的灰场、弃渣场、排土场、排矸场、高陡边坡等提出在初步设计阶段进一步复核安全稳定的要求。

6.2.5　水土流失防治责任范围及防治分区

(1)水土流失防治责任范围

开发建设项目的水土流失防治责任范围，应根据工程设计资料，通过现场查勘和调查研究确定；审查时应根据不同行业的特点，注意以下几点要求：

①工程占地。要分行政区划(以县为单位，线型项目也可以地、市为单位)列表说明占地类型、面积和占地性质等。

②说明直接影响区确定的依据。

③拆迁区根据不同项目具体情况，列入项目建设区或直接影响区；集中安置或由建设单位直接负责的专项设施迁建部分应当纳入项目建设区。仅由建设项目出资、分散安置或由其他单位承建的专项设施迁建区列入直接影响区。

④对于改扩建项目或除险加固项目，应分析工程占压已征用土地情况，一并纳入水土流失防治责任范围。

⑤用文、表、图说明项目建设区、直接影响区的范围、面积等情况。

(2)水土流失防治分区

①分区依据。依据主体工程布局、施工扰动特点、建设时序、地貌特征、自然属性、水土流失影响等进行分区。

②分区原则。

a. 各区之间具有显著差异性。

b. 相同区内造成水土流失的主导因子相近或相似。

c. 一级分区应具有控制性、整体性、全局性，线型工程应按地貌类型划分一级区。

d. 二级及其以下分区应结合工程布局和施工区进行逐级分区。

e. 各级分区应层次分明，具有关联性和系统性。

③分区方法。主要采取实地调查勘测、资料收集与数据分析相结合的方法进行分区。

④分区说明应包括文字、图、表等。

6.2.6　水土流失预测

6.2.6.1　水土流失预测的基础

土壤流失量预测的基础是，按开发建设项目正常的设计功能，不采取任何水土保持工程条件下可能产生的土壤流失量与危害。

水损失量的预测基础是，开发建设项目按设计规模建成后，可能引起的水量损失及危害情况。

6.2.6.2　工程可能造成的水土流失因素分析

侧重在工程选址(线)、料场和弃土(渣)场选址、工程征(占)地及土地类型、施工的工艺、进度与时序安排和工程占压及地形再造等方面可能造成水土流失分析。

6.2.6.3　土壤流失预测的范围及单元

土壤流失预测的范围即为各防治分区的扰动面积；预测单元应为工程建设扰动地表的时段、形式总体相同，扰动强度和特点大体一致的区域。

6.2.6.4　土壤预测时段

项目预测时段即为施工准备期、施工期和自然恢复期(包括设备安装调试期)。生产类项目还应包括运行期(方案服务期)。

各预测单元的预测时段应根据相应单项工程的施工进度，结合产生土壤流失的季节，按最不利条件确定，即超过雨(风)季长度的按全年计，未超过雨(风)

季长度的按占雨(风)季长度的比例计(单位为年)。

自然恢复期指单项工程完工后不采取水土保持措施条件下，植被自然恢复或在干旱、沙漠等无法自然恢复林草植被区域的地面自然硬化(结皮)，土壤侵蚀强度减弱并接近原背景值所需的时间(单项工程完工后即进入自然恢复期，同一地区的自然恢复期长度相同，但各预测单元自然恢复期的起止时间可不同)。一般降水量600mm以下或高寒地区按2年计，其余地区以1年计。

6.2.6.5 土壤流失预测的内容和方法

(1)扰动原地貌、损坏土地和植被的面积

通过查阅开发建设项目技术资料，利用设计图纸，结合实地查勘，对开挖扰动地表、占压土地和损坏林草植被的面积分别进行测算。

(2)弃土(石、灰、渣)量

通过查阅项目技术资料及现场实测，了解其开挖量、回填量、剥采比、单位产品的弃渣量等，预测各时段的主体工程、临建工程、附属设施(如交通运输、供水、供电、生活设施等)、取土(石、砂)料场等生产建设过程中的弃土(石、渣)及建筑垃圾的数量。

(3)损坏水土保持设施的面积和数量

根据当地水土保持设施的界定标准，对因开发建设而损坏的水土保持设施数量进行测算，并列表给出。

(4)可能造成土壤流失量的预测

应根据项目区土壤流失类型，确定进行水蚀或风蚀预测。其主要方法有：

①有条件的可以利用水土保持研究所、试验站针对项目区或相同类型区的观测资料和研究成果，依据降雨、地形、植被、地面物质组成、管理措施等因子与土壤流失的关系进行预测。

②通过对已建、在建项目实地调查或测试，以及其对成果作必要修正后，获取不同预测单元和时段的土壤侵蚀模数，根据公式计算土壤流失量。

6.2.6.6 水损失量的预测

位于大、中城市及周边地区，南方石漠化，西北干旱地区和沿海淡水缺乏地区的开发建设项目，应进行水损失量的预测，可采用径流系数法进行年水量损失计算。

6.2.6.7 预测参数的确定

(1)土壤侵蚀模数的确定

土壤侵蚀模数背景值可直接引用项目区“水土流失现状”中所确定的数据，通过采用收集资料、专家咨询等方法分单元确定背景值。

扰动后土壤侵蚀模数，应根据工程的施工工艺和时序、扰动方式和强度、地面物质组成、汇流状况及相关试验、调查等综合确定：

①采用类比法来确定。采用具有与本工程土壤侵蚀条件和施工工艺等基本接近的类比工程，类比确定。但需说明类比工程实地监测的背景条件、监测方法和具体成果，并明确所采用修正的方法与系数。

②鼓励通过试验、观测等方法进行土壤流失模数测定，取得不同预测单元的土壤流失模数。

对于既无实测资料，也难以找到借用资料的项目，可在对比分析基础上，结合专家经验为各地类赋予一定量值(如旱平地≤林地≤1 000t/($km^2 \cdot a$)≤荒地≤坡耕地)，并用加权平均计算出预测单元的土壤侵蚀模数。

(2)径流系数的确定

原始径流系数可从全国、流域和省的水资源评价成果或径流系数等值线图中获得，或参考相关试验资料和科研成果，并结合实地调查和专家估判来确定。

项目建成后的径流系数，其值的大小应与工程占压、硬化和非透水物质覆盖的总面积呈正相关[一般取值在原状径流系数与0.9(或0.85)之间]，鼓励通过相关试验或小区监测来确定。

6.2.6.8 水土流失危害预测

应针对本工程实际，预测水土流失对水土资源、项目区及周边生态环境和下游河道淤积及防洪的影响，分析导致土地沙化、退化，以及水资源供需矛盾加剧和地面下陷的可能性(所指危害应切合实际，不可夸大)。具体从以下几方面预测：

①对周边和下游生态的影响。

②对江河防洪的影响。

③对公共设施安全的影响，如村庄、学校、道路等公共设施。

④当地水土资源、地表植被、土地生产力的影响，如矿山项目地下水降低对地表水资源和植物的影响。

6.2.6.9 预测结论及综合分析

(1)预测成果

①列表给出不同分区、不同时段的土壤流失总量和新增流失量。

②对于进行水损失量预测的项目，还应列表给出各分区及项目区可能造成的水损失量。

(2)综合分析及指导意见

在预测水土流失总量和强度基础上，明确产生水土流失(量或危害)的重点区域或地段，提出防治措施布设的指导性意见，指出重点防治和监测的区段。

6.2.7 防治目标及防治措施布设

6.2.7.1 水土流失防治标准选取和防治目标确定

根据《开发建设项目水土流失防治标准》，确定水土流失防治目标，并应注意：

①同一区域项目出现2个等级时，采用较高等级。

②应根据项目区降水量、土壤侵蚀强度、地形特点进行修正。

③对于线型工程，应分段确定防治目标，并按各段长度加权平均计算综合防治目标。

④应确定施工期拦渣率、土壤侵蚀控制比。

⑤生产建设类项目除了明确施工期、设计水平年的防治目标外，还应确定运行期的防治目标。

6.2.7.2 水土流失防治措施的布设原则

水土流失防治措施布设原则的一般要求为：

①结合工程实际和项目区水土流失现状，因地制宜、因害设防、防治结合、总体设计、全面布局、科学配置。

②减少对原地貌和植被的破坏面积，合理布设弃土(石、渣)场、取料场，弃土(石、渣)应集中堆放。

③项目建设过程中应注重生态环境保护，设置临时性防护措施，减少施工过程中造成的人为扰动及产生的废弃土(石、渣)。

④注重吸收当地水土保持的成功经验，借鉴国内外先进技术。

⑤树立人与自然和谐相处的理念，尊重自然规律，注重与周边景观相协调。

⑥工程措施、植物措施、临时措施要合理配置、统筹兼顾、形成综合防护体系。

⑦工程措施要尽量选用当地材料，做到技术上可靠、经济上合理。

⑧植物措施要尽量选用适合当地的品种，并考虑绿化美化效果。

⑨防治措施布设要与主体工程密切配合，相互协调，形成整体。

6.2.7.3 水土流失防治措施体系和总体布局

通过对主体工程设计的分析与评价，提出主体工程设计中具有水土保持功能工程，并将以水土保持功能为主的工程界定为水土保持工程，在此基础上提出需要补充、完善和细化的防治措施和内容，经综合分析，统筹安排，提出水土流失防治措施体系和总体布局。具体要求如下：

①在分区布设防护措施时，既要注重各分区的水土流失特点以及相应的防治措施、防治重点和要求，又要注重各防治分区的关联性、系统性和科学性。

②植物措施应在对立地条件的分析基础上，推荐多树种、多草种，供设计时进一步优化。

③水蚀风蚀复合区的措施应兼顾2种侵蚀类型的防治。

④防治措施布局应按分区、分工程措施、植物措施和临时防护措施布设。

⑤应按一级分区分别绘制水土流失防治措施体系框图，对主体工程设计中具有水土保持功能但不界定为水土保持工程的措施和管理方面的措施不列入防治措

施体系及框图。

6.2.7.4 工程量计算及汇总

水土保持措施工程量的计算按工程措施、植物措施和临时措施划分；按防治分区分列措施类型、规模和工程量。

水土保持工程措施和临时措施的工程量根据典型设计的单位工程量推算，工程量统计项目为工程定额的计量项目。

水土保持植物措施的工程量按乔木、灌木、草皮、撒播植草、园林小品统计，并说明植物措施防护面积及材料数量。

工程量汇总表无误，与典型设计、投资估算前后一致。

6.2.7.5 水土保持工程施工要求

对典型设计进行施工的方法进行描述，应包括施工条件、施工材料来源及施工方法与质量要求。

6.2.7.6 水土保持措施进度安排

①遵循“三同时”的原则，按照主体工程施工组织设计、建设工期、工艺流程，坚持积极稳妥、留有余地、尽快发挥效益的原则，以水土保持分区措施布设、施工的季节性、施工顺序、措施保证、工程质量和施工安全，分期实施，合理安排，保证水土保持工程施工的计划性、有序性以及资金、材料和机械设备等资源的有效配置，确保工程按期完成。

②拦挡措施应符合“先拦后弃”的原则；植物措施的实施应根据项目区气候特点安排。

③列表说明水土保持方案实施进度并绘制双线横道图，与主体工程进度相匹配。

6.2.8 水土保持监测

(1)水土保持监测的基本要求

开发建设项目水土保持监测应按照SL277—2002《水土保持监测技术规程》的规定进行。水土保持方案应明确监测的项目、内容、方法、时段和频次，初步确定监测点位，估算所需的人工、设施、设备和物耗。

(2)监测范围、时段、内容和频次

①监测范围　水土流失防治责任范围。

②监测时段　从施工准备期至设计水平年。建设生产类项目运行期提出监测技术要求。

③监测的内容

a. 水土保持生态环境的变化；

b. 水土流失动态；

c. 水土保持措施防治效果(植物措施的监测重点是成活率和保存率，以及工程的完好率)；

d. 施工准备期前应首先监测背景值；

e. 水土流失危害。

④监测频次　应满足6项防治目标测定的需要：

a. 土壤流失量的监测，应明确在产生水土流失季节里每月至少1次；

b. 应根据项目区造成较强土壤流失的具体情况，明确水蚀或风蚀的加测条件；

c. 其他季节土壤流失量的监测频次应适量减少；

d. 除土壤流失量外的监测项目，应根据具体内容和要求确定监测频次。

(3)不同行业建设项目的监测重点(区域)

①采矿类工程　露天采矿的排土(石)场、地下采矿的弃土(渣、废石)场及地面塌陷区，以及铁路、公路专用线，集中排水区下游。

②交通铁路工程　弃土(渣)场、取土(石)场、大型开挖面和土石料临时转运场，集中排水区下游和施工道路，沿河(沟、湖)路段下边坡。

③电力、冶炼等工程　弃土(渣)场、取土(石)场、临时堆土场、施工道路，以及火力发电厂运灰道路、冶炼厂尾矿(渣)场和运灰、运料道路。

④水利水电工程　弃土(渣、泥)场、取土(石)场、大型开挖面、排水泄洪区下游、施工期临时堆土(渣)场。

⑤建筑及城镇建设项目　地面开挖、弃土弃(渣)和土石料临时堆放地。

⑥其他工程　施工或运行中易造成水土流失的部位和工作面。

(4)监测站点的选址与布设

①监测点要有代表性。

②各不同监测项目应尽量结合。

③监测小区应根据需要布设不同坡度和坡长的径流小区进行同步监测。

④对弃土(渣)场、取料场及大型开挖面等，宜布设监测小区。

⑤项目区内类型复杂、分散的工程宜布设简易观测场。

⑥铁路、公路、输油(气)管道、输水工程等线型工程，应在不同水土流失类型区平行布设监测点。

⑦规模大、影响范围广、建设周期长的大型建设生产类项目应布设长期监测点。

⑧特大型建设项目监测点的布设还应符合国家或区域水土保持监测网络布局的要求，并纳入相应监测站网的统一管理。

(5)监测方法

采取定位监测与实地调查监测相结合的方法，有条件的建设项目可同时采用遥感监测方法。监测方法应具有较强的可操作性，同时给出监测内容、方法、点位和频次的监测计划表。

(6)监测设施、监测设备及消耗性材料

①坚持以监测内容确定所需监测设施、设备和耗材的原则。

②说明监测设施的布设情况，是否布设监测小区、沉沙池等。

③列表给出监测设施、设备及耗材表。

(7)监测成果

①监测成果应包括监测报告、监测数据、相关监测图件及影像资料。

②至少每季度向建设单位和当地水行政主管部门上报一次监测成果。

③监测报告中应给出6项防治目标达到值的计算表格。

6.2.9 投资概(估)算及效益分析

(1)编制依据及原则

①概(估)算编制的项目划分、费用构成、编制方法、概(估)算表格等依据有关规定执行，水土保持方案投资概(估)算的编制依据、价格水平年、工程主要材料预算价格、机械台时费、主要工程单价及单价中的有关费率标准应与主体工程相一致。

②概(估)算所采用的工程量要与典型设计、图纸及措施设计的最终结果相一致。

③采用与主体工程相一致的基础单价、取费标准、工程措施和植物措施单价，应说明编制的依据和办法。

④投资总表中不包括运行期(方案服务期内)水土保持投资；运行期的水土保持投资另行计列。

⑤主体工程土建投资：煤炭工程包括可研报告中的井工投资和土建费；火电、输变电工程为建筑工程费；水电、核电工程为建安工程费中的建筑工程费；有色项目为建设工程费(钢结构建筑物不包括基础以上部分投资)；水利项目为建筑安装工程费中的建筑工程费；公路包括建筑工程费(不含设备购置及安装费)和交通工程费。

(2)独立费用

独立费用包括建设管理费、科研勘测设计费、水土保持监理费、水土保持监测费、水土保持设施验收技术评估报告编制费、水土保持技术文件技术咨询服务费。

建设管理费、科研勘测设计费取费基数不包括界定为水土保持工程的主体水土保持投资。

水土保持监理费按国家发展改革委、财政部发改价格[2007]670号《建设工程监理与相关服务收费管理规定》计取。

水土保持监测费参照有关文件，按实际需要计列，包括监测人工费、土建设施费、监测设备使用费、消耗性材料费。工程科学研究试验费由勘测设计费、方案编制费组成。勘测设计费按《工程勘察设计收费管理规定》(计价格[2002]10号)计列，方案编制费参照有关文件计列，并纳入勘测设计费中。工程科学研究试验费按水总[2003]67号文件执行。

(3)水土保持设施补偿费

水土保持设施补偿费采用各省(自治区、直辖市)标准计列，应列明计算依据，按县级行政区列表计算。

(4)防治效益预测

水土流失防治效益预测就是根据方案设计的水土保持工程措施、植物措施和临时防护措施的布局与数量，对照方案编制目的和所确定的水土流失防治目标，采用定性及定量相结合的方法；对于其中的6项防治目标值，还需应用计算公式，分别列表计算并分析水土保持措施实施后预期由于控制人为水土流失而所产生的保水、保土、改善生态环境和保障工程安全运行等方面的作用与效益。效益计算中的有关参数，应当有来源，如植物措施面积应与工程量表中的数据一致，其中乔、灌、草(特别是乔灌草结合布设的)的面积不能重复计算。

(5)水土保持损益分析

就方案实施后，对于项目区及周边地区在水、土资源合理利用，以及恢复和改善生态环境、恢复土地生产力、保障建设项目安全、促进地区经济发展的作用和效益等方面进行较为全面的分析。逐步完善对损益分析指标的分析，确定水土流失影响指数：以损益分析的关键因子构建水土流失影响指数，评价项目对水土流失的影响。

6.2.10　实施保障措施

水土保持方案是建设单位向政府呈交的一项承诺。因项目建设不可避免地造成地表扰动、土石方流转、破坏植被，可能产生大量的水土流失，建设单位向政府申请建设并承诺将采取一系列措施限制施工扰动，保护水土资源，减少和控制水土流失；水行政主管部门依据其可能产生的水土流失、当前防治技术以及防护不当时可能产生的水土流失危害等进行批复、否决或提出调整意见。因此，水土保持方案是一个具有强制效力的法律文件。水土保持方案批复的前提是项目建设方案是可行的，在满足其他条件后，水行政主管部门应根据国家相关法律法规及技术规范，检查项目占地和损坏水土保持设施的情况，复核土石方量和可能造成的水土流失量，论证防治措施体系和典型设计的合理性和可行性，审核水土保持投资，评价建设单位的信誉和方案实施的保障措施，进而做出是否批准的行政许可。方案实施保障措施是实施水土保持方案拟采取的措施，是审批部门考查方案可实施性的主要依据，主要从以下几方面编写：

(1)组织领导与管理

强调建设单位要设立专门的水土保持管理机构，建立健全水土保持管理的规章制度等，建立水土保持工程档案。

(2)后续设计

明确主体工程初步设计中必须有水土保持专章或专篇，项目初步设计审查时应有原方案审批的水行政主管部门参加，提出意见等。

(3)水土保持工程招标、投标

强调在招标文件中要明确施工和监理单位的水土保持责任和具体要求等。

(4)水土保持工程建设监理

明确在水土保持工程施工中必须要有具有相应水土保持监理资质的单位进行监理，应建立施工过程中临时措施档案资料，监理报告作为水土保持设施竣工验收的依据。

(5)水土保持监测

强调要由相应资质的单位进行水土保持监测，监测报告作为水土保持设施竣工验收的依据。

(6)检查与验收等

要接受各级水行政主管部门的监督和检查，在主体工程竣工验收前要进行水土保持专项验收。

(7)资金来源及使用管理

说明水土保持资金纳入项目建设资金统一管理，要建立水土保持资金档案，进行专项管理。

6.2.11 结论及建议

(1)总体结论

明确有无限制工程建设的制约因素，并明确项目的可行性。

(2)下阶段水土保持要求或建议

主要以下阶段应重点研究的内容和下阶段设计提出建议，根据项目的特点提出对主体工程施工组织的水土保持要求，对水土保持工程后续设计、施工单位的施工管理、水土保持专项监理、监测等方面提出要求，并明确下阶段需进一步深入研究的问题。

6.2.12 附件、附图和附表

(1)附件

要求附件有下列内容：

①方案编制委托书。

②项目立项的有关申报文件、批件或相关规划。

③工程可行性研究的审查意见。

④说明项目可行性且与水土保持有关的协议。

⑤水土保持投资估(概)算附件。

⑥方案(送审稿)技术评审意见。

⑦其他与工程相关的资料。

(2)附图

①基本要求 a. 图面必须清晰、图签齐备。b. 规范规定的图纸必须齐全。

②附图内容　包括以下内容：a. 项目地理位置图。b. 项目区地形地貌图和水系图。c. 项目总平面布置图及施工总布置图。d. 项目区土壤侵蚀强度分布图、土地利用现状图、水土保持防治区划分图。e. 水土流失防治责任范围图。f. 水土流失防治分区及水土保持措施总体布局图。g. 水土保持措施典型设计图。h. 水土保持监测点位布局图。i. 公路、铁路项目应附平、纵断面缩图等其他图。

(3)附表

主要包括水土保持投资估算附表、方案特性表等。

6.2.13 综合说明

综合说明作为水土保持方案总体内容的概述，放在第一章之前，简要说明方案各部分的主要内容。主要指：

①主体工程的地理位置、建设内容、建设性质和规模，还须说明在规划中的地位和项目的立项进展情况；明确生产工艺和土石方施工工艺的型式，简要叙述项目特点及原材料和产品的运送方式；摘录工程建设的永久占地、临时占地、挖方总量，填方总量，取土总量和取土场数量、弃渣总量和弃土场的数量；说明工程建设的建设单位及总投资、土建投资、开工时间和完工时间。

②项目所在地的地貌、土壤、植被和气候类型，简要说明项目区的自然条件和水土流失重点防治区划分情况。

③主体工程不同比选方案的水土保持意见，明确水土保持分析评价的结论。

④水土流失防治责任范围及分区，说明执行的水土流失防治等级及综合的水土流失防治目标。

⑤水土流失预测结果，主要包括损坏水土保持设施数量、建设期水土流失总量及新增量，明确水土流失防治的重点区段及时段。

⑥水土保持措施总体布局、主要工程量。

⑦水土保持投资估算的总体情况及效益分析，给出不同分区的防治措施及独立费用的投资及比例。

⑧方案编制的结论与建议。

⑨水土保持方案特性表。

6.3 水土保持方案管理

6.3.1 资质管理

编制水土保持方案需要相应资质。因水土保持方案的质量直接涉及防治水土流失的效果，如果方案编制的过于原则，缺乏针对性，内容就显得空泛，无法指导施工过程中的水土流失防治，因而失去编制水土保持方案的意义。一个好的水土保持方案，直接与地形地貌、工程布局和施工工艺相关，设计各类措施，防范并控制各个施工环节可能产生的水土流失，起到保持水土、保护并恢复生态的效果。国家规定，建设项目的水土保持方案编制工作实行资质管理，承接方案编制的单位需具备相应的资质，参加编制的人员需持有相应的上岗证书。

6.3.1.1 水土保持方案编制的单位资质证书

(1)证书分级及应用范围

为了加强对开发建设项目水土保持方案编制单位的管理，保证开发建设项目水土保持方案的编制质量，国家设立了相应的资质，并制定了管理和考核办法。资质设甲、乙、丙3级。持有甲级资质的单位，可承接大中型开发建设项目水土保持方案的编制任务。持乙级资质的单位，可承接中小型开发建设项目水土保持方案的编制任务。持丙级《资格证书》的单位，可承接小型以下开发建设项目水土保持方案的编制任务。随着企业投资核准制的实施，资质的应用范围有了一定的调整，甲级资质单位可以承担中央立项的开发建设项目的水土保持方案编制任务，乙级资质证书可承担省级立项的开发建设项目的方案编制工作，丙级资质单位可以承担省级以下人民政府立项的建设项目的方案编制工作。甲级资质可以承担乙、丙级资质对应的任务，乙级资质可以承担丙级资质规定的任务。

(2)申领资质的条件

申请资质的单位必须具备与其承担编制任务相适应的实验、测试、勘测和分析技术手段，熟悉和掌握国家与地方颁布的水土保持法规和技术规范，并能提供已编制或正在编制的1～2个开发建设项目水土保持方案或类似成果。申请甲级资质的单位限于国家注册的大型规划、设计、科研、咨询单位，并具有从事水土保持技术工作的高级技术人才。申请乙级资质的单位限于省级注册的规划、设计、科研、咨询单位，并具有从事水土保持技术工作的高级技术人员。申请丙级资质的单位限于地市级注册的规划、设计、科研、咨询单位，并具有从事水土保持技术工作的中级技术人员。

(3)证书的管理

甲级资质由国家主管负责管理与考核；乙、丙级资质由省级主管部门管理和考核，并报国家主管部门备案。申请资质的单位，根据所申请资格证书的级别，向相应级主管部门提出书面申请报告，领取国家主管部门统一印制的“编制开发建设项目水土保持方案资格证书考核登记表”一式三份，按规定要求填写后，报送相应级的主管部门审查同意后方可领取。持证单位必须严格遵守资质的使用规定，按国家和地方颁布的有关水土保持法规、政策及技术规范开展工作；在签订编制水土保持方案时，必须说明资质级别的编号，并附资质证书影印件；当持证单位的性质、机构、人员、仪器设备变化较大时，必须重新办理申报手续。持证单位违反本规定，有下列行为之一的，颁发《资格证书》的水行政主管部门视情节轻重，有权中止、吊销其《资格证书》：①弄虚作假领取《资格证书》的；②转借《资格证书》的；③变相转包方案编制工作的；④机构、人员、仪器设备发生变化已不适应编制工作任务要求又不及时申报的；⑤编制方案质量不符合要求的；⑥不履行编制合同的。

6.3.1.2 水土保持方案编制人员的上岗证书

在社会主义市场经济条件下，国家引入了执业资格制度。由于水土保持法颁布较早，行政许可法规定的设定行政许可的条件在水土保持法中未明确提及，相应的执业资格还没有办法及时实施。而水土保持方案事关社会公众利益，技术性强，其从业人员应实行准入控制，国家沿用了过去的做法，经过权威技术部门培训合格后可上岗开展方案编制工作。

在当前条件下，一是沿用过去的管理办法，对新上岗人员实行培训考核上岗，对过去持有上岗证书的人员实行定期再培训制度，保障国家新的政策和要求的贯彻与落实。二是筹备建立职业资格制度，明确技术水平，考核职业道德，通过职业资格来提高从业人员的技术水平。三是设立执业资格制度，凡从事水土保持方案编制的人员须经考试合格并在相应单位注册上岗，强调个人的信用，规范执业行为，维护国家和社会的公共利益。

6.3.2 水土保持方案审批程序

6.3.2.1 审批程序

①建设单位或个人委托具备水土保持方案编制资质的单位编制相应的水土保持方案。

②建设单位或个人向相应水行政主管部门报送方案送审稿及审查申请。

③水行政主管部门批转给水土保持专业机构进行审查或技术评审，按照国家关于水土保持的法律法规及技术规范和要求，现场查勘和技术文件评审，并形成审查意见或专家评审意见。

④根据审查意见或专家评审意见，由建设单位组织编制单位进行修改、补充和完善，形成水土保持方案(报批稿)，送审查单位或技术评审组织单位进行复核。

⑤审查单位技术评审机构对水土保持方案报告书(报批稿)进行复核，符合有关规定和要求的出具正式《水土保持方案报告书》审查意见或技术评审意见，并报送水行政主管部门。对不符合规定和要求的《水土保持方案报告书》(报批稿)退回建设单位重新修改、补充和完善。

⑥建设单位或个人向水行政主管部门报送《关于报批×××水土保持方案报告书(报批稿)的请示》以及经技术评审机构核审同意后的《水土保持方案报告书(报批稿)》，申请批复《水土保持方案报告书》(报批稿)。

⑦水行政主管部门核查有关文件后作出受理决定，并在受理后20个工作日内(或经机关领导同意后30个工作日内)完成批复或退回工作。

水土保持方案报告表的报批程序，可省去第③~⑤步骤的要求。

6.3.2.2 技术审查

①技术评审机构初步审核方案报告书后，组织有关流域机构、行业和地方水

行政主管部门、主体工程土建专业、项目建设等单位的代表，并从方案咨询专家库中邀请水土保持、资源与环境、技术经济、工程管理和土木工程等专业的专家，勘察项目区现场，进行技术咨询与技术审查。

②参加评审的专家，需在会前对方案报告书的质量进行评价，会前提交会议汇总，以便形成专家组意见，也可作为考核编制单位的重要依据。

③技术评审主持人和评审专家应对水土保持方案报告书的编制质量、技术合理性、经济合理性和是否满足控制水土流失、减轻水土流失灾害等要求承担技术责任；评审专家应对相应的专业领域承担技术与质量的把关责任。

④对没有达到相应技术要求、不具备召开评审会议条件的水土保持方案报告书(送审稿)，技术评审机构应退回建设单位并提出书面修改意见。其书面修改意见应同时抄送水行政主管部门，作为水土保持方案编制资格证书考核的内容。对1年内发生1次退回的水土保持方案编制单位提出批评，2次退回的提出警告并要求整改。

⑤对达到相应技术要求的水土保持方案报告书(送审稿)，技术评审机构应提前1周发出技术评审会议通知并抄送水行政主管部门，在技术评审会议3d前将水土保持方案送达评审专家和项目所在地流域机构及地方水行政主管部门。

⑥水土保持方案报告书(送审稿)通过技术评审后，技术评审机构应及时提出水土保持方案报告书(送审稿)评审意见，并送达建设单位，由建设单位组织水土保持方案的修改、补充、完善，形成水土保持方案报告书(报批稿)，送技术评审机构复核。

⑦技术评审机构应在5个工作日内完成水土保持方案报告书(报批稿)的复核工作。对通过复核的水土保持方案报告书(报批稿)出具技术评审意见报送水行政主管部门，同时抄送项目建设单位。

6.3.2.3 技术评审的条件

水土保持方案报告书(送审稿)有下列情况之一的，应考虑不具备召开技术评审会议条件：

①对主体工程基本情况把握不准、现场查勘深度不足，工程项目组成、规模、布置及施工工艺等表述不清楚。

②对主体工程水土保持功能评价、工程建设可能造成的水土流失预测及可能发生的灾害评价深度不足，分析结果不能为方案批复提供可靠的技术支撑。

③水土流失防治体系过于笼统，防治措施设计缺乏针对性和可操作性，临时防护措施安排不到位，不能有效减少和控制人为水土流失及可能引发的水土流失灾害。

④水土保持监测的目标、任务、内容、要求等总体安排和设计不具体，操作性不强，对水土保持监测的实施缺乏指导和控制作用。

⑤水土保持投资概(估)算不准确，图样、工程量和概算不一致，独立费用明显不能满足开展相关工作。

⑥不符合国家水土保持方针政策和技术规范、规程的要求，文字、数据、图表等非技术性错误较多。

6.3.2.4 技术评审的标准

开发建设项目水土保持方案须以相应的规范作为审查尺度，达到相应要求的才能通过评审。有以下情况之一的，技术评审应不予通过：

①水土保持方案中没有主体工程的比选方案，比选方案水土保持评价缺乏水土保持有关量化指标。

②在山区、丘陵区、风沙区的开发建设项目，对原自然地貌的扰动率超过70%，或对林草植被的破坏率超过70%。

③工程的土石方平衡、废弃土石渣利用达不到规范要求。

6.3.2.5 方案审批的条件

为贯彻落实科学发展观，保护生态环境，建设资源节约型、环境友好型社会，促进经济发展与人口、资源、环境相协调，根据国家产业结构调整的有关规定，开发建设项目水土保持方案将从严审批。开发建设项目符合具有下列情况之一的，水土保持方案不予批准：

①《促进产业结构调整暂行规定》、国家发展和改革委员会发布的《产业结构调整指导目录》中限制类和淘汰类产业的开发建设项目。

②《国民经济和社会发展第十一个五年规划纲要》等确定的禁止开发区域内不符合主体功能定位的开发建设项目。

③违反《中华人民共和国水土保持法》第十四条，在25°以上陡坡地实施的农林开发项目。

④违反《中华人民共和国水土保持法》第二十条，在县级以上地方人民政府公告的崩塌滑坡危险区和泥石流易发区内取土、挖砂、取石的开发建设项目。

⑤违反《中华人民共和国水法》第十九条，不符合流域综合规划的水工程。

⑥根据国家产业结构调整的有关规定精神，国家发展和改革主管部门同意后方可开展前期工作，但未能提供相应文件依据的开发建设项目。

⑦分期建设的开发建设项目，其前期工程存在未编报水土保持方案、水土保持方案未落实和水土保持设施未按期验收。

⑧同一投资主体所属的开发建设项目，在建及生产运行的工程中存在未编报水土保持方案、水土保持方案未落实和水土保持设施未按期验收。

⑨处于重要江河、湖泊以及跨省(自治区、直辖市)的其他江河、湖泊的水功能一级区的保护区和保留区内可能严重影响水质的开发建设项目，以及对水功能二级区的饮用水源区水质有影响的开发建设项目。

⑩在华北、西北等水资源严重短缺地区，未通过建设项目水资源论证的开发建设项目。

6.3.3 水土保持方案的深度要求

水土保持方案应当达到相应深度，才具备指导后续设计的作用。国家标准GB50433—2008《开发建设项目水土保持技术规范》和国家标准 GB50434—2008《开发建设项目水土流失防治标准》对此已经有了明确的规定，不再重复。现仅就方案中的水土流失防治措施的设计要求总结如下。

6.3.3.1 各类项目可研阶段水土保持措施设计深度

不同类型开发建设项目在可研阶段的设计深度是不同的，特别是对主体工程以外的施工场地、施工道路、取土场、弃渣场等施工辅助设施区和临时占地区的占地的确定情况不同，水土保持措施需要根据这种不同进行设计。具体要求见表6-3。

6.3.3.2 拦挡工程典型设计的要求

①在不小于1∶10 000的地形图上绘制平面布置图。

②初步确定拦渣坝轴线位置、挡土墙走向及轴线位置。

③确定设计标准，初步确定建筑物的形式、主要尺寸和主要建筑材料。

④给出主要断面图。

⑤列表给出主要技术参数的取值(如内摩擦角、黏滞系数等)。

⑥给出稳定分析的公式、参数、结果和结论。

⑦列表给出主要工程量及单位工程量指标。

⑧明确适用范围。

6.3.3.3 斜坡防护工程典型设计的要求

①初步确定斜坡防护工程的位置。

②初步确定护坡形式并明确主要建筑材料。

③在满足边坡稳定的前提下，初步确定主要尺寸。

④给出主要横断面图。

⑤列表给出主要工程量及单位工程量指标。

⑥明确适用范围。

6.3.3.4 土地整治工程典型设计的要求

①确定土地整治的位置和面积。

②根据土地适宜性分析，确定整地方法。

③确定主要技术参数(平整度、覆土厚度、防渗排水要求等)。

④绘制必要的设计图。

⑤列出工程量及单位工程量指标。

⑥明确适用范围。

表 6-3　开发建设项目水土保持方案可研阶段设计深度要求

项目类型	主体工程区（包括交通、供水、供电等公用工程）	施工（生产生活）场地	施工道路	取土场	采石（料）场	弃渣场（点）	贮灰场	尾矿库	矸石场	排土场	沉陷区	移民安置搬（拆）迁区
火电厂	位置和面积确定，分场地做典型设计，估算工程量	位置和面积确定，按地形类型做典型设计，估算工程量	位置和面积确定，按地形类型做典型设计，估算工程量	位置和面积确定，逐个做典型设计，估算工程量	一般为外购，需落实水土保持责任	位置和面积确定，逐个做典型设计，估算工程量	位置和面积确定，逐个做典型设计，估算工程量					分散安置区、搬迁区作为影响区，提出水土保持要求
冶金、有色等冶炼加工工程	位置和面积确定，分场地做典型设计，估算工程量	（一般在主体区中）位置和面积确定，按地形类型做典型设计，估算工程量	长度和面积确定，按地形类型做典型设计，估算工程量	位置和面积确定，逐个做典型设计，估算工程量	一般为外购，需落实水土保持责任	位置和面积确定，逐个做典型设计，估算工程量		位置和面积确定，逐个做典型设计，估算工程量		位置和面积确定，逐个做典型设计，估算工程量	作为影响区，提出水土保持要求	拆迁区作为影响区，提出水土保持要求
井采矿	位置和面积确定，分场地做典型设计，估算工程量	位置和面积确定，按地形类型做典型设计，估算工程量	长度和面积确定，按地形类型做典型设计，估算工程量	位置和面积确定，逐个做典型设计，估算工程量		位置和面积确定，逐个做典型设计，估算工程量			位置和面积确定，逐个做典型设计，估算工程量	位置和面积确定，逐个做典型设计，估算工程量		拆迁区作为影响区，提出水土保持要求
露采矿	位置和面积确定分场地做典型设计，估算工程量	位置和面积确定，按地形类型做典型设计，估算工程量	长度和面积确定，按地形类型做典型设计，估算工程量							位置和面积确定，逐个做典型设计，估算工程量		拆迁区作为影响区，提出水土保持要求

（续）

项目类型	主体工程区（包括交通、供水、供电等公用工程）	施工（生产生活）场地	施工道路	取土场	采石（料）场	弃渣场（点）	贮灰场	尾矿库	矸石场	排土场	沉陷区	移民安置搬（拆）迁区
水利枢纽、泵站、水电工程	位置和面积确定，分场地做典型设计，估算工程量（水电项目可达到初步设计）灌渠等用指标法	位置和面积确定，按地形类型做典型设计，估算工程量	位置和面积确定，按地形类型做典型设计，估算工程量	位置和面积确定，逐个做典型设计，估算工程量	位置和面积确定，逐个做典型设计，估算工程量	位置和面积确定，逐个做典型设计，估算工程量						搬迁区、集中安置区、生产安置区属于建设区，提出水土保持要求，按指标法估计投资，分散安置区作为影响区，提出水土保持要求（专项迁建项目单编方案）
公路铁路	位置和面积确定，按类型区做典型设计，估算工程量	数量和面积确定，按地形类型做典型设计，估算工程量	长度和面积确定，按地形类型做典型设计，估算工程量	确定位置和面积，逐个做典型设计，估算工程量	落实水土保持责任	位置和面积确定，按地形类型做典型设计，估算工程量						分散安置区拆迁安置区作为影响区，提出水土保持要求
输气、输油管线	站场位置和面积确定，按类型区做典型设计，估算工程量；线路长度和面积确定，按类型区做典型设计，估算工程量	数量和面积确定，按地形类型区做典型设计，估算工程量	长度和面积确定，按地形类型做典型设计，估算工程量			数量和面积确定，按类型区做典型设计，估算工程量						

（续）

项目类型	主体工程区（包括交通、供水、供电等公用工程）	施工（生产生活）场地	施工道路	取土场	采石（料）场	弃渣场（点）	贮灰场	尾矿库	矸石场	排土场	沉陷区	移民安置搬（拆）迁区
输变电工程	站场位置和面积确定，逐个做典型设计，估算工程量；塔基数量和面积确定，按类型区做典型设计，估算工程量	估算数量和面积，按类型区做典型设计，估算工程量	估算长度和面积，按地形类型做典型设计，估算工程量			按就地平衡的原则估算数量和面积，按类型区做典型设计，估算工程量						

6.3.3.5 防洪排导工程典型设计的要求

①在不小于1:10 000的地形图上绘制平面布置图。

②确定设计标准，进行洪水计算。

③初步确定主要断面尺寸，给出主要断面图。

④初步确定消能防冲措施，做好与下游沟道连接。

⑤列表给出主要技术参数的取值。

⑥列表给出主要工程量及单位工程量指标。

⑦明确适用范围。

6.3.3.6 降水蓄渗工程典型设计的要求

①初步确定蓄渗工程的位置。

②初步确定蓄渗工程形式并明确主要建筑材料。

③根据地表径流量及实际需要，初步确定工程结构形式，明确主要尺寸。

④给出主要设计图。

⑤列表给出主要工程量及单位工程量指标。

⑥明确适用范围。

6.3.3.7 植被建设工程典型设计的要求

①对拟采取植物措施的场地进行立地条件分析，结合景观要求，确定适宜的植物种及配置方式。

②确定苗木规格、种植方式、材料用量。

③进行植物典型设计，确定工程量，给出典型设计图。

④明确养护管理配套措施。

⑤对项目建设区需要保护的植被，提出假植和移植方案。

6.3.3.8 临时防护工程典型设计的要求

①明确临时防护措施的种类，初步确定各类措施的位置。

②临时拦挡：说明拦挡的方式、面积、设计尺寸及工程量，并绘制典型设计图。

③临时排水、沉沙措施：说明布设位置、数量、设计尺寸及工程量，并绘制必要的图件。

④临时苫盖：说明苫盖的材料、面积及工程量。

⑤明确表土的剥离厚度、堆放场地及相应的保护措施与利用方向。

6.3.3.9 防风固沙工程典型设计的要求

①根据项目所处的风蚀沙化类型区确定防护类型、防护宽度。

②选定防护措施材料，确定布设形式(带状、网格状)。

③绘制必要的设计图。

④计算工程量及单位指标。

本章小结

开发建设项目水土保持方案编制与管理，主要涉及三个层次。首先是开发建设项目水土保持的法律规定，即水土保持法律法规体系、水土保持法规中对开发建设项目的有关规定和水土保持方案编制的有关规定；其次是水土保持方案的主要内容和编制程序；最后涉及水土保持方案管理问题，包括资质管理、水土保持方案报审程序和水土保持方案的深度要求。

思 考 题

1. 开发建设项目水土保持的法律规定主要有哪些?
2. 为什么要在可行性研究阶段编制审批水土保持方案?
3. 水土保持方案报审程序体现出哪些行政职能?

参考文献

弗莱施曼 CM. 1986. 泥石流[M]. 德基译. 北京：科学出版社.

安保昭. 1988. 坡面绿化施工法[M]. 北京：人民交通出版社.

白中科，王治国，等. 1995. 现代化大型露天矿排土场岩土侵蚀时空变异规律的研究[M]//安太堡露天煤矿土地复垦协作组. 黄土高原地区露天煤矿土地复垦研究论文集(第一集). 北京：中国科学技术出版社.

陈静生. 1986. 环境地学[M]. 北京：中国环境科学出版社.

陈瑞生，蔡荣坤. 2005. 生态水沟技术在惠河高速公路(二期)的应用[J]. 广东公路(3)：13-15.

陈永宗. 1990. 晋西黄土高原土壤侵蚀规律实验研究文集[M]. 北京：水利电力出版社.

程星，郭明，石方红. 2005. 岩溶地区公路建设对地下水环境的破坏形式及其保护策略研究——以贵州高原为例[J]. 中国岩溶，24(2)，166-168.

慈龙骏. 1995. 世界防治荒漠化新进展[M]//中国治沙暨沙业学会. 中国治沙暨沙业学会论文集. 北京：北京师范大学出版社.

邓岳. 2004. 西北地区高速公路建设中的水土保持[J]. 交通环保，25(4)：24-25.

杜群乐. 2005. 路基边坡植物防护与野生植物开发利用[J]. 河北林业科技(4)：41-42.

范逢源. 1994. 环境水利学[M]. 北京：中国农业出版社.

符素华，刘宝元. 2002. 土壤侵蚀量预报模型研究进展[J]. 地球科学进展，17(1)：78-82.

高速公路丛书编委会. 2001. 高速公路路基设计与施工[M]. 北京：人民交通出版社.

工程地质手册编委会. 1992. 工程地质手册[M]. 3版. 北京：中国建筑工业出版社.

郭廷辅. 1998. 世界水土流失现状及水土保持进展状况[J]. 成都水利(3)：62-65.

胡余道. 1988. 铁西滑坡发生发展规律与整治工程实践[M]//中国岩石力学与工程学会地面岩石工程专业委员会，中国地质学会工程地质专业委员会. 中国典型滑坡. 北京：科学出版社.

纪万斌. 1994. 塌陷学概论[M]. 北京：中国城市出版社.

江玉林，张洪江. 2008. 公路水土保持[M]. 北京：科学出版社.

姜德文. 1997. 开发建设项目水土保持方案有关技术问题探讨口[J]. 中国水土保持(5)：39-41.

姜德文. 2000. 论水土保持规划设计的规范化[J]. 中国水土保持(3)：20-21.

姜德文. 2003. 水土保持学科在实践中的应用与发展[J]. 中国水土保持科学，1(2)：88-90.

姜德文. 2005. 以科学发展观建立开发建设项目水土保持损益评价体系[J]. 中国水土保持(6)：5-7.

交通部第一公路勘察设计院. 1998. 中华人民共和国行业标准——公路环境保护设计规范[S]. 北京：人民交通出版社.

焦居仁，姜德文，王治国，等. 1998. 开发建设项目水土保持[M]. 北京：中国法制出版社.
金德镰，等. 1988. 柘溪水库塘岩光滑坡[M]//中国岩石力学与工程学会地面岩石工程专业委员会，中国地质学会工程地质专业委员会. 中国典型滑坡. 北京：科学出版社.
李方军. 2005. 山区公路滑坡的综合防治[J]. 沿海企业与科技(9)：145-146.
李俊杰，白中科，赵景逵，等. 2007. "矿山工程扰动土"人工再造的概念、方法、特点与影响因素[J]. 土壤，39(2)：216-221.
李俊杰. 2005. 矿山工程扰动土人工再造的理论、方法与实证研究[D]，山西太谷：山西农业大学.
李文银，王治国，蔡继清. 1996. 工矿区水土保持[M]. 北京：科学出版社.
李相然. 1997. 人类工程活动引起的几种地貌变形灾害及防治对策[J]. 宁夏大学学报(自然科学版). 18(3)：277-281.
李智广，郭索彦. 1998. 人为水土流失因素及其防治措施研究[J]. 水土保持通报，18(2)：48-52.
刘雄，张万林，王霞. 2000. 准格尔旗开发建设项目水土流失防治对策[J]. 中国水土保持(5)：32-33.
刘震. 2003. 我国水土保持的目标与任务[J]. 中国水土保持科学，1(4)：1-5.
刘震. 2004. 水土保持监测技术[M]. 北京：中国大地出版社.
陆兆熊，蔡强国，朱同新，等. 1991. 黄土丘陵沟壑区土壤侵蚀过程研究[J]. 中国水土保持(11)：19-22.
彭珂珊. 2004. 中国水土流失问题的初探[J]. 北京联合大学学报(自然科学版)，18(1)：20-26.
钦佩，安树青，颜京松. 1998. 生态工程学[M]. 南京：南京大学出版社.
任海，彭少麟. 2001. 恢复生态学导论[M]. 北京：科学出版社.
山西省水资源管理委员会. 1992. 山西水资源[M]. 太原：山西人民出版社.
申洪源. 2001. 我国水土流失现状及生态环境建设研究[J]. 哈尔滨师范大学自然科学学报，17(2)：104-108.
孙飞云，杨成永，杨亚静. 2005. 开发建设项目水土流失生态影响分析[J]. 人民长江，36(10)：61-63.
孙泰森，白中科. 2001. 大型露天煤矿人工扰动地貌生态重建研究[J]. 太原理工大学学报，32(3)：219-221.
唐克丽. 1990. 黄土高原地区土壤侵蚀区域特征及其治理途径[M]. 北京：中国科学技术出版社.
丸本卓哉. 1999. 在火山灰荒芜地利用菌根菌进行植物复原[J]. 土和微生物(日文)(52)：81-90.
王长春，李明旭，贾洪纪. 2000. 公路建设项目水土保持方案的编制[J]. 黑龙江水专学报，27(2)：45-46.
王春. 1999. 浅谈沙漠公路设计中的防沙措施[J]. 油气田地面工程，18(4)：69-70.
王广强. 1988. 平庄西露天矿滑坡实例与探测研究[M]//中国岩石力学与工程学会地面岩石工程专业委员会，中国地质学会工程地质专业委员会. 中国典型滑坡. 北京：科学出版社.
王辉. 1999. 景电灌区开发建设对区域生态环境的影响[J]. 生态学报，19(3)：371-375.
王菊，房春生，刘殊，等. 2002. 开发建设工程对生态环境资源影响的价值分析[J]. 中国环境科学，22(1)：56-59.

王礼先，朱金兆. 2005. 水土保持学[M]. 2 版. 北京：中国林业出版社.
王青杵. 1998. 煤炭开采区废弃物堆置体坡面侵蚀特征研究[J]. 中国水土保持 (8)：26-29.
王治国，白中科，胡振华，等. 1993. 平朔安太堡露天煤矿潘家窑排土场水土流失及其防治对策[M]//中国水土保持学会青年学术研究会. 水土保持科学研究与发展. 北京：中国林业出版社.
王治国，李文银，蔡继清. 1998. 开发建设项目水土保持与传统水土保持比较[J]. 中国水土保持(10)：16-18.
王忠. 1999. 火炬树在矸石山水土保持效益的研究[M]. 北京：中国标准出版社.
吴长文，章梦涛，付奇峰. 2000. 斜坡喷播绿化技术在斜坡水土保持生态环境建设中的应用[J]. 水土保持学报，14(2)：11-14.
吴江. 抚顺西露天矿滑坡[M]//中国岩石力学与工程学会地面岩石工程专业委员会，中国地质学会工程地质专业委员会. 中国典型滑坡. 北京：科学出版社，1988.
许峰. 2004. 近年我国水土保持监测的主要理论与技术问题[J]. 水土保持研究，11(2)：19-21.
杨国栋，贾成前. 2001. 高速公路用地复垦技术及其效果评价[J]. 交通环保，22(2)：28-31.
杨航宇. 2002. 公路边坡防护与治理[M]. 北京：人民交通出版社.
杨俊平. 1999. 景观生态绿化工程设计与管理[M]. 北京：人民交通出版社.
尹公. 2001. 城市绿地建设工程[M]. 北京：中国林业出版社.
于定一，王志军. 2006. 公路建设的水土流失成因形式及防治对策[J]. 内蒙古水利(108)：55-56.
于修刚，杨和国，王民，等. 2004. 黄河三角洲开发建设对生态环境的影响与对策[J]. 中国环境管理干部学院学报(14)：75-76.
曾大林. 2001. 对水土保持方案编制有关问题的研究[J]. 中国水土保持(2)：34-35.
曾大林. 2004. 论开发建设项目水土保持理念[J]. 水土保持科技情报(4)：1-30.
张洪江. 2000. 土壤侵蚀原理[M]. 北京：中国林业出版社.
张岳. 1993. 我国水土流失现状及其防治对策[J]. 水土保持通报，13(1)，7-11.
赵方莹. 2007. 水土保持植物[M]. 北京：中国林业出版社.
赵剑强. 2002. 公路交通与环境保护[M]. 北京：人民交通出版社.
赵秀勇，程水源，田刚，等. 2007. 北京市施工扬尘污染与控制[J]. 北京工业大学学报，33(10)：1086-1090.
赵永军. 2007. 开发建设项目水土保持[M]. 北京：黄河水利出版社.
周必凡，等. 1991. 泥石流防治指南[M]. 北京：科学出版社.
朱太芳. 2006. 开发建设项目水土保持方案编制要考虑水流失[J]. 中国水土保持(6)：8-10.
诸铮. 2007. 采煤对地表水和地下水的影响[J]. 科技情报开发与经济，17(9)：282-283.

中华人民共和国国家标准

开发建设项目水土流失防治标准(摘录)

Control standards for soil and water loss on development and construction projects

GB 50434—2008

主编部门：中华人民共和国水利部

批准部门：中华人民共和国建设部

施行日期：2008年7月1日

3 基本规定

3.0.1 开发建设项目水土流失防治应遵循下列要求：

1 开发建设项目应按照“水土保持设施必须与主体工程同时设计、同时施工、同时投产使用”的规定，坚持“预防优先，先拦后弃”的原则，有效控制水土流失。

2 开发建设项目水土流失防治的基本要求应符合现行国家标准《开发建设项目水土保持技术规范》GB 50433—2008 第3章的有关规定。

3 应对防治责任区范围内的生产建设活动引起的水土流失进行防治，并使各类土地的土壤流失量下降到本标准规定的流失量及以下。

4 应对防治责任范围内未扰动的、超过容许土壤流失量的地域进行水土流失防治，并使其土壤流失量符合本标准规定量。

5 开发建设项目应在建设和生产过程进行水土保持监测，对水土流失状况、环境变化、防治效果等进行监测、监控，保证各阶段的水土流失防治达到本标准规定的要求。

3.0.2 开发建设项目在各阶段的水土流失防治工作应遵循《开发建设项目水土保持技术规范》GB 50433—2008 第4章的规定。

3.0.3 开发建设项目水土流失防治指标应包括扰动土地整治率、水土流失总治理度、土壤流失控制比、拦渣率、林草植被恢复率、林草覆盖率等六项，根据开发建设项目所处地理位置可分为三级。

4 项目类型及时段划分

4.0.1 开发建设项目按建设和生产运行情况可划分为建设类和建设生产类。并按类别划分时段。

4.0.2 建设类项目可包括公路、铁路、机场、港口码头、水工程、电力工程(水电、核电、风电、输变电)、通信工程、输油输气管道、国防工程、城镇建设、开发区建设、地质勘探等水土流失主要发生在建设期的项目，其时段标准划分为施工期、试运行期。

4.0.3 建设生产类项目可包括矿产和石油天然气开采及冶炼、建材、火力发电、考古、滩涂开发、生态移民、荒地开发、林木采伐等水土流失发生在建设期和生产运行期的项目，其时段标准划分为施工期、试运行期、生产运行期。生产运行期应为从投产使用始至终止服务年，不同类型项目可根据生产运行期的长短再划分不同的时段，但标准不得降低。

5 防治标准等级与适用范围

5.0.1 开发建设项目水土流失防治标准的等级应按项目所处水土流失防治区和区域水土保持生态功能重要性确定。

5.0.2 按开发建设项目所处水土流失防治区确定水土流失防治标准执行等级时应符合下列规定：

1 一级标准：依法划定的国家级水土流失重点预防保护区、重点监督区和重点治理区及省级重点预防保护区。

2 二级标准：依法划定的省级水土流失重点治理区和重点监督区。

3 三级标准：一级标准和二级标准未涉及的其他区域。

5.0.3 按开发建设项目所处地理位置、水系、河道、水资源及水功能、防洪功能等确定水土流失防治标准执行等级时应符合下列规定：

1 一级标准：开发建设项目生产建设活动对国家和省级人民政府依法确定的重要江河、湖泊的防洪河段、水源保护区、水库周边、生态功能保护区、景观保护区、经济开发区等直接产生重大水土流失影响，并经水土保持方案论证确认作为一级标准防治的区域。

2 二级标准：开发建设项目生产建设活动对国家和省、地级人民政府依法确定的重要江河、湖泊的防洪河段、水源保护区、水库周边、生态功能保护区、景观保护区、经济开发区等直接产生较大水土流失影响，并经水土保持方案论证确认作为二级标准防治的区域。

3 三级标准：一、二级标准未涉及的区域。

5.0.4 当按第5.0.2条、第5.0.3条的规定确定防治标准执行等级出现交叉时，按下列规定执行：

1 同一项目所处区域出现两个标准时，采用高一级标准。

2 线型工程项目应根据第5.0.2条、第5.0.3条的规定分别采用不同的标准。

6 防治标准

6.0.1 开发建设项目水土流失防治标准应分类、分级、分时段确定。其指标值必须达到表6.0.1-1和表6.0.1-2的规定

表6.0.1-1 建设类项目水土流失防治标准

分级 / 时段 / 分类	一级标准		二级标准		三级标准	
	施工期	试运行期	施工期	试运行期	施工期	试运行期
1 扰动土地整治率(%)	*	95	*	95	*	90
2 水土流失总治理度(%)	*	95	*	85	*	80
3 土壤流失控制比	0.7	0.8	0.5	0.7	0.4	0.4
4 拦渣率(%)	95	95	90	95	85	90
5 林草植被恢复率(%)	*	97	*	95	*	90
6 林草覆盖率(%)	*	25	*	20	*	15

注："*"表示指标值应根据批准的水土保持方案措施实施进度。通过动态监测获得，并作为竣工验收的依据之一。

表6.0.1-2 建设生产类项目水土流失防治标准

分级 时段 分类	一级标准			二级标准			三级标准		
	施工期	试运行期	生产运行期	施工期	试运行期	生产运行期	施工期	试运行期	生产运行期
1 扰动土地整治率(%)	*	95	>95	*	95	>95	*	90	>90
2 水土流失总治理度(%)	*	90	>90	*	85	>85	*	80	>80
3 土壤流失控制比	0.7	0.8	0.7	0.5	0.7	0.5	0.4	0.5	0.4
4 拦渣率(%)	95	95	98	90	95	95	85	95	85
5 林草植被恢复率(%)	*	97	97	*	95	>95	*	90	>90
6 林草覆盖率(%)	*	25	>25	*	20	>20	*	15	>15

注:“*”表示指标值应根据批准的水土保持方案措施实施进度,通过动态监测获得。并作为竣工验收的依据之一。

6.0.2 矿山企业和水工程在计算各项防治指标值时,其露天矿山的采坑面积、井工矿山的塌陷区面积、水工程的水域面积应属于防治责任面积,但不包括在总防治面积内。

6.0.3 开发建设项目水土保持方案编制、施工阶段检查、竣工验收及生产运行管理等,应符合本标准规定的分类分级分时段防治指标的要求。在竣工验收时,除满足规定的验收指标外,各项水土保持设施质量必须达到国家有关质量技术标准的要求。

6.0.4 表6.0.1-1和表6.0.1-2中水土流失总治理度(%)、林草植被恢复率(%)、林草覆盖率(%),应以多年平均年降水量400~600mm的区域为基准,降水量不在此范围时可根据下列原则适当提高或降低表中指标值:

1 降水量300mm以下地区,可根据降水量与有无灌溉条件及当地生产实践经验分析确定。

2 降水量300~400mm的地区,表中的绝对值可降低3~5。

3 降水量600~800mm的地区,表中的绝对值宜提高1~2。

4 降水量800mm以上地区,表中的绝对值宜提高2以上。

6.0.5 表6.0.1-1和表6.0.1-2中土壤流失控制比应以现状土壤侵蚀强度属中度侵蚀为主的区域为基准,以其他侵蚀强度为主的区域,可根据下列原则适当提高或降低表中指标的绝对值:

1 以轻度侵蚀为主的区域应大于或等于1。

2 以中度以上侵蚀为主的区域可降低0.1~0.2,但最小不得低于0.3。

3 同一开发建设项目土壤流失控制比,可根据实际需要分区分级确定。

6.0.6 表6.0.1-1和表6.0.1-2中山区丘陵区线型工程,拦渣率值可减少5;在高山峡谷地形复杂的地段,表中的拦渣率值可减少10。

附录2

中华人民共和国国家标准

开发建设项目水土保持技术规范(摘录)

Technical code on soil and water conservation of development and construction projects

GB 50433—2008

主编部门：中华人民共和国水利部

批准部门：中华人民共和国建设部

施行日期：2008年7月1日

1 总 则

1.0.1 为贯彻国家有关法律、法规，预防、控制和治理开发建设活动导致的水土流失，减轻对生态环境可能产生的负面影响，防止水土流失危害，制定本规范。

1.0.2 本规范适用于建设或生产过程中可能引起水土流失的开发建设项目的水土流失防治。

1.0.3 开发建设项目的水土流失防治应重视调查研究，鼓励采用新技术、新工艺和新材料，做到因地制宜，综合防治，实用美观。

1.0.4 水土保持工程设计除应符合本规范外，尚应符合国家现行有关标准的规定。

2 术 语

2.0.1 水土流失防治责任范围（the range of responsebility for soil erosion control）

项目建设单位依法应承担水土流失防治义务的区域，由项目建设区和直接影响区组成。

2.0.2 项目建设区（construction area）

开发建设项目建设征地、占地、使用及管辖的地域。

2.0.3 直接影响区（probable impact area）

在项目建设过程中可能对项目建设区以外造成水土流失危害的地域。

2.0.4 主体工程（principal part of the project）

开发建设项目所包括的主要工程及附属工程的统称，不包括专门设计的水土保持工程。

2.0.5 线型开发建设项目（line-type engineering）

布局跨度较大、呈线状分布的公路、铁路、管道、输电线路、渠道等开发建设项目。

2.0.6 点型开发建设项目（block-type engineering）

布局相对集中、呈点状分布的矿山、电厂、水利枢纽等开发建设项目。

2.0.7 建设类项目（constructive engineering）

基本建设竣工后，在运营期基本没有开挖、取土(石、料)、弃土(石、渣)等生产活动的公路、铁路、机场、水工程、港口、码头、水电站、核电站、输变电工程、通信工程、管道工程、城镇新区等开发建设项目。

2.0.8 建设生产类项目(constructive and productive engineering)

基本建设竣工后，在运营期仍存在开挖地表、取土(石、料)、弃土(石、渣)等生产活动的燃煤电站、建材、矿产和石油天然气开采及冶炼等开发建设项目。

2.0.9 方案设计水平年(target year of design)

主体工程完工后，方案确定的水土保持措施实施完毕并初步发挥效益的时间。建设类项目为主体工程完工后的当年或后一年，建设生产类项目为主体工程完工后投入生产之年或后一年。

3 基本规定

3.1 一般规定

3.1.1 开发建设项目水土流失防治及其措施总体布局应遵循下列规定：

1 应控制和减少对原地貌、地表植被、水系的扰动和损毁，保护原地表植被、表土及结皮层，减少占用水、土资源，提高利用效率。

2 开挖、排弃、堆垫的场地必须采取拦挡、护坡、截排水以及其他整治措施。

3 弃土(石、渣)应综合利用，不能利用的应集中堆放在专门的存放地。并按“先拦后弃”的原则采取拦挡措施，不得在江河、湖泊、建成水库及河道管理范围内布设弃土(石、渣)场。

4 施工过程必须有临时防护措施。

5 施工迹地应及时进行土地整治。采取水土保持措施。恢复其利用功能。

3.1.2 开发建设项目水土保持设计文件应符合下列规定：

1 当主体工程建设地点、工程规模或布局发生变化时，水土保持方案及其设计文件应重新报批。

2 当取土(石、料)场、弃土(石、渣)场、各类防护工程等发生较大变化时，应编制水土保持工程变更设计文件。

3 涉及移民(拆迁)安置及专项设施改(迁)建的建设项目，规模较小的，水土保持方案中应根据移民与占地规划，提出水土保持措施布局与规划，明确水土流失防治责任，估列水土保持投资；规模较大的，应单独编报水土保持方案。

4 征占地面积在 $1hm^2$。以上或挖填土石方总量在 $1\times10^4m^3$ 以上的开发建设项目，必须编报水土保持方案报告书，其他开发建设项目必须编报水土保持方案报告表，其内容和格式应分别符合附录A、附录B的规定。

5 水土流失防治措施应分阶段进行设计，其内容和要求应符合本规范第7~14章的规定。

6 在施工准备期前，应由监测单位编制水土保持监测设计与实施计划，为开展水土保持监测工作提供指导。

3.2 对主体工程的约束性规定

3.2.1 工程选址(线)、建设方案及布局应符合下列规定：

1 选址(线)必须兼顾水土保持要求，应避开泥石流易发区、崩塌滑坡危险区以及易引起严重水土流失和生态恶化的地区。

2 选址(线)应避开全国水土保持监测网络中的水土保持监测站点、重点试验区。不得占用国家确定的水土保持长期定位观测站。

3 城镇新区的建设项目应提高植被建设标准和景观效果，还应建设灌溉、排水和雨水利用设施。

4 公路、铁路工程在高填深挖路段，应采用加大桥隧比例的方案。减少大填大挖。填高大于 20m 或挖深大于 30m 的，必须有桥隧比选方案。路堤、路堑在保证边坡稳定的基础上，应采用植物防护或工程与植物防护相结合的设计方案。

5 选址(线)宜避开生态脆弱区、固定半固定沙丘区、国家划定的水土流失重点预防保护区和重点治理成果区，最大限度地保护现有土地和植被的水土保持功能。

6 工程占地不宜占用农耕地，特别是水浇地、水田等生产力较高的土地。

3.2.2 取土(石、料)场选址应符合下列规定：

1 严禁在县级以上人民政府划定的崩塌和滑坡危险区、泥石流易发区内设置取土(石、料)场。

2 在山区、丘陵区选址。应分析诱发崩塌、滑坡和泥石流的可能性。

3 应符合城镇、景区等规划要求，并与周边景观相互协调，宜避开正常的可视范围。

4 在河道取砂(砾)料的应遵循河道管理的有关规定。

3.2.3 弃土(石、渣)场选址应符合下列规定：

1 不得影响周边公共设施、工业企业、居民点等的安全。

2 涉及河道的，应符合治导规划及防洪行洪的规定，不得在河道、湖泊管理范围内设置弃土(石、渣)场。

3 禁止在对重要基础设施、人民群众生命财产安全及行洪安全有重大影响的区域布设弃土(石、渣)场。

4 不宜布设在流量较大的沟道，否则应进行防洪论证。

5 存山丘区宜选择荒沟、凹地、支毛沟，平原区宜选择凹地、荒地，风沙区应避开风口和易产生风蚀的地方。

3.2.4 主体工程施工组织设计应符合下列规定：

1 控制施工场地占地，避开植被良好区。

2 应合理安排施工，减少开挖量和废弃量，防止重复开挖和土(石、渣)多次倒运。

3 应合理安排施工进度与时序，缩小裸露面积和减少裸露时间。减少施工过程中因降水和风等水土流失影响因素可能产生的水土流失。

4 在河岸陡坡开挖土石方，以及开挖边坡下方有河渠、公路、铁路和居民点时，开挖土石必须设计渣石渡槽、溜渣洞等专门设施，将开挖的土石渣导出后及时运至弃土(石、渣)场或专用场地。防止弃渣造成危害。

5 施工开挖、填筑、堆置等裸露面，应采取临时拦挡、排水、沉沙、覆盖等措施。

6 料场宜分台阶开采，控制开挖深度。爆破开挖应控制装药量和爆破范围，有效控制可能造成的水土流失。

7 弃土(石、渣)应分类堆放，布设专门的临时倒运或回填料的场地。

3.2.5 工程施工应符合下列规定：

1 施工道路、伴行道路、检修道路等应控制在规定范围内，减小施工扰动范围，采取拦挡、排水等措施，必要时可设置桥隧：临时道路在施工结束后应进行迹地恢复。

2 主体工程动工前，应剥离熟土层并集中堆放。施工结束后作为复耕地、林草地的覆土。

3 减少地表裸露的时间，遇暴雨或大风天气应加强临时防护。雨季填筑土方时应随挖、随运、随填、随压，避免产生水土流失。

4 临时堆土(石、渣)及料场加工的成品料应集中堆放。设置沉沙、拦挡等措施。

5 开挖土石和取料场地应先设置截排水、沉沙、拦挡等措施后再开挖。不得在指定取土

(石、料)场以外的地方乱挖。

6 土(砂、石、渣)料在运输过程中应采取保护措施。防止沿途散溢，造成水土流失。

3.2.6 工程管理应符合下列规定：

1 将水土保持工程纳入招标文件、施工合同，将施工过程中防治水土流失的责任落实到施工单位。合同段划分要考虑合理调配土石方，减少取、弃土(石)方数量和临时占地数量。

2 工程监理文件中应落实水土保持工程监理的具体内容和要求，由监理单位控制水土保持工程的进度、质量和投资。

3 在水土保持监测文件中应落实水土保持监测的具体内容和要求，由监测单位开展水土流失动态变化及防治效果的监测。

4 建设单位应通过合同管理、宣传培训和检查验收等手段对水土流失防治工作进行控制。

5 工程检查验收文件中应落实水土保持工程检查验收程序、标准和要求，在主体工程竣工验收前完成水土保持设施的专项验收。

6 外购土(砂、石)料的，必须选择合法的土(砂、石)料场，并在供料合同中明确水土流失防治责任。

3.3 不同水土流失类型区的特殊规定

3.3.1 风沙区的建设项目应符合下列规定：

1 应控制施工场地和施工道路等扰动范围，保护地表结皮层。

2 应采取砾(片、碎)石覆盖、沙障、草方格或化学固化等措施。

3 植被一恢复应同步建设灌溉设施。

4 沿河环湖滨海平原风沙区应选择耐盐碱的植物品种。

3.3.2 东北黑土区的建设项目应符合下列规定：

1 应保护现有天然林、人工林及草地。

2 清基作业时，应剥离表土并集中堆放，用于植被恢复。

3 在丘陵沟壑区还应有坡面径流排导工程。

4 工程措施应有防治冻害的要求。

3.3.3 西北黄土高原区的建设项目应符合下列规定：

1 在沟壑区，应对边坡削坡开级并放缓坡度(45°以下)，应采取沟道防护、沟头防护措施并控制塬面或梁峁地面径流。

2 沟道弃渣可与淤地坝建设结合。

3 应设置排水与蓄水设施，防止泥石流等灾害。

4 因水制宜布设植物措施，降水量在400mm以下地区植被恢复应以灌草为主，400mm以上(含400mm)地区应乔灌草结合。

5 在干旱草原区，应控制施工范围，保护原地貌，减少对草地及地表结皮的破坏，防止土地沙化。

3.3.4 北方土石山区的建设项目应符合下列规定：

1 应保存和综合利用表土。

2 弃土(石、渣)场应做好防洪排水、工程拦挡，防止引发泥石流；弃土(石、渣)应平整后用于造地。

3 应采取措施恢复林草植被。

4 高寒山区应保护天然植被，工程措施应有防治冻害的要求。

3.3.5 西南土石山区的建设项目应符合下列规定：

1　应做好表土的剥离与利用，恢复耕地或植被。

2　弃土(石、渣)场选址、堆放及防护应避免产生滑坡及泥石流问题。

3　施工场地、渣料场上部坡面应布设截排水工程，可根据实际情况适当提高防护标准。

4　秦岭、大别山、鄂西山地区应提高植物措施比重，保护汉江等上游水源区。

5　川西山地草甸区应控制施工范围。保护表土和草皮。并及时恢复植被；工程措施应有防治冻害的要求。

6　应保护和建设水系，石灰岩地区还应避免破坏地下暗河和溶洞等地下水系。

3.3.6　南方红壤丘陵区的建设项目应符合下列规定：

1　应做好坡面水系工程，防止引发崩岗、滑坡等灾害。

2　应保护地表耕作层，加强土地整治，及时恢复农田和排灌系统。

3　弃土(石、渣)的拦护应结合降雨条件。适当提高设计标准。

3.3.7　青藏高原冻融侵蚀区的建设项目应符合下列规定：

1　应控制施工便道及施工场地的扰动范围。

2　保护现有植被和地表结皮，需剥离高山草甸(天然草皮)的，应妥善保存，及时移植。

3　应与周围景观相协调，土石料场和渣场应远离项目一定距离或避开交通要道的可视范围。

4　工程建设应有防治冻土翻浆的措施。

3.3.8　平原和城市的建设项目应符合下列规定：

1　应保存和利用表土(农田耕作层)。

2　应控制地面硬化面积，综合利用地表径流。

3　平原河网区应保持原有水系的通畅。防止水系紊乱和河道淤积。

4　植被措施需提高标准时，可按园林设计要求布设。

5　封闭施工。遮盖运输，土石方及堆料应设置拦挡及覆盖措施。防止大风扬尘或造成城市管网的淤积。

6　取土场宜以宽浅式为主，注重复耕，做好复耕区的排水、防涝工程。

7　弃土(石、渣)应分类堆放，宜结合其他基本建设项目综合利用。

3.4　不同类型建设项目的特殊规定

3.4.1　线型建设类工程应符合下列规定：

1　穿(跨)越工程的基础开挖、围堰拆除等施工过程中产生的土石方、泥浆应采取有效防护措施。

2　陡坡开挖时，应在边坡下部先行设置拦挡及排水设施，边坡上部布设截水沟。

3　隧道进出口紧临江河、较大沟道时，不宜在隧道进出口布设永久渣场。

4　输变电工程位于坡面的塔基宜采取“全方位、高低腿”型式，开挖前应设置拦挡和排水设施。

5　土质边坡开挖不宜超过45°，高度不宜超过30m。

6　公路、铁路等项目的取(弃)土场宜布设在沿线视线以外。

3.4.2　点型建设类工程应符合下列规定：

1　弃土(石、渣)应分类集中堆放。

2　对水利枢纽、水电站等工程，弃渣场选址应布设在大坝下游或水库回水区以外。

3　在城镇及其规划区、开发区、工业园区的项目。应提高防护标准。

4　施工导流不宜采用自溃式围堰。

3.4.3　点型建设生产类工程应符合下列规定：

1 剥离表层土应集中保存，采取防护措施。最终利用。

2 露天采掘场，应采取截排水和边坡防护等措施，防止滑坡、塌方和冲刷。

3 排土(渣、矸石等)场地应事先设置拦挡设施，弃土(石、渣)必须有序堆放，并及时采取植物措施。

4 可能造成环境污染的废弃土(石、渣、废液)等应设置专门的处置场。并符合相应防治标准。

5 采石场应在开采范围周边布设截排水工程，防止径流冲刷。施工过程中应控制开采作业范围，不得对周边造成影响。

6 排土场、采掘场等场地应及时复耕或恢复林草植被。

7 井下开采的项目，应防止疏干水和地下排水对地表土壤水分和植被的影响。采空塌陷区应有保护水系、保护和恢复土地生产力等方面的措施。

附表 A.0.1 开发建设项目水土保持方案特性表样式

<table>
<tr><td>项目名称</td><td colspan="3"></td><td>流域管理机构</td><td></td></tr>
<tr><td>涉及省区</td><td></td><td>涉及地市或个数</td><td></td><td>涉及县或个数</td><td></td></tr>
<tr><td>项目规模</td><td></td><td>总投资(万元)</td><td></td><td>土建投资(万元)</td><td></td></tr>
<tr><td>动工时间</td><td></td><td>完工时间</td><td></td><td>方案设计水平年</td><td></td></tr>
<tr><td rowspan="6">项目组成</td><td>建设区域</td><td>长度/面积(m/ hm^2)</td><td colspan="2">挖方量(×10^{4}m^3)</td><td>填方量(×10^{4}m^3)</td></tr>
<tr><td></td><td></td><td colspan="2"></td><td></td></tr>
<tr><td></td><td></td><td colspan="2"></td><td></td></tr>
<tr><td></td><td></td><td colspan="2"></td><td></td></tr>
<tr><td></td><td></td><td colspan="2"></td><td></td></tr>
<tr><td></td><td></td><td colspan="2"></td><td></td></tr>
<tr><td colspan="2">国家或省级重点防治区类型</td><td></td><td colspan="2">地貌类型</td><td></td></tr>
<tr><td colspan="2">土壤类型</td><td></td><td colspan="2">气候类型</td><td></td></tr>
<tr><td colspan="2">植被类型</td><td></td><td colspan="2">原地貌土壤侵蚀模数
[t/(km^2·a)]</td><td></td></tr>
<tr><td colspan="2">防治责任范围面积(hm^2)</td><td></td><td colspan="2">土壤容许流失量
[t/(km^2·a)]</td><td></td></tr>
<tr><td colspan="2">项目建设区(hm^2)</td><td></td><td colspan="2">扰动地表面积(hm^2)</td><td></td></tr>
<tr><td colspan="2">直接影响区(hm^2)</td><td></td><td colspan="2">损坏水保设施面积(hm^2)</td><td></td></tr>
<tr><td colspan="2">建设期水土流失预测总量(t)</td><td></td><td colspan="2">新增水土流失量(t)</td><td></td></tr>
<tr><td colspan="2">新增水土流失主要区域</td><td colspan="4"></td></tr>
<tr><td rowspan="3">防治目标</td><td>扰动土地整治率(%)</td><td></td><td colspan="2">水土流失总治理度(%)</td><td></td></tr>
<tr><td>土壤流失控制比</td><td></td><td colspan="2">拦渣率(%)</td><td></td></tr>
<tr><td>植被恢复系数(%)</td><td></td><td colspan="2">林草覆盖率(%)</td><td></td></tr>
<tr><td rowspan="5">防治措施</td><td>分区</td><td>工程措施</td><td colspan="2">植物措施</td><td>临时措施</td></tr>
<tr><td></td><td></td><td colspan="2"></td><td></td></tr>
<tr><td></td><td></td><td colspan="2"></td><td></td></tr>
<tr><td></td><td></td><td colspan="2"></td><td></td></tr>
<tr><td>投资(万元)</td><td></td><td colspan="2"></td><td></td></tr>
<tr><td colspan="2">水土保持总投资(万元)</td><td></td><td colspan="2">独立费用(万元)</td><td></td></tr>
<tr><td colspan="2">水土保持监理费(万元)</td><td>监测费(万元)</td><td></td><td>补偿费(万元)</td><td></td></tr>
<tr><td colspan="2">方案编制单位</td><td></td><td colspan="2">建设单位</td><td></td></tr>
<tr><td colspan="2">法定代表人及电话</td><td></td><td colspan="2">法定代表人及电话</td><td></td></tr>
<tr><td colspan="2">地址</td><td></td><td colspan="2">地址</td><td></td></tr>
<tr><td colspan="2">邮编</td><td></td><td colspan="2">邮编</td><td></td></tr>
<tr><td colspan="2">联系人及电话</td><td></td><td colspan="2">联系人及电话</td><td></td></tr>
<tr><td colspan="2">传真</td><td></td><td colspan="2">传真</td><td></td></tr>
<tr><td colspan="2">电子信箱</td><td></td><td colspan="2">电子信箱</td><td></td></tr>
</table>

填表说明：①动工时间为施工准备期开始时间；②重点防治区类型指项目所在地归属于各级水土流失重点预防保护区、重点监督区和重点治理区的情况；③防治目标填写设计水平年时规划的综合目标值；④防治措施指汇总的建设期各类防治措施的数量，如工程措施中填写浆砌石挡墙（措施名称）及长度（措施量）；⑤水土保持总投资不包括运行期的各类费用。

附录B 水土保持方案报告表内容规定

编号：

类别：

简要说明：项目简述、项目区概述、产生水土流失的环节分析，防治责任范围，措施设计及图纸，工程量及进度，投资，实施意见。

水土保持方案报告表（参考格式）

项目名称：				
送审单位（个人）：				
法定代表人：				
地　　址：				
联 系 人：				
电　　话：				
报送时间：				
项目概况	项目名称			
	项目负责人		地　点	
	占地面积		工程投资	
	开工时间		完工时间	
	生产能力		生产年限	
可能造成水土流失	弃土（石、渣）量			
	造成水土流失面积			
	损坏水保设施			
	估算的水土流失量			
	预测水土流失危害			
水土保持措施及投资	工程措施		投资	
	植物措施		投资	
	临时措施		投资	
	其他	补偿费	投资	
水土保持总投资				
分年度实施计划	年度	措施工程量	投资	
编制单位				
资格证书编号				
编制人员				
岗位证书号				